HUMAN ERROR ACCIDENT PREVENTION

휴먼에러 사고예방

양정모 지음

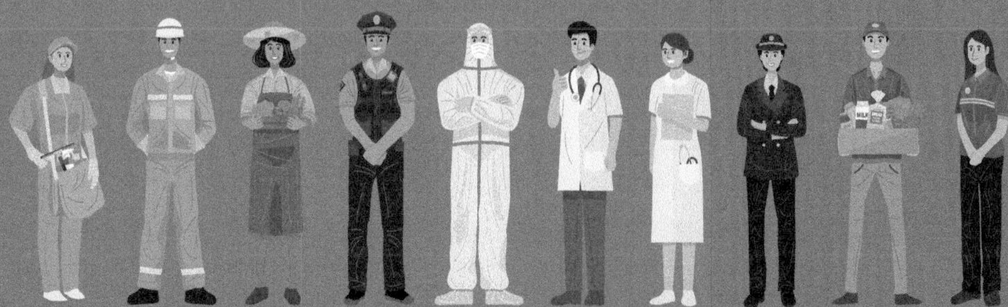

GS인터비전

추천사

일터에서 일어나는 산업재해를 예방하고자 하는 이들을 위한 필독서

인간실수(Human Error)의 가장 최신의 내용을 포함한 좋은 서적이 발간된 것을 축하한다. 여러 원서 내용들의 최근 변화와 추세를 담은 가장 최신의 국내 서적이라고 볼 수가 있을 것이다.

본인 역시 시스템안전공학과 최신 인간공학 교재에서 인간실수(Human Error) 부분을 정리한 장을 소개한 적이 있었고, 이 주제로 교재를 발간하려고 대학원에서 수업용 교재를 몇 차례 만든 적이 있었다. 하지만 나의 게으름 덕에 아직까지 교재로 빛을 보지 못했다. 그런 와중에 이런 최신 서적이 발간된다고 하니 매우 반가웠다.

이 책자는 시드니 데커의 유명한 말, "실수하는 것은 인간이다."에서 시작해서 총 7개의 장으로 구성되어 있다.

1장 사고의 반복,

2장 인간실수의 함의 (두 가지 견해와 썩은 사과 이론),

3장 인간실수의 분류 (부주의, 망각, 착각, 위반의 4종류와 HE 분석체계, ECFCA, HPES, GEMS, HFACS),

4장 인간실수의 배경 (인간공학, 심리학, 기억과정과 체계, 사후확신편향, 권력거리, 셰인, 조직문화와 안전문화),

5장 인간신뢰성 평가 (HRA, 인간실수 확률 HEP, HEART, 확률적 위험성평가 PRA),

6장 인간실수 사고 예방 (장벽, 심층방어, 인간수행도 개선 HPE, BBS, ABC 분석, 안전보상, 성과지표, 행동공학 모델 BEM, 공정문화, SHELL 모델, Dirty Dozen, CRM),

7장 인간실수 예방-안전마음 챙김 (SRK모델, 안전마음챙김 SM 모델과 체계, 안전성과 SP, 리더십, 고신뢰도 조직 HRO, Safety Talks, TBM, SLAM, SMART, 시행 가이드라인 여섯 단계)의 핵심 내용들로 구성되어 있으며, 다양한 사고사례를 HFACS-OGAPI 체계로 분석한 내용도 소개하고 있어 현장의 사고 예방에 좋은 기여를 할 것으로 전망한다.

제자인 양정모 박사가 학부, 석사 및 박사 과정에 이르기까지 다양한 관점에서 인간실수를 바라보도록 지도한 바 있다. 그가 좋은 접근방식으로 이러한 좋은 결과물이 나오도록 한 것은 본인에게도 큰 의미가 있을 뿐만 아니라 우리나라의 안전 수준을 높일 수 있을 것이라는 기대감도 갖고 있다. 양박사는 훌륭한 제자이고, 그와 같은 훌륭한 전문가들이 앞으로도 많이 배출되어 대한민국의 안전을 이끌어 가기를 기원한다.

서울과학기술대학교 안전공학과 명예교수 권영국

인류문명의 발전에 높은 자존감을 가진 이들을 위한 필독서

본인은 안전을 공부하다가 프레스 사고로 한 해에 수천 명이 다친다는 것을 듣고 인적오류 분야에 뛰어든지 40여 년째다. 그동안 각 산업의 현장과 인적오류연구회(SIG-HERA) 등에서 만난 사람들 중에서 애초부터 인적오류 전공자는 드물었다. 그러나 이후 훌륭한 전문가로 발전한 분들에게서 개인적으로 발견한 두가지 공통점이 있다. 첫째는 자존감이 높다는 것이고, 둘째는 배움에 열려 있다는 것이다. 불현듯 발생하는 사고의 현실에 우리가 이럴 수 없고 더 이상 이렇게 살 수는 없다는 분연함을 공통적으로 느꼈다. 또 이를 막기 위해 인류가 그동안 쌓아온 모든 기술과 지식을 섭렵하려 겁없이 달려드는 치열함과 박학다식함에 자주 놀라며 존경스러움까지 느낄 수 있었다. 본 저서는 대부분의 독자들이 그런 느낌을 받을 수 있는 전형적인 예가 아닐까 생각된다.
20세기 중반 이후의 모든 연구개발 내용을 섭렵한 내용에서 저자가 현장에서 실감한 인적오류 사고에의 안타까움이 절로 느껴진다. 특히 항공, 원자력, 군사, 화공공정, 산업안전 등 현장 중심의 산발적인 기법과 인지심리, 사회문화, 조직경영, 교육 등의 학제적 지식을 연계하는 방대한 내용은 인적오류로 인해 발생하는 인명손실에 안타까움을 기반으로 근본적인 공감을 준다.
본 저서의 추천점은 인적오류의 기본적 정의 및 정량적(확률)분석 등의 접근방법까지 소개함으로써, 21세기 들어와 세계적인 논의로 확산된 안전 패러다임의 변화에 걸맞는 새로운 발전의 출발점을 주었다는 점이다. 특히 전통적으로 인적오류의 범위에서 제외하거나 본격적인 분석을 피해왔던 위반(violation)을 포함하여, 책임추궁 경향을 쉽게 극복하지 못하는 인적오류 기술수준이 앞으로 보다 현실적으로 발전하는 계기가 되기를 기대한다. 마지막으로 인적오류 예방의 꿈이 잘 반영된 것은 안전 마음챙김(Mindfulness) 기법을 소개하고 현장적용 가능한 친절한 실무지침을 담은 내용이다.
본 저서는 산업현장에서 발생하는 인명 및 상해 안전(injury safety)의 관점에서 인적오류의 예방(prevention) 측면에 초점을 두고 있다. 분야별 특성에 따라 인적오류의 원인이 곧 대책이 될 수 없고 예방 가능성에도 현실적인 한계가 있다. 체계 안전 또는 환경 및 재난 안전 등 타 안전분야를 위한 인적오류 이해와 분석에도 참조할 수 있으며, 산업안전 이외의 분야에서 사후 분석(retrospective investigation)의 보완 및 대응방안(countermeasure) 수립에도 좋은 출발점의 하나로 활용할 수 있을 것이다.
안타까운 철도 인명사고 소식을 들으며 이 추천사를 쓰고 있다. 인류는 실패를 통해서 발전하고 뼈아픈 사고를 딛고 문명을 이루었다. 이러한 모든 실패와 사고를 굳이 인적오류로 바라보는 것은 책임을 추궁하려는 것이 아니다. 인적오류 관점을 통해서 더 나은 미래로 가려는 이들의 반성적인 자존감은 인류문명을 촉진해온 원동력이라는 생각에서, 독자들에게 감히 본 저서의 숙독을 권고한다.

대한인간공학회 이사, 인적오류연구회(SIG-HERA)회장, 한국원자력연구원 인간공학실 전 실장 이용희

머리말

영국과 미국 등 해외의 휴먼에러 관련 서적은 선진 수준으로 휴먼에러 예방에 관심이 있는 다양한 사람들이 원칙과 원리를 효과적으로 이해할 수 있도록 구성되어 있다. 하지만, 아쉽게도 국내의 경우에는 일본의 휴먼에러 관련한 책자들을 번역하여 소개하는 수준이었다. 그리고 일부 서적은 시대에 뒤쳐진 이론을 중심으로 기술되어 있고, 현장 실행력 적용에 한계가 있는 것으로 판단한다.

국내에서 한해 발생하는 산업재해자는 136,796명에 달한다. 그리고 사망자는 2,016명에 달한다. 이로 인한 근로손실일수는 63,845,877일에 달하며, 손실액은 36조를 넘는다. 사고의 종류나 형태는 다양하지만, 사고의 형태는 주로 넘어짐, 떨어짐, 끼임, 부딪힘, 물체에 맞음, 깔림, 무너짐, 절단/베임/찔림, 교통사고, 무리한 동작, 화재/폭발/파열, 업무상 질병 등으로 휴먼에러와 관련이 있다. 고용노동부가 매년 발간하는 산업재해현황분석에 따르면, 사고의 형태는 지난 수십 년간 대부분 유사했고 사고는 지속적으로 반복되고 있으며, 그 배후에는 휴먼에러가 있다. 우리는 사고가 나면 휴먼에러를 비난의 대상으로 쉽게 생각하지만 왜 사람이 휴먼에러를 일으키는지에 대한 깊은 관심은 부족하다고 생각한다. 특히 대형사고나 사회적으로 물의를 일으키는 사고 이후에는 너도나도 달려들어 사고의 원인을 사람의 잘못된 행동으로 지목하는 현상은 사고의 근본적인 원인을 밝히기 어려울 뿐 아니라, 한국이 산재 다발국이라는 오명을 벗기에 한계가 있다.

이러한 배경에서 저자는 휴먼에러에 대한 이해 수준을 높이고 효과적인 사고예방의 방향성을 제안하기 위하여 '휴먼에러 사고예방' 이라는 책자를 발간하게 되었다. 저자가 해외기업과 국내기업의 현장과 본사에서 30년 이상 경험한 내용, 한국시스템안전학회에서 배운 경험, 국제안전보건자격(NEBOSH) 취득 경험, 미국 화재폭발조사자격(CFEI) 취득 경험, 미국 안전전문가(ASP)자격 취득 경험 그리고 안전관련 학부와 대학원(석사와 박사)에서 배우고 연구한 내용은 이 책을 집필하는데 많은 도움이 되었다.

책자의 주요 내용으로 세계적으로 저명한 휴먼에러 분야의 학자나 전문가인 Alan D. Swain and H. E. Guttman(1983), James Reason(1990), Eric Hollnagel(1993), David Meister(1996), Dan Petersen(1996), R. B. Whittingham(2004)의 휴먼에러 정의를 설명한다. 그리고 휴먼에러의 오래된 전망과 새로운 전망을 설명한다.

휴먼에러를 일으키는 메커니즘인 욕구체계, 의도체계, 기억체계, 행동체계 및 출력기능에 대한 설명을 한다. 부주의(slip)와 망각(lapse)을 실행실패(Execution failures)로 구분하고, 규칙기반 착각(rule-based mistake)과 지식기반 착각(knowledge-based mistake)을 계획실패(Planning failures)로 구분하여 설명한다. 위반을 기술기반 위반, 규칙기반 위반 및 지식기반 위반으로 구분하여 설명하고, 위반을 자주하는 사람과 사람이 위반을 하게 되는 통제환상, 무적감 환상 및 우월감의 착각을 설명한다. 그리고 위반으로 인한 도시가스, 승강기 현장 및 화학공장의 사고 사례를 설명한다.

휴먼에러를 일으키는 기여요인을 분석하기 위하여 그동안 세계적으로 개발된 HPES, K-HPES, CAS-HEPS, GEMS 및 HFACS 체계에 대한 설명을 한다. 스위스치즈 모델의 현장 적용력 강화를 위해 개발된 인적요인분석 및 분류시스템(human factor analysis and classification system) 체계를 소개하고, HFACS-OGAPI(Oil, Gas and Process Industry) 체계를 기반으로 HDPE 사일로 폭발사고, MGPI 화학물질 누출사고, BP 텍사스 정유폭발 사고, 미국 Aghorn Operating 질식사고 및 미국 Kleen 에너지 폭발사고에 대한 분석 사례와 시사점을 설명한다.

휴먼에러를 일으키는 직무측면, 사람측면 및 조직측면의 특성을 설명한다. 직무측면에서 인간공학의 역사와 범위에 대한 설명을 하고, 인간공학을 통한 휴먼에러 개선방안과 Ergonomics와 Human Factors의 차이를 설명한다.

사람측면에서는 뇌의 구조와 기능, 뇌엽과 기능, 뇌속의 깊은 구조, 뇌속에 혈액 공급 및 뇌신경을 포함한 뇌의 작동방식을 살펴본다. 전전두피질과 편도체의 상관관계와 의식의 특성과 뇌가 만들어내는 환상, 시차편집, 뇌가 만든 신체, 뇌의 능동적 추론 및 게슈탈트 이론에 대해서 설명한다. 그리고 물리적, 생리적, 뮐러-라이어, 폰조, 포겐도르프, 카니자, 체커, 분트, 헤링 및 전경과 배경 특성과 관련한 착시를 설명한다. 사람의 기억과정을 주의, 부호화, 저장 및 인출 절차로 설명하고, 기억을 시간에 따른 분류와 지속시간 및 처리과정(단기 감각기억, 단기기억, 작업기억, 장기기억)에 따른 분류로 설명한다. 휴먼에러를 일으키는 사람의 인지과정, 유발요인 및 유발상황을 설명한다.

조직측면에서는 인위적 결과물, 표현되는 믿음과 가치 및 근본가정의 특성을 가진 조직문화와 안전문화에 대한 설명을 한다. 그리고 휴먼에러를 발생시키는 조직측면의 약점(본사 조직과 사람에 의해 휴먼에러 발생, 지식기반 근로자가 휴먼에러 유발, 위험성 감소조치의 효과가 낮음 및 집중화된 관리)을 설명한다.

휴먼에러를 예방하기 위해서는 사람의 본성이나 특성을 바꾸는 것보다 시설과 환경을 개선하는 방안이 가장 효과적이다. 휴먼에러 예방을 위해 세계적으로 사용되어 온 인간신뢰성평가(Human Reliability Assessment)에 대한 설명을 한다. 확률적 위험성평가(Probabilistic Risk Assessment)의 개요, 배경과 역사, 시행시기(신규 개발, 기존 시스템 및 사고 발생 시)에 대한 설명을 한다. 세계적으로 사용되어온 세대 별 인간신뢰성평가(1세대, 2세대, 3세대)에 대한 소개를 하고, THERP, HEART 및 ATHEANA 기법을 설명한다.

휴먼에러를 사람의 본연적인 문제로 비난의 대상으로 삼기보다는 조직적인 차원에서 통제관리에 우선순위를 두고 개선해야 한다. 휴먼에러를 예방하기 위한 통제의 개념, 방벽(barrier)과 방어(defense)의 심각도, 조직의 통제역할, 방어기능 및 통제 신뢰도에 대한 설명을 한다. 그리고 공학적 통제, 행정적 통제, 문화적 통제, 작업그룹 규범, 리더십 활동 및 통제관리를 포함하는 심층방어 체계(In-Depth Controls)를 설명한다.

휴먼에러 유발요인과 사고조사에 활용할 수 있는 SHELL(Soft, Hardware, Environment,

Live-ware)모델을 설명한다. SHELL모델의 개요, 구성요소, M-SHELL모델에 대한 추가적인 설명을 하고, 환자 추락사고 및 화학공장 사고사례를 소개한다. 그리고 휴먼에러 발생을 효과적으로 관리할 수 있는 Dirty Dozen에 대한 개요와 12개 항목을 설명한다. 또한 근로자 자원관리(CRM)의 개요와 항공분야, 원자력분야, 의료계 및 미국 해군과 해안경비대의 CRM 적용사례를 소개한다.

휴먼에러는 사람의 마음과 긴밀한 관계가 있다. 사람은 어떠한 대상이나 사물에 친숙해 지면 습관적인 행동을 한다. 그 결과 부주의와 망각을 일으켜 다양한 휴먼에러를 일으킨다. 저자가 명명한 안전 마음챙김(Safety mindfulness)을 통해 다양한 휴먼에러를 예방하는 방안을 소개한다. 사고순차 모델과 안전 마음챙김, SRK모델과 안전 마음챙김, 안전문화와 안전 마음챙김 그리고 개인적 그리고 집단적 안전 마음챙김과 관련한 설명을 한다. 안전 마음챙김과 관련한 음식업계, 병원, 석유화학, 발전소, 원자력, 건물 유지보수, 항공, 철도, 미국 핵 잠수함 등에 적용되었던 사례를 설명하고, 안전 마음챙김 모델을 설명한다.

안전 마음챙김 체계를 회사에 구축하기 위한 경영층의 리더십과 안전 마음챙김 소위원회 구축 및 운영과 관련한 설명을 한다. 그리고 실패에서 배움, 단순화된 해석 회피, 운영에 대한 민감도 제고, 전문성에 대한 존중 및 안전탄력성의 특징을 포함하는 고신뢰조직(High Reliability Organization)의 특성을 설명한다. 그리고 회사에 안전 마음챙김 체계를 적용하기 위한 위험인식 수준향상, 위험 확인 및 항목화, SAFE절차 개발, 근로자 의견 청취, 강사 양성교육, 근로자 교육, IT프로그램 활용, 모니터링 방식을 설명한다. 저자의 판단에 따라 실효성이 낮은 TBM(Tool Box Meeting)활동을 Safety Talk활동으로 변경하여 시행할 것을 제안한다. 이 제안에는 TBM활동의 정의, TBM활동 운영 현황, 국내 업종 별 TBM사례(건설, 제조, 발전 등)와 안전보건공단이 제공한 TBM 가이드에 대한 설명을 하고, Safety Talks 필요성과 운영 시의 고려사항을 설명한다. 또한 해외의 SLAM(Stop, Look, Assess & Manage)과 SMART(Stop, Measure, Act, Review & Train)를 소개한다.

회사에 안전 마음챙김 체계를 적용할 수 있도록 별도의 시행 가이드라인을 마련하여 소개한다. 가이드라인에는 상호인사, 건강상태 확인(음주, 약물, 컨디션 등), 스트레칭, 보호구 착용상태 확인, 작업내용 공유, 비상대응 안내 등을 포함하는 Step-1. 사전준비, 위험성평가를 기반으로 SAFE절차 시행, 해당 작업과 관련한 사고사례 공유 및 호흡운동 시행 등을 포함하는 Step-2. 작업 전 SAFE 절차 시행(Group-Safety Talks), Step-3. 작업 전 SAFE절차 시행(Self-Safety Talks), Step-4. 작업 중 SAFE 절차 시행(Self-Safety Talks), Step-5. 작업 완료 후 SAFE 절차 시행(Self-Safety Talks), 관리감독자 순회 점검 시 안전 마음챙김 확인 및 안전 마음챙김 강화 등을 포함하는 Step-6. 환류조치를 소개한다.

저자가 '휴먼에러 사고예방' 이라는 책자를 발간하기까지 많은 가르침을 주신 서울과학기술대학교 안전공학과 권영국 교수님에게 감사의 말씀을 드리며, 정진우 교수님이 집필하신「안전심리」라는 책자는 저자가 본 책자를 출판하는데 많은 참고자료가 되었음을 밝힌다. 그리고 연세대 언론홍보영상학부 김주환 교수님이 집필하신 「내면소통」이라는 책자를 통해 사람의 내면과 관련한 다양한 정보를 얻을 수 있었다.

저자가 2024년 출판한 '휴먼 퍼포먼스 개선과 안전 마음챙김'이라는 책자를 골자로 마음챙김 명상 전문가이신 그룹원의 윤재홍 부사장님이 안전 마음챙김 가이드 라인을 제시하여 주셔서 감사하게 생각한다. 휴먼에러와 관련한 다양한 식견을 주신 한국시스템안전학회 고문님, 회장님, 부회장님 그리고 많은 이사님 그리고 서울과학기술대학교 안전공학과 인간공학연구회 여러분들에게 감사의 말씀을 드린다. 사랑하는 다연이가 별첨과 같이 휴먼에러를 직관적으로 이해하기 쉽게 그림으로 그려줘 감사하게 생각한다.

마지막으로 GS인터비전에서 편집을 맡아 주신 송진우 이사님의 도움으로 이 책이 보다 세련되어진 것 같아 감사하게 생각한다. 책자 내용과 관련한 의견이 있다면 pjmyang1411@daum.net으로 알려주기 바란다.

목차

Chapter 1 사고는 반복된다

Chapter 2 휴먼에러의 함의

Chapter 3 휴먼에러 분류 및 분석 그리고 불안전행동

Chapter 4 휴먼에러의 배후

"To error is Human"

산업현장에서 유명을 달리하신
역군들에게 이 책을 바친다.

Chapter 1
사고는 반복된다

국내에서 한해 발생하는 산업재해자는 136,796명에 달한다. 그리고 사망자는 2,016명에 달한다. 이로 인한 근로손실일수는 63,845,877일에 달하며, 손실액은 36조를 넘는다. 사고의 종류나 형태는 다양하지만, 사고의 형태는 주로 넘어짐(20.6), 떨어짐(10.5%), 끼임(9.6%), 부딪힘(7.5%), 절단/베임/찔림(7.5%), 물체에 맞음(6%), 교통사고(5.9%), 무리한 동작(5.4%), 깔림(2.4%), 무너짐(0.4%), 화재/폭발/파열(0.4%), 업무상 질병(17.1) 및 기타(6.7%) 등으로 상당 부분 사람의 행동과 긴밀한 관련이 있다. 고용노동부가 매년 발간하는 산업재해현황분석에 따르면, 사고의 형태는 지난 수 십년간 대부분 유사했고 사고는 지속적으로 반복되고 있으며, 그 배후에는 휴먼에러가 있다는 점을 강조한다. 그리고 사고로 인한 도덕적 · 윤리적 피해, 법적 · 사회적 피해 및 경제적 피해에 대해서 설명한다.

I 휴먼에러는 사고의 주요 기여요인

영국 플릭스보로 화학공장 폭발(1974년)로 28명 사망, 북해 파이퍼알파(piper alpha, 1988년) 사고로 167명 사망, 비피텍사스(BP Texas City, 2005년) 정유 공장 폭발 사고로 15명이 사망하고 180명 부상, 멕시코만 딥워터 호라이즌(Deep water horizon, 2010년) 석유시추선 폭발 사고로 11명이 사망한 바 있다.

2013년 3월 국내 여수산업단지 공장의 HDPE 공정 사일로에서 폭발 사고로 인하여 근로자 6명이 사망하였다. 2013년 5월 국내 철강회사 보수공사(전로) 도급업체 근로자 5명이 아르곤가스에 의하여 중독되어 사망하였다. 2014년 8월 충남 금산군 소재 ○○○○(주) 반도체 식각액 생산공장의 불화수소(무수불산) 탱크 컨테이너 하역장에서 생산공장으로 불화수소를 이송하기 위하여 배관을 연결하고 탱크 컨테이너 상부밸브를 여는 순간 불화수소가 누출되어 근로자 1명이 부상을 입는 사고가 발생하였다. 2018년 7월 동두천의 한 어린이집 통학 차량 안에서 4세 여아가 숨진 채 발견됐다. 여아는 폭염 속에서 차량 내부에 장시간 방치돼 질식한 것으로 추정된다. 동두천 어린이집 측은 차량사고에 대해 해당 어린이가 차에 있는지 몰랐다 해명했다. 2019년 5월 국내 화학공장에서 소디움알콕사이드 합성 중 화재·폭발로 인하여 반응기 주변에 있던 근로자 3명이 사망하였다. 2019년 8월 충북에 있는 화장품 원료(방부제) 반응기에서 반응 폭주로 인하여 인화성 증기 누출로 인하여 점화원에 의한 폭발로 1명이 사망하였다. 2019년 5월 충남에 있는 정제공정 혼합잔사유 탱크에서 이상 중합반응으로 과압이 발생하여 저장탱크 비상 압력방출로 SM혼합물이 누출되어 약 3,600명이 대피하였다. 2021년 8월 화장품 원료 제조공장에서 추출기의 헥산 누출로 폭발이 발생하여 6명이 부상을 당한 후 치료 중 5명이 사망한 사고가 발생하였다.

2021년 10월 경남 김해시의 한 병원 MRI실에서 산소통에 끼여 환자가 사망하는 사고가 발생했다. 60대 남성 환자가 MRI 기기의 좁고 둥근 공간 안에서 산소통과 함께 끼여 숨졌다. 2024년 8월 서울시 강북구 소재 OO 현장에서 근로자가 굴착기를 사용하여 하수관로 연결 작업을 하던 중 굴착기에서 떨어진 버킷(bucket)에 맞아 사망하는 사고가 있었다.

국내에서 한해 발생하는 산업재해자는 136,796명에 달한다. 그리고 사망자는 2,016명에 달한다. 이로 인한 근로손실일수는 63,845,877일에 달하며, 손실액은 36조를 넘는다. 사고의 종류나 형태는 다양하지만, 사고의 형태는 주로 넘어짐(20.6), 떨어짐(10.5%), 끼임(9.6%), 부딪힘(7.5%), 물체에 맞음(6%), 깔림(2.4%), 무너짐(0.4%), 절단/베임/찔림(7.5%), 교통사고(5.9%), 무리한 동작(5.4%), 화재/폭발/파열(0.4%), 업무상 질병(17.1) 및 기타(6.7%) 등으로 거의 대부분이 사람의 행동과 긴밀한 관련이 있다(고용노동부 산업재해현황분석, 2023). 고용노동부가 매년 발간하는 산업재해현황분석에 따르면, 사고의 형태는 지난 수 십년간 대부분 유사했고 사고는 지속적으로 반복되고 있으며, 그 배후에는 휴먼에러가 있다.

사고의 80%는 휴먼에러에 의한 것으로 알려져 있다. 그리고 나머지 20%의 사고는 장비 고장과 관련이 있다. 여기에서 휴먼에러에 의한 80%의 사고를 분석하면 약 70%는 잠재적인 조직적 약점에 의해 발생하고, 나머지 30%는 사람이 태생적으로 갖는 에러로 인해 발생한다.

휴먼에러로 인한 사고발생은 인적 피해와 물적 피해 등 다양한 손해를 불러일으킬 수 있다. 그리고 사회, 대중 및 환경에도 큰 영향을 주며, 때로는 사회와 인류를 위태롭게 할 수 있다. 또한 중대재해처벌법에 따른 중대산업재해로 인해 심각한 법적 제재와 상당한 비용적 손해가 발생할 수 있다.

휴먼에러에 따른 사고는 기업에 막대한 손실을 초래할 수 있으며, 재정적 손실과 함께 기업의 평판을 손상시킬 수 있다. 휴먼에러로 인한 사고의 여파는 법적 책임, 규제 위반 벌금, 규정 준수 문제로 이어져 기업에 미치는 영향을 더욱 증폭시킬 수 있다.

II 사고로 인한 도덕적 · 윤리적 피해

도덕과 윤리라는 단어는 한자어의 전통적인 의미에서 외래어로서 번역되면서 구체화되었다. 도덕은 라틴어 mores에 어원을 둔 단어 morality의 번역어이다. 그리고 윤리는 희랍어 ethos에 어원을 둔 ethics의 번역어로 간주된다. 본래의 뜻을 따지자면, mores와 ethos 모두 풍속이나 관습을 뜻하는 말이기에 morality나 ethics의 뜻도 그 연장에서, 한 사회 내부에 존재하는 관습적인 질서나 그것을 지키는 일로 파악될 수 있다.

윤리(Ethics)와 도덕(Morales)은 "올바른" 행동과 "그른" 행동과 관련이 있다. 때로는 같은 의미로 사용되기도 하지만 윤리는 직장에서의 행동 강령이나 종교의 원칙과 같이 외부 출처에서 제공하는 규칙으로 인간 행위의 특정 부류나 특정 집단 또는 문화와 관련하여 인정되는 행동 규칙을 의미한다. 도덕은 일반적으로 옳고 그른 행동에 관한 원칙이나 습관으로 해야 할 일과 하지 말아야 할 일을 규정한다.

그리스 작품 ethikos(도덕의 또는 도덕을 위한)에서 파생된 윤리(ethics)는 가치 또는 도덕 연구와 관련된 철학의 한 분야로 알려져 있다. 윤리 연구를 개척한 고대 철학자들은 대체로 사회 전체의 기능과 그 안에서의 개인의 역할에 관심을 가졌다. 오늘날 윤리는 기업의 사회적 책임과도 관련이 있다. 직원, 고객, 주주 및 지역 사회 전체에 대한 기업의 의무이며, 장기적인 지속 가능성을 보장하고 있다.

이러한 사유로 경영을 책임지는 사람들과 리더는 기업의 사회적 책임에 대한 윤리의식에서 안전을 보게 되었다. 도덕/윤리적 측면에서 안전을 바라보는 가장 쉬운 잣대는 산업재해로 인한 사고와 질병 관련 자료이다. 국제노동기구인 ILO가 추산하는 산업재해 관련 사망자는 매년 약 2,780,500명에 이르는 것으로 표 1.1과 같이 알려져 있다. 이중, 사고로 인한 사망자는 380,500명이고 질병으로 인한 사망자는 2,400,000명이다. 한편, 사고로 인한 부상자는 270,000,000명이고 사고로 인한 질병자는 104,000,000명이다.

표 1.1

구분		연간(단위: 명)
사망자	사고	380,500
	질병	2,400,000
부상자		270,000,000
질병자		104,000,000

표 1.2

구분		연간(단위: 명)
사망자	사고	894
	질병	1,160
부상자		95,117
질병자		16,010

사고를 입는 주요 사람들은 농업, 건설, 광업 등에서 위험한 작업을 하는 개발도상국 출신의 가난하고 보호받지 못하는 사람들이다. 국제노동기구는 집계되는 사고가 빙산의 일각으로 더 많은 사고가 있을 것으로 추정하고 있다.

한편, 대한민국은 소득 3만 불 선진국 규모에 걸맞지 않게 사고사망자 만인율이 2021년 0.43‱로 OECD 38개국 중 34위로 영국의 1970년대, 독일 및 일본의 1990년대 수준에 정체되어 있다.[1)] 고용노동부가 발표한 산업재해 관련 사망자는 표 1.2와 같이 매년(3개년 평균) 약 2,054명에 이른다. 이중, 사고로 인한 사망자는 894명이고 질병으로 인한 사망자는 1,160명이다. 그리고 사고로 인한 부상자는 95,117명이고 사고로 인한 질병자는 16,010명이다.

모든 사람은 직장을 선택할 때 안전한 곳을 선호한다. 따라서 고용주, 사업주 또는 경영책임자는 일하는 사람을 안전하게 할 도덕적 의무를 갖고 있다. 일하는 곳이 안전하다면 모든 사람이 오고 싶어하는 회사가 될 것이고 작업의 생산성 또한 증대될 것이다. 사람이 일하는 곳에서 고통, 괴로움, 부상 및 건강 악화를 초래하는 위험에 노출된다는 것은 도덕적으로 용인할 수 없다. 그 이유는 사람은 안전한 환경에서 일하고 가족과 친지들에게 건강하게 돌아가야 할 것을 기대하기 때문이다.

일하는 사람이 어떤 사고로 죽거나 다치거나 끔찍한 질병에 걸리면 그 자신만 고통받는 것이 아니라 그의 가족, 친구, 동료들이 엄청난 충격과 고통을 받는다. 따라서 경영을 책임지는 사람들은 일하는 사람이 고통을 겪지 않도록 합리적인 수준의 보살핌을 제공해야 한다.

1) 관계부서합동(2022). 산업안전 선진국으로 다약하기 위한 중대재해 감축 로드맵

- 타인의 생명을 보호하는 것은 경영을 책임지는 사람의 의무이다.
- 일하는 사람은 안전하고 건강한 직장에서 일할 권리가 있다.
- 안전하지 않은 환경에서 일하도록 강제하거나 허용하는 것은 비도덕적인 처사이다.
- 예방 조치를 취하지 않아 발생하는 사고의 책임은 경영책임자에게 있다.
- 사람은 에러를 일으킬 수 있다는 가정을 하고 시설, 설비, 작업관리 등을 한다.
- 일하는 사람은 나의 가족이거나 친지일 수 있다는 생각을 하고 안전 배려를 한다.
- 주기적으로 일하는 사람의 작업 현장을 방문하고 어려움을 해결한다.

III 사고로 인한 법적 · 사회적 피해

1 법적인 피해

모든 국가에서 사업주는 구성원과 계약자 및 일반 대중과 같이 자신의 사업에 의해 영향을 받을 수 있는 사람에 대한 안전주의 의무(duty of care)를 다해야 한다. 아래 내용은 사업주가 지켜야 하는 기본적인 안전주의 의무이다.

1. 안전한 작업 장소 제공
2. 안전한 시설과 장비 제공
3. 안전한 작업 시스템 제공
4. 구성원에 대한 안전관련 교육과 훈련 제공
5. 적절한 수준의 감독과 정보제공

법률은 사업과 조직의 행동을 지배하는 틀을 정의하여 인권을 보호하기 위한 목적으로 만들어졌다. 국가는 이러한 법률을 유지하고 운영하기 위하여 사업주에게 사업과 관련한 면허를 주고 운영 기준을 준수하도록 하고 있다. 이에 따라 사업주는 법률이 정한 최소 기준을 충족해야 한다. 사업주는 구성원, 고객 및 기타 이해 관계자의 건강과 안전을 보장할 법적 책임이 있다. 만일 그렇게 하지 않는다면 법적 의무 위반에 따라 징역 또는 벌금 등 징벌적 처벌을 받는다. 그리고 사고를 당한 구성원이나 계약자는 사업주의 법적 의무 위반 사실을 증명하여 보상 소송을 제기할 수 있다. 전술한 법적 책임과 관련한 대한민국의 주요 안전 법률에는 산업안전보건법과 중대재해 처벌법 등이 존재한다.

2 사회적 피해

1994년부터 2011년까지 17년 동안 판매된 가습기 살균제 사고, 2003년 대구지하철 방화로 인한 사망자 192명 등 340명의 사상자를 낸 사고, 2014년 세월호 침몰로 304명이 사망한 사고, 2016년 서울 지하철 2호선 구의역 내선순환 승강장에서 스크린도어를 혼자 수리하던 외주업체 직원 사고, 2018년 한국발전기술 소속의 24세 비정규직 노동자 김용균이 한국서

부발전이 운영하는 태안화력발전소에서 사망하는 사고는 사회적인 공감대를 형성하였다. 최근 들어 이러한 산업현장이나 사회에서 발생하는 사고를 보는 시각에 많은 변화가 발생하였고, 사고로 인한 직접적인 피해 뿐 만 아니라 기업이 오랫동안 쌓아온 좋은 이미지가 한순간에 무너지게 되며, 영업에 큰 영향을 미치게 되었다.

2010년 영국의 석유 시추선 Deepwater Horizon호 폭발 사고는 이러한 면을 보여주는 좋은 사례이다. 시추선의 석유를 누르는 압력이 낮아지면 유정의 꼭대기로 석유와 가스가 분출되므로 해저 바닥에 가스 분출 방지기를 설치하였다. 이 가스 분출 방지기는 공기주입식 튜브를 이용해 유정을 임시 봉인하며, 튜브가 제대로 작동하지 않을 시에는 마지막 수단으로 유정 파이프를 절단하는 역할을 한다. 이 비상 분리 스위치를 EDS(Emergency Disconnect Switch)라고 하며, 가스 분출 방지기를 작동시키는 것을 'EDS 한다' 라고도 한다. 사고 당시 시추장에서 일하던 근로자는 작업을 하던 중 시추관에서 이상 징후를 감지했다. 그것은 석유와 가스가 감당하기 어려운 수준으로 무섭게 올라오는 것이었다. 이로 인해 경보가 울리기 시작했고, 당장 EDS를 해야 했지만 그러지 못하였다. 가스 분출 방지기는 너무 늦게 작동되었고, 유정을 봉인하는 데 실패하였다. 결국 대형 화재와 폭발 사고가 발생하였다. 이로 인해 11명이 사망하고 400일 동안 석유 500만 배럴이 멕시코 만으로 흘러 들어가는 참사가 발생하였다. 이 사고가 발생한 날로부터 50일 만에 BP의 주가는 50%가 폭락하게 되고 CEO인 헤이워드(Anthony Bryan Hayward)는 사직하게 된다.

한편, 지난 25년 동안 세계적으로 환경(예: 탄소 배출, 물 소비, 폐기물 생성 등), 사회(예: 직원의 건강과 안전, 제품, 고객 관련 등) 그리고 거버넌스(예: 정치 로비, 부패 방지 위원회 다양성 등) 등을 측정하고 보고하는 회사의 수가 증가하였다. 이것을 ESG라고 한다. 1990년대 초 ESG 관리현황을 공개한 기업은 20개 미만이었지만 2016년까지 약 9,000개로 증가하였다. 이러한 추세로 힘입어 ESG 관리 현황은 투자자의 관심을 끌기 시작하였다. ESG 원칙은 환경(E), 사회(S), 거버넌스(G) 요소를 포함하는 프레임워크로 표 1.3과 같이 구성되어 있다.

표 1.3

구분	요인	정의
환경(E)	-온실가스 배출량 -에너지 소비 및 효율성 대기 오염 물질 -물 사용 및 재활용 -폐기물 생성 및 관리(물, 고체, 유해) -생물다양성에 미치는 영향과 의존성 -생태계에 대한 영향과 의존성 -친환경 제품 및 서비스 혁신	기업, 국가 또는 개인의 재무 성과 또는 지급 능력에 긍정적이거나 부정적인 영향을 미칠 수 있는 환경 문제

사회(S)	-직원 결사의 자유 -아동 노동 -강제 노동 -직장 건강 및 안전 -고객의 건강과 안전 -차별, 다양성, 평등 -기회 -빈곤과 지역사회에 미치는 영향 -공급망 관리 -훈련 및 교육 -고객 프라이버시 -커뮤니티 영향	기업, 국가 또는 개인의 재무 성과 또는 지급 능력에 긍정적이거나 부정적인 영향을 미칠 수 있는 사회적 문제
거버넌스(G)	-행동 강령 및 비즈니스 원칙 -책임 -투명성 및 공개 -임원 급여 -이사회 다양성 및 구조 -뇌물 및 부패 -이해관계자 참여 -주주 권리	기업, 국가 또는 개인의 재무 성과 또는 지급 능력에 긍정적이거나 부정적인 영향을 미칠 수 있는 거버넌스 문제

사회영역 속해 있는 건강과 안전과 관련한 사항은 ESG 원칙으로서 중요한 요소라고 볼 수 있다. 건강과 안전은 최근 코로나 팬데믹 이후 그 중요성이 더욱 강조되었다. 사회, 대중 그리고 대규모 투자자들의 시각은 사업이 건강하고 안전하다는 믿음이 있는 기업을 존중하고, 비 도적이거나 비인륜적인 사고가 발생하는 기업을 신뢰하지 않을 것이다. 따라서 사회적 이유로서 안전은 매우 중요하다고 볼 수 있다.

Ⅳ 사고로 인한 경제적 피해

많은 사업주 또는 경영책임자는 구성원의 건강 및 안전 조치를 추가 비용으로 생각하지만, 여러 선행연구나 실행사례를 살펴보면 그렇지 않은 것을 알 수 있다.

- 건강과 안전 관리는 근로자 보상 비용을 줄이는 데 도움이 될 수 있다. 근로자 보상 보험은 모든 사업에서 필요한 비용이지만, 때로는 상당한 재정적 부담이 될 수 있다. 건강과 안전 관리 목표를 수립하고 실행에 옮기면서 기업은 근로자 보상 청구 건수 및 관련 비용을 줄일 수 있다.
- 건강과 안전을 개선하면 생산성이 향상될 수 있다. 구성원이 현장에서 안전하고 건강하다고 느낄 때 생산성이 높아지는 것을 알려져 있다. 사업운영과 수익 창출에 건강과 안전보건관리가 기여한다고 알려져 있다.

- 건강과 안전과 관련한 위험을 줄이는 것은 회사의 평판과 이미지를 보호하는 데 도움이 될 수 있다. 어느 기업이나 사업체도 구성원의 부상이나 사고에 자유로울 수 없다. 따라서 건강과 안전 관리에 대한 투자는 기업에서 일어날 수 있는 사고의 위험을 줄이고 그 과정에서 평판과 이미지를 보호할 수 있다.
- 건강과 안전에 대한 투자는 구성원을 유치하고 유지하는 데 도움이 될 수 있다. 구성원 자신의 안전과 건강에 관심을 갖는 회사에서 일하고 싶어한다. 건강과 안전 관리에 투자함으로써 기업은 구성원들에게 건강하고 안전한 직장을 제공하기 위해 노력하고 있음을 보여줄 수 있다. 이러한 과정은 구성원 채용과 유지에 도움이 될 수 있다.
- 건강과 안전 관리 전략을 구현하면 장기적으로 많은 비용을 절감할 수 있다. 건강과 안전 관리 전략을 구현하는 데 필요한 초기 투자가 필요 하지만, 기업은 구성원의 보상 비용을 줄이고 생산성을 높일 수 있다.

골드만 삭스의 연구결과에 따르면, 작업장 안전보건을 적절하게 관리하지 못한 기업은 2004년 11월부터 2007년 10월까지 적절하게 관리한 기업보다 재정적으로 더 나쁜 성과를 냈다고 보고하였다. 투자자들은 보고서에서 회사가 작업장 안전보건 관리를 했다면 동일 기간에 수익을 더 높일 수 있을 것이라고 조언했다.

리버티 뮤추얼 보험회사가 시행한 설문조사에 따르면, 재무 최고책임자(CFO)의 60%는 사고예방에 1달러를 투자할 때마다 2달러 이상을 회수한다고 하였고, 40% 이상은 작업장 안전 프로그램 운영으로 생산성이 좋아진다고 하였다. 미국 안전전문가 협회는 안전보건에 대한 투자와 그에 따른 투자 수익 사이에는 직접적인 상관관계가 있다고 하였다.

참조 문헌과 링크

고용노동부 (2023). 산업재해 현황분석
고용노동부 (2019). 산업재해 현황분석.
고용노동부 (2020). 산업재해 현황분석.
고용노동부 (2021). 산업재해 현황분석.
고용노동부 (2013). "현대제철(주) 산업재해, 구조적 문제로 밝혀져!", pp. 1-5.
관계부서합동 (2022). 산업안전 선진국으로 도약하기 위한 중대재해 감축 로드맵.
안전보건공단 (2013). "HDPE 공장 사일로 폭발사고", pp. 1-34.
안전보건공단 (2019). "합성반응기 폭주반응에 의한 화재·폭발", pp. 32-37.
안전보건공단 (2018). "화장품 원료 반응 중 반응폭주로 인한 폭발사고", pp. 1-15.
안전보건공단 (2020). "스티렌모노머 혼합물 누출사고", pp. 1-14.
양정모. (2024). 휴먼퍼포먼스 개선과 안전 마음챙김, 박영사.
한국산업안전보건공단. (2021). 중대재해 이슈 리포트, 화재폭발 사례와 중대재해처벌법.
한국산업안전보건공단. (2024). 하수관로 작업 중 굴착기 버킷 맞음.

- Amel-Zadeh, A., & Serafeim, G. (2018). Why and how investors use ESG information: Evidence from a global survey. Financial Analysts Journal, 74(3), 87-103.
- Beyer, J., Trannum, H. C., Bakke, T., Hodson, P. V., & Collier, T. K. (2016). Environmental effects of the Deepwater Horizon oil spill: a review. Marine pollution bulletin, 110(1), 28-51.
- Chief Financial Officer Survey. Liberty Mutual Insurance Company, (2005).
- White Paper on Return on Safety Investment. American Society of Safety Engineers (ASSE), (June 2002).
- DoE. (2009). Human Performance Improvement Handbook, DoE Vol 1, pp.1-27.
- Hughes, P., & Ferrett, E. (2016). International Health and Safety at Work: The Handbook for the NEBOSH International General Certificate. Routledge.
- Hughes, P., & Ferrett, E. (2022). International Health and Safety at Work: The Handbook for the NEBOSH International General Certificate. Routledge.
- Ismail, Z., Kong, K. K., Othman, S. Z., Law, K. H., Khoo, S. Y., Ong, Z. C., & Shirazi, S. M. (2014). Evaluating accidents in the offshore drilling of petroleum: Regional picture and reducing impact. Measurement, 51, 18-33.
- Nwankwo, C. D., Arewa, A. O., Theophilus, S. C., & Esenowo, V. N. (2022). Analysis of accidents caused by human factors in the oil and gas industry using the HFACS-OGI framework.International journal of occupational safety and ergonomics,28(3), 1642-1654.

- Perrow, C. (1999).Normal accidents: Living with high risk technologies. Princeton university press.
- Saleh, J. H., Haga, R. A., Favarò, F. M., & Bakolas, E. (2014). Texas City refinery accident: Case study in breakdown of defense-in-depth and violation of the safety-diagnosability principle in design. Engineering Failure Analysis,36, 121-133.
- Theophilus, S. C., Esenowo, V. N., Arewa, A. O., Ifelebuegu, A. O., Nnadi, E. O., & Mbanaso, F. U. (2017). Human factors analysis and classification system for the oil and gas industry (HFACS-OGI). Reliability Engineering & System Safety,167, 168-176.
- Why We Manage Health And Safety. Retrieved from: URL: https://www.hseblog.com/why-we- manage-health-and-safety/.
- Wiegmann, D. A., & Shappell, S. A. (2017).A human error approach to aviation accident analysis: The human factors analysis and classification system. Routledge.
- Yang, J., & Kwon, Y. (2022). Human factor analysis and classification system for the oil, gas, and process industry. Process Safety Progress, 41(4), 728-737.
- Goldman Sachs JBWere Finds Valuation Links in Workplace Safety and Health Data. Goldman Sachs JBWere Group, (October 2007). See Press Release).

- 매경헬스. (2018). 동두천 어린이집 차량사고, 4세 여아 숨져…잇따른 사고에 대책은?. Retrieved from: URL: https://www.mkhealth.co.kr/news/articleView.html?idxno=41566.
- KBS뉴스. (2021). MRI에 산소통 끼여 환자 숨진 사고…"의사가 지시한 의료사고". Retrieved from: URL: https://news.kbs.co.kr/news/pc/view/view.do?ncd=5359415.
- EBA (2023). EBA Report on Management and Supervision of ESG Risks for Credit Institutions and Investment Firms. Retrieved from: URL: https://www.eba.europa.eu/sites/default/documents/files/document_library/Publications/Reports/2021/1015656/EBA%20Report%20on%20ESG%20risks%20management%20and%20supervision.pdf?retry=1.
- Daum 백과. 윤리와 도덕의 차이. Retrieved from: URL: https://100.daum.net/encyclopedia/view/172XX56800048.
- Diffen. Ethics vs. Morals. Retrieved from: URL: https://www.diffen.com/difference/Ethics_vs_Morals.
- Human Error: The Impact on Your Business and How to Minimize It. Retrieved from: URL: https://beinetworks.com/human-error-impact-on-your-business/

Chapter 2

휴먼에러의 함의

사고의 주요 기여요인인 휴먼에러에 대한 다양한 정의를 살펴본다. 세계적으로 저명한 휴먼에러 분야의 학자나 전문가인 Alan D. Swain and H. E. Guttman(1983), James Reason(1990), Eric Hollnagel(1993), David Meister(1996), Dan Petersen(1996), R. B. Whittingham(2004)의 휴먼에러 성의를 설녕한나. 그리고 휴먼에러를 오래된 전망(사고의 책임이 누구에게 묻고 비난하는 방식)과 새로운 전망(휴먼에러를 일으킨 요인을 살피는 것으로 개선을 하는 방식)으로 구분한 Sydney Dekker의 휴먼에러 정의와 썩은 사과 이론에 대해서 설명한다.

I 휴먼에러에 대한 정의

'에러를 일으키는 것은 사람이다(to error is human)' 라는 정의는 안전분야에서 저명한 학자인 James Reason이 한 것이다. 우리가 살아가는 세상에서 누구도 휴먼에러에서 자유로울 수 없다. 휴먼에러는 우리가 사는 일상의 일부이다.

1 Swain and Guttman(1983)

1.1 Alan D. Swain

그는(1923 ~ 2021) 무기시스템(weapons systems)과 원자력발전소와 관련한 인간공학전문가이다. 그는 샌디아 국립연구소(Sandia National Laboratories)의 기술진으로 활동하였고, 휴먼에러확률 예측기법(THERP, technique for human error-rate prediction)을 개발했다. 그는 원자력 발전소 응용 분야를 중심으로 한 인간신뢰성평가 핸드북을 공동 집필했으며, 이 핸드북은 인간공학 분야의 기본 지침서가 되었다.

1.2 H.E. Guttmann

그는 인간신뢰도평가(HRA, Human Reliability Assessment) 연구로 유명하며, Alan D. Swain과 함께 "원자력 발전소 운영을 중심으로 한 인간신뢰성평가 핸드북(Handbook of Human Reliability Assessment with Emphasis on Nuclear Power Plant Operations)"을 공동 집필했다. 이 핸드북은 원자력 발전소와 같은 고위험 환경에서 인적요인과 시스템 신뢰도에 미치는 영향을 이해하는 데 중요한 자료이다.

Swain과 Guttman은 휴먼에러를 허용 범위에서 벗어난 행동으로, 허용 가능한 수행의 한계가 시스템에 의해 정의되는 경우라고 하였다. 휴먼에러는 정상적이거나 예상되는 수행에서 벗어나는 것으로, 그 편차는 결과에 의해 정의된다고 하였다.

2 James Reason(1990)

그는(1938~2025) 영국 런던 근처의 Watford에서 어린 시절을 보냈다. 그는 의대에 관심이 있었지만 결국 심리학으로 전공을 바꿨다. 그가 그런 결정을 한 이유는 그가 의대생 시절 런던의 한 대형 정신병원 근처 카페테리아에서 매우 매력적인 젊은 여성 그룹을 발견하고 그들이 응용 심리학과 학생이라는 것을 들었기 때문이라는 비화가 있다. 그는 1962년 맨체스터 대학교 심리학과를 우등으로 졸업했다.

James Reason의 초기 관심사는 항공, 조종석 인체 공학 및 멀미 등과 관련이 있었으며 졸업 후 몇 년 동안 Farnborough에 있는 Royal Air Force Institute of Aviation Medicine에서 근무하면서 조종사 면허를 취득하였다. 이후 그는 학계로 돌아와 1967년 레스터(Leicester) 대학교에서 논문 작성을 하면서 1976년까지 일했다. 그리고 플로리다에 있는 미 해군 항공 우주 의학 연구소에서 멀미와 우주 방향 감각 상실에 대한 연구도 했다.

Reason은 1977년부터 2001년까지 맨체스터 대학교에서 심리학 교수직을 역임했다. 그리고 명예교수로서 다양한 산업 분야의 여러 안전 관련 행사 및 연구 프로젝트에 적극적으로 참여했다. 재임 기간 동안 그는 다양한 산업 분야의 에러와 방심, 안전과 에러관리와 같은 주제를 연구했다. 그의 대표적인 연구는 Human error, Generic error modeling system, Organizational accident, Swiss cheese model, Safety culture 등이 있다.

그는 휴먼에러를 계획된 일련의 정신적 또는 신체적 활동이 의도한 결과를 달성하지 못하고, 이러한 실패를 우연의 작용으로 돌릴 수 없는 모든 경우를 포괄하는 일반적인 용어라고 정의했다. 이 정의는 휴먼에러 발생 여부를 판단하기 위해 행위 자체보다는 행위의 결과 또는 결과에 초점을 맞춘 것이다.

3 Eric Hollnagel(1993)

그는(1941~) Denmark Copenhagen에서 태어나 Copenhagen 대학교 심리학 석사학위와 Aarhus 대학교 심리학 박사 학위를 취득하였다. 그는 호주 Macquarie 대학교 의학 및 보건 과학부 객원교수, 독일 München 대학교 고등 연구소 객원 연구원 그리고 스웨덴 Linköping 대학교 컴퓨터 정보 과학부 명예교수 직을 갖고 있다. Hollnagel은 시스템 관리 및 성능, 시스템 안전, 건강 관리와 관련한 안전탄력성, 안전탄력성 공학, 인간 신뢰도 분석, 인지 시스템 엔지니어링 및 지능형 인간-기계 시스템과 관련된 작업을 수행했다. 그는 28권의 책, 저명한 저널의 기사, 학회 논문 및 보고서를 포함하여 500권 이상의 간행물을 출간하였다.

Hollnagel은 휴먼에러를 예상된 결과를 생성하지 못하거나 원치 않는 결과를 생성하는 행위로 정의하였다.

4 David Meister(1996)

그는 휴먼에러와 휴먼 퍼포먼스 데이터베이스에 관한 여러 논문을 기고했다.

그는 휴먼에러를 인간 행동의 기본이 되는 심리적 기능의 공통적인 순서가 실패하는 현상이라고 정의하였다. 사슬의 어떤 요소라도 끊어지면, 인지된 자극의 실패, 다양한 자극 구별 불능, 자극의 의미 오해, 특정 자극에 대한 반응 방법 부재 및 신체적 무능력으로 인해 필요한 응답을 하고 순서에 맞지 않는 응답을 위해 완벽한 실행을 달성할 수 없다.

5 Dan Peterson(1996)

그는(1932 - 2007) 미국 네브래스카주 오마하에서 태어났다. 그는 많은 사람들에게 현대 안전의 아버지 중 한 명으로 인식되고 있다. 그는 ASSE(American Society of Safety Engineers)의 "Fellow"로 지명되고 ASSE의 전국 회장으로 선출된 것을 포함하여 산업 안전 및 보건 분야에서 거의 모든 영예와 상을 받았다. 그는 하인리히의 저서인 Industrial Accident Prevention, A Scientific Approach라는 책자의 5판(1980)을 출판하였다. 이 책은 하인리히가 사망한 이후 출판되었지만, 여전히 하인리히를 첫 번째 저자로 표기하고 있다. 그는 근로자의 행동 측면을 중요시하는 해결 방안을 제시한 학자로 알려져 있다.

그는 "휴먼에러는 사람들이 자신을 발견하는 상황, 즉 특정 순간에 사고와 부상을 초래할 수 있는 상황에서, 휴먼에러를 범하는 것을 완전히 정상적이고 논리적으로 만드는 특정 상황에 의해 발생하는 것으로 정의하였다.

6 R. B. Whittingham(2004)

그는 항공, 철도, 가스, 정유, 원자력, 화학산업 분야의 안전 기술자이며, 컨설턴트이다. 그는 휴먼에러와 관련한 책자 'The blame machine-Why human error causes accidents'를 발간(2004)하였다.

그는 휴먼에러는 의도한 행위가 의도치 않게 실패한 경우로, 단독으로 또는 계획된 일련의 행동의 일부로서, 행동 또는 결과와 관련된 허용 한계 내에서 의도된 결과를 달성하기 위한 것이라고 정의하였다. 이 정의에 따르면, 휴먼에러는 (i) 행동을 수행할 때 에러를 범할 의도가 없었던 경우, (ii) 행동의 목적이 있는 경우, (iiii) 행동의 의도된 결과가 허용 한계 내에서 달성되지 않은 경우를 의미한다.

II 휴먼에러의 두 가지 전망

Sydney Dekker(1969년~)는 네덜란드에 있는 암스테르담에서 태어났다. 그는 호주 브리즈번에 있는 Griffith University 대학교수로서 Safety Science Innovation Lab을 설립했다. 그는 또한 University of Queensland의 심리학 명예 교수이기도 하다. 그리고 그는 스웨덴 Lund University에서 휴먼팩터학(human factors) 및 시스템 안전 (human factors and system safety) 분야의 교수였으며, 복잡성 및 조직사고를 위한 Leonardo da Vinci 연구소를 설립하기도 했다. 그는 스털링의 보잉 737 부기장으로 근무한 경험이 있으며, 휴먼팩터학(human factors)[2]과 안전 분야의 저명한 학자이다.

Sydney Dekker는 휴먼에러의 두가지 전망(Two views of Human error)이라는 정의를 그의 저서인 The field guide to understanding human error(2014)를 통해 기술하였다. 그는 휴먼에러를 구체적으로 정의하지는 않았지만, 사고의 원인으로서의 휴먼에러에 대한 기존 관점과 특정 상황에서 사람에게 작용하는 외부 효과의 증상으로서 새로운 관점을 구분했다.

휴먼에러를 바라보는 오래된 전망(old view)은 결과에 대한 책임을 누군가에게 묻는 것, 문제의 근본 원인을 휴먼에러로 보는 것, 사고조사의 종점으로 보는 것이다. 하지만, 휴먼에러를 바라보는 새로운 전망(new view)은 휴먼에러를 유발한 도구, 작업, 환경, 기능과 관련된 기여요인(contributing factor)을 확인하는 것이다. 그리고 휴먼에러를 사고의 원인과 결과로 보는 것이 아니라 사고조사의 시작점으로 보는 것이다.

1 안전한 시스템 속의 위험한 사람들 그리고 불안전한 시스템 속의 선의의 사람들

안전한 시스템에 악의적인 사람들이 있을까, 아니면 불안전한 시스템에 선의의 사람들이 있을까? 휴먼에러에 대한 단편적인 모습은 아래와 같다.

- 누군가 충분히 주의를 기울이지 않아 사고가 발생했다.
- 누군가 안전지표나 자료의 중요성을 인식했더라면 아무 일도 일어나지 않았을 것이다.
- 누군가 더 많은 노력을 기울여 사고를 예방해야 했다.
- 누군가 지름길을 만드는 것은 별일 아니라고 생각했다.

사고이후의 휴먼에러 개선방안은 쉬워 보이며, 아래와 같은 조치를 취하게 된다.

- 부적절한 업체와의 계약을 철회한다.
- 더 많은 안전규칙, 절차 및 지침을 만들어 적용한다.
- 사람들에게 조심하라는 내용이 담긴 포스터, 메모, 슬로건 등을 안내한다.

2) 휴먼팩터(Human factor)는 휴먼에러를 일으키는 다양한 요인이나 요소로 부주의, 착각, 망각, 피로, 자만감 등이 있다. 한편, 휴먼팩터(Human factors)는 human factor를 체계적으로 다루는 지식체계 또는 학문으로 휴먼에러를 밝히는 휴먼팩터학이다(이시바시 아키라, 2006; 정진우, 2023).

- 휴먼에러를 일으키는 사람 대신 대체할 기술을 확보한다.
- 휴먼에러를 일으킨 사람을 징계한다.

전술한 조치들은 현장에서 쉽게 적용하는 조치이지만, 또 다른 부정적인 결과를 초래할 수 있음을 상기해야 한다.

- 휴먼에러를 일으킨 근로자에 대한 징계나 조치를 한다는 것은 사업장의 다양한 유해위험정보를 접수할 수 있는 원천 정보를 차단하는 것과 같다.
- 사고를 예방하기 위해 기존에 운영하던 다양한 기준이나 절차에 더 많은 기준들을 추가하면, 현장과의 괴리가[3] 추가적으로 발생할 여지가 있으며, 이에 대한 사전 변화분석[4] 이 없을 경우 더 중대한 사고가 발생할 가능성이 존재한다.
- 휴먼에러를 개선하기 위한 다양한 기술 도입은 과학적 발전과 함께 널리 사용되는 방법이다. 하지만, 이러한 신 기술들로 인해 새로운 유형의 휴먼에러가 발생하기도 한다.

휴먼에러는 겉보기에 단순해 보이지만, 깊고 복잡한 상황이나 맥락을 갖고있다. Jame Reason(1990)은 휴먼에러와 관련하여 다음과 같은 명언을 남겼다. "근로자는 사고의 주요 원인이 되기보다는 잘못된 설계, 잘못된 설치, 잘못된 유지보수 및 잘못된 관리 결정으로 인해 발생한 시스템 결함의 상속인이다. 그들의 역할은 밀폐된 공간에 가연성 가스가 오랜 동안 잠재되어 있는 상황에서 점화원으로서의 역할을 한 것이다."

오래된 전망	새로운 전망
결과 책임이 누구에게 있는지 묻는다	결과에 대한 책임이 무엇인지 묻는다
휴먼에러를 문제의 원인으로 본다	휴먼에러를 깊은 문제의 증상으로 본다
휴먼에러는 무작위적이고 신뢰할 수 없는 행동으로 본다	휴먼에러는 사람들의 도구, 작업 및 운영 환경의 기능과 체계적으로 연결되어 있다
휴먼에러는 사고조사의 적절한 결과이다	휴먼에러는 사고조사의 출발점이다

3) 홀라겔(2018)은 생산, 운영 및 작업 등을 위한 계획(상정)한 기준이나 일을 WAI (work as imagined)하고, WAI를 기반으로 사람이 실행하는 운영 또는 작업을 WAD (work as done)라고 한다. 대체로 WAI는 WAD를 효과적으로 감안하지 않아, 일선 현장의 관계자들은 다양한 어려움에 처한다. 그리고 WAI와 WAD 사이에서 안전과 효율을 저울질하면서 주어진 목표를 달성하려는 노력을 한다. 이것을 ETTO (efficient thoroughness trade-off)라고 한다.

4) 변화분석(change analysis)의 접근방식은 사고당시 상황과 사고를 일으키지 않았을 상황을 비교하여 직관적인 차이점을 발견하는 것이다. 예를 들면, 사고가 발생한 상황과 사고가 발생하지 않았던 일주일, 한달 그리고 일년 전의 상황을 비교할 수 있다.

2 사람들은 나쁜 일을 하기 위해 출근하지 않는다

휴먼에러의 새로운 전망은 "지역 합리성 원칙(local rationality principle)"[5)]을 따른다. 사람들은 당시 처한 상황에서 주의를 기울이고, 자신이 가진 다양한 경험과 기술 그리고 사회나 회사의 지침을 참고하여 좋은 성과를 달성하고자 노력을 한다. 세상에 어떠한 사람도 나쁜 일을 하기 위해 출근하는 사람은 없다.

사람들이 휴먼에러를 일으키는 결과를 두고, 그들에게 왜 휴먼에러를 일으켰냐고 묻는 다면, 그들은 잘 모르겠다는 답변을 할 것이다. 휴먼에러의 새로운 전망을 정의한 Jens Rasmussen[6)]에 따르면, 휴먼에러를 일으킨 사람은 그들이 왜 휴먼에러를 일으켰는지 알 수 있는 위치에 있지 않기 때문이라고 했다. 따라서 우리는 사람들이 왜 휴먼에러를 일으켰는지 그들의 눈을 통해 원인을 살펴야 한다. 휴먼에러의 새로운 전망 측면은 사람들이 어디에서 휴먼에러를 일으켰는지가 아니라 사람들이 그 일을 왜 잘하고 있다고 믿는지 그리고 그 일에 대한 올바른 이해를 하고 있었는지 확인하는 것이다.

오래된 전망	새로운 전망
결과 책임이 누구에게 있는지 묻는다	결과에 대한 책임이 무엇인지 묻는다
휴먼에러를 문제의 원인으로 본다	휴먼에러를 깊은 문제의 증상으로 본다

휴먼에러의 새로운 전망 측면은 다음과 같은 특성을 고려한다.

- 사람이 일으키는 휴먼에러는 모두에게 동일하게 일어난다.
- 휴먼에러는 모든 사람이 직면할 수 있는 시스템적 문제의 증상이다.
- 사람은 성과 검토 대상이 아니고, 규율이나 비난에 관한 것도 아니다.
- 휴먼에러는 새로운 학습 기회이다.

휴먼에러의 새로운 전망은 사람들이 완벽하다고 보지 않는 것이다. 휴먼에러를 일으킨 사람들이 당시 무엇을 해야 했는지, 그리고 왜 그렇게 하지 않았는지 하는 관점을 넘어서야 한다. 예를 들어, 그들은 왜 그 특정 문제에 집중했는가? 그리고 그 문제를 어떤 방식으로 처리할지 결정하였는가? 당시 사람들의 입장에서 내린 결정을 살펴본다면? 외부가 아닌 내부에서 외부로 펼쳐지는 상황을 이해하려고 노력한다면, 휴먼에러의 실체를 찾을 수 있다. 다음 그림은

5) 지역 합리성 원칙은 사람들이 특정 맥락 내에서 제한된 정보와 집중력을 바탕으로 그 순간 자신에게 합리적으로 보이는 결정을 내리는 것을 의미한다. 사람이 본질적으로 주어진 상황에서 내리는 논리적 결정은 더 넓은 외부 관점에서 보면 합리적이지 않을 수 있다.

6) Jens Rasmussen은 1926년 덴마크 리베에서 태어났고 1950년 전자공학 Master of Science 학위를 받았다. 그리고 그는 36세의 나이에 원자 연구 시설 Risø의 전자 부서 책임자로 임명되었다. 지난 반세기 동안 그의 연구는 인지과학, 인적요인, 인간공학, 안전과학 분야에 가장 영향력 있는 공헌을 하였다. 그의 기술기반 행동, 절차기반 행동 및 지식기반 행동 분류와 관련한 초기 연구는 1980년~1990년 Norman과 Reason의 휴먼에러 연구를 촉진시켰다. 그의 연구는 Perrow의 정상사고 이론(1984), Hollnagel의 안전탄력성(2006) 및 고신뢰조직(HRO)에 영향을 주었다.

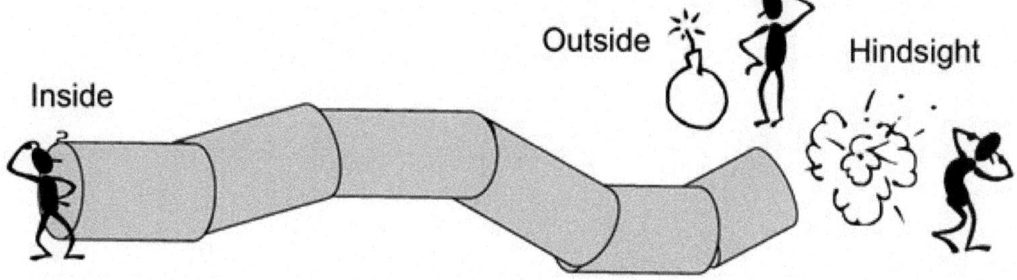

터널을 묘사한 휴먼에러 접근방식이다. 휴먼에러를 이해하기 위해서는 터널의 외부나 후방의 관점이 아니라 내부 관점을 이해하는 것으로부터 시작해야 한다.

3 썩은 사과 이론

휴먼에러를 일으키는 설명하기 어려운 사람들 그리고 어리석은 일을 하는 사람들을 볼 때 휴먼에러의 새로운 전망은 지나치게 호의적이라는 생각을 할 수 있다. 특히 형편없는 일을 하는 사람들에게 어느 정도의 책임을 물어야 하며, 본보기로 삼아야 한다고 생각한다. 이러한 생각의 저변에는 썩은 사과(bad apple)이론이 존재한다.

사람들이 일하는 시스템은 기본적으로 안전한데 일부 사람들의 휴먼에러가 사고의 원인으로 간주된다는 믿음(그런 사람들만 없으면 사고는 발생하지 않는다는 믿음)이 썩은 사과이론이다. 썩은 사과 이론에 따르면, 썩은 사과를 질책하는 것은 정의롭고 효과적인 개방방안으로 보일 수 있지만, 너무 급한 나머지 바지에 오줌을 싸는 것과 같다(Dekker, 2002). 잠깐은 안도감을 느끼지만, 잠시 지나 불쾌감을 느끼고, 옷을 갈아입어야 하는 이치와 같다.

썩은 사과이론은 썩은 사과가 상자에 담긴 사과 전체의 품질을 망칠 것이므로 판매되기 전 없애야 한다는 의미에서 비롯되었다. 썩은 사과라는 용어는 나쁜 사람이 선한 사람들을 부패시키고, 성과를 약화시켜 회사가 파산할 것이라는 우려를 통한 사회조직적 맥락으로 사용되었다. 안전분야에서 썩은 사과 이론은 나쁜 사람을 제거하면, 시스템이 안전하게 유지되어 사고가 예방된다는 믿음으로 사용된다. 하지만, 썩은 사과이론에는 특정한 모순이 존재한다. 이러한 모순의 존재를 밝힌 논문(경찰, 금융 및 의료기관)에 따르면, 사람들은 선의의 마음을 가진 사람으로서 조직의 목표를 달성하기 위한 노력을 하면서 회사의 조직문화와 안전문화에 길들여지면서 썩은 사과가 되어 가는 과정을 겪는다. 결국 사과 자체가 나쁜 것이 아니라 사과를 보관하는 시스템이 좋지 못하다는 것이다.

사람의 본성(인간본성)[7]은 바꾸기 어렵지만, 사람이 일하는 환경이나 조건은 바꿀 수 있다. 썩은 사과 이론을 따라 안전관리를 한다면, 사고를 예방하는데 많은 한계에 다다를 수 있음을 인식해야 한다. 즉, 안전관리에 많은 재정적 투자를 하고, 경영층과 관리감독자가 많은 관심을 갖는다고 해도 그 방향이 사람의 휴먼에러를 이해하고 인식하기 어려운 곳이라면 사고예방에 어려움이 있을 것이다. 사람이 휴먼에러를 일으킨 다면, 사람의 문제가 아니라 시스템의 문제일 가능성이 높다는 것을 인식해야 한다.

4 사고 가능성이 높은 사람

사고 가능성이 높은 사람을 정의한 것은 심리학자이었다. 1926년, 사고 가능성이 높은 사람이라는 새로운 증후군이 만들어졌다. 하나는 에릭 파머(Eric Farmer)와 챔버스(E. G. Chambers)라는 두 심리학자가 쓴 영국 보고서(1926)로 사고경향(accident proneness)이라고 명명되었다. 다른 하나는 저명한 독일 심리학자 카를 마르베(Karl Marbe)가 쓴 논문(1926)으로 사고경향(독일어로 Unfallneigung)이라고 명명되었다. 주목할 만한 점은 이 두 출판물이 독립적이고 동시에 출판되었다는 것이다.

각 출판물은 제1차 세계 대전 시기에 두 문화권에서 각각 시작된 연구와 사고에서 발전했다. 20세기 중반까지 사고경향은 서구 사회에서 널리 알려지고 활용되는 개념이었다. 당시 마르베는 몇몇 학생들과 함께 응용 심리학 연구를 하던 중 보험 통계에서 일부 사람은 사고를 당하고 일부는 그렇지 않다는 사실을 발견했다. 1920년대 초, 연구는 이 개념을 생산 에러(production errors)로 확장했고, 사고 가능성이 높은 사람을 구분할 수 있다는 희망을 일깨웠다.

유럽 대륙, 영국, 미국 전역의 심리학 연구소들은 더욱 기발한 시뮬레이션과 장치 개발하였고, 사람을 면밀히 검사하고 선별함으로써 사고 가능성이 높은 사람을 파악할 수 있었다. 그리고 그 결과는 사고 가능성이 높은 사람을 위험 직종에서 제외하는 방식으로 활용되었고, 당시 안전에 대한 큰 투자로 여겨졌다.

당시 저명한 심리학자는 사고를 일으킨 사람과 휴먼에러를 일으킨 사람들이 해당정보를 기록할 수 있는 개인 카드를 소지해야 한다고 주장하였다. 개인 카드는 사업주가 사람들의 고용과 해고에 필요한 다양한 결정을 하는데 참고할 수 있는 내용이었다. 이러한 제안은 구체적으로 실행되지는 않았지만, 여러 산업에서 유사한 기록이 의사 결정에 활용되었다. 1930년대 사

7) 인간본성(human nature)은 사람의 성향, 능력 및 한계를 정의하는 모든 신체적, 생물학적, 사회적, 정신적, 정서적 특성을 포함한다. 인간본성의 특성 중 하나는 부정확성이다. 기계는 정밀하고 오류 없이 작동하지만 사람은 특정 상황에서 부정확할 가능성이 매우 높다. 미국 원자력발전협회(Institute of Nuclear Power Operation, INPO)가 정의한 인간본성은 스트레스, 습관, 가정, 자기만족, 과신, 마음가짐, 부정확한 위험인식, 정신적 지름길, 편향 및 제한된 단기 기억의 특성을 포함한다고 했다.

고 가능성이 높은 사람에 대한 두 가지 접근방식이 있었다. 하나는 심리학적 방식으로 검사하는 것이고, 다른 하나는 정신분석적 방식이었다. 두 가지 모두 어떤 치료법이나 임상적인 방법이 아니었고, 부상을 입는 사람과 반복적으로 휴먼에러를 일으키는 사람을 대상으로 하는 개별적 측면이 우세했다.

1933년 라인란트 지방 아동병원(Rheinischen Provinzial-Kinderheilanstalt für Seelisch Abnorme)과 대학교 병리심리학연구소(Pathopsychologischen Institut der Universität Bonn) 소장이었던 오토 뢰벤슈타인(Otto Löwenstein)은 신경과 전문의와 정신과 전문의의 관점에서 사고 가능성이 높은 사람에 대한 연구를 수행하였다(Löwenstein, 1934). 그의 연구는 주로 반복적으로 산업재해를 입은 사람들을 대상으로 심리적 그리고 신체적 검사를 적용했다. 뢰벤슈타인은 문제의 원인을 사람의 근육 긴장도에 따른 개인적 차이와 심리생리학적 특성을 측정하는 도구를 고안했다. 하지만, 1950년대 이후 정신의학과 심신의학의 쇠퇴와 함께 그 중요성이 덜해졌고, 관련한 논문 연구의 수가 급격히 감소하였다.

이때 공학분야는 의도치 않게 사고가능성이 높은 사람과 관련한 문제를 암묵적으로 다루기 시작했다. 그리고 공학기술을 통해 사고 가능성이 높은 환경을 억제하는 기술을 설계하였다. 이러한 대표적인 기술로는 비상정지 스위치, 회전체 보호, 충돌방지 센서 및 안전벨트 설치 등 다양한 방식으로 적용되었다. 심지어 1965년 세계보건기구(WHO)는 공학적 기술을 활용하여 사고가능성이 높은 사람을 보호해야 한다고 규정하였다(Backett, 1965). 이로써 사고 가능성이 높은 사람에 대한 관심을 보였던 정신과 분야의 의사들이 이 분야를 떠나게 된 배경이 되었다. 과학기술의 진전과 함께 안전공학 이론이 성장하면서, 사고가 발생하는 이유를 휴먼에러에서 찾기 보다는 사람을 둘러싼 환경과 도구 등 다양한 상황적 요인을 이해하고자 하는 노력들이 성장하게 되었다.

사고 가능성이 높은 사람을 대상으로 하는 안전관리 방식은 비난풍토를 조성한다는 문제가 있다. 한 예로 영국 보스턴의 대중교통시스템은 교통 사고의 원인을 찾는데 있어, 운전자의 27%가 전체 사고의 55%를 일으킨다는 주장을 하면서 비난을 하였다. 하지만, 이 비난은 사고 가능성이 높은 운전자를 특정하는데 있어 밤에 주로 운전하는 사람, 낮에 주로 운전하는 사람, 도심의 번잡한 도로를 주행하는 사람, 차량이 별로 없는 한적한 거리를 운전하는 사람, 위험수준이 다른 도로를 주행하는 사람 등 다양한 변수를 고려하지 않았다는 점에서 논리성을 갖기 어려웠다.

2023년 고용노동부의 산업재해 현황 통계를 보면, 사업장 2,945,136 개소에 종사하는 근로자 20,637,107 명 중에서 4일 이상 요양해야 하는 산업재해자가 136,796 명이 발생(사망 2,016명, 부상 112,373명, 업무상질병 요양자 22,127명)하였다. 산업재해로 인한 근로 손실일수는 63,845,877 일에 달한다. 그리고 산업재해로 인한 직접 손실액(산재 보상금 지급액)은 7,284,941백만 원으로 전년 대비 8.95% 증가하였다. 이에 대한 간접손실액은 29,139,764 백만 원에 이른다. 산업별 사망자 현황을 살펴보면, 전체 사망자 2,016명 중 건설업은 486명, 제조업은 476명, 광업은 427명, 운수창고통신업은 189명, 금융 및 보험업은 19명, 임업은 17

명, 농업은 12명, 어업은 4명, 전기가스수도업은 3명 및 기타의 사업은 383명 이었다.

산업재해로 생명을 잃은 사람 전체를 두고, 사고 가능성이 높았던 사람으로 분류하는 일이 공정할까? 사망사고가 가장 많이 발생한 건설업, 제조업 및 광업에 종사하는 사람들을 사고 가능성이 높은 사람들로 분류하고, 그 외에 산업에 종사하는 사람들을 사고발생 가능성이 낮은 사람들로 분류한다는 것이 과연 설득력을 얻을 수 있을지 의문이다. 오히려 사망사고가 가장 많이 발생한 건설업, 제조업 및 광업에 종사하는 사람들의 작업 환경은 그 위험도가 높고, 그 외에 산업에 종사하는 사람들의 작업 환경은 위험도가 낮다고 봐야 하지 않을까 생각한다.

5 개인적인 차이

개인차(Individual differences)는 심리학적 관점에서 개인 간에 비교적 지속적이거나 안정적인 차이가 존재하는 개별 요인을 설명하는 데 사용된다. 여기에는 인지 능력, 지식, 기술 및 경험, 의사 결정, 동기 부여, 성격, 태도 및 감정, 스트레스 및 웰빙 및 윤리적 추론 등이 포함된다. 다양한 분야의 학자들은 오랫동안 개인차에 대한 정보를 활용하여 사람들의 행동을 예측해 왔다. 그들의 연구는 사람의 능력, 성격 및 동기와 같은 개인차가 다양한 업무 행동 및 중요한 업무 성과와 관련이 있음을 보여주었다. 그리고 사람의 행동을 예측하기 위해 개인차를 측정하는 설문 조사, 검사 및 기타 평가 기법을 개발하는 심리학 분야인 심리측정학이 만들어졌다.

개인차를 특정할 수 있는 분류는 주로 1) 연령과 성별, 2) 수면 무호흡증, 수면 발작, 비만, 기타 건강 상 의료기록과 건강, 3)약물복용과 음주, 4)피로, 5)충동성과 위험감수, 사회적 부적응과 공격적이고 분노하는 성격, 내향성과 외향성, 이분법/극단적 사고 등을 포함하는 성격, 6)감각 운동성 및 7)스트레스 등이 있다.

개인차로 인한 현실적인 문제는 근골격계 질환을 입는 것이다. 근골격계 질환(MSD, musculoskeletal disorders)은 상지/하지 또는 등의 관절 또는 기타 조직의 모든 부상, 손상 또는 장애를 포함한다. 일부 근골격계 질환은 업무 활동으로 인해 발생하지만 일부는 업무 외 활동으로 인해 발생하거나 업무와 관련 없는 질병의 결과일 수 있다. 사람이 근골격계 질환의 영향을 받는 정도는 매우 다양하며, 정상적인 활동을 할 수도 있지만 그렇지 않을 경우도 있다. 근골격계 질환 중 인력취급 작업과 관련한 부상은 전체 부상에서 상당한 부분을 차지하고 있다. 근골격계부담작업이란 반복적인 동작, 부적절한 작업자세, 무리한 힘의 사용, 날카로운 면과의 신체접촉, 진동 및 온도 등의 요인에 의하여 목, 어깨, 허리, 팔 다리의 신경·근육 및 그 주변 신체조직 등에 나타나는 질환을 말한다. 근골격계질환과 관련한 개인차에는 1) 역량 또는 기술, 2) 업무 숙련도, 3) 신장과 팔 길이, 4) 고령 근로자 및 산모 등 취약계층 및 5) 안전 작업기준에 영향을 줄 수 있는 개인의 태도 또는 특성 등이 있다.

모든 사람의 생각, 가치관, 역량 및 판단은 다양하고 다르다는 것은 자명한 사실이다. 이러한 사실에 근거하여 선발 심리학(Selection psychology) 분야[8]는 지난 100년 간 사람들의 개인차를 이해하고, 다양한 업무에서 개인의 성과에 미치는 영향을 예측하려고 노력해 왔다. 또한 원자력, 항공, 화학 및 건설 등의 산업 별 조직이나 회사는 고유의 특성화된 역량 강화 프로그램을 개발하여 운영하고 있다.

6 책임감

회사는 여러 사업분야와 다양한 사람들이 상호 유기적으로 연결되어 있으므로 안전보건과 관련한 책임을 계층별 그리고 사람 별로 설정하는 것은 중요하다. 책임은 영어로 responsibility와 accountability 두 가지 단어로 구분하여 사용된다. 책임(responsibility)은 근로자와 감독자가 사고를 예방하기 위해 미리 설정해둔 안전조치나 안전활동을 준수하는 사전적인(before) 의미가 있다. 반면, 책임(accountability)은 관리자나 경영진이 일어난 일에 대한 책임을 갖는 사후적인(after) 의미가 있다. 즉, "A"라는 임원이 권한을 "B"라는 근로자에게 위임(delegation)해도 그 결과에 대한 책임은 "A"라는 임원에게 있다는 것이다. 따라서 책임(accountability)은 전가될 수 없고 그 책임(accountability)을 피할 수 없다.

권한(authority)은 사업 조직의 목표를 달성하기 위해 자원을 효율적으로 결정하는 사람의 능력으로 정의할 수 있다. 권한을 가진 모든 사람은 자신의 권한 범위를 정확히 알아야 하며 이를 남용해서는 안 된다. 권한은 명령을 내리고 일을 처리할 수 있는 권리이므로 항상 위에서 아래로 전개된다. 마찬가지로 권한을 다른 사람에게 위임하여도 책임(accountability)까지 위임되는 것은 아니다. 조직에 책임과 권한을 적절히 설정하기 위해서는 공식적인 책임 시스템 구축이 필요하다. 효과적인 책임 시스템이 존재한다는 것은 책임을 측정할 수 있고 객관적이라는 의미를 포함하고 있다.

불안전 행동에 대한 수용 가능한 범위와 수용 불가능한 범위를 설정하여 운영하는 것은 중요하다. 불안전 행동의 배후 요인을 확인하지 않고, 무조적으로 처벌하는 것은 용납할 수 없다는 인식이 필요하다. 하지만, 불안전 행동으로 인해 사고를 일으킨 결과에 대해서 무조건 면책하지 않는다는 기준은 유지해야 한다. 공정문화(just culture) 설계를 위한 전제조건은 수용할 수 있는 행동과 수용할 수 없는 행동의 범위를 설정하는 것이다.

8) 선발 심리학은 채용과 선발 과정에서 심리학적 원리를 활용하여 효과적인 인재 선발 시스템을 구축하는 분야이다. 특히 역량 기반 채용과 선발에 초점을 맞추어, 조직의 목표 달성에 필요한 역량을 가진 인재를 효율적으로 선발하는 것을 목표로 한다.

참조 문헌과 링크

고용노동부 (2023). 산업재해 현황분석.

양정모. (2024). 새로운 안전관리론-이론과 실행사례, 박영사.

양정모. (2023). 새로운 안전문화-이론과 실행사례, 박영사.

양정모. (2024). 휴먼 퍼포먼스 개선과 안전 마음챙김, 박영사.

양정모. (2025). 사고에서 얻은 교훈-사고조사 이론과 실행사례, 박영사.

- Burnham, J. C. (2008). The syndrome of accident proneness (Unfallneigung): Why psychiatrists did not adopt and medicalize it. History of Psychiatry, 19(3), 251-274.
- Busch, C. (2021). Preventing Industrial Accidents: Reappraising HW Heinrich-More than Triangles and Dominoes. Routledge
- Hansen, F. D. (2007). Human Error: A Concept Analysis. Journal of Air Transportation, Volume 11, No. 3.
- Knipling, R. R. (2004). Individual differences and the" high-risk" commercial driver (Vol. 4). Transportation Research Board.
- Moore, D. P. (1996). Handbook of Medical Psychiatry. St. Louis: Mosby-Yearbook. Psychological Reports, 84, 881-886.
- Reason, J. (2012). James Reason: Patient safety, human error, and Swiss cheese. Quality management in health care, 21(1), 59-63.
- Petersen, D. (1996). Human error reduction and safety management. New York: Van Nostrand Reinhold.
- Reason, J., & Reason, J. T. (1997). Managing the risks of organizational accidents Ashgate Aldershot.
- Sidney, D. (2014). “The field guide to understanding human error”, CRC Press Taylor & Francis NW, pp. 1-26.
- Sidney Dekker, The Field Guide to Human Error Investigations, 2002.
- The culture of safety, an interview with safety pioneer Dan Peterson. American Society of Safety Engineers (ASSE), (March 2007).
- Whittingham, R. B. (2004). The blame machine: Why human error causes accidents. Routledge.
- Zacher, H. (2014). Patient safety-A psychological perspective (Vol. 8). Walter de Gruyter.

- Alan D. Swain. Retrieved from: URL: https://en.wikipedia.org/wiki/Alan_D._Swain.
- Do ‘Bad Apples’ Actually Exist? (2022). Retrieved from: URL: https://indepthmag.com/do-bad-apples- actually-exist/.
- Erik Hollnagel Homepage. (2022). Retrieved from: URL: https://erikhollnagel.com/.

- HSE. (2025). Individual differences. Retrieved from: URL: https://www.hse.gov.uk/msd/mac/individuals.htm.
- HSE. (2023). Manual handling – Manual Handling Operations Regulations 1992. Retrieved from: URL: https://www.hse.gov.uk/pubns/priced/l23.pdf.
- James Reason. Retrieved from: URL: https://en.wikipedia.org/wiki/James_Reason.
- WIKIPEDIA. (2023). Sydney Dekker. Retrieved from: URL: https://en.wikipedia.org/wiki/Sidney_Dekker.
- Sydney Dekker Homepage. (2023). Retrieved from: URL: https://sidneydekker.com/

Chapter 3

휴먼에러 분류 및 분석 그리고 불안전행동

휴먼에러를 일으키는 메커니즘인 욕구체계, 의도체계, 기억체계, 행동체계 및 출력기능에 대한 설명을 한다. 휴먼에러를 i) 부주의(slip), 망각(lapse), 착각(mistake) 및 위반(violation) 등 의도에 따른 분류(Reason), ii) 생략(omission)과 수행(commission)행동에 따른 분류(Swain), iii) 초과((exceedances)와 사고결과(incident & accident)에 따른 분류 iv) 개인과 조직에 따른 분류를 설명한다.

부주의(slip)와 망각(lapse)을 실행실패(Execution failures)로 구분하고, 규칙기반 착각(rule-based mistake)과 지식기반 착각(knowledge-based mistake)을 계획실패(Planning failures)로 구분하여 설명한다. 부주의의 개요와 부주의로 인한 발전소, 승강기 현장, 증권사 및 화학공장에서 일어난 사고 사례를 설명한다. 망각을 일으키는 차단, 덫 없음, 무심함, 거짓 기억, 잘못된 정보 효과 및 상상팽창을 설명한다. 그리고 망각으로 인한 건설현장, 화학공장, 주유소, 승강기 현장 및 항공기 관련 사고 사례를 설명한다.

규칙기반 착각을 일으키는 좋은 규칙을 잘 못 적용하는 경우(예외, 정보 과부하, 규칙 강도, 중복성 및 경직성)와 잘못된 규칙을 적용하는 경우(잘못된 규칙, 어설픈 규칙 및 권장하지 않는 규칙)로 구분하여 설명한다. 지식기반 착각을 일으키는 사람(더 큰 그림을 보지 못함, 친숙함 추종, 최근 정보 활용, 모순되는 증거 무시, 결론에 갈망한 서두름)과 지식기반 착각을 일으키는 상황에 대해서 설명한다. 그리고 지식기반 착각과 규칙기반 착각으로 인한 발전소, 병원, 화학공장 및 건설현장의 사고 사례를 설명한다.

위반을 기술기반 위반, 규칙기반 위반 및 지식기반 위반의 범주로 구분하고, 일반적인 위반, 예외적인 위반, 상황적인 위반, 최적화 위반 및 사보타주로 상세히 구분하여 설명한다. 위반을 자주하는 사람과 사람이 위반을 하게 되는 통제환상, 무적감 환상 및 우월감의 착각 등을 설명한다. 위반으로 인한 도시가스, 승강기 현장 및 화학공장의 사고 사례를 설명한다. 그리고 사람의 행동을 기술기반 행동, 규칙기반 행동 및 지식기반 행동으로 구분한 Jens Rasmussen의 SRK 모델을 설명한다.
휴먼에러를 일으키는 기여요인을 분석하기 위하여 그동안 세계적으로 개발된 HPES, K-HPES, CAS-HEPS, GEMS 및 HFACS 체계에 대한 설명을 한다. 1990년 미국원자력발전협회(INPO)가 개발한 HPES의 개요, 장점 및 제한사항에 대해서 설명한다. HPES를 기반으로 국내에서 개발한 K-HPES에 대한 소개를 하고, CAS(Computer Aiding System)-HPES에 대한 개요, 구조, 기능 및 분석절차를 소개한다. Jens Rasmussen(1983)의 SRK모델을 기반으로 Reason(1990)이 정의한 휴먼에러 모델링 시스템(Generic Error-Modelling System, GEMS)을 소개한다.
스위스치즈 모델의 현장 적용을 위해 개발된 인적요인분석 및 분류시스템(human factor analysis and classification system, HFACS) 체계를 소개한다. HFACS체계는 그동안 세계적으로 항공, 철도, 광업, 해운, 석유가스 산업, 소규모 화학산업 분야에 개발되어 적용되었다. 가장 최근인 석유가스발전산업 분야에 적용 가능한 HFACS-OGAPI(Oil, Gas and Process Industry) 체계를 근간으로 HDPE 사일로 폭발사고, MGPI 화학물질 누출사고, BP 텍사스 정유폭발 사고, 미국 Aghorn Operating 질식사고 및 미국 Kleen 에너지 폭발사고에 대한 분석 사례와 시사점에 대해서 설명한다.

I 휴먼에러 발생 메커니즘

휴먼에러를 일으키는 메커니즘에는 욕구체계(need system), 기억체계(memory system), 의도체계(intention system), 행동체계(action system) 및 출력기능(output function)이 있다(Reason, 1984).

i) 욕구체계는 사람이 어떠한 어떤 행동을 하기 위해 마음이나 동기를 갖는 것이다. ii) 기억체계는 어떠한 정보나 지식을 저장하는 기능을 하며, 행동체계에 직접 및 간접적인 영향을 준다. 다음 그림(행동모델, a model of human action)의 점선 경로 'C'가 행동체계에까지 영향을 미치는 과정을 참조한다. iii) 의도체계는 최고의 집행자라고 할 수 있다. 의도체계는 사람이 하는 행동을 계획하고, 진행중인 행동을 감시하는 역할을 한다. 그리고 일어났던 행동을 평가하는 기능 또한 한다. 그리고 어떠한 행동의 시작, 선택, 또는 중지를 조절한다. 외적사건과 내적상태에 따라 의도체계가 형성된다. 예를 들면, 사업장에서 업무를 하던 중 시계를 보고 허기를 느껴 식사를 하겠다는 의도체계가 형성된다. 의도체계에는 폐쇄회로(closed-loop)와 개방회로(open-loop)가 존재한다. 의도체계는 그동안 경험이 없던 일을 할 때 상당한 주의를 기울이는 과정을 갖는다. 이 과정은 다음 그림의 경로 'A'와 'B'를 폐쇄시켜 출력기능을 통제하고, 이와는 반대로 항상 하던 습관적인 행동은 점선 경로 'A'와 'B'를 개방시킨다. 특히, 사람이 하는 무의식적인 습관적 행동은 의도체계를 개방하고 경로 'D'를 통해 휴먼에러를 일으킨다. iv) 행동체계는 행동 도식(action schema)으로 구성되어 출력의 경로로 실행된다. v) 출력기능은 휴먼에러를 일으키는 경로의 가장 마지막에 존재하며, 관찰이 가능하다.

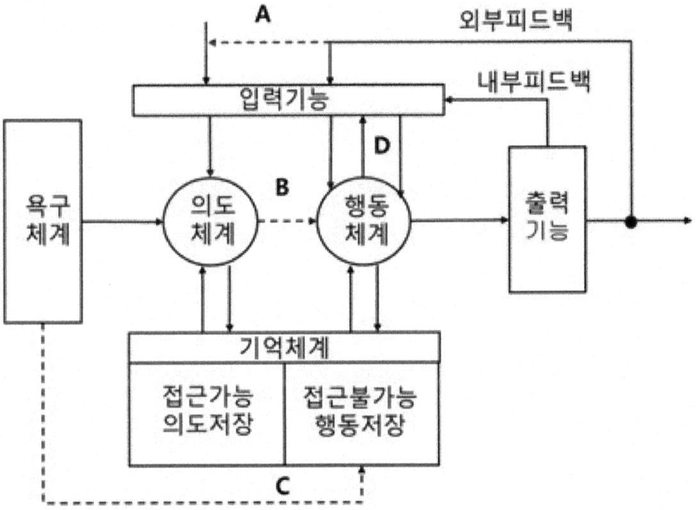

II 휴먼에러 분류

1 의도에 따른 분류(사람의 정보처리 관점)

사람이 어떠한 행동을 하기 전 의도의 존재여부를 판단하여 구분한 분류이다. 사람의 행동은 "의도하지 않은 행동"과 "의도한 행동"으로 분류한다. 의도하지 않은 행동은 부주의(slip) 및 망각(lapse)으로 구분하고 의도한 행동은 착각(mistake)과 위반(violation)으로 구분한다. 그리고 부주의(slip), 망각(lapse) 및 착각(mistake)을 기본적인 휴먼에러로 분류한다. 부주의나 망각은 주로 실행 단계에서 발생하고, 착각(mistake)은 복잡한 계획 수립 단계에서 발생한다.

2 행동에 따른 분류

미국의 스웨인(Swain)은 원자력 발전소에 중점을 둔 인간신뢰성평가 핸드북 보고서에서 휴먼에러를 행동에 따라 생략(omission)에러와 수행(commission)에러로 구분하고, 수행(commission)에러를 다시 선택(selection)에러, 순서(sequence)에러, 시간(time)에러 및 질적(qualitative)에러로 분류하였다.

2.1 생략에러

생략(omission)에러는 사람이 했어야 할 작업 단계를 하지 않았을 때 발생한다. 원자력 발전소에서 서면으로 된 절차가 있을 경우를 상정하여 생략에러를 분석한 결과, i) 문서에 실행 여부를 기재하는 방식이고, 짧은 목록, 10개 미만일 경우 휴먼에러 확률은 .001이었다. 그리고 긴 목록, 10개 이상일 경우는 .003이었다. ii) 문서에 실행 여부를 기재하지 않는 방식일 때, 짧은 목록, 10개 미만일 경우의 휴먼에러 확률은 .003이었다. 그리고 긴 목록, 10개 이상일 경우는 .01이었다. 이와 관련한 내용은 다음 표와 같다.

또한 서면으로 된 절차가 있고, 절차를 사용해야 하지만 사용하지 않는 경우의 휴먼에러 확률은 0.5이었다. 분석결과에 따르면, 서면으로 된 절차를 따르지 않는 경우에 휴먼에러 확률이 가장 높았다. 그리고 문서에 실행 여부를 기재하지 않는 방식이 그렇지 않은 경우보다 휴먼에러 확률이 높았다.

구분	내용	휴먼에러 확률
문서에 실행 여부를 기재하는 방식	짧은 목록, 10개 미만	.001
	긴 목록, 10개 이상	.003
문서에 실행 여부를 기재하지 않는 방식	짧은 목록, 10개 미만	.003
	긴 목록, 10개 이상	.01

2.2 수행에러

(1) 선택에러

선택(selection)에러는 사람이 다양한 정보를 기반으로 어떠한 결정을 내리는 과정에서 발생하는 에러이다. 원전 제어실에는 유사한 형태의 디스플레이가 많기 때문에, 선택에러는 인간신뢰성평가를 통해 평가되어야 한다. 일부 디스플레이는 외관이 다르고, 다른 디스플레이와 물리적으로 떨어져 있기 때문에 선택에러가 일어날 가능성은 적지만, 선택에러가 가장 빈번하게 일어나는 상황은 녹색과 붉은색 상태 표시등이 있는 장소이다. 원자력 발전소 디스플레이로 인한 선택에러 발생 가능성이 있는 결함에는 다음과 같은 요인들이 있다.

- 사람이 보기 어렵게 설계된 눈금과 해석하기 어려운 눈금 숫자의 수열
- 계량기와 기록계가 눈높이 위아래에 있어 눈금의 위아래를 읽기 어려움
- 눈부심 및 반사 현상이 일어나는 디스플레이나 기록기
- 차트 기록기 펜의 잉크가 소진된 상태로 쓰여 읽기 불가능
- 업무와 관련이 있는 디스플레이가 물리적으로 멀리 떨어져 있는 경우
- 디스플레이 간 코딩 및 라벨링이 일관되지 않은 경우
- 디스플레이의 배열은 사람에게 실시간 정보를 제공하지 않음

(2) 순서에러

순서(sequential)에러란 잘못된 순서로 수행되는 경우를 의미한다. 순서에러에는 잘못된 순서, 잘못된 방향으로 동작하는 것이 포함된다.

(3) 시간에러

시간(time)에러란 시스템에 할당된 시간 내에 작업이나 단계가 수행되지 않는 에러로 작업이 너무 일찍 또는 너무 늦게 완료된 에러이다.

(4) 질적에러

질적(qualitative)에러란 출력이 너무 적거나 너무 많은 작업상의 에러를 의미한다. 예를 들어 용접의 양이 너무 적거나 많은 경우 등을 포함한다.

2.3 기타

(1) 침투에러

침투(intrusion)에러는 사람이 어떠한 행동을 할 때 불현듯 다른 자극이나 정보에 따라 행동을 하는 것이다. 운전자는 무의식적인 운전을 하던 중 가장 자주 하는 일과 최근에 했던 일을 반복하게 된다. 몇 가지 일상적인 예는 다음과 같다. i) 운전자는 휴일에 운전을 하던 중 갑자기 회사로 가는 출구로 방향을 트는 자신을 발견한다. ii) 바쁜 하루를 보내고 집으로 퇴

근하던 중 핸드폰의 전화벨이 울리자 회사에서 하던 인사를 한다. iii) 운전을 하던 중 앞차가 갑자기 멈추자 오른발로 브레이크를 밟는다. iv) 서류에 새해가 되었는데 작년 연도를 기재한다. v) 외투를 들고 밖으로 나가려고 하는 참에 전화가 걸려와 응답하고 외투는 그냥 두고 나갔다. vi) 사무실에서 근무하고 있는데, 밖에서 노크소리가 들렸다. 마침 전화가 와서 받으면서 '들어오세요'라고 답했다. 전술한 예는 두가지의 행위 도식이 서로 섞여 행동을 통제하려던 과정에서 생기는 에러이다.

(2) 반복에러

사람이 어떠한 일을 배우고 숙달되면 노련함으로 이어져 상당한 작업 시간을 줄일 수 있는 장점이 있다. 숙련된 전문가는 최소한의 집중을 통해 체크리스트에 있는 다양한 항목에 대한 업무 수행이 가능하다. 하지만, 숙련자가 체크리스트에 따른 반복적인 임무를 수행할 경우 반복(repetition)에러와 같은 부정적인 결과를 초래할 수 있다.

3 결과에 따른 분류

3.1 초과

초과(exceedances)는 반드시 에러는 아니지만, 에러일 수도 있다. 초과는 사람의 능력이 안전 한계의 경계를 벗어나는 상황으로 심각한 사고의 원인이 된다. 초과 값은 허용 가능한 임계 값을 낮거나/높게 초과하는 모든 값을 의미한다. 이러한 초과 값 패턴에 해당하는 요인은 사양에 맞지 않는 제품 생산, 마감일 미준수, 속도 제한 위반, 행사장 내 인원 초과 등이 있다. 초과가 일어나는 이유는 예방 정비 완료 기일, 목표 중량, 마감일, 목표 납품일 등을 달성해야 하기 때문이다.

3.2 Incident와 Accident

해외는 국가와 기관에 따라 다르지만, 대체로 Incident와 Accident로 사고를 구분하고 있다. 미국 안전보건청(OSHA)의 정의를 살펴보면, 과거부터 사용되어 온 Accident는 원하지 않거나 계획되지 않은 사건(event)을 정의할 때 주로 사용된 용어로 우연적이고 예상할 수 없었던 사건을 암시하므로 사용하지 말 것을 추천하고 있다. 그리고 우리가 주로 다루는 사망, 부상 및 질병사고는 예방할 수 있으므로 Incident라는 용어 사용을 추천하고 있다. 여기에서 Incident라는 용어에는 Accident의 의미와 아차사고(Close calls 또는 Near misses)를 포함하고 있다.

영국 보건안전청(HSE)의 정의를 살펴보면, Accident는 부상이나 건강에 해를 끼치는 사건의 결과이며, Incident는 부상이나 건강을 해칠 가능성이 있는 사건인 아차사고(Near miss)와 원하지 않는 상황(Undesired circumstance)으로 정의하고 있다. ISO 45001의 정의를 살펴보면, Incident는 부상 및 건강 악화를 초래하는 사건이 발생할 수 있거나 초래하는 경우로 정의하고 있다. 그리고 부상 및 건강 악화가 발생하는 경우를 Accident 그리고 부상과 질병이 발생하지는 않았지만 그렇게 될 가능성이 있는 경우를 Near-miss, Near-hit 또는 Close call 이라고 정의한다.

미국 안전보건청, 영국 보건안전청과 ISO 45001의 정의를 넓은 의미에서 정리하면, Incident라는 개념은 부상이나 건강 악화를 유발할 가능성이 있는 아차사고와 부상이나 건강 악화를 유발한 결과를 포함하므로 통상 우리가 사용하고 있는 Accident의 개념을 확장한 것으로 볼 수 있다.

4 개인과 조직에 따른 분류

4.1 개인에러

개인에러(Active errors)는 장비, 시스템 또는 시설 상태를 변경하면서 원하지 않는 결과를 즉각적으로 일으킬 수 있는 관찰 가능한 사람의 행동이다. 사람은 설비나 장비를 직접 취급하므로 대부분 개인 에러를 범한다. 개인에러는 즉각적이고 원치 않는 결과를 초래하며, 다양한 조직의 목표를 달성하고자 제한된 자원을 사용하여 혼신의 노력을 다 하는 현장(sharp end)에 있는 사람들이 주로 일으킨다.

4.2 조직에러

조직에러(Latent errors)는 개인에러와는 달리 조직 내에서 숨겨진 약점 또는 잠재된 장비 결함으로 누적되는 특징이 있다. 조직에러는 발생 시점에 사람들이 의식하기 어렵고 눈에 띄지 않으며, 시설이나 사람에게 즉각적이고 분명한 결과를 주지 않는다. 조직에러를 일으키는 잠재조건에는 설계 결함, 제조 결함, 유지보수 실패, 결함 있는 도구, 교육 부족 등을 포함한다. 그리고 관리자, 감독자 및 기술 직원은 물론 현장 근로자는 잠재조건을 만들 수 있다. 일반적으로 절차, 정책, 도면 및 설계 기반 문서와 같은 문서 기반 지침은 불가피한 부정확성을 포함하며, 잠재조건에 영향을 주는 요인이다. 조직에러는 사람이 일하는 사업장과는 멀리 떨어진 곳(blunt end)에 위치하며, 개인에러를 유발한다.

4.3 개인사고와 조직사고

사고는 개인사고(Individual accident)와 조직사고(System accident)로 구분할 수 있다. 개인사고는 주로 사람과 관련한 작업범위 구분, 유해위험요인 확인, 위험관리 원칙 적용, 작업 시행 및 피드백과 지속적인 개선과 관계가 있다. 그리고 조직사고는 조직의 의사 결정, 자원 할당 및 문화 요인과 관계가 있다.

(1) 개인사고

사람이 넘어짐, 미끄러짐, 추락 및 감전과 같은 위험이 존재하는 장소에서 작업 수행 중 부상을 당하는 사고를 개인사고라고 한다. 개인사고는 대체로 다양한 환경에 노출된 근로자로 피해자가 개인 일 경우가 많다. 따라서 개인사고 예방의 초점은 작업 장소에 존재하는 다양한 위험요인에서 근로자를 보호하는 것이다. 다음 그림과 같이 휴먼에러나 장비결함은 예방방벽(Prevention barrier)을 뚫고, 완화방벽(Mitigation barrier)을 무력화시켜 사람(Targets)에게 피해를 준다.

사고조사자는 사고가 일어나기까지 어떤 방벽(예방방벽과 완화방벽)이 왜 실패했는지 검토해야 한다. 완화방벽은 사고의 피해나 결과를 줄이는 데 효과가 있지만, 근본적으로는 사고 발생을 예방하는 방벽에 중점을 두어야 한다.

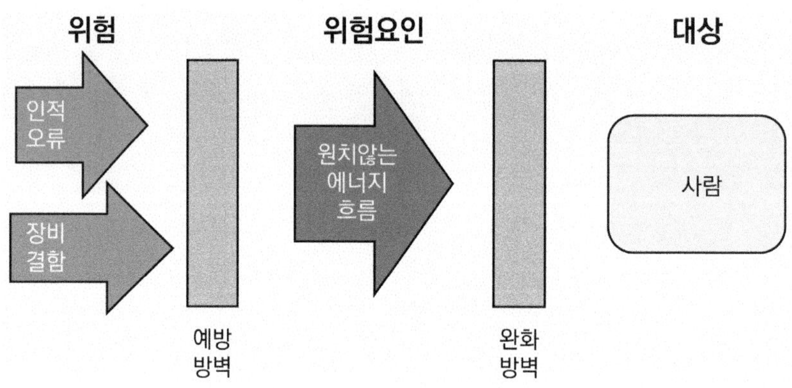

(2) 조직사고

조직사고는 '복잡한 시스템에서 예기치 않은 여러 장애의 상호 작용'이라고 정의할 수 있다. 이러한 복잡성은 기술적일 수도 있고 조직적일 수도 있으며, 때로는 두가지 다 해당될 수도 있다. 조직사고는 예방방벽과 완화방벽이 올바른 작동을 하지 않아 사람, 사회 및 환경에 악영향을 미치는 사고이다.

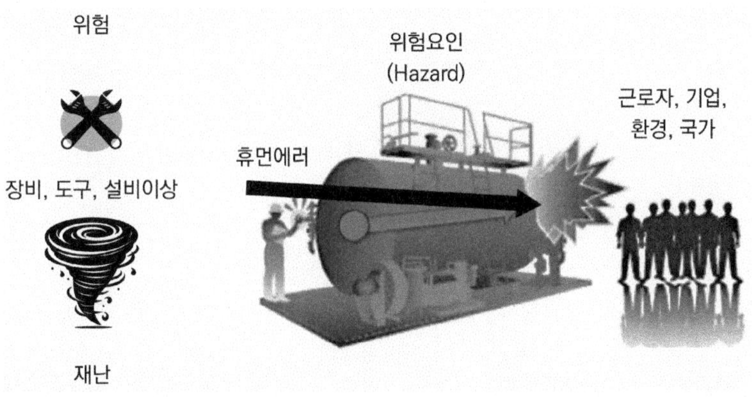

조직사고를 일으키는 위험요인에 대한 시스템의 설계, 구축, 운영, 유지보수 및 폐기에 이르기까지 총괄적인 관리가 필요하다. 이러한 총괄적인 관리를 하기 위해서는 위험 수준을 완화하기 위한 위험 매개변수(또는 기준)와 제어 시스템과 관련한 정책을 수립해야 한다.

개인사고와 조직사고를 구분하는 방법은 사고 조사 방식과 장애를 분석하는 방식에 따라 달라질 수 있다. 두가지 사고 유형의 가장 큰 차이점은 개인사고는 국소적인 업무 관행, 계획 및 감독의 영향을 받는 반면, 조직사고는 조직의 전반에 걸친 설계, 운영 또는 유지보수를 위한 위험 관리 프로세스의 영향을 받을 가능성이 높다. 조직사고의 경우는 위험과 관련한 의사결정을 조사하는 보다 심층적인 조사가 필요하다. 물론 사안에 따라 개인사고와 조직사고의 방식이 중첩되는 경우도 상당히 있다. 조직사고를 예방하기 위해서는 먼저 사고가 어떻게 발생하는지 이해하는 것이 중요하다. 조직사고는 다음 그림과 같이 발생한다.

- 휴먼에러: 근로자가 시설을 잘 못 다뤄 화재와 폭발사고가 발생
- 장비, 도구 및 설비: 설계가 잘 못 되어 장비, 도구 및 설비 등의 사고발생
- 자연재해: 지진과 같은 자연재해로 인해 시설에서 사고발생
- 기타: 아직까지 발견되지 않은 향후 발생할 수 있는 사고발생

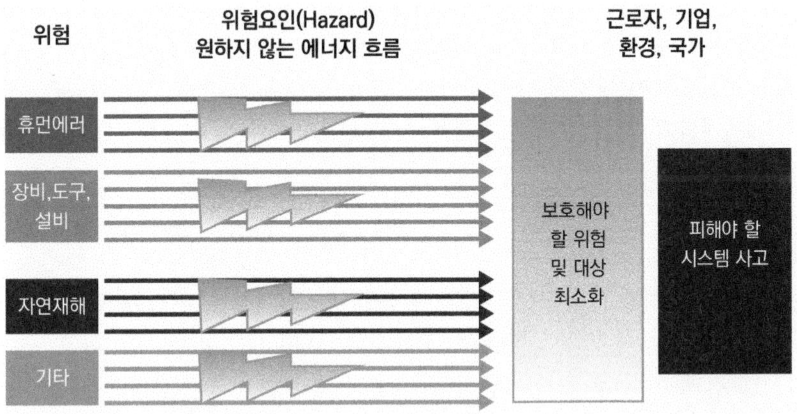

조직사고 예방의 초점은 휴먼에러 예방, 장비 또는 운영 프로세스의 오작동 예방, 시설 오작동 또는 자연재해로 인해 발생할 수 있는 위협이다. 다음 그림은 조직사고를 예방할 수 있는 방안을 설명한다.

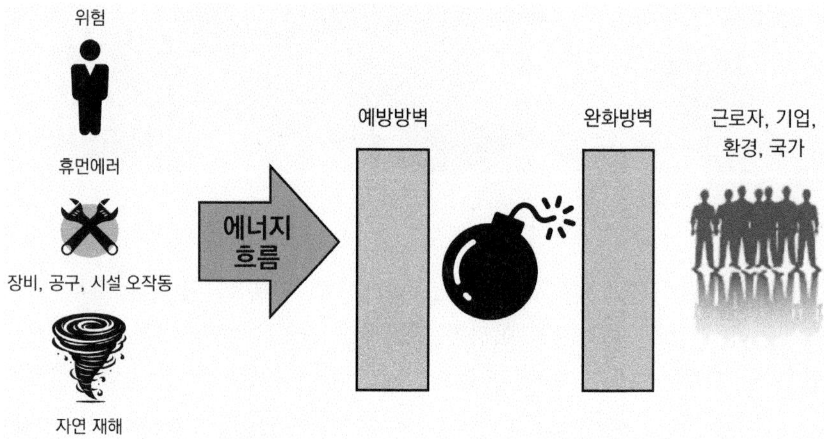

• 세월호 사고

2014년 4월 16일 한국에서 발생한 세월호 사고로 인해 젊은 학생 304명이 사망하였다. 세월호 사고의 책임은 세월호 선장과 선원들에게 있다. 하지만 사고를 일으킨 배후 요인으로는 다양한 수준의 정부, 규제기관, 청해진 회사, 세월호 승무원의 역할과 책임이 존재한다. 즉 국가의 정치 환경과 규제기관의 무관심으로 점철된 부적절한 안전 규정 운영, 열악한 안전문화 및 휴먼에러 요인에 대한 고려 부족으로 유발된 전형적인 조직사고이다.

- 정부 법규

2008년 이명박 정부는 여객선의 상한 선령을 20년에서 30년으로 연장하였다. 그 결과 청해진은 18년 된 일본 선박을 구매할 수 있었다. 그리고 국내의 노동시장은 비용 절감을 목적으로 비정규직을 선호하는 환경이 조성되었다. 더욱이 국내의 선박 관련 규제 시스템이 부족하여 정부와 규제기관의 안전 감독은 미흡하였다. 또한 비상 상황에서 승객을 구조하기 위한 지휘체계가 미흡하여 구조 조치가 지연되었다.

- 규제기관과 협회

정부와 법률 외에도 해양 산업과 관련된 규제기관과 협회에도 적절한 감독이 없었다. 청해진은 승객이 머무는 여객실을 증설해 승객정원은 804명에서 117명 늘어나고, 선원 정원 한 명을 줄였다. 그 결과 최대 승선 인원은 956명(여객 921명 및 선원 35명)이 됐다. 이런 개조로 인해 선박의 무게는 239톤이 증가하였고, 무게중심[9]이 60cm이상 높아졌다. 한국선급(선박 검사 기관)은 이러한 사실을 청해진에만 알리고 해경이나 대한 해운협회에는 알리지 않았다. 더욱이 선박 검사관이 세월호의 화물 과적 여부를 육안으로 검사했지만, 실제 1,155톤이 초과 적재된 사실을 확인할 수 없었다.

정부 관리와 기업 간의 부패와 담합 의혹이 있었다. 업계 분석가는 공공기관에서 근무하던 공무원이 공직 생활 후 민간 부문으로 이동하여 그들에게 유리한 활동을 한다고 지적한다. 그 결과 공공기관은 민간 부문을 적절하게 감독하지 못하는 것이다. 예를 들어, 대한 해운협회는 운행하는 선박의 안전관리를 해야 함에도 세월호 사고에서 보았듯이 적절한 관리가 부족했다. 대한 해운협회 이사 12명 중 10명은 해양수산부 등 주요 정부 기관에서 고위직에 있었다. 세월호 사고가 청해진과 승무원의 문제로 인해 발생한 것으로 보이지만, 실제로 정부와 규제당국 또한 사고를 일으킨 원인을 제공하였다.

- 회사관리와 운영계획

항구의 짙은 안개로 세월호의 출항이 2시간 지연되었다. 그리고 6개월 정도의 미숙한 경험자(조타수)가 해류가 강한 맹골 수로를 향해 운항하였다. 더욱이 조타수를 지휘한 삼등 항해사는 화물선 운영의 경험만 있었다(조타수는 원래 삼등 항해사가 아닌 일등 항해사가 운전할 계획이었다). 경험이 부족한 사람들에게 운전을 지시한 것은 청해진이었다.

청해진의 안전 절차 위반도 확인되었다. 청해진은 사고 이전 13개월 동안 394회 중 246회에 걸쳐 화물 적재 한도를 초과하였다. 246회 중 136회는 2,000톤을 초과하였고, 12회는 3,000톤을 초과하였다. 더욱이 근로자 33명 중 19명이 기장을 포함해 비정규직이었다. 정부가 지정한 한국 해양 안전설비가 선박의 안전 시험을 하는 과정에서 기준상 5일 동안 6명 이상의 심사원이 점검해야 하지만, 1.5일 동안 2명의 심사원이 점검한 것으로 나타났다.

- 기술 및 운전관리 사항

휴먼에러는 사고를 일으키는 중요한 기여요인이다. 청해진 관리자는 출항 전 세월호에 충분한 밸러스트수(ballast water, 배의 균형을 잡기 위한 용수)를 주입하지 않았다. 밸러스트수는 파도가 있을 때 선박의 균형을 맞추는 데 중요한 역할을 한다. 밸러스트수가 부족하면 작은 횡력에도 선박이 전복된다. 2014년 6월 3일에 진행된 세월호 재판에서 검찰은 이 선박이 허용한도보다 1,155톤이 많은 2,142톤을 실었다고 주장했다. 따라서 허용된 화물을 초과하고 필요한 밸러스트수를 주입하지 않은 결정은 사고를 일으킨 원인이라고 주장했다. 또한 선박에 실린 화물과 컨테이너가 제대로 고정되지 않아 선박이 급선회할 때 화물이 떨어져 균형을 잃었다고 했다.

---

9) 선체의 모든 중량이 한 점에 모여 있다고 가정했을 때의 지점으로 선체가 물에 뜬 상태에서 부력이 작용하는 부심과 함께 선박의 안정성과 복원력에 중요한 역할을 한다.

- 사고대응 과정

항해 중 삼등 항해사의 지휘 아래 미숙한 조타수가 1초 만에 10도 선회했고, 이에 따라 배가 수면을 향해 기울어졌다. 조타수의 급선회 결정은 심각한 오판이었다. 그 결과 배가 기울어지고 가라앉았다. 더욱이 사고 이후 비효율적인 의사소통이 진행되었다. 승무원이 해상교통관제 서비스(VTS, vessel traffic service)와 통신할 때 기장을 포함한 승무원들은 승객을 대피시키라는 해양경찰의 요청을 무시했다.

선장과 승무원의 의사소통이 잘되지 않았다. 선장은 반복적으로 사람들을 진정시키기 위해 '움직이지 마라', '그냥 당신이 있는 곳에 있어라', '움직이면 위험하니 그대로 있어라" 등의 무책임한 안내를 하였다. 이후 승무원들은 승객에게 추가적인 안전 지시나 안내 없이 배를 탈출하였다.

세월호 사고라는 참사의 결과를 돌이켜 보면, 사람 개개인의 오판과 휴먼에러가 있었지만, 그 이전 국가, 기관 그리고 회사와 조직에 병균처럼 잠재되어 있던 다양한 요인들이 휴먼에러를 일으킨 것이다.

III 휴먼에러와 불안전 행동

불안전한 행동은 다음 그림과 같이 "의도하지 않은 행동"과 "의도한 행동"으로 분류한다. 의도하지 않은 행동은 부주의(slip) 및 망각(lapse)으로 구분하고 의도한 행동은 착각(mistake)과 위반(violation)으로 구분한다. 그리고 부주의, 망각 및 착각이 기본적인 휴먼에러이다(Reason, 1990).

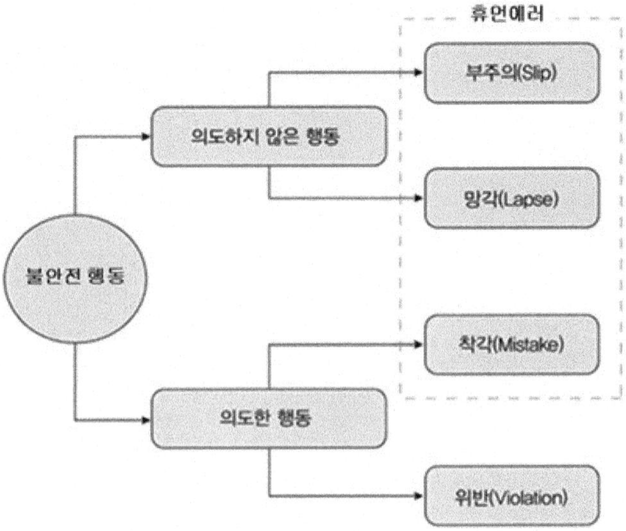

1 실행실패와 계획실패

사람은 계획에 따라 행동하지만 계획이 부적절할 수 있다. 그리고 계획은 적절하지만 성과가 부족할 수 있어, 두 가지 다른 방식으로 목표를 달성하는데 어려움이 있다(Hollnagel, 1993).

휴먼에러는 실행실패(Execution failures)와 계획실패(Planning failures)로 구분할 수 있다. 실행실패는 의도에 따른 행동이 적절했지만, 잘못 수행하여 원하는 목표를 달성하지 못하는 경우로 부주의와 망각을 포함하며, 행동 순서의 실행이나 기억단계에서 주로 발생한다. 부주의는 주의 또는 지각 실패와 관련이 있고, 망각은 내적인 사건으로 기억 장애를 수반한다. 계획실패는 계획이 의도한 목표를 달성하지 못할 때 발생한다. 여기에는 비현실적인 목표, 목표에 대한 이해 부족, 자원부족 및 예상치 못한 상황 등으로 발생한다. 계획실패는 착각으로 목표선택 또는 목표달성 수단의 구체화와 관련된 판단과 추론 과정의 결함이나 실패로 정의할 수 있다. 다음 그림은 사람의 성과수준(levels of performance)에 따른 실행실패와 계획실패이다.

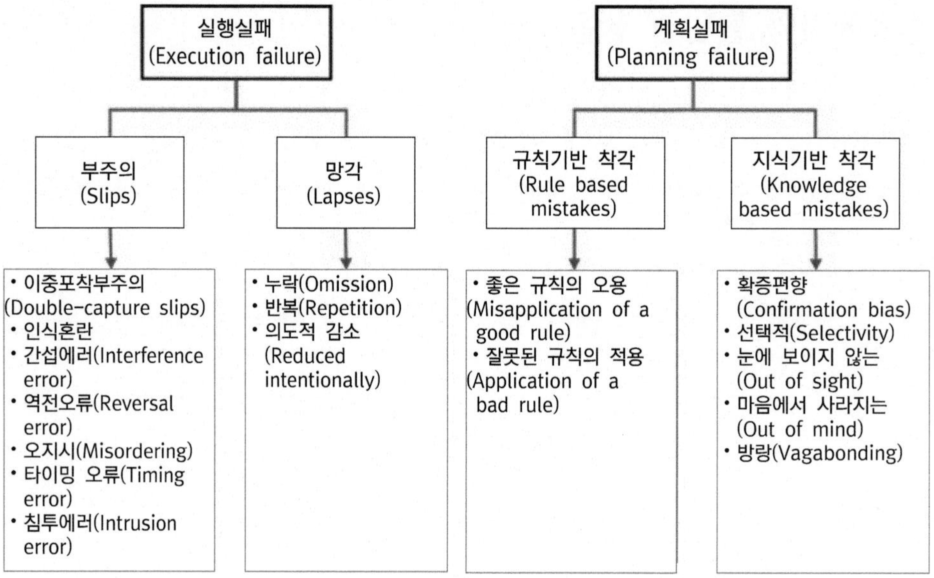

2 부주의

2.1 개요

부주의(slip)는 작업이 너무 일상적이어서 지루함을 느껴 의식이 없는 상황 또는 갑자기 전화를 받거나 대화를 시작해야 하는 것과 같은 외부 사건의 개입이 일어날 경우(침투 특성) 발생한다. 예를 들면, 은박지를 벗기고 검을 씹으려고 했는데, 은박지를 입에 넣고 껌은 버리는 행동이 있다. 부주의는 사람이 의도하지 않은 행동을 할 때 발생하는 에러이다. 사람의 의도에서 행동으로 이어지는 경로에는 '스키마(schema)'가 존재한다. 스키마는 데이터의 구조와 관계를 정의하거나 경험, 지식, 정보를 구조화하는 인지적 틀 또는 개념적 구조를 의미하며, 사람이 갖는 특정 장면에 대한 일반적인 지식이다. 스키마는 사람의 뇌에 존재하며, 외부에서 인식되는 정보를 체계적이고 쉽게 처리하도록 돕는 구조화된 사전지식이다. 우리는 어떠한 상황에서 행동을 해야 할 때, 그 사건을 이해하기 위해 관련 스키마에 접근하여 행동을 결정한다. 우리의 기억은 경험한 사건에 대한 단순한 기록이 아니라, 스키마에 따른 해석의 산물이라고 할 수 있다.

우리가 사물이나 상황을 볼 때, 이전에 접한 익숙한 기억을 통해 알아차리는 것처럼, 사람들은 자신의 사전 지식과 경험을 바탕으로 사건, 사물, 사람에 대한 새로운 정보를 빠르게 판단한다. 하지만, 사람은 스키마로 인해 새로운 외부 정보를 그대로 받아들이지 않는 경향이 있다. 이로 인해 객관적 실체의 진실을 알아차리지 못하고 왜곡하여 해석하는 경향이 있다(스키마라는 과거의 함정에 영향을 받는다). 많은 부주의는 발생 시점에 확인할 수 있지만, 그렇지 않은 경우도 있다. 그리고 그 행위를 막을 시간적 여유가 부족한 경우가 많다. 부주의는 의도 형성과정에서 발생한 부주의, 스키마의 잘못된 활성화로 인해 발생하는 부주의 및 활성 스키마의 잘못된 트리거로 인해 발생하는 부주의 등으로 구분할 수 있다.

2.2 사고사례[10)]

부주의는 적절하지 못한 행동을 유발한 경우로 사람이 주의를 기울이지 않고, 무의식 중에 행동한다는 의미를 포함하고 있다. 사람이 어떠한 일에 익숙할 수록 부주의하는 경향이 있다.

(1) 발전소 고속 회전체에 손 끼임

저자가 발전소에서 근무하던 당시 교대 근무 구성원은 Fuel Gas Preheater Room 내부 Unit Heater의 Fan[11)] 회전여부를 확인하는 과정에 있었다. 구성원은 좌측 사진과 같은 Unit Heater 정면에서 Fan 회전 여부를 눈으로 확인한 이후 우측 사진과 같이 회전하고 있던 Fan에 손을 넣어 확인하던 중 Fan에 손을 베어 여섯 바늘을 꿰매야 하는 사고를 입었다. 구성원이 무언가를 확인하기 위해 무의식적으로 사물을 만져보려는 부주의는 사고로 이어졌다.

이 사고의 기여요인은 계획실패 차원의 착각이나 위반보다는 실행실패 차원의 부주의가 더 큰 요인인 것으로 판단한다.

10) 사고사례는 부주의, 망각, 착각 및 위반 등 다양한 요인들이 복합적인 영향을 주었지만, 저자가 편의상 휴먼에러 각각의 특성을 설명하기 위해 구분한 것임을 참조한다.

11) Unit Heater는 발전소의 주 연료인 낮은 온도의 천연가스를 가스터빈에 보내 연소하기 전 일정 온도로 높여주는 역할을 하는 Fuel Gas Preheater Room 내부에 설치되어 있음. 그리고 Unit Heater는 Fan을 가동시켜 Preheater Room 내부의 온도를 유지시켜 주는 역할을 한다.

(2) 발전소 구조물에 머리 충돌

저자가 전라남도 광양 소재에 있던 발전소에서 근무하던 당시 발전소 공정지역이 아닌 행정동 주변에 쉼터가 있었다. 이곳은 주로 근로자나 방문객이 머무르면서 휴식도 취하고 담배도 피는 곳이었다. 당시 발전소에서 담배를 피운다는 것은 좋지 않은 이미지를 제공할 뿐 아니라 화재나 폭발의 위험도 있다는 다수의 의견에 따라 쉼터를 금연장소로 지정하게 되었다. 그리고 금연장소라는 사실을 알리기 위한 게시판을 설치하였다. 당시 게시판은 쉼터 기둥 좌측과 우측에 고정하는 방식으로 높이 약 1.8미터 정도에 설치되었다. 게시판은 견고한 샤시(chassis) 재질이었다. 당시 설치 담당자는 일회용 현수막으로 설치할 경우 바람이 불어 자주 교체해야 하는 부담을 줄이기 위해 견고한 샤시 재질을 선정한 것으로 기억한다. 그런데 문제는 게시판을 설치하고 곧 발생했다. 발전소 소방시설을 점검하기 위하여 외부에서 온 점검자가 쉼터에서 쉬다가 머리를 다치는 사고로 약 5바늘을 꿰매는 수술을 해야 했다. 사고가 발생한 이유는 그 점검자가 쉼터 의자에서 쉬다가 일어나면서 금연장소임을 알리는 게시판에 머리를 부딪힌 것이다. 당시 점검자의 키는 1.8미터가 넘었다. 이 사고의 기여요인은 계획실패 차원의 착각이나 위반보다는 실행실패 차원의 부주의가 더 큰 요인인 것으로 판단한다.

(3) 승강기 설치 현장 다리 끼임

승강기는 건물 내부에 가이드레일 궤도에 따라 상부와 하부로 이동하는 시설이다. 건물내부 승강기가 설치될 장소에 수직으로 설치되는 가이드레일(Guiderail, 24K, 중량 120kg)[12] 은 보통 윈치(Winch)[13]를 사용하여 들어 올린다. 당시 윈치는 건물 50층에 설치되어 있었고, 작업경력 3개월 미만인 근로자는 홀로 윈치 드럼에 감기는 와이어 로프가 이탈되지 않도록 감시하는 일을 하고 있었다. 사고 당시 근로자는 윈치 주변에서 와이어 로프가 드럼에서 이탈하는 것을 목격하고 발로 툭툭 차다가 왼발 바지 하단이 윈치(Winch) 드럼 와이어로프에 끼이는 사고로 사망했다. 이 사고의 기여요인은 회사나 조직 그리고 사람들이 일으킨 복합적인 휴먼에러로 계획실패 차원의 착각이나 위반 보다는 실행실패 차원의 부주의가 더 큰 요인인 것으로 판단한다.

(4) 직원 실수로 증권사 파산

증권거래에서는 담당자들이 주문을 입력하면서 생기는 에러가 종종 발생하는데 이를 '팻핑거(fat finger) 에러'라고 한다. 자판보다 굵은 손가락으로 숫자 버튼을 잘못 누르는 상황을 묘

12) 엘리베이터 등의 카(Car)와 균형추(Counterweight)를 안내하는 궤도이다. 일반적으로 단면이 T자형으로 1m당 중량에 따라 8, 13, 18, 24, 30, 37, 50K레일 등으로 구분한다.

13) 윈치는 무거운 물체를 들어올리기 위한 용도로 사용된다. 윈치는 전기에너지를 사용하고 드럼에 와이어로프를 감아 물체를 하부에서 상부로 들어 올리는 기능을 한다. 윈치 조작은 주로 조작 스위치를 사용한다. 윈치 드럼에 감겨진 와이어 로프 끝단은 고리(Hook) 형태로 무거운 물체를 감아 연결하는 용도로 사용된다. 윈치 드럼에 감긴 양중 와이어로프는 승강로 천정 부근에 설치된 도르래(윈치 드럼에 감긴 와이어로프가 승강로 최하층까지 마찰력을 줄이고 적절한 위치로 내려 보내기 위한 도구)를 통과해 승강로 내부 최하층까지 내려져 있었다.

사한 용어로 보인다. 천문학적인 금액이 거래되는 증권시장에서는 사소해 보이는 에러만으로도 증권사가 문을 닫는 등 파국으로 이어지는 일이 벌어지는데, 한맥투자증권의 파산은 대표적인 사례이다.

한맥투자증권에서 근무하던 직원의 에러로 시작해 회사가 파산되었던 '한맥 사태' 소송 결과가 10년 만에 공개됐다. 대법원은 한맥투자증권의 에러로 막대한 이익을 낸 외국계 투자회사에 대해 "돈을 돌려줄 이유가 없다"며 한맥증권의 패소 판결을 확정했다.

이 파국은 2013년 12월 12일로 거슬러 올라간다. 당시 한맥투자증권은 자동 파생상품 거래 프로그램을 사용했다. 이 프로그램은 이자율 등 입력된 조건에 따라 자동으로 호가를 생성할 수 있었다. 하지만 문제의 날 파생상품 시장이 열리기 전, 해당 회사 직원이 이자율 계산 설정을 소프트웨어[14]에 잘못 입력하는 주문 에러를 범했다. 만기일을 365일로 입력해야 하는데 0일로 입력하는 에러를 범한 것이다. 잘못 기입된 숫자로 인해 프로그램은 모든 상황에 이익이 날 것이라고 판단해 3만 6천 건에 달하는 막대한 양의 거래를 체결(팔아야 할 문건은 싸게 팔고, 사야 할 물건은 비싸게 구입) 하였다. 뒤 늦게 사실을 알아 챈 직원은 약 2분 후 컴퓨터를 껐지만 이미 460억 원의 손실이 발생한 상태였다.

한맥투자증권 대표는 한국거래소에 거래를 취소해 줄 것을 요청하였으나, 구제신청을 하라는 답변을 받았다. 결국 수십명의 직원이 하나하나 구제신청을 하였지만, 모든 계약을 처리할 수 없었고 당일 오후 3시 30분을 넘기며 구제신청기한을 넘기게 되었다. 일부 국내 증권사들은 벌어들인 수익을 돌려주었지만, 외국계 증권사 캐시아캐피탈은 360억 원에 가까운 수익을 돌려주지 않았다. 한맥투자증권이 지불능력이 없다고 판단한 한국거래소는 400억 원이 넘는 채무를 떠안고 반환을 요구하는 소송을 제기했다. 한맥투자증권은 직원의 에러로 인해 캐시아캐피탈이 막대한 수익을 올렸으므로 이에 대한 거래를 취소해야 한다고 주장했다. 대법원 1부는 "한맥투자증권이 당시 시초가에 비해 이례적인 입찰가를 제출했다고 해서 게시아게피탈이 에러를 알고 이를 이용했다고 단정할 수 없다"고 판결했다. 한맥투자증권은 입찰가가 적정 금액인지 시스템에 입력하기 전에 확인할 의무가 있었고, 직원들에게 번호 입력을 맡긴 것이 한맥투자증권의 '중과실'로 간주됐다. 또한 캐시아캐피탈이 한맥증권의 에러 가능성을 이용할 의도로 미리 거래 시스템을 구축했다고 보기 어렵고, 한맥투자증권의 에러를 이용해 거래를 체결했다고 보기도 어렵다고 판단했다.

이 사고의 기여요인은 회사나 조직 그리고 사람들이 일으킨 복합적인 휴먼에러로 계획실패 차원의 착각이나 위반보다는 실행실패 차원의 부주의가 더 큰 요인인 것으로 판단한다.

(5) 미국 MGPI 화학물질 누출

2016년 10월 21일 캔자스주 애치슨(Atchison, Kansas)에 있는 MGPI Processing, Inc. 시

14) 알고리즘 매매로 매매조건을 설정하여 전산 프로그램에 의해 자동적으로 매매가 이루어지는 거래이다. 초단기 매매로 이익을 내기 위해 중소 증권회사가 많이 사용하는 매매 방식이다. 프로그램은 초당 250건이 넘는 속도로 보유옵션을 헐값에 팔거나 고가에 사들이는 방식이었다.

설에서 호환되지 않는 화학물질인 황산(sulfuric acid)과 차아염소산나트륨(Sodium hypochlorite, 저농도 표백제로 더 잘 알려져 있음)이라는 두 화학물질이 혼합되어 누출되는 사고가 발생하였다. 두 화학물질이 혼합될 경우, 염소가스(chlorine gas)[15]가 만들어진다. 사고 당일, 화학물질 공급회사(Harcros Chemicals)의 트럭기사는 황산 공급을 위하여 MGPI에 도착하였다. MGPI 시설 운영자는 트럭기사를 인솔하여 외부 가스 하역 장소로 이동하였다. 운영자는 트럭기사가 황산을 주입할 수 있도록 황산 공급 라인을 열었고, 트럭기사에게 황산 공급 라인을 알려주고 운영실로 돌아갔다. 당시, 트럭기사는 운영자가 알려준 황산 공급 라인을 기억하지 못했다. 다음 그림과 같이 당시 하필이면 황산 라인에서 약 20 ㎝ 주변에 있던 차아염소산나트륨 라인도 열려 있었고, 두 공급 라인의 생김새는 유사하고 별도의 안내 표시도 없었다(아래 그림의 글자는 이해를 돕기 위해 별도로 기재한 것임).

트럭기사는 잠시 고민 후 황산호스를 차아염소산나트륨 라인에 연결하고 트럭 운전석으로 돌아갔다. 그리고 황산은 차아염소산나트륨과 섞이기 시작했다. 잠시 후 트럭기사는 사이드미러를 통해 연기가 분출하는 모습을 목격하고 즉시 차아염소산나트륨에 결속된 황산 공급을 중지시키려고 하였으나, 연기가 자욱해 실패했다. 같은 시간 다량의 연기가 환기시스템을 통해 운전실로 들어갔고 운전자들은 사고를 알게 되었다. 그들은 비상보호구 함에서 산소호흡기를 꺼내려고 하였으나, 안타깝게도 열쇠로 잠겨있어 사용할 수 없었다. 그들은 산소호흡기 없이 즉시 외부 가스 하역 장소로 이동하여 황산 하역을 중지시키려고 하였다. 그러는 동안 차아염소산나트륨 탱크에서는 45분간 계속해서 염소가스가 누출되고 있었다.

15) 염소가스(chlorine gas)는 화학 원소 염소(chlorine, Cl)가 기체 상태로 존재할 때의 형태이다. 염소는 독성을 가진 황록색 기체로, 냄새가 강하며 공기보다 무겁다. 염소가스는 반도체 제조, 수돗물 살균, 종이 표백 등 다양한 산업 분야에서 사용된다.

이 가스는 현장 작업자와 주변 지역 주민들에게 영향을 주었고, 애치슨 카운티 비상관리국(ACDEM)은 수천 명의 지역 주민들에게 대피령을 내렸다. 이 사고로 인해 일반 주민, MGPI 직원 및 트럭기사 등 140명 이상이 치료를 받았다.

이 사고는 화학물질 하역과 관련한 다양한 사람과 조직이 일으킨 휴먼에러이다. 휴먼에러를 일으킨 기여요인으로는 i) 조직적 차원에서 황산과 차아염소산나트륨 주입 라인이 가깝게 설계되어 설치되어 있었고, 두 주입라인이 설계적 관점에서 유사하게 생겨 안전을 확보하지 못했다. 그리고 황산과 차아염소산나트륨 주입 라인 간 서로 다른 물질 주입 시 별도의 자동 정지 장치를 갖추지 못한 설계 미흡과 황산과 차아염소산나트륨 주입 라인에 별도의 안내 표시를 하지 않았던 점이 있었다. ii) 불안전 감독 차원에서 운영자는 트럭기사가 황산 라인을 차아염소산나트륨 주입 라인에 잘 못 연결한 행동을 개선하지 못했다. iii) 불안전한 행동 전제조건 차원에서 운영자는 트럭기사에게 황산라인을 명확히 알려주지 않았다. iv) 불안전한 행동 차원에서 트럭기사는 황산 라인을 차아염소산나트륨 주입 라인에 잘 못 연결한 행동이 있었다.

이 사고의 기여요인은 회사나 조직 그리고 사람들이 일으킨 복합적인 휴먼에러로 계획실패 차원에서 착각이나 위반보다는 실행실패 차원에서 사람의 부주의가 더 큰 기여를 한 것으로 판단한다.

(6) 대차와 호퍼 사이에 끼어 사망

A 씨는 경영지원 부서에서 회계 업무를 담당하고 있다. 규모가 작은 회사이기 때문에 회계 업무 이외에도 할 일이 많았다. 그는 기계와 장비에 대해 잘 모르기도 하고, 좋아하는 일도 아니지만 현장에서 인력이 부족하면 때때로 돕는다. 그는 원료를 담은 대차가 호퍼[16] 상부로 와서 원료를 쏟아내면 봉으로 호퍼 아래쪽으로 밀어 넣는 업무를 맡았다. 그는 해당 업무가

16) 호퍼(hopper)는 깔대기 모양의 용기로 시멘트, 자갈, 모래 등 분말물질 이송 시 사용하는 용기이다.

그렇게 어렵지 않아 보여서 즉시 호퍼 부근 사다리에 올라가 작업을 시작했다.

그는 그림 ①호퍼 근처 사다리에 서서 봉을 밀어 넣으려고 했지만 호퍼가 너무 높아서 작업하기가 어려웠다. 그래서 그는 그림 ②위치로 올라갔다. 원자재를 호퍼로 옮기는 대차의 속도는 약 0.25 m/sec로 그다지 빠르지 않았다. 그가 그림 ②위치에서 봉으로 원자재를 밀어 넣는 동안 새로운 원자재를 싫은 대차는 호퍼로 이동하고 있었다. 대차는 그가 ①위치에 있던 ②위치에 있던 입력된 대로 이송 작업을 한다.

그는 봉으로 원자재를 호퍼에 밀어 넣는 데 너무 집중하느라 원료를 실은 대차가 뒤에서 0.25 m/s의 느린 속도로 다가오는 것을 인식하지 못했다. 결과적으로 그는 그림 ③위치에서 대차와 호퍼 사이에 끼어 사망했다. 현장 업무 프로세스의 위험을 제대로 이해하지 못하고, 교육을 받지 못한 회계 직원을 업무에 배정한 기여요인이 있었지만, 그는 원자재를 밀어 넣는 데 너무 집중해서 뒤에서 내려오는 대차를 인식하지 못한 것이다.

이 사고의 기여요인은 회사나 조직 그리고 사람들이 일으킨 복합적인 휴먼에러로 계획실패 차원에서 착각이나 위반보다는 실행실패 차원에서 사람의 부주의가 더 큰 기여를 한 것으로 판단한다.

(7) 혼합기 보수 중 끼임사고

A씨는 농산물가공 공장 근로자이다. 최근 그는 혼합기의 동작이 원활하지 않아 고민이 많았다. 그는 혼합기의 오작동 원인이 아마도 바닥 물청소 시 혼합기의 제어반 스위치로 물이 스며들지 않았을까 하는 의문을 가졌다. 그는 사고 당일 그림과 같이 혼합기 청소를 하면서 동료인 할머니에게 혼합기의 제어반 스위치에 비닐을 씌우라는 작업지시를 했다. 이 작업은 혼합기의 제어반 스위치에 비닐을 덮고, 주변을 테이프로 붙이는 단순한 것이었다.

할머니는 일흔이 넘으신 동네 분으로 절단된 야채 등을 옮겨주는 일을 도와주시는 일을 했으며, 혼합기 제어반 각 스위치의 기능은 전혀 알지 못했다. A씨는 혼합기 제어반의 스위치를 작동하여 혼합기의 날개를 정지시키고 혼합기 내부로 몸을 넣어 벽면에 붙어 있는 찌꺼기를 주걱으로 걷어냈다. 그리고 할머니는 사진의 ①을(혼합기를 기울이는 용도) 비닐로 덮고 테이프로 붙이기 시작했다. 사진 ②는 혼합기 내부 날개 정지 및 가동 스위치

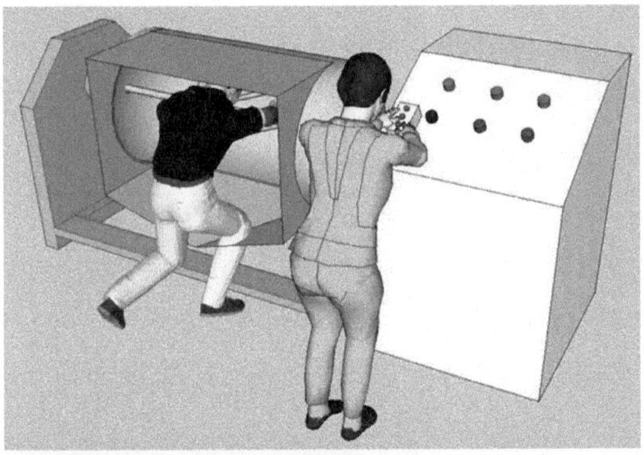

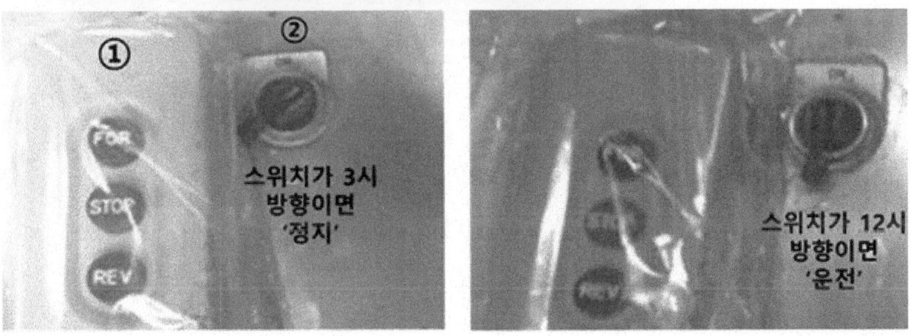

할머니는 갑자기 비명소리를 듣고 그가 혼합기 내부 날개에 감겨 있는 모습을 보았다. 할머니는 혼합기 제어반 스위치에 비닐을 씌우기만 했을 뿐 어떤 스위치도 조작하지 않았다고만 주장했다. 스위치 ①과 ②는 매우 가깝게 설치되어 있어, 스위치 ①에 비닐을 덮는 작업을 하다 보면 스위치 ②를 접촉할 가능성이 높았다.

스위치 ②가 3시 방향이면 혼합기 날개가 정지되고, 12시 방향이면 운전되도록 회로 구성이 되어 있었다. 할머니가 스위치 ①에 비닐을 씌우고 있을 때, 스위치 ②를 자신도 모르게 접촉하는 것은 어쩌면 충분히 예측된 행동이라고 할 수 있는 상황이었다.

이 사고의 기여요인은 회사나 조직 그리고 사람들이 일으킨 복합적인 휴먼에러로 계획실패 차원에서 착각이나 위반보다는 실행실패 차원에서 사람의 부주의가 더 큰 기여를 한 것으로 판단한다.

3 망각(lapse)

3.1 정보처리와 기억

두뇌에서 일어나는 정보처리와 기억과정은 인지와 깊은 관계가 있다. 인지[17]는 앎의 정신적 과정으로 지각, 심상, 사고, 기억, 문제 해결, 의사 결정, 학습, 언어 및 운동 활동의 의식적인 방향을 포함하는 정신 활동이다. 사람은 인지 과정을 통해 정보에 주의를 기울이고, 인식하고, 처리하고, 저장하는 방법 그리고 기억에서 정보를 검색하고 그에 따라 행동하는 방법을 찾는다. 우리가 범하는 다수의 에러는 이러한 인지 과정과 관계가 있다.

3.2 망각의 종류

(1) 차단

차단은 특정 정보가 익숙하거나 최근에 사용되었음에도 불구하고 기억하지 못하는 일종의 기억 장애이다. 사람이 평상시 잘 알고 있던 이름이나 장소와 같은 세부 사항을 기억하지 못하는 순간 느끼는 감정을 "설단(tip-of-the-tongue)"[18] 경험이라고 한다. 설단 경험은 기억 차단의 전형적인 예로 기억에 존재하는 정보를 인출하지 못하기 때문이다.

기억하려는 정보는 부호화되어 저장되어 있으며, 일반적으로 그 정보를 인출하도록 유도하는 단서가 있으며, 그 정보는 기억에서 사라지지 않으며 정보를 인출하는 것을 잊어버리지도 않는다. 하지만, 다양한 연령층에서 그 정보를 인출하지 못하는 상황이 발생한다.

(2) 덧 없음

덧 없음(Transience)이란 시간이 지남에 따라 발생하는 일을 망각하는 것을 의미한다. 덧없음은 경험이 부호화된 후 그리고 인출되기 전 기억의 저장 단계에서 발생한다. 시간이 지남에 따라 기억의 질 또한 변화하여 구체적인 기억에서 보다 일반적인 기억으로 그 수준이 낮아진다. 독일 철학자 헤르만 에빙하우스는 1885년 "Memory. A Contribution to Experimental Psychology"이라는 책자에서 유명한 “망각 곡선(Forgetting Curve)”을 발표하였다. 그의 망각곡선에 따르면, 사람이 정보를 습득한 직후 기억은 100% 수준이고, 20분, 1시간, 9시간, 1일, 2일, 6일, 31일이 지나면서 그 수준이 줄어든다. 하지만, 1주간 1일에서 6일간 매일 기억을

---

17) 인지(認知)와 유사한 용어인 인식(認識)은 사물을 판단하고 명확하게 알아차린다는 의미가 있다. 인식은 감각과 지각에서 얻은 지식을 기반으로 사물이나 상황을 분별하고 판단하는 과정을 포함한다. 그리고 의식은 인지와 인식보다 더 깊은 요인으로 마음 또는 영혼으로 표현할 수 있고, 인체의 시상에 존재하며, 경험자아, 기억자아 및 배경자아와 관련이 있다.

18) 설단 현상(舌端現象, "Tip of the tongue" phenomenon)은 이미 알고 있는 개념이나 대상에 대해 설명을 요구 받았을 때, 이를 연상하는 데 성공하면서도 언어로 정확하게 표현하지 못하는 현상이다. 흔히 "말이 나올 듯 말 듯 혀 끝에 맴돈다(on[at] the tip of one's tongue)"고 하여 '설단(혀 끝)' 현상이라는 이름이 붙었다. 설단 현상을 과학적으로 분석하기 시작한 것은 미국의 심리학자 윌리엄 제임스(William James)로, 로저 브라운(Roger Brown)과 데이비드 맥닐(David McNeil)에 의해 실험적으로 입증되었다(출처: 나무위키).

되살릴 때 기억력 수준이 증가한다.

(3) 무심함

무심함은 망각을 유발한다. 사람의 정보는 기억에서 사라지지 않고 나중에 회상될 수 있지만, 특정 순간에 주의력이 부족하면 그 특정 순간에 정보가 회상되지 않는다. 주의력이 분산되면 좌측 하전두엽의 활동이 감소하여 정교한 기억 부호화가 이루어지는 능력(장기 기억의 정보 부호화에 실패)이 감소한다. 최근 연구에 따르면 주의력이 분산되면 부호화 과정에서 해마의 관여도 또한 낮아지는 것으로 밝혀졌다. 무심함의 흔한 예로는 장보기나 회의 시간 기억처럼 미래에 하기로 계획했던 행동을 잊어버리는 것이다.

(4) 거짓 기억

때때로 작화(作話)와 허담(虛談)으로 불리는 거짓 기억은 사건의 부정확한 세부 사항을 기억하거나, 실제로 일어나지 않은 사건 전체를 기억하는 것을 말한다. 작화증은 자신이 경험하지 못한 일을 실제 또는 실제로 일어난 것처럼 믿는 것을 말한다. '말짓기 증'라고도 하는 작화증은 일어나지 않은 일을 지어내고 그것을 진실로 받아들이는 상황이기 때문에 거짓말과 다르다. 뇌졸중이나 치매와 같은 뇌 질환을 앓은 환자에게서 주로 이 증세가 발생한다. 이들은 자신이 지어낸 이야기로 기억의 공백을 메우고 사실을 왜곡한다. 예를 들어 치매 환자는 두 번째 서랍에 돈이 든 지갑을 넣고 누군가 와서 훔치는 것을 봤다고 말할 수 있다. 상황과 묘사는 상당히 구체적이지만, 실제로는 아무도 지갑을 가져가지 않았다. 이런 방식으로 작화증은 일어나지 않은 일이 현실이라고 믿기 때문에 거짓말보다 더 큰 피해를 준다.

(5) 잘못된 정보 효과

오정보 효과(misinformation effect)는 유도 질문이나 제안과 같이 사람이 갖고 있는 정보와 유사한 외부 정보가 제시될 때 발생하는 기억의 변화를 말한다. 사람은 질문의 표현이 다르거나 부정확한 정보가 제시될 경우, 갖고 있던 기억이 변경될 가능성이 높다.

차량파손에 대한 언어와 기억의 상호작용 사례 연구(Loftus, E. F., & Palmer, J. C. 1974)에 따르면, 피험자들에게 자동차 사고 영상을 보여주고 영상 속 사건과 관련한 두 가지 질문을 하게한 실험이 있었다. 첫 번째 질문은 다음과 같다. "자동차가 서로 충돌했을 때 속도는 얼마였습니까?"라는 질문에 "collided(충돌한)", "bumped(쿵 부딪힌)", "contacted(접촉한)", "hit(타격된)"라는 단어보다 "smashed(박살난)"라는 단어를 사용했을 때 더 높은 속도를 추정하였다. 그리고 두 번째 질문은 다음과 같다. 일주일 후 재검사에서 "smashed"라는 단어를 더 높은 속도로 추정한 피험자들에게 영상 속에 깨진 유리가 없었음에도 불구하고 "깨진 유리를 보셨나요?"라는 질문에 "예"라고 답한 수치가 높았다. 이러한 결과는 사건 이후에 묻는 질문이 그 사건에 대한 기억을 재구성할 수 있다는 관점과 일치한다.

3.3 사고사례[19]

(1) 하수관로 작업중 굴착기 버킷에 맞음

2024년 8월 서울시 강북구 소재 OO 현장에서 근로자가 굴착기[20]를 사용하여 하수관로 연결 작업을 하던 중 다음 그림과 같이 굴착기에서 떨어진 버킷(bucket)에 맞아 사망하는 사고가 있었다.

굴착기는 용도에 따라 다양한 버킷을 체결하여 사용하기 때문에 사고를 막으려면 반드시 버킷 이탈방지 안전핀을 체결해야 한다. 굴착기 작업시 다음 사진들과 같이 안전핀 체결 여부를 망각하지 않도록 안내 띠를 사용하는 것은 좋은 사례이다.

이 사고의 기여요인은 회사나 조직 그리고 사람들이 일으킨 복합적인 휴먼에러로 계획실패 차원의 착각이나 위반보다는 실행실패 차원의 망각이 더 큰 요인인 것으로 판단한다.

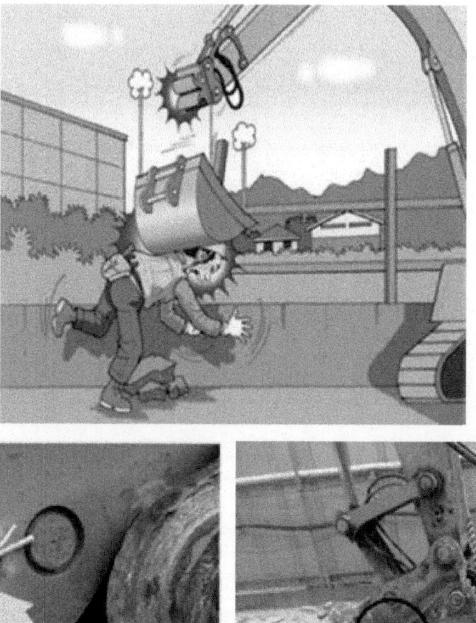

19) 사고사례는 부주의, 망각, 착각 및 위반 등 다양한 요인들이 복합적인 영향을 주었지만, 저자가 편의 상 휴먼에러 각각의 특성을 설명하기 위해 구분한 것임을 참조한다.

20) 굴착기(掘鑿機, excavator)는 굴삭기(掘削機), 삽차(삽車) 등으로 불리며, 땅이나 암석 따위를 파내는 기계이다. 굴착기의 버켓은 땅을 파거나 흙더미는 옮기는 바가지 모양의 철제 구조이다. 작업 용도에 따라 다양한 모양의 버킷을 번갈아 가며, 교체할 경우가 있다. 굴착기 버킷의 무게는 버킷의 크기와 용량에 따라 크게 달라진다. 미니 굴착기의 경우 20kg에서 30kg 정도이고, 중형 굴착기의 경우 600kg 정도, 대형 굴착기의 경우 1톤 이상이다.

(2) 헥산 누출로 인한 유증기 폭발

2021년 8월 화장품 원료 제조공장에서 추출기의 헥산[21] 누출로 폭발이 발생하여 6명이 부상을 당한 후 치료 중 5명이 사망한 사고가 발생하였다.

사고 발생 사업장은 식품첨가물, 건강기능식품, 화장품 원료를 제조하는 전형적인 주문 생산의 회분식 공정[22]을 보유한 곳이다. 사고 당일 작업자 A는 예전과 동일한 작업 장소에서 건강기능식품과 화장품 원료를 동시에 생산하는 업무 지시를 받았다.

그는 건강기능식품 추출작업을 한 후 헥산 드럼에 있던 헥산을 호스(Flexible Hose)로 화장품 원료 추출기에 투입하였다. 헥산 유증기 냄새가 났지만, 30분 안에 끝나는 작업이고 과거에도 해왔던 터라 동일하게 진행하였다. 그는 헥산 투입을 완료하고 약 20시간 동안 추출기 순환작업을 위해 8 m 정도 떨어진 판넬에서 순환펌프 스위치를 작동시켰다. 하지만, 펌프가 가동되고 얼마 지나지 않아 순환배관에 연결된 회수배관을 통해 헥산이 누출되었다. 회수배관의 밸브가 열려있는 상태에서 순환되며 헥산이 누출되었고, 주변에 있던 비방폭구조의 전기기계·기구에 의해 유증기가 점화되어 폭발이 발생하였다. 다음 그림은 관련 공정도와 헥산 누출을 보여준다.

사고의 기여요인으로는 헥산을 투입하기 전 추출기, 펌프, 배관, 밸브 상태를 먼저 확인하고 정상인 경우 작업을 진행하여야 하나 순환배관에 연결되어 있는 회수배관의 밸브가 열려있는 것을 확인하지 않고 순환펌프를 가동한 것이다. 이 사고의 기여요인은 회사나 조직 그리고 사람들이 일으킨 복합적인 휴먼에러로 계획실패 차원의 착각이나 위반보다는 실행실패 차원의 망각이 더 큰 요인인 것으로 판단한다.

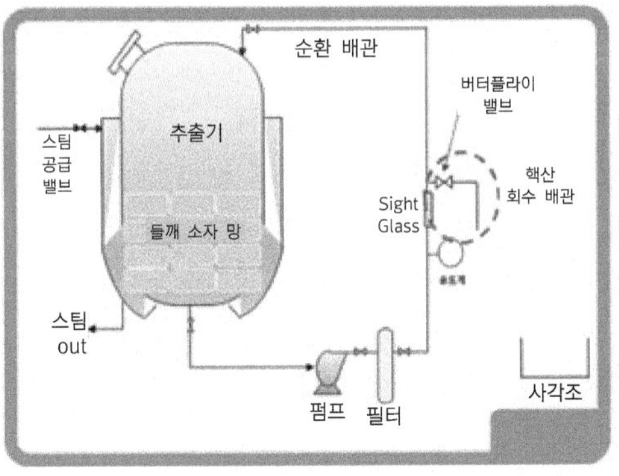

21) 헥산은 유기 화합물로, 화학식은 C_6H_{14}이다. 상온 상압에서는 무색 투명한 액체이며, 인화성이 있다. 주로 유기 화합물 제조, 용매, 염료 및 플라스틱 제조 등에 사용된다. 식용유 추출 용매로도 사용되지만, 헥산 노출 시 인체에 유해할 수 있으므로 주의해야 한다.

22) 회분식 공정(batch process)은 일반적으로 원료를 투입하여 일정시간 또는 일정공정을 거쳐 제품을 얻는 모든 공정을 말한다. 회분식 반응기는 반응기에 원료 및 촉매 등을 순서적으로 투입하여 일정시간 반응 후 생성물을 배출하는 방식으로 조작되는 반응기이다.

(3) 주유기 꽂은 채 차량 출발

2021년 5월 14일 주유소 아르바이트생(A 씨)은 주유 중 갑자기 출발한 차량으로 인해 병원에 입원하는 사고를 입었다. A 씨는 사고상황에 대해서 다음과 같이 말했다. "나는 평소와 같이 카드로 결제한 후 손님에게 카드를 주며 주유 중이니 기다려 달라고 했다. 그런데 손님은 카드를 받고 약 20초 후 출발했고, 나는 주유 선에 걸려 공중으로 날아가는 사고를 입었다." 그가 올린 CCTV 영상에는 지난 14일 오후 9시 4분쯤 결제를 끝낸 A 씨가 카드를 건네는 듯한 모습이 담겼다. 그리고 9시 4분 24초쯤 차량이 갑자기 출발했고, 주유 선에 걸려 주유기에 부딪힌 A 씨는 그대로 주저앉았다. 이 사고의 기여요인은 회사나 조직 그리고 사람들이 일으킨 복합적인 휴먼에러로 계획실패 차원의 착각이나 위반 보다는 실행실패 차원의 망각이 더 큰 요인인 것으로 판단한다.

(4) 차량 내 어린이 갇힘 사고

2018년 7월 18일 동두천의 한 어린이집 통학차량 안에서 4세 여아가 숨진 채 발견됐다. 여아는 폭염 속에서 차량 내부에 장시간 방치돼 질식한 것으로 추정된다. 동두천 어린이집 측은 차량사고에 대해 해당 어린이가 차에 있는지 몰랐다 해명했다.

운송 차량내 갇힘 사고는 어린이에게 특히 더 위험한데, 여름철에 방치된 차량의 내부온도는 방치된 시간이 길어질수록 점점 상승하게 되고 앞좌석은 평균 50.6℃나 되고, 내부온도는 46.7℃로 상승하게 된다. 이로 인하여 차량에 혼자 남겨진 아이의 체온은 39.1℃까지 올라가 장시간 방치될 경우 사망으로 이어질 수 있다. 이 사고의 기여요인은 회사나 조직 그리고 사람들이 일으킨 복합적인 휴먼에러로 계획실패 차원의 착각이나 위반보다는 실행실패 차원의 망각이 더 큰 요인인 것으로 판단한다.

(5) 엘리베이터 승장 도어 개방 시 추락

2004년 9월 근로자가 엘리베이터 신축 공사현장 9층에서 승장도어를 열다 하부로 추락하는 사고가 있었다. 사고 당일 일부 작업자는 엘리베이터 승강로 하부 바닥에서 콘크리트 작업을 하고 있었다. 재해자는 사고 당일 기계실에서 전기작업을 하고 9층으로 내려와 승장도어를 열다가 균형을 잃고 하부로 추락하였다. 당시 9층에 있던 동료 근로자의 의견에 따르면, 자신은 엘리베이터 승장도어를 등지고 서 있었는데 갑자기 승장도어가 열리고 쿵 하는 소리를 들었다고 했다. 그리고 승강로 하부 바닥에서 콘크리트 작업을 하던 근로자들은 갑자기 사람이 위에서 떨어졌다고 하였다. 다음 그림은 사고상황을 묘사한 그림이다. 사망한 근로자는 아마도 엘리베이터가 9층에 있을 것이라고 생각하고 승장도어를 열고 들어가던 중 추락한 것으로 추정한다.

이 사고의 기여요인은 회사나 조직 그리고 사람들이 일으킨 복합적인 휴먼에러로 계획실패 차원의 착각이나 위반보다는 실행실패 차원의 망각이 더 큰 요인인 것으로 판단한다.

(6) 항공기 비상출입구 개폐 사고

2017년 2월 인천공항에서 베트남 다낭으로 가는 항공기의 비상구 도어가 강제로 열리는 소동이 벌어졌다. 한 승객이 비상구 도어를 화장실로 알고 레버를 잡아당긴 것이다. 그러자 비상탈출용 슬라이드가 펼쳐지는 상황이 벌어졌다. 결국 항공기는 3시간 20분 늦게 대체 항공기로 출발하는 사고가 있었다. 당시 해당 항공기는 승객을 모두 태우고 이륙을 준비하던 상황이었다. 비상구 도어는 이륙하면 안전핀이 잠겨 승무원 조작 없이는 개폐가 불가능하다. 그러나 이륙 전에는 일반 승객이 쉽게 비상구 도어를 조작할 수 있는 가능성이 존재한다.[23)]

2012년 3월 중국 싼야 국제공항(SYX)에서 우루무치로 가는 쓰촨항공 3U 8759편에 탑승했던 40대 여성 승객이 이륙 준비에 들어가 유도로를 주행 중이던 항공기의 비상구 도어를 화장실로 알고 레버를 잡아당긴 사고가 있었다. 펑 하고 큰 소리를 내며 비상탈출용 슬라이드가 열렸고 비행기는 비상 정지했다. 결국 비행기는 그로부터 3시간 반 후에 출발하게 됐다. 2011년 11월 타이완-가오슝(대만)발 호찌민 행 베트남항공에 탑승했던 80세 남성 역시 비상구 도어를 화장실로 알고 열려고 했다. 이때는 비상구 도어가 열리기 전 승무원이 사고를 막았다. 중국 항공업계 소식통에 따르면, 비상구 도어가 열려 비상탈출용 슬라이더가 펼쳐질 경

23) 비행기가 높은 고도에서 운항 중일 때에는 내부와 외부의 기압차이로 인해 사람이 문을 열기 어렵다. 비행기 문은 안으로 여는 구조라 약 14톤의 압력을 이겨내지 않는 한 문을 여는 게 불가능하다. 다만, 항공기 이륙과 착륙 시에는 기압차가 줄어들면서 문을 열 수 있게 되고 사람이나 물건이 빨려 나가거나 비상슬라이드가 펼쳐지면서 기체가 파손될 수 있다.

우 재사용할 수 없는 비상탈출용 슬라이더 재 장착, 작업에 소요되는 공항정류비 연체료와 항공정비사 인건비, 탑승객 지연보상비 등 최소 1,930만원이 넘는 손실이 발생한다고 한다. 이 사고의 기여요인은 회사나 조직 그리고 사람들이 일으킨 복합적인 휴먼에러로 계획실패 차원의 착각이나 위반보다는 실행실패 차원의 망각이 더 큰 요인인 것으로 판단한다.

(7) 황산하역 중 누출사고

A씨는 황산을 운반하는 탱크로리 운전기사이다. 황산을 운반하는 안전작업절차는 주문이 들어오면 다음 그림과 같이 황산 제조회사로 가서 탱크로리 상부 맨홀 ⑤를 열어 황산을 채워 배송지로 이동한다. 배송지에서 운전기사는 하역배관의 차단밸브 ①이 잠겨져 있는지 확인, 배수밸브 ②를 열어 황산이 나오지 않는 것을 확인(황산이 나오는 경우 ① 밸브가 새거나 제대로 잠그지 않는 경우이므로 즉시 조치), 배수밸브에서 황산이 나오지 않으면 배수밸브 ②를

닫고 캡 ③제거, 하역배관 ④에 플렉시블 호스를 연결하고 차단밸브 ①을 열어 하역, 하역이 완료되면 차단밸브 ①을 닫음, 캡 ③을 잠근다.

사고 당일 운전기사는 여느 때와 마찬가지로 황산 제조회사로 가서 탱크로리 상부 맨홀 ⑤를 열고, 황산을 실은 뒤 배송지로 이동했다. 배송지에 도착한 운전기사는 배송지 탱크에 황산을 채우기 위한 플렉시블 호스 연결을 위해 캡 ③을 제거하였다. 그런데 캡을 제거한 순간 황산이 운전기사에게 쏟아지는 사고가 발생하였다(기사는 내산 보호복을 착용하고 있었으나, 일부 황산이 얼굴, 목 등 신체 부위로 튀어 화상을 입었다).

사고 원인은 캡 전단에 설치된 차단밸브 ①이 열려 있었던 것이다. 운전기사가 캡 ③을 열기 전 작업절차대로 차단밸브 ①이 닫혀 있는지 확인해야 했다. 그는 배수밸브 ②를 열어 차단밸브 ①에서 황산이 새는지 확인하는 절차를 잊고 바로 캡 ③을 열었던 것이다.

이 사고의 기여요인은 회사나 조직 그리고 사람들이 일으킨 복합적인 휴먼에러로 계획실패 차원의 착각이나 위반보다는 실행실패 차원의 망각이 더 큰 요인인 것으로 판단한다.

(8) 가스경보기 미작동 사고

사업장의 공무팀 작업자 A대리는 신규로 설치하는 펜탄[24)]회수탱크 주변에 가연성가스감지기 1과 2를 설치하라는 작업지시를 받았다. 가연성가스감지기의 역할은 가스누출을 감지한 감지기가 공통부저[25)]를 울리고 점등된 지역별 표시램프를 통해 해당 지역의 가스 누출을 확인하는 것이다. 작업지시는 가연성가스감지기를 설치하고 조정실에 있는 감지기 배치도의 표시램프와 연결하고 경보를 공통부저에 연결하는 것이다.

감지기 설치와 표시램프 연결까지의 작업은 순조롭게 진행되는 듯했다. 문제는 협력업체 작업자가 급한 일로 다른 곳으로 가버려 공통부저 연결작업이 중단된 것이다. A대리는 감지기가 동작하면 표시등이 점등되므로 우선 작업을 완료하고, 공통부지 연결 작업은 다음에 하기로 마음을 먹었다. 당시, 공통부저 연결작업은 간단한 작업이므로 수일 내에 마칠 수 있을 것으로 생각하고, 동료들이나 다른 사람들에게는 얘기를 하지 않았다. 그 후 며칠이 지났고, 업무가 바쁘다 보니 A대리는 공통부저 연결 작업을 깜빡하고 말았다. 그리고 1년이 지났다. 그리고 협력업체 직원이 밸브 조작을 잘못하는 바람에 펜탄이 누출되자 감지기 배치도의 가연성가스감지기1과 2 표시램프는 계속 점등되기 시작하였다. 하지만, 조종실 직원은 점등된 표시램프를 확인하지 못했고, 작년에 연결하지 않았던 공통부저가 울리지 않아 조종실 직원은 상황을 인식하기 어려웠다.

24) 펜테인(Pentane)은 탄화수소, 그 중에서도 알케인에 속하는 물질이다. 화학식은 C_5H_{12}. 탄소가 5개라 5를 뜻하는 'pent'에서 이름을 땄다. 산업적으로는 스티로폼, 즉 발포 폴리스티렌이나 기타 발포제품을 만들 때 발포제로 쓰인다. 실험실에서는 용매로 쓰이는데, 녹인 후 용매는 휘발시켜 없애고자 할 경우에 쓰인다. 펜테인은 비교적 값이 싼 데다가, 상온에서 액체인 알케인 중에서 휘발성이 가장 강하기 때문이다.

25) 공통부저(common buzzer)는 여러 센서나 스위치로부터 발생하는 경보 신호를 받아 하나의 부저로 통합하여 작동시킨다. 예를 들어, 가스누출감지 시스템에서 여러 지점에서 가스가 감지될 때, 각각의 경보신호가 공통부저로 전달되어 부저음으로 경고한다. 이를 통해 관리자는 여러 개의 경보 발생 지점을 일일이 확인하지 않고도 통합된 알림을 통해 상황을 인식할 수 있다.

펜탄 누출로 인해 화재가 발생하였고, 협력업체 직원 1명이 사망하고 1명이 화상을 입을 때까지 조종실에서는 가스누출 사실을 알지 못했다. A대리는 사고 원인을 조사하는 동안 자신이 1년 전 공통부저 연결 작업을 잊었던 것을 기억해 냈다.[26)]

이 사고의 기여요인은 회사나 조직 그리고 사람들이 일으킨 복합적인 휴먼에러로 계획실패 차원의 착각이나 위반보다는 실행실패 차원의 망각이 더 큰 요인인 것으로 판단한다.

(9) Formosa PVC공장 폭발 사고

2004년 3월 미국 일리노이주 일리오폴리스(Illipopois, Illinois)에 있는 Formosa PVC공장에서 폭발사고가 발생하여 다섯 명이 사망하였다. 그리고 세명은 심각한 부상을 입었다. 관할 노동청은 즉시 150 여명의 주변 주민들에게 대피 권고를 하였다. 이 사고로 인해 주변 상권은 심각하게 훼손되었고, 공장은 재가동을 하지 못했다. 공장은 약 139명이 상주하는 시설로 주요 생산품은 PVC(Poly Vinyl Chloride)이다. 폭발사고는 운영자가 반응기의 밸브를 개방하던 과정에서 발생하였다.

Formosa 공장은 PVC를 생산하기 위해 다음 그림과 같은 24개의 큰 반응기를 갖추고 네 개씩 그룹으로 운영 하였다. 각 반응기는 PVC를 생산하기 위해 높은 열과 압력을 포함하고 있다.

상부층에는 각 반응기를 통제하기 위한 배전반이 있었고, 24개의 반응기는 하부층에 배치되어 있었다. 상부층에 있는 운영자가 배전반 조작을 통해 PVC생산을 완료하면, 다른 운영자는 반응기가 위치한 하부층으로 이동하여 제품을 이동시키기 위해 반응기 파이프의 밸브를 개방하는 과정을 포함한다.

하부층 운영자는 생산된 제품을 이동한 후 상부층으로 올라가 해당 반응기의 내부를 고압으로 물청소를 했다. 이후 다시 하부층으로 내려가 반응기 밸브와 드레인 밸브(drain valve)[27)]를 개방했다.

사고 당일 저녁 하부층 운영자는 반응기 306호의 물청소작업을 완료하였다. 하지만, 다음 그림과 같이 하부층 계단의 왼쪽에 위치한 반응기 306호로 가지 않고, 계단의 오른쪽에 위치한 반응기 310호의 드레인 밸브를 개방하기 위해 이동하였다. 당시 반응기 310호는 PVC를 생산하기 위해 높은 열과 압력을 포함하고 있었고, 청소작업이 안 된 상태이었다.

하부층 운영자는 반응기 310호의 밸브와 드레인 밸브를 개방하였지만, 반응기 밸브는 개방되지 않았다. 그 이유는 반응기가 생산과정에 있을 경우, 밸브 열림으로 인한 사고를 막기 위해 별도의 안전장치인 인터락(공기를 액추에이터[28)]에 전달하여 잠김상태 유지)이 설치되어 있었기 때문이다. 하부층 운영자는 반응기 밸브가 왜 열리지 않았는지 확인하는 대신 인터락을

26) 안전보건공단 중앙사고조사단. (2020). 우리는 완벽한가?
27) 드레인 밸브(drain valve)는 배관 내 남아있는 유체나 이물질을 배출하는 밸브이다.
28) 액추에이터(actuator)는 작동기 또는 작동장치로 불리고 시스템을 움직이거나 제어하는데 사용되는 기계장치이다. 전기, 공압, 유압 등이 에너지를 사용하여 움직임으로 변환한다.

무효화 하기 위한 결정(인터락으로 제공되는 공기 호스 제거)을 하였다. 그리고 비상 시에만 사용이 허가된 비상호스를 인터락에 연결하였다. 결과적으로 반응기 밸브는 개방되었고, 다량의 가연성 PVC가 누출되었다(마치 제트 엔진의 출력 및 소리와 같은 규모).

비상벨이 울리기 시작했고, 운영팀 감독자는 반응기 310호에서 다량의 PVC가 누출되는 상황을 살폈다. 하부층 운영자는 즉시 반응기에서 누출되는 PVC를 막기 위해 상부층에 있는 배전반으로 향했다. 그리고 상부층에 있던 운영자에게 반응기의 압력을 완화하기 위한 조작을

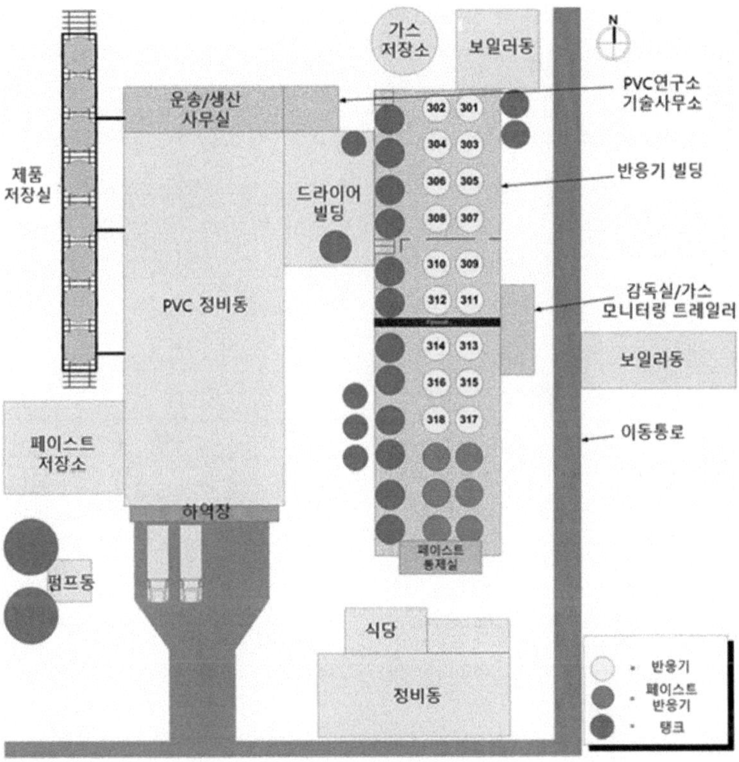

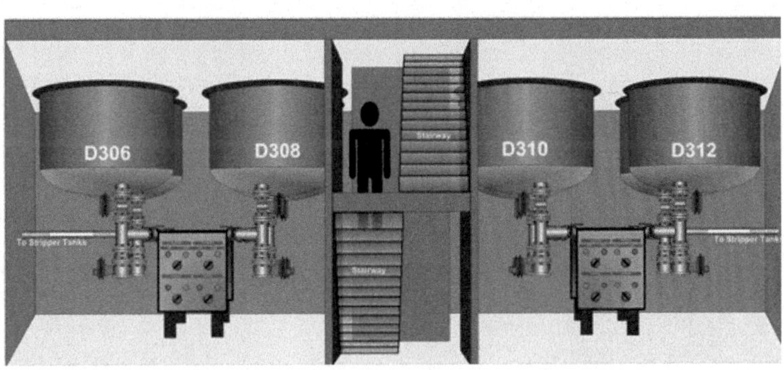

지시하였다. 당시, 상부층에 있던 운영자와 운영팀 감독자는 반응기 310호 방향으로 이동하던 중 너무 많이 누출된 PVC로 인해 외부에 설치된 계단을 통해 반응기 310호로 이동하던 중이었다. 그리고 곧 점화원으로 인해 누출된 PVC는 폭발하였다. 상부층에서 일을 하던 두 명의 운영자와 하부층에서 일을 하던 두 명의 운영자는 즉시 사망하였고, 밸브를 조작했던 운영자는 2주 후 사망하였다. 외부에 설치된 계단을 통해 이동하는 운영자와 운영팀 감독자는 심각한 부상을 입었다.

사고 원인은 i) 사고를 일으킨 회사는 동종/유사 업종(FPC USA's Baton Rouge Facility)에서도 유사하게 발생했던 사고사례를 학습하지 않았던 점, ii) PVC 누출을 대비한 비상대응 훈련이 미흡한 점, iii) 반응기 밸브 호스를 쉽게 분리할 수 있는 구조의 설계 그리고 비상호스를 인터락에 연결한 점, iv) 반응기 별 인식번호를 탱크 전면 하부에 표시하였지만, 24개의 반응기 외관(네 개의 그룹)이 유사하여 휴먼에러를 일으킨 점, v) 상부층 운영자와 하부층 운영자 간 구체적인 커뮤니케이션 방법이 미흡한 점(무전기 미 사용 등)등이다.

이 사고의 기여요인은 회사나 조직 그리고 사람들이 일으킨 복합적인 휴먼에러로 계획실패 차원의 착각이나 위반보다는 실행실패 차원의 망각이 더 큰 요인인 것으로 판단한다.

4 착각(mistake)

내외부적인 방해 요소로 인해 의도치 않게 발생하는 부주의와 망각과는 달리, 착각은 사람의 경험이 부족하거나 부정확한 정보에 의존한 결과로 인해 발생한다. 착각의 두 가지 주요 유형은 규칙기반 착각(rule based mistake)과 지식기반 착각(knowledge mistake)이다. 규칙기반 착각은 좋은 규칙을 잘 못 적용할 경우와 잘 못된 규칙을 적용할 때 발생한다. 그리고 지식기반 착각은 사람이 작업 수행 방식에 대한 지식이 부족할 때 발생한다.

4.1 규칙기반 착각(rule-based mistake)

(1) 좋은 규칙을 잘 못 적용

좋은 규칙이란 특정한 상황에서 그 효용성이 입증되고, 증명된 규칙을 의미한다. 회사나 조직의 표준운영절차를 준수하지 않는 것은 좋은 규칙을 잘 못 적용하는 사례이자 위반이 될 수 있다.

가. 예외

사람은 규칙 적용 시, 설령 잘 못 적용되었음에도 불구하고 신뢰할 만한 수준이었다면, 좋은 규칙을 잘 못 적용(strong-but-now-wrong)할 가능성이 크다. 좋은 규칙을 잘 못 적용하여 쌓인 신뢰는 상위 착각을 형성하고, 그 상위 착각은 유사 하위 착각들을 낳는다. A라는 사람은 길가에 주차한 차량에 탑승하여 먼저 사이드 미러(side mirror, 운전자의 좌, 우 시야 확보 목적)를 확인하고 붉은색 승용차가 접근해 오고 있는 것을 발견하였다. 이 때 A는 리어 미러(rear mirror, 백미러)를 대충 확인해 보니, 그 붉은색 승용차는 꽤 멀리 있다는 것을 인식하였다. 이후 A가 도로 방향으로 승용차를 주행시키는 찰나에 붉은색 승용차를 칠 뻔한 사고가 발생하였다. 당시 하필 붉은색 승용차 두 대가 연이어 있었던 것이다. A는 두 대의 승용차가 동일한 승용차라고 생각한 것이다. 첫 번째 차는 사이드 미러로만 보았고, 두 번째 승용차는 리어 미러로 보았기 때문이다.

나. 정보 과부하

단기기억은 문제 해결과 의사 결정 그리고 일시적이고 주의를 요하는 새로운 정보를 기억하는 데 사용된다. 또한 정보에 대한 학습, 저장 및 회상하는데 사용된다. 사람들은 일반적으로 7±2로 표현되는 제한된 수의 항목을 한 번에 확실하게 기억할 수 있다고 알려져 있다. 단기기억의 한계는 건망증, 망각 및 착각의 근원이 된다. 사람은 다양한 상황에서 행동을 취할 때, 직면하는 정보의 양이 방대함에 따라 올바른 정보를 감지하는데 어려움을 겪는다.

다. 규칙 강도

규칙의 강도는 과거에 성공적인 결과를 달성한 횟수에 비례한다. 과거에 성공했던 횟수가 많을수록 규칙에 대한 신뢰는 더욱 강해지며, 행동으로 이어진다. 또한 해당 규칙들은 다양한 상황에서 일부 조건만 충족되면 행동으로 이어질 가능성이 있다. 사람의 인지시스템은 다양한 상황에서 약한 규칙보다는 강한 규칙을 선호하는 편향을 보인다.

라. 중복성

사람의 인지시스템은 일정한 경험들을 쌓을수록 그 중요성을 인식하는 반면, 그 외의 경험들은 중요성을 감소시킨다. 사람의 기술 습득 과정은 다양한 정보를 두뇌에 입력하면서 그 중복성에 따라 중요성을 인식하는 것으로 알려져 있다. 이러한 과정에서 일부 단서는 다른 단서보다 더 많은 관심을 받게 되는 상황이 만들어진다. 이로 인해 숙련된 사람들은 주어진 과제를 반복적으로 처리하면서 특정한 시퀀스를 파악할 수 있다.

마. 경직성

사람은 어떠한 규칙을 할 경우 내재적인 인지적 보수주의(cognitive conservation) 즉, 의사결정 당시 갖는 경직성에 영향을 받는다. 이와 관련한 연구(Jars Test by Luchines, 1950)에 따르면, 9,000명이 넘는 성인과 어린이를 대상으로 정보를 수집하여 논리적인 결과를 추론하였다. 과거에 한 경험으로 습관이 형성되고, 그 습관은 사람을 지배한다. 그 습관은 효과적인 기계적 시스템처럼 작동하여 배제하기 어렵다. 특히, 과거에 성공적이고 효과적으로 적용되었던 규칙이 있었다면, 해당 상황에서 부적절하다는 인식을 하더라도 과거의 경험을 적용하

는 것이 일반적이다. 이러한 말이 있다. '망치만 든 사람에게는 모든 문제가 못처럼 보인다.'

(2) 잘못된 규칙 적용

가. 잘못된 규칙

잘못된 규칙은 규칙 자체의 결함이나 약점이다. 사람이 갖는 잘못된 규칙의 흔한 예로는 노란색 신호등이 켜질 때마다 속도를 높이고 교차로를 통과하는 것은 운전자가 일반적으로 갖는 행동이지만, 노란색 신호등은 경고 신호라는 점이다. 조직이나 회사가 보유하고 있는 규칙이나 절차가 잘못되어 있는 경우에도 사람은 잘못된 규칙을 적용할 수 있다. 잘못된 규칙의 결정적인 특징은 규칙의 계획이나 구조 자체에 결함이 있기 때문에 규칙 선택이 잘못된 것으로 간주된다는 것이다.

나. 어설픈 규칙

사람은 전문가의 지도가 없고 규칙 적용에 있어 관대한 환경에서 서투르고 어설프며 기괴한 규칙적용을 한다. 하지만, 이러한 방식이 나름대로 효과가 있을 경우 규칙기반 행동의 일부로 자리 잡을 수 있다. 이러한 예로는 끈적끈적한 밸브 손잡이를 망치나 무거운 드라이버로 두드려 밸브를 풀어 조정하는 것은 잘못된 작업 관행이지만, 사람 들 간에 전해지는 비공식적인 규칙이 될 수 있다. 어설픈 규칙 적용으로 인한 관리나 통제가 없을 경우, 잘못된 규칙을 적용할 가능성이 크다. 또한 회사의 관련 규칙이 현장 실행에 있어 사람의 어설픈 행동을 유발하는 상황이 발생한다.

다. 권장하지 않는 규칙

권장하지 않는 규칙은 목표를 달성하기에 완벽할 수 있지만, 장기적으로는 문제가 발생할 여지가 있다. 일반적으로 이러한 유형의 규칙은 기존 규정이나 운영 절차를 위반하는 경우를 포함한다. 이러한 예로는 사람들이 망치질에 방해가 되므로 보안경을 착용하지 않는 경우이다. 대부분의 경우, 보안경을 착용하지 않아도 사고를 당하지 않는다. 하지만, 언젠가는 무언가(예: 금속/나무 파편 등)로 인해 눈 부상을 입을 가능성이 있다.

4.2 지식기반 착각(knowledge-based mistake)

지식기반 착각은 완전히 새로운 상황으로 미리 정해진 문제 해결 규칙이 없으며, 즉시 해결책을 찾아야 하는 상황으로 착각을 유발하기 쉽다. 사람은 지식기반 착각을 반복하고 성공하면서 학습한다. 지식기반 착각은 편향 등 다양한 요인에 영향을 받는다. 지식기반 착각을 간단히 말한다면 모르는 것을 모르는 것이라고 정의할 수 있다. 사람은 어떠한 상황에서 문제를 해결해야 할 때, 많은 두뇌활용을 한다. 이때 문제를 올바르게 분석하지 않거나 전혀 분석하지 않을 때 지식기반 착각이 발생한다. 몇 가지 상황을 예로 들면, 작업팀이 작업절차가 없는 상황에서 고장이 발생한 설비를 고치는 과정에서 잘 못 대응을 하는 것이다. 기술자가 비정상적인 공정 고장의 원인을 잘못 진단하고 이를 해결하기 위해 부적절한 조치를 취한다. 작업자가 문제 해결에 대한 불완전한 이해로 인해 여러 상황에 잘못 대응하는 경우이다. 지식기반 착각을 발생하게 하는 기여요인에는 사람과 상황이 있다.

(1) 사람

가. 더 큰 그림을 보지 못함

사람은 태생적으로 인지 처리 능력에 제한이 있어 최적의 해결책을 찾기 위해 상황의 모든 측면에 집중하고 종합하여 판단하는 것이 불가능하다.

나. 친숙함 추종

더 익숙하거나 더 잘 이해되는 상황에서는 자신이 선호하는 방향으로 선택하고 집중한다.

다. 최근 정보 활용

자신이 경험한 최신의 정보나 더 쉽게 떠오르는 해결책을 지나치게 강조한다.

라. 모순되는 증거 무시

자신이 선택한 추론이 맞다고 생각하면, 우선 이를 뒷받침하는 증거 확보를 위해 지속적으로 모순되는 증거를 무시하는 경향이 있다.

마. 결론에 갈망한 서두름

좋은 결론을 빨리 갖기 위해 다양한 상황을 평가하지 않고 서두르는 경향이 있다.

(2) 상황

상황에서 발생하는 문제는 일반적으로 외부 환경에서 제공되는 정보가 부적절하거나 오해의 소지가 있어 성공적인 전략 수립이 어려운 경우이다. 외부 환경에서 제공되는 정보가 부적절하거나 오해의 소지가 있는 경우, 시행착오적 접근방식을 통해 다양한 문제를 일으키며, 가용 정보량을 늘리기 위해 무작위 전략을 직접 적용하는 것과 같다. 이러한 경우, 위험에 대한 개선책을 근원적 대책을 먼저 적용해야 한다.

4.3 사고사례[29]

(1) 고소작업대 전복 사고

2014년 1월 평택에 소재한 발전소 냉각탑(cooling tower)[30]에서 발생하는 수증기가 환경을 오염시키는 좋지 않은 연기 등으로 오인되는 민원이 있었다. 이에, 발전소는 냉각탑에서 나오는 것은 수증기임을 알리는 표지를 부착하여 환경민원을 해소하고자 하였다. 당시, 수증기 안내표지를 부착할 곳은 지상에서 약 30미터 높이에 있던 스팀터빈(steam turbine)빌딩 외벽이었다. 당시 작업팀은 다음 사진처럼 스팀터빈 빌딩 주변에 고소작업대를 설치하고 Boom[31]대를 펼쳐 Testing[32]하였다.

Boom대를 펼쳐 testing하는 과정에서 안전각도를 넘어 균형을 잃은 고소작업대는 다음 사진과 같이 갑자기 상분리 모선[33]을 타격하여 발전소 전체가 가동 중지되는 사고가 발생하였다.

이 사고의 기여요인은 표지판 설치 지역으로부터 약 40 m 먼 거리에 고소작업대를 설치하여 불안전한 Boom대 각도를 형성하였다는 것이다. 더욱이, 아웃트리거(outrigger)[34]한 곳은 지면이 아닌 잔디 위에 설치하여 고소작업대를 충분히 지지할 수 없었다. 사고 당시 고소작업대 운전기사는 얼마 전에도 유사한 작업을 했는데도 이상이 없었는데, 아쉽게도 사고가 났다고 사죄했다.

불행 중 다행이었던 것은 당시 발전소의 고소작업대 사전 Testing이라는 안전절차로 인해 사람이 고소작업대에 탑승하지 않았던 것은 두 사람의 목숨을 살렸다. 사고의 기여요인은 회

29) 사고사례는 부주의, 망각, 착각 및 위반 등 다양한 요인들이 복합적인 영향을 주었지만, 저자가 편의상 휴먼에러 각각의 특성을 설명하기 위해 구분한 것임을 참조한다.

30) 발전소의 냉각탑에서 발생하는 수증기는 냉각 과정에서 발생하는 자연 현상으로, 주로 기온이 낮은 겨울철에 눈에 띄게 나타난다. 냉각탑은 발전 과정에서 발생하는 뜨거운 물을 식히기 위해 사용되며, 이 과정에서 증발한 물이 찬 공기와 만나면서 수증기로 변해 하얀 연기처럼 보인다.

31) Boom 대는 고소작업대 차량에 연결되어 고소작업대를 지지하며 필요한 길이가 인출되는 구조

32) 안전절차에 따르면, 고소작업대에 사람이 타기 전 먼저 고소작업대의 Boom대 인출과정을 Testing하는 과정이 있었다.

33) 발전기 단자에서 외부로 전류를 인출하기 위해 특수하게 제작된 상분리 모선(IPB, Isolated Phase Bus)

34) 아웃트리거는 사다리, 캠핑카, 크레인 등 다양한 장비의 안정성을 높이기 위해 사용되는 지지대 또는 발판을 의미한다. 주로 장비의 넘어짐 방지, 흔들림 방지, 지지력 확보에 활용된다.

사나 조직 그리고 사람들이 일으킨 복합적인 휴먼에러로 실행실패 차원의 부주의나 망각 보다는 계획실패 차원의 착각이 더 큰 요인인 것으로 판단한다.

(2) MRI 산소통에 끼여 환자 사망

2021년 10월 경남 김해시의 한 병원 MRI[35]실에서 환자가 산소통에 끼여 사망하는 사고가 발생했다. 60대 남성 환자가 MRI 기기의 좁고 둥근 공간 안에 산소통과 함께 끼여 숨졌다. 산소통은 금속 재질로 높이가 128 ㎝, 둘레 76 ㎝, 무게는 10 ㎏이 넘었다. 경찰조사에 따르면, MRI가 작동되면서 발생한 자력이 2 m 거리에 있던 금속제 산소통(병원에서 환자에게 산소를 공급하는 데 사용하며, 다양한 용량으로 제공된다)을 MRI로 끌어당겼고, 기기 속으로 빨려 들어간 산소통이 환자를 압박한 것이다. 국립과학수사연구원은 숨진 환자가 산소통의 압박 때문에 심장과 머리가 충격을 받아 뇌진탕으로 숨진 것으로 경찰에 통보했다.

사고 당시 병원 측은 환자가 경련과 호흡곤란 등 위독한 증세를 보여 산소통을 뗄 수 없었다고 해명했다. 대부분 MRI실에는 의사가 동행하지 않지만, 의사는 환자를 돌보기 위해 MRI 실까지 함께 갔고, 위중한 상태 환자의 치료를 위해 적극적인 처치를 하던 과정에서 산소통을 연결했다. 하지만, 경찰에 따르면 사고 당시 MRI실에는 산소공급 장치가 설치되어 있었다고 밝혔다. 즉, 금속 재질의 산소통이 아닌, 안전하게 공급할 수 있는 산소공급 장치가 있었던 것이다. 하지만 경찰조사에서 당시 담당 의사가 MRI실의 산소공급 장치가 환자에게 닿지 않자, 별도의 산소통을 가져오라고 병원 직원에 지시한 것으로 드러났다.

MRI 기기 가동을 담당하는 방사선사는 MRI 기기가 강한 자성이 있어 산소통 같은 금속 재질의 물건을 가까이 둘 수 없는데도, 산소통을 그대로 둔 채 의사 지시에 따라 기기를 가동한 혐의를 받았다. 경찰은 산소통을 가져오라고 지시한 30대 의사와 20대 방사선사를 업무상 과실치사 혐의로 김칠에 송치하였다. 영상의학 진문가에 따르면, 니무나 기본적인 상식을 인지킨 사고, 어떻게 이런 일이 일어날 수 있나 싶은 황망한 사고 그리고 기본적인 안전수칙을 지키지 않은 사고라고 입을 모았다. 또한 강한 자장 근처에 금속을 두지 말아야 하는 것은 불옆에 휘발유를 두지 않는 것처럼 아주 기초적인 지식이라고 입을 모았다.

이 사고의 기여요인은 회사나 조직 그리고 사람들이 일으킨 복합적인 휴먼에러로 실행실패 차원의 부주의나 망각 보다는 계획실패 차원의 착각이 더 큰 요인인 것으로 판단한다.

(3) 변경관리 절차 미실시로 폭발

2014년 5월 8일(목) 18시 24분경 (주)○○ 울산공장 무수불산 생산공정의 열풍 가열로에 고온 공기를 공급하는 열풍로의 도시가스 버너(이전에는 벙커시 유 사용) 초기 가동 중 열풍로 본체 및 관련 계통설비에 체류한 미연소 도시가스에 의한 폭발이 발생하여(주)○○ 울산공

35) MRI(자기공명영상)는 강력한 자기장과 라디오파를 이용하여 신체 내부를 촬영하는 의료 영상 검사 장치이다. 인체에 무해하며 뼈, 근육, 혈관, 장기 등 다양한 조직의 상세한 단면 및 3차원 영상을 얻을 수 있어 질병 진단에 유용하게 활용된다.

장 소속근로자 1명이 사망하고(주) ○○ 울산공장 및 협력업체 소속근로자 4명이 부상을 입은 사고가 발생하였다. (주)○○ 울산공장은 2차전지 전해액 소재, 불소수지화합물, 냉매 및 특수가스 등을 생산하고 공급하는 사업장이다.

이 사고를 통해서 그동안 안전하다고 생각되어 왔던 도시가스를 연료로 사용하는 버너설비의 위험성에 대하여 많은 근로자들이 재인식하게 되었고, 변경관리 절차의 준수와 버너시스템 퍼지(Purge)[36]에 대해 많은 문제점이 도출되어 개선이 필요하게 되었다.

휴먼에러를 일으킨 기여요인으로는 i) 조직적 차원에서 벙커시 유에서 도시가스로 변경 시 배기댐퍼 사이즈 축소/가스체류 설계검토 미실시, 열풍로 교체시 배기댐퍼 사이즈 미검토/공정배관계장도 미수정, 열풍로 버너 운전절차 및 변경관리에 안전조치사항 및 구체적인 위험요인 미반영 ii) 불안전 감독 차원에서 변경관리 절차에 따른 위험요인/가스누적으로 인한 폭발위험 교육 제공 미흡 iii) 불안전한 행동 전제조건 차원에서 변경관리로 인한 위험요인/가스누적으로 인한 폭발위험 지식 미흡 iv) 불안전한 행동 차원에서 변경관리 절차 미시행 등이 있다.

이 사고의 기여요인은 회사나 조직 그리고 사람들이 일으킨 복합적인 휴먼에러로 실행실패 차원에서 사람의 부주의와 망각 보다는 계획실패 차원에서 변경관리 절차를 올바로 수행하지 않은 사람의 착각이 더 큰 기여를 한 것으로 판단한다.

(4) 불화수소 하역작업 중 누출사고

2014년 8월 24일 충남 금산군 소재 ○○○○(주) 반도체 식각액 생산공장의 불화수소(무수불산)[37] 탱크 컨테이너 하역장에서 생산공장으로 불화수소를 이송하기 위하여 배관을 연결하고 탱크 컨테이너 상부밸브를 여는 순간 불화수소가 누출되어 근로자 1명이 부상을 입는 사고가 발생하였다.

휴먼에러를 일으킨 기여요인으로는 i) 조직적 차원에서 불화수소 공급배관과 플렉시블 후드 분리 미시행, 밀폐가 안된 하역 작업장, 불화수소 공급배관과 플렉시블후드 비분리, 하역안전기준 미준수/교육훈련 미흡/하역작업장 개구부 방치/비상훈련 미흡, 불화수소 잔압 제거/탈착/부착/검사/이송 등의 구체적인 안전절차 미흡, 이송작업시 불화수소 누출 위험요인 미 검토/위험성평가 미흡 ii) 불안전 감독 차원에서 가스누설의 위험성/하역작업 안전수칙/비상대응 교육제공 미흡, 하역작업시 ESH팀 감독 미실시-차단밸브 미차단 상태에서 글로브밸브 개방, 차단밸브 미차단 상태에서 글로브밸브를 개방하는 위험행동 개선 실패, 차단밸브 미차단 상태에서

---

36) 퍼지(Purge)는 연소되지 않은 가스가 노안에 또는 기타 장소에 차 있을 때 점화할 경우, 폭발할 우려가 있으므로 점화 전에 이것을 노밖으로 배출하기 위하여 환기시키는 것을 말한다. 점화작업을 하기전에 하는 것을 프리퍼지(pre-purge), 연소를 정지시킨 뒤에 하는 것을 포스트퍼지(post-purge)라고 한다.

37) 불화수소(HF, Hydrogen Fluoride)는 상온, 상압에서 기체상태의 급성 독성물질로 무색이지만 강하고 자극적인 냄새가 나며 기체상태의 불화수소(끓는점 19.5℃)를 가압·냉각시키면 액화되어 다량으로 운반· 보관이 가능하다. 불산(Hydrofluoric Acid)은 불화수소를 물에 녹여 만든 수용액으로 강한 자극성을 가 지는 무색의 부식성 물질이며, 물의 함량이 높을수록 증기압과 대기 중의 증기농도는 낮아지고 끓는점은 높아지나, 인체에 대 한 흡입 위험성 및 환경에 대한 확산 위험성은 상대적으로 낮아진다. 불산의 용도는 반도체의 표면처리, 전구나 평면 패널의 광택, 살균제, 소독제 등으로 광범위하게 사용되고 있다.

글로브밸브를 개방하는 위험상황 승인, iii) 불안전한 행동 전제조건 차원에서 밸브 미차단/비상대응 지식 미흡, iv) 불안전한 행동 차원에서 차단밸브 작동 이후 글로브 밸브 개방, 감독자가 차단밸브 미차단 등이 있다.

이 사고의 기여요인은 회사나 조직 그리고 사람들이 일으킨 복합적인 휴먼에러로 실행실패 차원에서 사람의 부주의와 망각보다는 계획실패 차원에서 불화수소 하역기준 부재로 인한 사람의 착각이 더 큰 기여를 한 것으로 판단한다.

(5) 인화성액체 제품 포장 중 폭발사고

2015년 9월 4일 경기도 ○○(주)[38] 내 제조동 혼합용제[39] 포장공정에서 원료용제를 교반/혼합 후, 200리터 드럼용기에 포장을 위해 주입하던 중 폭발 및 화재가 발생하여 작업자 1명이 화상을 입는 사고가 발생하였다. 제조 시방서에 따라 원래는 KOCOSOL[40]과 Butyl Cellosolve[41]를 8:2 비율로 혼합해야 했지만, 사고 당시 KOCOSOL(인화점 42℃)대신 Toluene(인화점 4℃)을 혼합하였다. 그리고 200 L 드럼용기에 포장하는 혼합용제 포장공정에서 폭발 분위기가 형성되었고, 용제혼합탱크에서 원심펌프를 통과한 혼합용제를 드럼용기로 이송하는 과정에서 축적된 정전기[42]가 점화원으로 작용하여 폭발·화재가 발생한 것으로 추정된다.

이 사고를 통해 공정 내에 고정 설치되어 있는 용제의 혼합 및 저장을 위한 탱크류, 용제 이송을 위한 펌프류 등의 정전기 제거조치의 중요성 뿐만 아니라 포장작업 시 사용되는 비고정식 드럼류 등에도 정전기 제거가 중요하다는 사실을 알게 되었다.

휴먼에러를 일으킨 기여요인으로는 i) 조직적 차원에서 혼합용제 주입배관을 드럼하부까지 내리지 못한 설계, KOCOSOL(인화점 42℃) 대신 Toluene(인화점 4℃) 투입, 안전운전절차 부재, 위험요인 미 제거 상태로 안전작업허가 승인, 위험성평가 미흡 ii) 불안전 감독 차원에서 본딩 시행여부 미확인, 혼합용제 투입과 관련한 안전교육 제공 미흡, iii) 불안전한 행동 전제조건 차원에서 안전한 본딩과 올바른 혼합용제 사용 지식 미흡 iv) 불안전한 행동 차원에서 안전한 본딩 미실시와 Toluene 사용, 접지 미 실시 등이 있다.

이 사고의 기여요인은 회사나 조직 그리고 사람들이 일으킨 복합적인 휴먼에러로 실행실패

---

38) ○○(주)는 2005년부터 가동되어, 잉크제품(그라비아, 금속), 도료제품(코팅 제등), 합성수지(점, 접착제 등)를 생산하고 있으며, 이러한 제품들은 포장비 닐, 포장용기, 캔, 보호필름등에 사용되며, 연간 약 1만6천톤을 생산하고 있다.

39) 혼합용제(Mixed Solvent)는 두 개 이상의 용제를 섞어서 만든 용액이다. 혼합용제의 특징은 각 용제의 특성이 조합되어 용해력, 휘발성, 인화성 등을 조절할 수 있다는 점이다. 단일 용제로는 얻을 수 없는 특성을 가진 용액을 만들 수 있어 다양한 산업 분야에서 활용된다.

40) KOCOSOL는 용해력이 우수한 고비점 아로마틱 용제로서 페인트, 주물 등 고온에서 요구되는 용도에 적합하다.

41) Butyl Cellosolve는 용제, 용매 및 표면활성제로 사용되는 화학물질이다.

42) 정전기(Static Electricity)는 액체나 분체가 파이프 내를 유동(流動), 노즐에서 분출, 고속으로 고체에 충돌, 액체 속을 불용성 외의 액체입자가 침강, 또는 2개의 고체를 떼어놓을 때 정전기가 발생하여 물체가 전하(電荷)를 띈다. 정전기가 방전될 때에 불꽃을 발생하는 높은 에너지가 방출되며, 가연성증기의 폭발을 초래하는 일이 많이 발생한다.

차원에서 사람의 부주의와 망각보다는 계획실패 차원에서 불화수소 하역기준 부재로 인한 사람의 착각이 더 큰 기여를 한 것으로 판단한다.

(6) 공기차단기 취급 시 손가락 절단사고

미국 에너지부 산하 원자력 시설에서 발생한 손가락 절단사고이다. 사고는 시설 지하에서 작업하던 전기 기사(Electrician, 이하 E-1)가 스프링이 장착된 공기 차단기(Air Circuit Breaker, 이하 ACB)[43]를 조작하는 동안 발생했다.

공기 차단기(Air Circuit Breaker, 이하 ACB) 정보

ACB는 GE사의 AK-2-75타입이다. ACB는 정격 전압이 600V이며 1950년대와 1960년대에 설치되었다. 수배전반 구조에 설치된 ACB는 넣고 빼는 인출형 구조이다. 수배전반 구조에는 다음 그림과 같이 Knob(손잡이)이 설치되어 있어, 조작 시 ACB가 전자적으로 자동 닫히는 구조이다. 만약 전자적으로 닫히지 않을 경우에는 수동 조작 핸들(Manual closing handle)을 사용하여 수동으로 닫을 수 있다.

E-1은 문제가 생긴 ACB의 Trip Latch(ACB를 차단 상태로 유지하는 기능)를 고치기 위해 무릎을 꿇고(ACB 인출 높이에 맞추기 위해)수동 조작 핸들을 작동시켜 수배전반 구조에서 ACB를 왼손으로 인출하였다. 당시 E-1은 균형을 잃으면서 그의 오른손이 수배전반에 있던 Knob를 조작했고, 차단기가 닫히면서 왼쪽 가운데 손가락 끝이 절단되었다.

이 작업에는 주 변압기에 대한 예방적 유지보수를 위한 정전이 포함되어 있었고, 시설 운영에 영향을 주지 않고 PM을 수행하기 위해 주말 작업이 예정되어 있었다. E-1과 E-2(보조 전

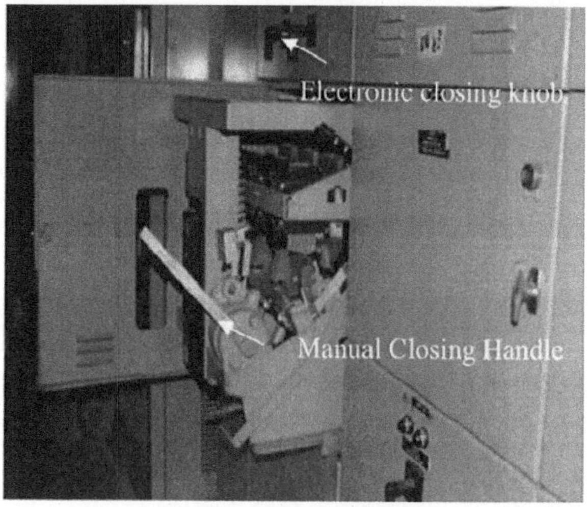

43) ACB는 주로 저압 라인을 보호하기 위해 설치된 전기 장치이다. 사고가 발생한 ACB는 수배전반 구조와 별도로 설치되어 있어, ACB본체를 수배전반 구조에서 분리(인출)할 수 있어 점검과 교체가 용이한 장점이 있다.

기기사)는 사고 대상 차단기를 포함한 일곱 개의 차단기와 여러 부하 차단기를 열고 닫는 방식으로 유지보수 활동을 했다. 작업은 통합 작업허가 문서에 따라 승인되었다. 허가 문서에는 "장비의 종료 및 재가동과 적절한 기능 확인과 지원"으로 기재되어 있었다.

E-1은 사고 두 달 전 사고가 발생한 ACB Trip Latch와 유사한 문제를 해결했던 경험이 있었다. 당시 문제는 Trip Latch 고착으로 인해 ACB가 닫히지 않았으며, ACB가 6년 이상 정비되지 않았다는 사실도 알고 있었다. 이러한 배경에서 E-1은 사고대상 ACB의 문제에 대해서 잘 해결할 수 있을 것이라는 자신감이 있었다. 따라서 E-1과 E-2는 문제가 있던 ACB를 별도의 수리장소로 보내지 않고, 자체적으로 수리하기로 결정했다. 그 이유는 ACB를 수리장소로 보낼 경우, 최대 일주일이 소요될 수 있었기 때문이었다. 더욱이 원자력 시설을 다음 날 재가동해야 한다는 압박이 있었다. E-1은 원자력 시설이 일정에 맞게 재가동될 수 있도록 작업을 완료해야 한다는 목표가 있었고, 과거 경험을 바탕으로 조기 전력 복구에 따른 보상을 받을 수 있다는 생각에 작업을 감행했다.

이 사고의 기여요인은 회사나 조직 그리고 사람들이 일으킨 복합적인 휴먼에러로 실행실패 차원에서 사람의 부주의와 망각보다는 계획실패 차원에서 사람의 착각이 더 큰 기여를 한 것으로 판단한다.

(7) 환기구 덮개를 밟던 중 추락

A 씨는 건설 현장에서 보통 인부로 30년 이상의 경험을 가진 베테랑 근로자이다. 이 현장에서도 4개월 동안 보통 인부로 일하면서 구석구석 돌아다녀 현장 어느 곳이든 다양한 상황을 알고 있었다. 사고 당일 그는 지하 1층 공사용 부속자재 정리 작업에 대한 지시를 받고, 지하 1층 이곳저곳에서 일을 하던 중 환기구[44] 통로에 얹혀 있던 합판 덮개 위에 떨어져 있는 핀 등 공사용 부속자재를 보았다. 그는 얼마 전 자신이 경험한 상황을 기억하면서, 환기구 통로 주변에 안전난간이 설치되어 있고, 환기구 통로에 합판이 얹혀 있으나, 합판 아래에 지주가 설치되어 있어 그 위로 올라가도 문제가 없을 것이라고 생각하였다. 그리고 몇 일전 다른 층 정리 작업을 할 때도 환기구 합판 위로 올라갔었으나 아무 문제가 없었기 때문이다.

그는 주저하지 않고 환기구 주변 안전난간을 넘어 합판위로 올라갔다. 그러나 그가 올라간 지하 1층 환기구 합판 아래에는 지주(동바리, supporter)[45]가 없어 지하 2층 바닥으로 떨어져 사망하였다. 몇 일전 다른 층 합판 위에 올라갔을 때 문제가 없었던 것을 떠올려 지하 1층 환기구 올라갈 때도 문제가 없을 거라 쉽게 판단한 것이 화근이었다. 지하 1층 합판 아래에 있어야 할 지주는 누가 치웠을까? 원래 있던 지주를 치웠다는 사람은 아무도 없었다. 누군가 어떤 이유로 지주를 치웠을 것이다. 동료들은 A씨가 안전난간이 설치되어 있는데 왜 무리하게

44) 환기구는 건축물의 공기를 순환시킬 목적으로 만든 창으로 지하에 설치된 환기구는 생각보다 깊어서 환기구 위에 철망 혹은 덮개를 설치한다.

45) 지주(동바리)는 타설된 콘크리트가 소정의 강도를 얻기까지 고정하중 및 시공하중 등을 지지하기 위하여 설치하는 가설 부재이다.

넘어갔는지 모르겠다는 얘기만 반복한다.

이 사고의 기여요인은 회사나 조직 그리고 사람들이 일으킨 복합적인 휴먼에러로 실행실패 차원에서 사람의 부주의와 망각보다는 계획실패 차원에서 사람의 착각이 더 큰 기여를 한 것으로 판단한다.

사고 상황을 감안한 유사사고 사례

(8) 고정되지 않은 안전난간대와 함께 추락

A씨는 현장에서 인테리어 구조물 상부 천정의 설비 배관을 확인하고 계단으로 내려오다 균형을 잃고 넘어지면서, 계단 측면에 설치된 상부 안전 난간을 오른손으로 짚어 균형을 유지하려고 했다. 하지만 이 안전난간은 고정이 되지 않은 상태였기 때문에 A씨는 안전난간과 함께 약 3 m 바닥으로 떨어져 사망하는 사고가 발생하였다. 현장소장의 의견에 따르면, 그가 잡았던 계단 측면 안전난간은 계단 벽체 시공을 위해 임시로 고정되지 않은 채 걸쳐져 있었다고 한다.

안전난간, 개구부 덮개 및 경고·주의·안내 표지 등 사고를 예방하기 위한 안전시설이나 알림은 사람들이 과거 경험, 학습에 의해 의심이나 검토를 하지 않고 사용해도 안전하다 거나 표기된 내용에 따라야 한다는 결정을 하도록 유도한다. 따라서 안전 관련 시설이나 알림은 반드시 의도한 목적과 역할에 맞게 설치되고 항상 정상상태를 유지해야 한다.

이 사고의 기여요인은 회사나 조직 그리고 사람들이 일으킨 복합적인 휴먼에러로 실행실패 차원에서 사람의 부주의와 망각보다는 계획실패 차원에서 사람의 착각이 더 큰 기여를 한 것으로 판단한다.

5 위반

위반(violation)은 정해진 기준, 규칙이나 절차를 의도적으로(미리 고려하여) 지키지 않는 행동이다. 사람이 다양한 상황에서 규칙과 절차를 준수하지 않는 것은 개인적, 맥락적, 사회적, 체계적 요인에 의해 형성되었지만, 이러한 영향은 위반의 유형에 따라 다르다.

1983년 Jens Rasmussen이 발표한 기술기반 행동(skill-based behavior), 규칙기반 행동(rule-based behavior) 및 지식기반 행동(knowledge-based behavior)의 휴먼 퍼포먼스(human performance model) 기반인 SRK 모델을 근간으로 Reason은 1990년 일반적인 에러모델시스템(Generic Error-Model System)을 소개하였다. 일반적인 에러 모델 시스템을 통해 사람이 특정 작업을 위해 정보 처리를 하는 방법과 작업을 완료하는 과정에서 기술기반 행동(skill-based behavior), 절차기반 행동(rule-based behavior) 및 지식기반 행동(knowledge-based behavior) 간의 이동을 설명한 것이다. 기술기반 행동(skill-based behavior), 규칙기반 행동(rule-based behavior) 및 지식기반 행동(knowledge-based behavior)에 대한 보다 상세한 설명은 「6 기술기반, 규칙기반 그리고 지식기반 행동」에서 설명한다. 먼저 위반과 관련한 측면에서 기술기반, 규칙기반 및 지식기반 위반 측면을 먼저 살펴본다.

5.1 기술기반 위반

기술기반 위반은 사람의 숙련된 행동 또는 습관적인 행동의 일부로 형성된다. 이러한 위반에는 사람이 무언가를 달성하기 위하여 적은 노력을 투입하고자 하는 바람이 포함된다. 이 위반은 주로 절차가 현실적이지 못하거나, 동료나 감독자가 관심을 갖지 않을 경우에 발생한다. 예를 들면, 공원 주변에 버스역이나 지하철 역을 조성해 놓으면, 공원을 방문하기 위해 통행하는 사람들은 버스나 지하철을 사용하기 위해 먼 거리에 있는 별도에 마련된 입출입 경로(정문 또는 후문)를 사용하기 보다는 거리가 상대적으로 짧은 공원 주변 경계로 통행하는 경우이다. 이러한 경로에 있는 잔디밭이나 수풀은 훼손이 많이 된 것을 알 수 있다. 그리고 선행하는 사람이 그 경로를 사용하면, 후행하는 사람들도 그 경로를 사용할 가능성이 크다. 이렇듯 기술기반 수준의 행동은 일반적으로 규칙화 또는 절차화 되어 있지 않는 특성이 있다. 마치, 현장 전문가에게 중요하지 않은 스크류 드라이버를 볼트를 조이는 방법을 절차화 하는 것과 같다. 이러한 행동은 대부분의 습관적 행동에 의해 지배된다.

5.2 규칙기반 위반

규칙은 문제가 있거나 위험 요인이 존재할 것이라는 사전 검토를 통해 사람의 행동을 통제하기 위해 사전에 서면으로 만들어진다. 또한 규칙은 사고가 발생한 이후 재발을 방지할 목적으로 만들어지거나 변경되는 경우도 있다. 그리고 법률을 준수하기 위한 목적으로도 만들어지거나 변경되는 경우가 있다. 규칙기반 위반(rule-based violation)은 전술한 기준을 어기는 상황으로 회사나 조직이 업무 효율화를 위하여 기존의 업무 인력을 축소하거나 더 많은 업무를 추가할 경우, 행위자 입장에서 모든 규칙이나 절차를 준수하기 어려운 상황에서 발생한다.

5.3 지식기반 위반

지식기반 위반은 규칙이나 절차가 없는 이례적이거나 새로운 상황에서 발생한다. 훈련 담당자와 절차 작성자는 알려진 또는 예측 가능한 상황에 대해서만 다룰 수 있다. 1986년 4월 우크라이나 체르노빌 원자력발전소에서 원자로가 멈춘 것을 가정한 실험 도중, 정지 중이었던 4호기가 제어불능으로 노심이 녹아 폭발하는 사고가 발생하였다. 이 참사는 지식기반 위반의 전형적인 사례를 보여주는 사고이다. 출력 수준이 25% 미만으로 떨어졌을 때 발전소는 위험한 상태에 있었고, 통제가 불가능한 반응이 예상되었다. 이러한 상황으로 인해 운영자들은 원자로의 기본 물리 법칙을 모르는 듯 안전 시스템 가동을 계속해서 중단시켰다. 또 다른 사례로는 석유화학 공장의 밀폐공간에서 작업중이던 근로자가 갑자기 치명적인 황화수소 가스로 인해 질식하는 경우이다. 당시 동료 근로자는 이러한 상황에 대처하도록 훈련을 받았음에도 불구하고 원초적인 충동에 따라 동료를 돕기 위해 뛰어들었지만, 그 역시 결국 사망하고 말았다. 훈련을 통해 다양한 지식을 쌓았지만, 현실에서는 이러한 심각한 문제를 접해 본 일이 없었기 때문이다.

5.4 위반의 분류

위반의 종류에는 일반적인(routine) 위반, 예외적인(exceptional) 위반, 상황적인(situational) 위반, 최적화(optimizing) 위반 및 사보타주(sabotage)등이 있다. 위반은 회사의 목표 달성과 관리감독자의 지시에 의해 근로자가 범하는 행동으로 잘해보려고 하는 진정한 욕구에서 발생하는 선의의 행동을 포함한다.

(1) 일반적인 위반

사람이 하는 통상적인 위반으로 양중 작업 시 신호수가 배치되지 않은 상황에서 작업을 수행하거나, 고소 작업 시 안전난간 등이 없는 상황에서 안전벨트를 체결하지 않고 작업을 수행하는 경우이다.

(2) 예외적인 위반

비상상황 시 인명구조나 비상대응을 위하여 부득이하게 하는 위반이다.

(3) 상황적인 위반

상황적 위반은 나쁜 결과를 초래하지 않을 것이라는 믿음으로 행해지는 의도적인 행위이다. 이러한 위반은 비용-편익 상충 관계에 의해 형성되며, 편익이 예상 비용보다 더 크다고 여겨질 때 발생한다. 어떠한 작업 수행을 일찍 마치기 위해 안전작업허가서 승인을 받기 전 작업을 개시하는 경우가 여기에 해당한다. 그리고 추락의 위험이 존재하는 고소작업시 안전벨트 체결 지지점을 만들지 않고 작업을 수행하는 경우이다.

(4) 최적화 위반

회사나 조직의 목표를 달성하기 위해 자신들의 방법을 고안하여 적용하는 위반으로 규정된 절차보다는 자신들의 경험을 우선시 하는 경우이다. 양중 작업을 하기 위해 규정된 달아메기 장비가 아닌 부품을 이용하는 경우와 미승인 자체 제작도구를 사용하는 경우이다.

(5) 사보타주

사람이 어떠한 의도를 갖고 시설을 파괴하는 범죄행위이다. 인위적으로 불을 내거나, 시설을 손괴하는 등의 위반이다.

고의적이고 의도적인 결정으로 인한 위반과 고의적이지 않고 의도하지 않은 결정으로 인한 위반 간의 차이를 분별하는 것은 중요하다. 그리고 조직의 징계 시스템은 전술한 위반 상황을 적절하게 검토하여 반영해야 한다. 이러한 검토는 공정문화(just culture)를 만드는데 반드시 필요한 요인이다.

5.5 누가 가장 위반을 많이 하는가?

기준이나 규칙을 위반하는 사람의 고의적인 결정은 개인이 갖는 동기 부여 또는 조직의 문화적인 문제와 관련이 있다. 위반은 사람들이 오랜 기간 일반적으로 수용한 관행적인 행동과 조직에서의 가치와 리더십과의 함수적인 관계로 인해 발생한다. 사람들은 좋지 않은 환경, 자원, 지원에도 불구하고 회사가 정한 기준을 일부 우회해 가면서 회사와 조직의 목표를 달성해 가는 경향이 있다. 특정한 상황에서 위반으로 인한 문제가 발생할 경우, 그 과정에는 근로자, 감독자, 관리자, 엔지니어, 심지어 경영층까지도 해당하는 위반에서 자유로울 수 없다는 원칙을 가져야 한다.

한편, 사람들은 정해진 기준이나 규칙을 지키는 것이 싫어 의도적으로 위반을 하는 경우도 있다. 사람은 일반적으로 위험을 과소평가하며, 자신은 에러를 범하지 않을 것이라고 무의식적인 가정을 한다. 그리고 사람들은 자신이 통제력을 유지할 것이라는 능력을 과신한다. 다음 표의 내용은 사람들이 위반을 하면서 동기를 부여하는 상황이다.

-자신의 위반 여부가 감지될 가능성이 낮음 -동료가 구성원의 위반을 보고 교정하지 않음 -팀 또는 작업 그룹에 의한 동료들 간의 압력 -자신의 경험을 믿고 기준을 변경할 권한이 있다는 개인의 인식 -잠재적인 결과에 대한 무지-인지된 낮은 위험 -다른 개인 또는 작업 그룹과의 성과나 목표 경쟁 -작업 목표를 달성하는 데 방해가 되는 요소 또는 장애물을 제거하기 위함 -우리는 항상 이런 식으로 해왔다(권위로 인한 암묵적인 수용)라는 선례주의

휴먼에러는 성별이나 연령에 따라 크게 변하지 않지만(적어도 정상적인 직장 생활 기간 내에서는), 규칙을 어길 가능성이 가장 높은 사람들은 비교적 쉽게 파악할 수 있는 집단이다. 이들의 주요 인구통계학적 및 심리적 특징은 다음과 같다.

- 자신의 업무 능력에 대한 높은 평가를 받고자 하는 젊은 남성
- 비교적 경험이 많고 특히 에러가 많지 않은 사람
- 사고 이력이 있는 사람
- 다른 사람들의 생각이나 결과에 대한 부정적인 믿음에 훨씬 덜 얽매이는 사람

5.6 사람들은 왜 위반을 하는가?

(1) 통제 환상

상습적인 위반자들은 자신이 강력하다고 느끼고 위험한 상황 통제할 수 있다는 과신을 한다.

(2) 무적감 환상

위반자들은 자신의 규칙 위반이 부정적인 결과로 이어질 가능성을 과소평가한다. 그들은 기술이 항상 위험을 극복할 것이라고 믿는다. 마찬가지로, 젊은 남성들은 자신이 다른 사람들의 나쁜 행동의 피해자가 될 가능성이 있다고 생각하지 않는다. 연구에 따르면, 젊은 남성들은 거리에서 강도나 폭행을 당할 실제 가능성을 7배나 과소평가했다. 젊은 남성은 위험한 환경에서 운전하거나 일할 때도 비슷한 경향이 나타날 가능성이 높다. 사실, 그들은 가장 큰 위험에 처한 인구 집단이고 볼 수 있다.

(3) 우월감의 착각

자가 보고식 우월감 설문지에서 높은 점수를 받은 사람들은 자신이 다른 사람들보다 (특히 운전에 있어) 더 능숙하다고 평가한다. 그들은 자신의 위반 성향이 다른 사람들보다 더 심각하다고 생각하지 않는다. 그들의 위반 성향은 다음과 같이 설명할 수 있다.

- 나는 감당할 수 있다. 나는 그것을 피할 수 있다. 나는 어쩔 수 없다.
- 모두가 그렇게 한다.
- 그것이 진정으로 원하는 것이다.
- 그들은 눈감아줄 것이다.

5.7 위반의 정신적 경제학

위반은 의도된 고의적인 행위이다. 사람들은 위반 행위에 대한 인지된 비용과 이익을 저울질할 수 있으며, 이익이 예상 비용을 초과할 때 위반할 가능성이 높다. 많은 위반은 경험상 더 쉬운 방법이며 명백한 악영향을 초래하지 않는다는 것을 알고 있다. 위반으로 인한 편익은 즉각적이고 비용은 미미하며, 사고 발생 가능성도 낮다고 판단한다. 따라서 사람들이 일반적으로 갖는 위반으로 인한 이득을 더 엄격한 처벌로 획기적으로 낮추어야 한다. 즉, 규칙을 준수함으로써 얻는 이득을 더 증가시켜야 한다.

5.8 잘못된 절차

대부분의 사람이 편익을 추구하기 위해 위반을 한다는 것은 옳지 않은 생각이다. 사람이 규정을 위반하는 이유는 편익을 추구하기 위한 목적 외에도 규칙이나 절차가 잘못되어 있기 때문이다. 이것은 규칙과 절차가 잘못된 정보를 제공했거나, 현재 상황에 부적절하고 실행 불가능하거나, 알려지지 않았거나, 시대에 뒤떨어졌거나, 찾을 수 없거나 또는 이해할 수 없게 만들어진 경우이다.

5.9 비공식 절차 사용

영국 북서부에 위치한 대형 석유화학 공장에서 절차 적용과 관련한 조사에서 일반적인 절차 적용 비중은 80% 수준으로 높았지만, 문제 해결 시 절차를 적용한다는 비중은 30% 미만 수준으로 나타났다. 특히 중요한 문제나 유지보수 작업 시 안전절차를 사용하는가에 대한 응답은 10% 미만 수준에 불과했다. 조사 대상 4,000명 중 58%만이 실제 작업 중에 절차를 펼쳐두고 업무를 수행한다고 했다. 현장의 사람들은 일반적으로 작업과 독서를 동시에 하지 않는 것으로 판단한다.

복잡하고 위험한 업무 수행 시 방대한 절차를 사용해야 하는 경우, 사람들은 자신만의 규칙과 절차를 적용하는 것으로 알려져 있다. 이러한 기록은 철저히 비밀로 유지되며, 작업 그룹의 신입 구성원에게 전달된다. 이러한 기록은 종종 '블랙북(black book)'으로 불린다. 석유화학 근로자를 대상으로 한 설문조사 결과, 작업자의 56%와 관리자의 51%가 비공식적인 절차를 사용하는 것으로 나타났다. 근로자가 공식적인 절차를 따르지 않는 몇 가지 이유는 다음과 같다.

- 글자 그대로 따르면 작업이 완료되지 않는다.
- 사람들이 절차의 존재를 알지 못한다.
- 사람들은 자신의 기술과 경험에 의존하는 것을 선호한다.
- 사람들은 절차에 무엇이 포함되어 있는지 알고 있다고 생각한다.

5.10 사고사례[46)]

(1) 가스화재로 인한 화상

2014년 12월 지하 매설 도시가스 배관을 굴착차량이 파손시켜 가스가 누출되는 상황에서 파손배관을 보수하던 중 근로자가 화상을 입는 사고가 발행하였다. 사고 즉시 파손된 가스배관을 보수하기 위해 작업자 세 명은 사고현장으로 이동하였다. 당시 작업자들은 안전규칙에 따라 파손된 가스배관에서 누출되는 가스를 먼저 차단(사고지점에서 차단 밸브는 약 840미터 부근에 있음)해야 했다. 하지만, 그들은 가스를 차단하면, 주변 수용가나 업소가 가스를 사용하지 못한다는 점과 주변 수용가와 업소에 가스를 사용할 수 없음을 알려야 하는 민원 대응을 해야 한다는 걱정이 있었다. 그리고 파손된 배관의 경우 저압(low pressure)인 점, 배관 막음 조치가 비교적 간단 한 점 그리고 그동안 통상적으로 가스를 차단하지 않고 보수 한점 등을 고려하여 가스 배관을 차단하지 않기로 결정했다.

작업자 A는 배관파손 주변에서 철근을 정리하고 있었다. 작업자 B는 배관파손 지점에서 약 4~5미터 후방에 있던 차량에서 파손된 배관 막음 조치에 사용할 에폭시[47)]와 부탄가스 토치를 꺼냈다. 재해자는 배관파손 지점으로 이동하고 있었다. 당시 파손된 배관에서는 가스가 누출되고 있었고, 주변 지역은 상당한 양의 가스가 조성되어 있던 상황이었다. 게다가 작업자 B 방향에서 바람이 불어오고 있었다. 작업자 B가 토치를 조작해 보던 순간, 누적된 가스로 인해 갑자기 화염이 확산되어 재해자를 덮쳤고, 재해자는 얼굴 부위에 상당한 화상을 입고 병원으로 후송되었다. 다음 사진은 사고 개요를 설명하는 그림이다.

이 사고의 기여요인은 회사나 조직 그리고 사람들이 일으킨 복합적인 휴먼에러로 실행실패 차원에서 사람의 부주의와 망각 그리고 계획실패 차원에서 착각보다는 위반이 더 큰 기여를 한 것으로 판단한다.

---

46) 사고사례는 부주의, 망각, 착각 및 위반 등 다양한 요인들이 복합적인 영향을 주었지만, 저자가 편의 상 휴먼에러 각각의 특성을 설명하기 위해 구분한 것임을 참조한다.

47) 에폭시는 열경화성 플라스틱의 한 종류로, 접착제, 코팅, 강화 플라스틱 등에 사용되는 물질이다. 물과 온도 변화에 강하고, 접착력이 뛰어나며, 빨리 굳는 특징을 가진다. 특히, 사고에 사용된 에폭시를 부탄가스 토치로 적절하게 달구어 파손된 가스배관에 부착시키는 방법으로 사용되었다.

(2) 와이어로프에 끼여 팔목 절단

2004년 10월 엘리베이터 보수 근로자는 빌딩에 설치된 엘리베이터 정기점검 중 움직이는 와이어로프와 주 쉬브(main sheave)48) 사이에 우측 팔목이 끼이는 사고를 입었다. 근로자는 마무리 작업을 위해 진공청소기로 기계실49) 바닥 청소를 하던 중 주 쉬브의 이물질을 발견하였다. 근로자는 안전규칙에 따라 전원을 차단하고 이물질을 제거해야 했지만, 주 쉬브가 움직이지 않고 멈춰 있어 그대로 헝겊을 사용하여 주 쉬브에 있던 이물질을 청소하고 있었다. 안타깝게도 다른 층의 호출을 받은 엘리베이터가 움직이면서 동시에 주 쉬브가 회전하면서, 근로자는 우측 팔목 하단 부위를 끼이고 말았다. 다음 그림(p.74)은 사고상황을 보여주는 그림이다.

근로자는 병원에 도착해서 수술을 받았지만, 주 쉬브와 와이어로프에 묻은 기름으로 인해 우측 팔목이 심하게 감염되어 팔 전체를 절단해야 했다. 당시, 근로자는 여자친구와 6개월 후 결혼을 약속한 상황이라 안타까움이 더했던 사고다.

이 사고의 기여요인은 회사나 조직 그리고 사람들이 일으킨 복합적인 휴먼에러로 실행실패 차원에서 사람의 부주의와 망각 그리고 계획실패 차원에서 착각보다는 위반이 더 큰 기여를 한 것으로 판단한다.

48) 쉬브(Sheave)는 엘리베이터의 카를 지탱하고 움직이는 와이어로프가 걸리는 하나 이상의 홈을 가지고 회전하는 도르래이다.

49) 엘리베이터 시스템의 작동에 필요한 기계 및 장비를 보관하는 건물 내 전용 공간이다. 이 곳에는 일반적으로 건물 내 엘리베이터의 카를 이동시키는데 필요한 제어 및 전원을 공급하는 다양한 구성 요소가 포함되어 있다. 주로 건물의 최상부에 설치된다.

(3) HDPE 사일로 폭발사고

2013년 3월 전남 여수시 여수산업단지에 소재한 ○○산업(주) 여수공장 HDPE[50)]공장에서 폭발사고가 발생했다. 폭발사고는 HDPE공장의 제품을 저장하는 사일로 2층에서 정비보수업체인 ○○기술(주) 근로자가 사일로 하부 측면의 맨홀 설치작업 중 사일로 내부에 잔존한 HDPE 분진이 용접불티에 점화되면서 일어났다.

폭발사고로 인해 사일로 상부에서 플랫폼 설치작업을 하고 있던 협력업체 근로자 9명 중 5명이 사망하고 4명이 중상을 입었으며, 중간층(지상 약 8 m)에서는 맨홀설치 작업 중이던 근로자 6명 중 1명이 사망하고 5명이 부상을 입었다. 그리고 지상과 중간층에 있던 원청업체의 작업감독자 2명이 부상을 입었다. 폭발사고는 소규모였지만 폭발장소에 다수의 근로자가 밀집되어 그 피해 규모가 컸다.

이 사고는 공사에 참여한 다양한 사람과 조직이 일으킨 휴먼에러이다. 휴먼에러를 일으킨 기여요인으로는 i) 조직적 차원에서 사일로 내부에 분체가 존재한다는 사실을 알고도 작업 시행, 정비기간 단축을 위해 분체 제거절차 미시행, 이전 유사사고 발생 시 그 기여요인을 개선할 작업절차 미개정, 안전작업허가 승인 서류에 가연성분체 제거조치 내용 불포함 및 사일로 내부 화재/폭발에 대한 위험성평가 미흡 등이 있다. ii) 불안전 감독 차원에서 사일로 내부 화재/폭발 위험에 대한 교육 미제공, 분체가 존재하는 밀폐공간 내부 화기작업에 대한 감독 미

50) HDPE(High Density Polyethylene)는 에틸렌의 중합으로 생기는 사슬모양의 고분자화합물이다. 중합법에 따라 여러 가지가 생성되는데, 밀도에 따라 저밀도 폴리에틸렌과 고밀도 폴리에틸렌으로 구별된다. 고밀도 폴리 에틸렌은 파이프, 필름 등의 원료로 사용되며, 저밀도 폴리 에틸렌은 각종 병이나 냉장고의 제빙용 상자 등의 원료로 쓰인다.

흡, 분체가 존재하는 밀폐공간 내부 화기작업 방치 등이 있다. iii) 불안전한 행동 전제조건 차원에서 근로자들은 사일로 내부 화재/폭발 위험 인식수준이 낮음 iv) 불안전한 행동 차원에서 분체가 존재하는 밀폐공간에서 화기작업의 위험을 알고도 실행, 정비기간 단축을 위해 분체 제거절차 미실시, 분체가 존재하는 공간에서 화기작업 시행 등이 있다.

이 사고의 기여요인은 회사나 조직 그리고 사람들이 일으킨 복합적인 휴먼에러로 실행실패 차원에서 사람의 부주의와 망각 그리고 계획실패 차원에서 착각보다는 위반이 더 큰 기여를 한 것으로 판단한다.

(4) 사출성형기에 머리 끼임사고

A 씨는 20년간 사업장에서 사출성형기[51]를 다룬 베테랑이다. 그는 얼마 전 새로 입사한 신입직원과 함께 업무를 할 때도 늘 입버릇처럼 말했다. "어려울 거 없어. 그냥 하면 돼" 사고 당일도 그는 여느 때와 다름없이 오전 작업을 위해 신입직원과 함께 사출성형기의 금형을 교체하고 일과를 시작했다. A 씨는 설비에 전원을 넣고 본격적인 작업에 앞서 시험 사출을 시작하면서 신입직원에게 제품불량을 확인하는 법을 알려주었다.

사출성형기는 끼임 사고가 자주 발생하는 위험기계로 사출성형기를 둘러 싼 안전문을 열면 안전 리미스 스위치가 자동으로 동작하여 사출성형기가 정지되도록 구성되어 있다. 하지만, 안전 리미트 스위치 동작으로 사출성형기가 정지하게 되면, 다시 조정하고 작업을 시작하는 일이 번거롭고 불편한 점이 있다. 따라서 근로자는 안전 리미트 스위치가 동작하지 않도록 끈으로 묶어두는 경우가 있다. A 씨는 작업에 앞서 여느 때처럼 안전 리미트 스위치를 끈으로

51) 사출성형기(Injection molding machine)은 용해된 물질을 주형에 주입시킴으로써 여러 부분을 만들기 위한 기계이다.

묶고 작업을 시작했다. 작업이 순조롭게 진행되는 듯했으나 문제가 발생했다. 사출성형기의 제품에서 불량이 있었던 것이다.

몇 번의 작업에도 제품불량이 반복되자 늘 그랬듯이 그는 신입직원에게 장비운전을 맡기고 사출성형기가 작동을 반복하는 사이에 머리를 밀어 확인했다. 불행하게도 A 씨의 머리가 금형에 끼였고, 신입직원은 급히 사출성형기의 작동을 멈추고 119에 연락을 했으나 이미 시간이 지나버린 후였다.

신입직원은 평소 A 씨가 제품불량이 났을 때 이번처럼 작동 중에 설비를 확인하곤 해서 제품불량이 났을 때 사출성형기 운전을 멈추고 확인해야 하는지도 몰랐다고 했다.

이 사고의 기여요인은 회사나 조직 그리고 사람들이 일으킨 복합적인 휴먼에러로 실행실패 차원에서 사람의 부주의와 망각 그리고 계획실패 차원에서 착각보다는 위반이 더 큰 기여를 한 것으로 판단한다.

(5) 화학물질 탱크 보수 중 화재사고

2022년 4월 안OO 씨와 강OO 씨는 B 기업의 탱크 보수를 전문으로 담당하는 협력업체인 D의 일용직 근로자로서 화학물질을 저장하는 탱크 안에 부착되어 있는 폼실(Foam Seal)[52]을 제거하고 다시 설치하는 작업 지시를 받았다. 탱크의 크기는 작은 것이 1만 bbl(배럴) 규모로 지름 13m이고, 높이가 아파트 4층 정도에 해당할 정도로 큰 탱크이다. 탱크마다 저장된 화학물질의 종류는 다르지만, 모두 조금만 누출돼도 화재나 폭발 사고가 발생할 수 있는 위험 물질이 담겨있다는 공통점이 있다. B 기업에는 그런 탱크가 100개가 넘기 때문에 그들은 한 달에도 두세 번씩 작업을 간다.

---

52) 폼실은 탱크 안의 위험물 질이 바깥으로 새어 나오지 못하도록 부착된 부속품인데 정기적으로 교체를 해줘야 한다.

두 사람이 현장에 도착한 것은 4월 20일 오전 10시경으로 이날 작업할 탱크는 톨루엔[53]이란 물질이 담겨 있던 탱크이다. 그들에게 톨루엔 탱크 작업은 처음 있는 일이었다. 기름 냄새와 시너 냄새가 나고, 잘은 모르겠지만 위험물질이기 때문에 조심해서 작업을 해야 한다는 사실 정도는 알고 있었다. 현장에선 또 다른 협력업체인 C 업체의 작업자들이 탱크의 물 세척 작업을 하고 있었다. 탱크 보수 작업을 할 때는 작업자가 들어가기 전 탱크 내부를 물로 세척하는 것이 원칙이다. 그래야 탱크 안에서 안전하게 일을 할 수 있기 때문이다.

물 세척 작업이 끝나기를 기다리는 동안 D 업체의 이OO 대리는 톨루엔 탱크 밀폐공간[54] 안전작업허가서[55]를 받으러 B 기업의 담당 부서를 방문하고 있었다. 안전작업허가서에서 가장 중요한 것은 탱크 내 가스 농도 측정 수치인데, 당시 가스 농도 측정결과는 0%로 안전하게 작업할 수 있는 수치였다. 물 세척이 끝나고 이 대리가 안전작업허가서를 받은 10시 30분경으로 두 사 람은 탱크에 들어갈 준비를 했다. 혹시 남아있을지도 모를 유해가스를 내보내기 위해 환기팬을 가동시키고, 보호장비를 착용했다. 통상 탱크 내부로 들어가려면, 안전장화와 안전모, 내화학복을 갖춰 입고 송기 마스크를 착용해야 한다. 내부에 혹시 남아있을지도 모르는 화학물질로부터 스스로를 보호하기 위해서다. 밀폐공간의 위험성으로 인하여 산소농도측정기와 외부와 연결되는 무전기도 필수로 챙긴다.

탱크 안은 조명시설 하나 없는 암흑 세상이다. 캄캄한 곳에서 작업을 하기 위해 밴드형 헤드랜턴을 안전모에 장착하고, 작업용 커터 칼까지 준비를 마친 두 사람은 10시 50분쯤 탱크 안으로 들어가 작업을 시작했다. 오전에 해야 할 작업은 탱크 벽면과 지붕 사이를 밀착시키고 있는 우레탄 폼실 부위에서 인벨롭이라 불리는 코팅재를 절단하는 일이다. 쉽게 이야기하자면 우레탄 폼에 코팅된 겉면을 잘라내는 일이다.

오전 작업은 단순히 커터 칼로 코팅된 겉면을 잘라내면 되는 일이라 시간이 오래 걸리지 않았다. 10분 뒤, 땀에 흠뻑 젖은 두 사람이 탱크 밖으로 나왔다. 그때 탱크 하단의 출입구에 맑은 액체가 흘러나오는 것이 보였는데 톨루엔이었다. 인벨롭을 잘라내면 우레탄 폼에 스며들었던 화학물질이 흘러나오는 경우가 종종 있었다. 톨루엔이 유출된 것을 확인한 D 업체의 이 대리와 C 업체의 장 대리가 다시 소방호스로 탱크 안쪽에 물을 뿌려 세척 작업을 했다. 세척을 끝내고 점심식사를 한 후 다시 작업을 시작한 것은 오후 1시 5분경이다. 이때, 꺼 두었던 환기팬을 다시 가동시키고, 벗어두었던 보호복을 입은 두 사람은 1시 20분경에 탱크 안으로 들어갔다. 이번엔 인벨롭 안쪽에 있었던 우레탄 폼을 뜯어내 탱크 밖으로 빼내는 작업이다.

그렇게 두 사람이 탱크로 들어간 지 10분이 채 지나지 않은 오후 1시 28분경에 갑자기 탱

---

53) 톨루엔은 벤젠 분자의 수소 원자 한 개가 메틸기로 치환된 무색의 휘발성 액체이다. 톨루엔은 기름을 잘 녹이는 성질이 있어 페인트, 도료, 희석제, 접착제 등 다양한 용도로 사용된다. 톨루엔은 유해성이 있는 물질로, 과다 흡입 시 신경계에 영향을 미치고, 장기간 노출 시에는 다양한 건강 문제와 직업병을 유발할 수 있다.

54) 밀폐된 공간은 환기가 제대로 이루어지지 않아 산소가 부족하거나 유해가스가 축적되어 질식, 화재, 폭발 등의 위험이 있는 공간을 말합니다.

55) 안전작업허가서(PTW, Permit To Work)란 위험도가 높은 작업(화기 작업, 밀폐공간 작업 등)을 하기 전에, 작업 전 안전 조치 사항을 미리 확인하고 승인을 받는 문서이다.

크 하단 입구에서 불길이 솟으며 비명소리가 들렸다. 곧이어 강 씨가 소리를 지르면서 나오는 것이 보였다. 옷에는 불이 붙어 활활 타고 있었다.

화학공장의 탱크를 보수할 때는 엄격한 원칙과 절차가 정해져 있다. 탱크 안의 물질을 완전히 비운 뒤 세척과 충수, 환기를 해서 탱크 내에 유해가스가 완벽하게 제거된 상태를 만든 후에야 탱크 내에 들어갈 수 있다. 사고가 난 톨루엔 탱크도 원칙대로 준비가 진행됐다. 보수 작업 일주일 전인 4월 14일부터 탱크를 비웠고, 4월 15일부터는 가스 저감 장치를 가동해 남아 있는 유해가스를 배출시켰다. 그리고 작업 당일인 4월 20일 오전에 마지막 물 살수 작업까지 마친 상태였다. 밀폐공간 안전작업허가서에 따라 사고 당일 오전에 측정한 인화성 가스의 농도는 0%였다. 일반적으로 인화성 가스의 농도가 폭발 하한 농도[56]의 25% 이하인 경우에 탱크 내 작업이 가능하다. 오전 작업을 하면서 톨루엔 유출이 있었지만, 그때도 역시 물로 세척을 했고 환기팬도 가동을 했다. 하지만, 화재를 막기에는 다양한 잠재 요인이 도사리고 있었다.

사고가 발생한 톨루엔 탱크는 내부 부상형으로 탱크 지붕이 상하로 움직이는 구조다. 그 움직임에 의한 마찰로 인벨롭이 손상되게 되면 탱크에 담겨 있던 톨루엔이 폼실 내부의 우레탄 폼에 스며들 수 있다. 오전에 인벨롭 커팅 작업이 끝난 뒤 탱크 밖으로 톨루엔이 흘러나왔던 것은 그렇게 스며들었던 톨루엔이 흘러나온 것이었다. 톨루엔이 유출된 후 작업자들은 외부에서 탱크 바닥으로 물을 쏘아 톨루엔을 세척했다. 하지만 바닥 살수로는 우레탄에서 계속 흘러나오는 톨루엔이나 벽면에 묻어 있던 톨루엔 액체를 완전히 제거하기에는 부족하였다. 사고 후 탱크 안에 남아있던 우레탄 폼에서도 톨루엔이 검출된 것을 보면, 사고 당시 탱크 내부에는 톨루엔 유증기가 적지 않게 있었을 것으로 추정된다. 인화성과 휘발성이 강한 톨루엔 증기에 정전기든, 스파크든 어떤 형태의 점화원이 더해진다면 언제든 화재와 폭발이 일어날 수 있는 위험한 상황이었던 것이다.

톨루엔 유증기가 남아있었다 하더라도 탱크 구석구석 남아있는 유해가스를 충분한 환기로 날려버렸다면 화재는 일어나지 않았을지도 모른다. 환기는 충분히 되었을까? 톨루엔이 유출됐던 오전 11시 이후, 탱크 내부의 환기팬이 가동된 것은 총 35분이었다. 오전 11시에 가동했던 환기팬을 11시 20분경 점심 식사를 하러 가면서 껐고, 다시 현장에 돌아온 1시 5분부터 환기팬을 가동했다. 사고 이후 한 대학의 연구기관에서 시행했던 시뮬레이션 결과에 따르면, 탱크 내부의 벽면과 중앙 부위에는 환기를 해도 가스가 제거되지 않는 데드 존(Dead Zone)이 있는 것으로 드러났다. 특히 사고가 난 탱크처럼 거대한 내부 부상형 탱크의 경우엔 환기팬을 가동했다 하더라도 작업자들이 작업하던 높이에선 톨루엔 유증기가 정체돼 있었을 것으로 판단됐다. 결과적으로 사고 당시 환기 시간 35분은 톨루엔 가스를 날려 버리기에 결코 충분한 시간이 아니었던 것이다.

---

56) 폭발은 공기와 혼합된 가연성 가스, 증기 또는 미스트는 특정범위 내에서만 발생한다. 극히 적은 양이 존재하는 폭발 하한(LFL) 이하에서 혼합물은 농도가 너무 낮고, 매우 많은 양이 존재하는 폭발 상한(UFL) 이상에서는 농도가 너무 진하여 폭발이 발생할 수 없다. 따라서 폭발 하한과 상한 사이에서만 폭발 이 가능한데, 이러한 범위를 폭발범위라고 말하며 단위는 vol% 또는 g/m3으로 표시한다.

화재가 발생하려면 가연성 물질, 산소 및 점화원 등 세 가지 요소가 갖춰져야 한다. 사고 당시 상황을 보면, 탱크 내부에는 가연성 물질인 톨루엔 유증기가 있었고, 맨홀이 개방돼 산소도 공급되는 상황이었다. 점화원은 무엇이었을까? 사고 상황으로 다시 돌아가 보면, 오후 1시 20분경 오후 작업을 하기 위해 탱크로 들어갔던 두 사람은 금세 되돌아 나와 헤드랜턴을 교체하고 다시 탱크 안으로 들어갔다. 오전에 사용했던 헤드랜턴이 조도가 낮아 작업이 어려웠기 때문에 좀 더 밝은 휴대형 랜턴으로 교체했던 것이다. 문제는 오전에 사용했던 랜턴이 방폭형[57]이었던데 반해 새로 가져간 랜턴이 비방폭형이었다는 사실이다. 원칙적으로 탱크와 같은 밀폐공간 내에서는 인화성 가스에 의한 화재나 폭발 사고가 일어나지 않도록 공기작동식 공구나 방폭형 공구를 사용하도록 되어있다. 하지만 사용하는 공구가 방폭형인지 확인하는 절차는 없었다. 그리고 작업자들은 비방폭형 랜턴이 얼마나 위험한지 알지 못한 채 비방폭형 랜턴으로 작업을 했고, 그것은 점화원이 됐다. 사고 후 조사에 따르면 화재는 탱크 내부 작업 중 톨루엔의 유증기, 혹은 액체가 휴대형 랜턴의 전원부로 침투하여 전원 스위치 또는 배터리(리튬 이온 전지)의 단락(Short)으로 스파크가 일어나 발화된 것으로 추정됐다.

탱크 내부 세척이 제대로 되지 않았다 하더라도 사고를 막을 수 있는 방법은 있었다. 오후 작업 시 탱크 안으로 들어가기 전에 탱크 내부의 가스 농도만 다시 측정했더라면 추가 세척이든, 작업 연기 든 조치가 되었을 것이기 때문이다. B 기업의 안전작업허가 절차서에 따르면 "작업 현장 상황이 변화했을 땐 발급부서에서 작업을 중단하고 추가로 가스 측정을 수행하도록 한다"고 되어 있다. 사고 당일, 작업 중 톨루엔이 유출된 것은 작업 현장 상황의 변화에 해당한다. 원칙에 의하면 당연히 작업을 중단하고, 추가로 가스 농도를 측정해야 했다. 하지만 가스 농도의 추가 측정은 이루어지지 않았다. 설령 톨루엔이 유출되지 않았다 할지라도 원칙적으로는 점심시간이 끝나고 오후 작업이 시작되었을 때도 가스농도를 측정해야 했다. 안전작업허가 절차서에는 "탱크와 같은 밀폐공간 작업의 경우, 안전작업허가시 발급부서와 안전 담당 부서가 작업 시작 전, 점심 식사 후, 연장 작업 전, 가스 측정 및 결과치를 측정자 란에 기록하고 관리감독자가 서명"하게 되어 있다. 즉, 원칙에 따라 가스 측정을 추가로 해야 했다. 그러나 실제 가스 농도는 오전에 한 차례 측정됐을 뿐 추가로 측정된 기록이 없었다. 사고 후 조사에 따르면, 가스 농도는 오후 작업 시작 전에 다시 측정하지 않은 채 오전에 측정한 수치에 서명만 한 것으로 드러났다. 원칙은 있었으나 지켜지지 않았던 것이다.

이 사고의 기여요인은 회사나 조직 그리고 사람들이 일으킨 복합적인 휴먼에러로 실행실패 차원에서 사람의 부주의와 망각 그리고 계획실패 차원에서 착각보다는 위반이 더 큰 기여를 한 것으로 판단한다.

57) 방폭은 폭발을 방지하거나 폭발로부터의 피해를 방지하기 위한 구조를 갖춘 도구, 장비 및 시설을 의미한다.

6 기술기반, 규칙기반 그리고 지식기반 행동

1983년 Jens Rasmussen은 기술기반 행동(skill-based behavior), 규칙기반 행동(rule-based behavior) 및 지식기반 행동(knowledge-based behavior)을 구분하여 SRK(세 가지 행동의 영어 앞 글자를 모은 것임)모델을 정의하였다.

6.1 기술기반 행동

기술기반 행동은 의식적인 모니터링이 없는 매우 친숙하거나 습관적인 상황에서 고도로 훈련된 신체적 행동이다. 이러한 행동은 일반적으로 중요한 의식적 사고나 주의 없이 기억에 의해 실행된다. 사람의 일상 활동 중 대략 90%가 기술기반 행동으로 수행된다고 볼 수 있다. 이 행동은 잘 훈련되고 숙련된 행동으로 잔디 깎기, 망치나 기타 수공구 사용, 다양한 프로세스를 수동으로 제어(예: 압력 및 레벨), 태그 걸기, 일상적인 샘플의 화학 성분 분석, 반복 계산 수행, 측정 및 테스트 장비 사용, 밸브 열기, 기록하기 그리고 부품 교체 등을 포함한다. 기술기반 행동의 일반적인 에러는 우편을 보낼 때 보내는 사람 주소에 최근에 변경한 주소 대신 옛 주소를 적는 행동이 있다. 그리고 펌프 A와 B를 차단하려고 하였으나, 펌프 C와 D도 함께 차단해 버리는 행동이 있다. 원자력 산업 연구에 따르면 이상적인 조건에서 기술기반 행동의 에러 가능성은 1/10,000 미만이다. 그리고 모든 에러(기술기반, 규칙기반 및 지식기반 행동) 중 25% 정도가 기술기반 행동에서 비롯된다. 기술기반 행동의 문제는 사람들이 작업에 익숙하고 친숙도가 높아 인지된 위험이 실제 위험과 일치할 가능성이 적다. 사람들은 위험에 익숙하게 된다.

6.2 규칙기반 행동

규칙기반 행동(rule-based behavior)은 상황에 익숙하고 경험이 풍부한 사람이 처리하는 방식이다. 규칙기반의 행동은 과거의 경험과 절차를 검토하면서 입력을 비교한다. 여기에서의 규칙은 입력과 적절한 작업 간의 "if-then" 연결로 생각할 수 있다. 작업자가 탱크로 유입되는 낮은 유량을 감지하고 유량이 설정 값에 도달하도록 밸브 출력을 증가시키는 등의 행동이 바로 규칙기반 행동의 예이다. 그리고 예방정비 시 점검된 볼 베어링 교체 여부 결정, 제어 보드 알람에 응답, 온도 변화를 기반으로 탱크 수위의 변화 추정, 비상 운영 절차 사용 등이 있다. 이상적인 조건에서 규칙기반 행동의 에러 가능성은 1/1,000 미만이다. 그리고 모든 에러(기술기반, 규칙기반 및 지식기반 행동) 중 60% 정도가 규칙기반 행동에서 비롯된다. 규칙기반 행동의 문제는 올바른 절차를 잘 못 적용하는 경우 그리고 절차가 현장 상황과 다르게 정의되어 발생할 수 있다.

6.3 지식기반 행동

지식기반 행동(knowledge-based behavior)은 새로운 상황에 직면한 경우 그리고 운영자가 관련 경험이 없는 경우 처리하는 방식이다. 과거의 경험이나 관련 절차가 없으므로 사고와 판단과정은 심사숙고를 요구한다. 경험이 없는 작업자는 프로세스의 개념적 이해와 정신적 모델로 돌아가 상황을 진단하고 조치를 취하기 위한 계획을 세운다. 지식기반 행동은 문제 해결, 새로운 디자인의 엔지니어링 평가 수행, 변경 의도에 대한 절차 검토, 문제 해결을 위한 회의 개최, 과학 실험 수행, 사건의 근본 원인 분석 수행, 동향 분석 실시, 설계 장비 수정, 예산 할당 결정, 자원 할당, 변화하는 정책과 기대치 검토 그리고 공학적 계산을 포함한다. 이상적인 조건에서 지식기반 행동의 에러 가능성은 1/2에서 1/10수준이다. 그리고 모든 에러(기술기반, 절차기반 및 지식기반 행동) 중 15% 정도가 지식기반 행동에서 비롯된다.

신입직원은 대부분의 업무를 지식기반 수준에서 작업하며 때로는 절차를 확인하면서 경험이 쌓이고, 교육훈련을 받으면서 절차기반 행동을 할 수 있다. 전문가(숙련된 작업자)는 대부분 기술기반 수준에서 작업하는 경향이 있지만 상황에 따라 기술기반, 규칙기반 및 지식기반 행동을 적절하게 한다. 근로자가 기술기반, 규칙기반 및 지식기반 행동을 잘 할 수 있도록 인간과 기계의 상호작용(HMI, human-machine interface) 설계와 지원이 필요하며, 세 가지 수준의 행동 기준에 근거하여 휴먼에러를 방지할 수 있는 대응 방안이 마련되어야 한다.

Ⅳ 휴먼에러 분석체계

휴먼에러 분석 체계에는 HPES(Human Performance Enhancement System), HPIP(Human Performance Investigation Process), HFACS (Human Factors Analysis and Classification System), TRACEr(Technique for the Retrospective Analysis of Cognitive Errors), CREAM(Cognitive Reliability and Error Analysis Method), HFIT(Human Factors Investigation Tool), HEAR(Human Error Analysis and Reduction) 등이 있다. 이 중 저자의 판단에 따라 HPES, K-HPES, CAS-HEPS, GEMS 및 HFACS를 선정하여 설명한다.

1 HPES

1.1 개요

HPES(Human Performance Enhancement System)는 1990년 미국 원자력발전운영협회(Institute of Nuclear Power Operation, INPO)에서 개발한 휴먼에러 분석체계이다. 휴먼에러에 많은 영향을 받는 원자력 시설의 사건 조사를 위해 마련되어 사용되었다.

HPES 방법론은 작업 분석(task analysis), 변화 분석(change analysis), 방벽 분석(barrier analysis), 인과관계 분석(cause and effect analysis), 사건 및 원인요인 차트분석(event and causal factor charting, ECFCA) 등 다양한 도구를 통합하였다. 더불어 HPES 방법론을 기반으로 여러 유사한 방법론이 개발되어 각 기관의 특정 요건에 맞게 필요에 따라 수정되었다(예: 미국 원자력규제위원회(USNRC)의 HPIP, 스웨덴 원전 운영사의 MTO, 한국 원전 운영사의 K-HPES, 일본 원전 운영사의 J-HPES, 영국 원전 운영사의 HPES). HPES 방법론은 사고 조사자가 원인을 파악하기 전에 어떤 일들이 일어났는지 확인하도록 지원하는 체계적인 프로세스로 사건 발생 시 사람의 행동 메커니즘과 당시 다양한 기여요인을 살펴볼 수 있도록 지원한다.

1.2 장점

- 주로 인적 요인에 초점을 맞추고 있지만, 설비 및 설계 관련 문제에도 동일하게 적용될 수 있다.
- 인간공학 전문가가 아닌 사람이 교육과 실습을 받을 경우 활용할 수 있다.
- 사건 및 원인요인 차트 분석을 통해 사건 발생, 근본 원인 발생 및 실패 요인을 간결하고 이해하기 쉬운 형식으로 제시한다.
- HPES의 일부 요소를 활용할 경우, 심각도 수준이 낮은 사고에도 적용할 수 있다.
- HPES를 통해 휴먼에러를 일으키는 다양한 사전 조건을 확인할 수 있다.
- 별도의 코딩을 적용할 경우 근본 원인과 인과적 요인의 추세를 파악할 수 있다.

1.3 제한 사항

- HPES는 사고에 영향을 주는 조직과 관리적 요인을 파악하는데 어려움이 있다.
- HPES 전체 프로세스를 적용하는 데 시간이 많이 소요될 수 있다.
- 효율성을 유지하기 위해 훈련된 조사자는 정기적으로 조사 기술을 연습해야 한다.

1.4 K-HPES

국내에서 INPO-HPES를 1990년부터 도입하여 사용하던 중 어려움이 있어 1994년부터 K-HPES(Korean version of HPES)를 개발하여 사용하였다. 이후 전산시스템(CAS-HPES; Computer Aiding System for HPES)이 개발되면서 보다 효율적으로 사용되어 왔다.

K-HPES의 적용 초기 발전소 구성원은 휴먼에러 발생 요인에 대한 사전 보고 목표를 설정하고, 강압적으로 보고해야 했다. 구성원은 사전에 설정된 목표를 달성하기 위하여 인위적인 보고를 하였고, 스트레스가 가중되었다. 더욱이 구성원은 K-HPES와 관련한 다양한 인지적 용어 사용으로 보고에 어려움이 있었다. 이러한 문제들을 개선하기 위한 노력으로 그동안 많은 개선이 있었다.

1.5 CAS-HPES

(1) 개요

CAS(Computer Aiding System)-HPES는 K-HEPS 적용을 효과적으로 수행하기 위해 전산 시스템으로 만든 것을 의미한다. CAS-HPES의 주요 기능은 i) K-HEPS 분석업무 지원, ii) K-HEPS 보고서 작성업무 지원, iii) K-HEPS 분석 결과 통계 검색 지원 등이다. 사실 K-HEPS는 발전소 운전원의 행동과 관련한 인지모형을 적용하는 것으로 다음 그림과 같은 여덟 단계 인지모형(decision ladder, Rasmussen, 1986) 에 근간을 두고 있다.

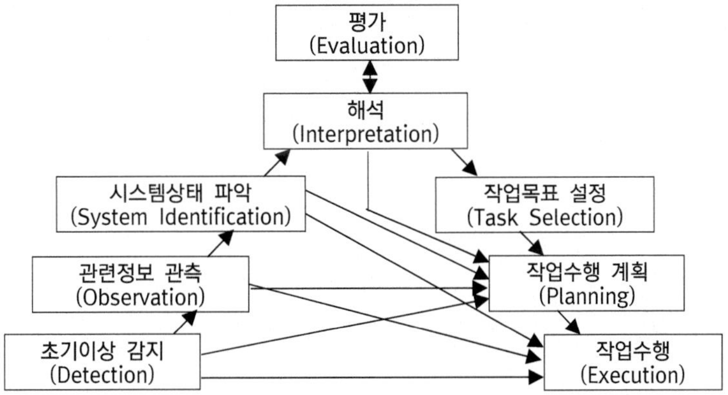

인지공학 측면의 전문성이 부족한 사람들이 쉽게 사용할 수 있도록 다음 그림과 같은 다섯 단계로 단순화하여 5단계 인지모형을 정의하였다. 또한 5단계 인지모형을 기반으로 동적에러분류체계(dynamic classification scheme for cognitive errors)를 적용하였다. 동적에러분류체계는 사건이나 사고와 관련한 인지에러를 분석하기 위하여 운전이나 보수 업무와 관련한 에러를 인지에러 형태(error form)과 원인(error causes)으로 분류하였다.

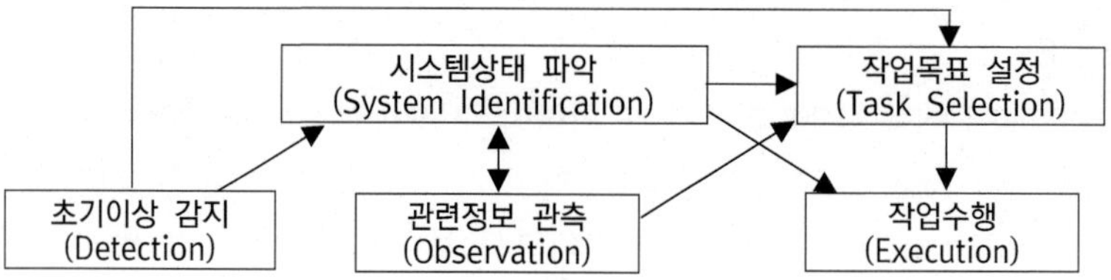

(2) CAS-HPES 구조

CAS-HPES 구조는 사건개요 기술, 사건경위 분석, 에러상황 분석, 인지에러 분석 및 원인요소 분석 5단계 분석을 거쳐 사건이나 사고와 관련한 인적요인을 분석한다. 다음 그림은 CAS-HPES의 구조이다.

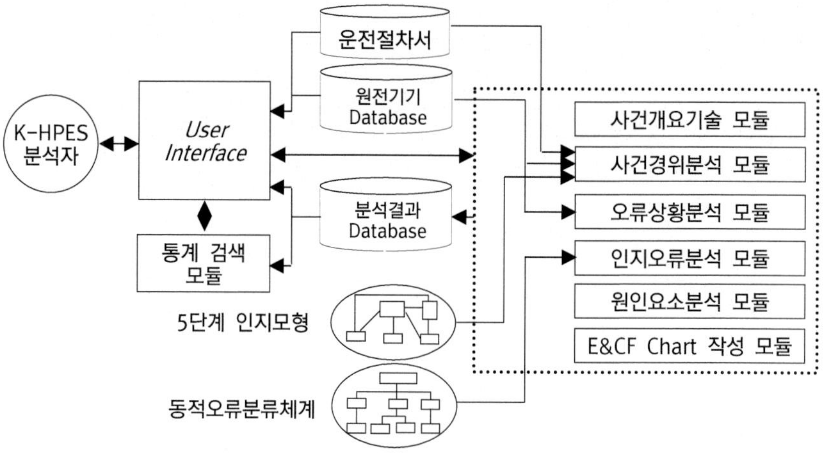

(3) CAS-HPES 기능

CAS-HPES 주요 기능은 분석, 보고서 작성 지원, 통계 검색 등으로 구분할 수 있으며, 5단계 인지모형을 기반으로 다양한 기능을 제공한다. CAS-HPES는 사람의 행동을 순차적으로 분석하는 기능을 제공한다. CAS-HPES의 다양한 기능으로 인해 K-HPES를 효과적으로 적용할 수 있다.

(4) CAS-HPES 분석 절차

기존 HPES분석 절차에 비해 전산화된 CAS-HPES는 사건개요 기술, 사건경위 분석, 에러상황 분석, 인지에러 분석 및 원인요소 분석 5단계 분석을 거쳐 사건 및 원인요인 차트분석이 자동으로 추출되도록 설정되어 있다. 다음 그림은 기존 K-HPES분석체계와 개선된 분석체계를 보여준다.

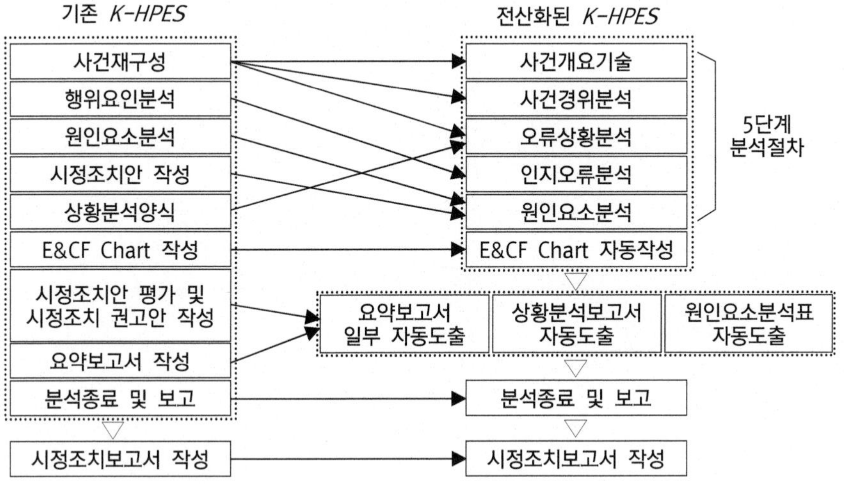

2. GEMS

1983년 Jens Rasmussen이 정의한 기술기반 행동, 규칙기반 행동 및 지식기반 행동의 SRK 모델을 기반으로 Reason은 1990년 일반적인 휴먼에러 모델링 시스템(Generic Error-Modelling System, 이하 GEMS)을 소개하였다. 'GEMS 모델'은 사람이 특정 작업을 위해 정보 처리를 하는 방법과 작업을 완료하는 과정에서 기술기반 행동, 규칙기반 행동 및 지식기반 행동 간의 이동을 보여준다. 첫 번째 그림(p.86)은 GEMS의 역학관계를 보여준다.

일반적으로 기술기반 행동은 의식적인 모니터링이 거의 없는 매우 친숙하거나 습관적인 상황에서 고도로 훈련된 신체적 행동을 포함한다. 주로 이러한 행동은 일반적으로 중요한 의식적 사고나 주의 없이 기억에 의해 실행된다. 규칙기반 행동은 사람들이 어떠한 것을 암기하거나 문서로 된 규칙 등을 적용할 때 사용한다. 규칙은 특정한 상황에서 사람이 적절한 행동을 취하도록 미리 준비된 해결방안으로 특정 개인이나 그룹이 연습과 훈련을 통해 숙지해야 하는 행동 지침 등이다. 지식기반 행동은 완전히 익숙하지 않은 상황에 대한 사람의 반응이다. 이 행동은 대응을 위한 사전적인 인식이나 규칙이 없을 경우에 나타난다. 두 번째 그림(p.86)은 기술기반 행동, 규칙기반 행동 및 지식기반 행동 간의 주의력과 익숙함의 관계를 보여준다.

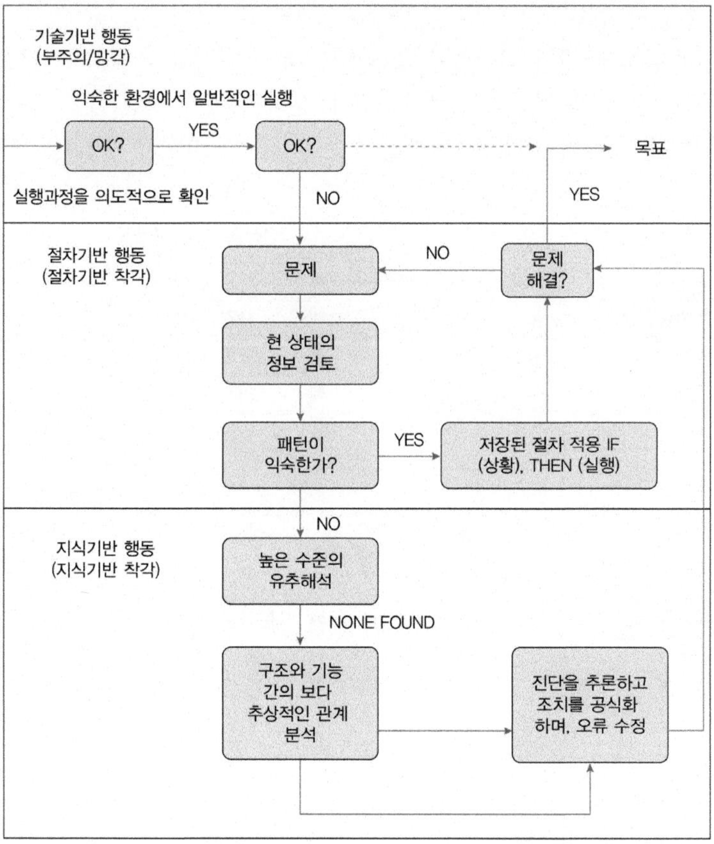
기술기반 행동
(부주의/망각)
익숙한 환경에서 일반적인 실행
OK?
YES
OK?
목표
실행과정을 의도적으로 확인
NO
YES
절차기반 행동
(절차기반 착각)
문제
NO
문제
해결?
현 상태의
정보 검토
패턴이
익숙한가?
YES
저장된 절차 적용 IF
(상황), THEN (실행)
NO
지식기반 행동
(지식기반 착각)
높은 수준의
유추해석
NONE FOUND
구조와 기능
간의 보다
추상적인 관계
분석
진단을 추론하고
조치를 공식화
하며, 오류 수정

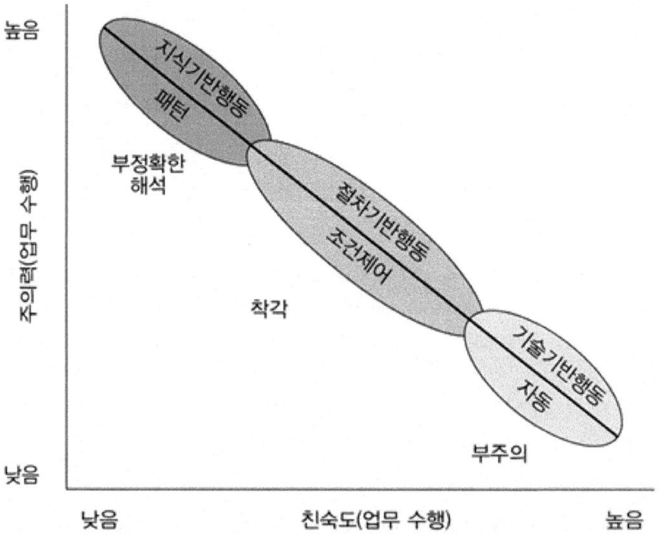
높음
주의력(업무 수행)
낮음
지식기반행동
패턴
부정확한
해석
절차기반행동
조건제어
착각
기술기반행동
자동
부주의
낮음
친숙도(업무 수행)
높음

3. HFACS

3.1 개요

스위스치즈 모델은 휴먼에러의 기여요인을 파악하는 기본적인 체계를 제공하였지만, 세부적인 지침이 없고 이론에 치중된 면이 있다. 따라서 휴먼에러의 기여요인을 구체적으로 확인할 수 있는 인적요인분석 및 분류시스템(human factor analysis and classification system, 이하 HFACS) 체계가 2000년도 초반에 개발되었다.HFACS는 다양한 휴먼에러의 기여요인을 효과적으로 찾을 수 있도록 지원한다. HFACS는 다음 그림과 같이 법규영향, 조직영향, 불안전한 감독, 불안전한 행동 전제조건 및 불안전한 행동으로 구분되어 있다.

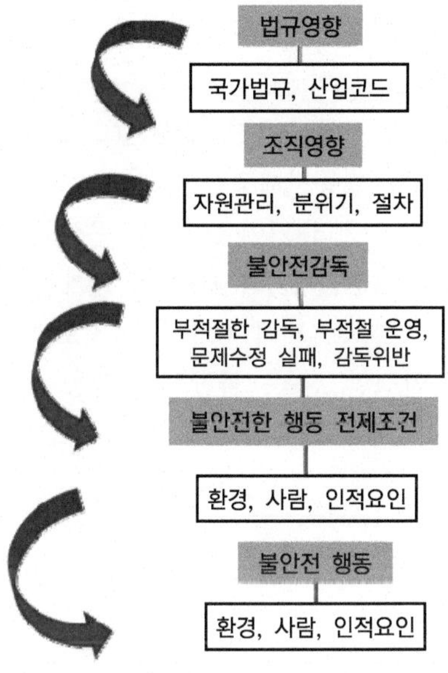

3.2 산업별 HFACS 적용 사례

HFACS 체계는 2000년 항공산업에 처음으로 적용되었다. 이후 철도, 의료, 건설, 광업, 화학, 가스, 발전 등 다양한 산업에 적용되었다. 다음 표(p.88)는 산업별로 적용된 HFACS 체계의 종류이다.

항공 분야의 HFACS는 미국 연방 교통안전 위원회가 취합한 사고(1992년부터 2002년까지) 1,020건을 분석하여 개발되었다. 이 체계는 조직영향, 불안전한 감독, 불안전한 행동 전제조건과 불안전한 행동 4가지 수준(level)의 19가지 휴먼에러 기여요인으로 구성되었다.

철도 분야(RR-2006)의 HFACS는 미국 연방철도위원회가 취합한 사고사례(2004년 5월부터 10월까지)의 6건의 사고를 분석하여 외부요인, 조직영향, 불안전한 감독, 불안전한 행동 전제조건, 불안전한 행동 5가지 수준(Level)을 3단계로 분류하고 23가지 휴먼에러 기여요인으로 구성되었다.

광업 분야(MI-2010)의 HFACS는 호주 광업과 에너지국이 취합한(2004년부터 2008년까지) 탄광 사고 508건을 분석하여 외부요인, 조직영향, 불안전 리더십, 불안전한 행동 전제조건, 불안전한 행동 5가지 수준(level)을 3단계로 분류하고 21가지 휴먼에러 기여요인으로 구성되었다.

해운 분야(MSS-2011)의 HFACS는 국제 해운 정보시스템이 취합한 사고(1990년부터 2006년까지) 41건을 분석하여 외부요인, 조직영향, 불안전한 감독, 불안전한 행동 전제조건 및 불안전한 행동 5가지 수준(level)을 3단계로 분류하고 26개의 휴먼에러 기여요인으로 구성되었다.

석유 가스 분야(OGI-2017)의 HFACS는 미국 CSB가 분석한 사고(1998년부터 2012년까지) 11건을 분석하여 법령영향, 조직영향, 불안전한 감독, 불안전한 전제조건 및 불안전한 행동 5가지 수준(Level)을 3단계로 분류를 하고 26개의 사고기여 요인으로 구성되었다.

소규모 화학산업 분야(CSMEs-2020)의 HFACS는 중국 남부 국가분석국(southern province national bureau of statistics)이 분석한 2012년부터 2016년까지의 소규모 화학사고 101건을 분석하여 불안전한 행동, 불안전한 행동전제조건, 불안전감독, 조직영향 4가지 수준 (level)을 4가지 단계로 분류하고 56개의 휴먼에러 기여요인으로 구성되었다.

석유, 가스, 발전산업 분야(OGAPI-2022)의 HFACS 체계는 HFACS-OGI(2017)와 HFACS-CSMEs(2020) 체계의 단점을 보완하고, 미국 CSB와 안전보건공단이 발간한 사고 45건을 분석하여 법규영향, 조직영향, 불안전한 감독, 불안전한 행동 전제조건 및 불안전한 행동 5개 수준 (level)을 4단계로 분류하고 56개의 휴먼에러 기여요인으로 구성되었다.

산업 (HFACS 버전 연도)	수준(level) 개수	단계(tier) 개수	기여요인 개수
항공(2000)	4	3	19
철도(RR-2006)	5	3	23
광업(MI-2010)	5	3	21
해운(MSS-2011)	5	3	26
석유가스 산업(OGI-2017)	5	3	26
소규모 화학산업(CSMEs-2020)	4	4	56
석유, 가스, 공정산업(OGAPI-2022)	5	4	56

3.3 HFACS-OGAPI 체계

HFACS-OGAPI 체계는 다음 표와 같이 법규영향, 조직영향, 불안전한 감독, 불안전한 행동 전제조건 및 불안전한 행동 5개 수준 (level)을 4단계로 분류하고 56개의 휴먼에러 기여요인으로 구성되어 있다.

<table>
<tr><th>수준/단계</th><th>1</th><th>2</th><th>3</th><th>4</th></tr>
<tr><td rowspan="3">5</td><td rowspan="3">법규 영향</td><td>국가법규체계</td><td></td><td>적절한 법규 존재 여부</td></tr>
<tr><td>산업코드와 표준</td><td></td><td>산업코드와 표준 존재 여부</td></tr>
<tr><td>감독기관의 능력</td><td></td><td>점검여부, 점검자의 능력, 문제시정 여부</td></tr>
<tr><td rowspan="10">4</td><td rowspan="10">조직 영향</td><td rowspan="3">자원관리</td><td>인적자원</td><td>교육</td></tr>
<tr><td>비용/예산자원</td><td>과도한 예산삭감(1), 투자부족</td></tr>
<tr><td>도구/설비자원</td><td>알려진 설계 문제 미개선</td></tr>
<tr><td>조직 분위기</td><td>문화</td><td>규범 및 규칙</td></tr>
<tr><td rowspan="3">조직 절차</td><td>운영</td><td>시간압박, 일정</td></tr>
<tr><td>절차</td><td>절차/지침 부족</td></tr>
<tr><td>감독</td><td>안전/위험평가 프로그램, 자원/분위기/절차 확인</td></tr>
<tr><td rowspan="3">공정안전문화</td><td>변경관리</td><td>변경절차 부재, 부적절한 위험헝 평가</td></tr>
<tr><td>안전작업 허가</td><td>절차 미준수, 위험요인을 제거하지 않은 채 승인</td></tr>
<tr><td>위험성 평가</td><td>위험성 평가 미실시, 부적절한 위험성 평가</td></tr>
<tr><td rowspan="4">3</td><td rowspan="4">불안전한 감독</td><td>부적절한 감독</td><td></td><td>적절한 교육 제공 실패, 적절한 휴식시간 제공 실패, 책임 부족</td></tr>
<tr><td>계획된 부적절한 운영</td><td></td><td>적절한 감독을 제공하지 못함</td></tr>
<tr><td>문제수정 실패</td><td></td><td>부적절한 행동을 시정하지 못함/위험한 행동을 식별하지 못함</td></tr>
<tr><td>감톡 위반</td><td></td><td>규칙과 규정을 시행하지 못함, 절차 위반, 위험요인 승인, 감독자의 고의적인 무시</td></tr>
<tr><td rowspan="8">2</td><td rowspan="8">불안전한 행동 전제조건</td><td rowspan="3">환경요인</td><td>물리적 조건</td><td>날씨, 조명</td></tr>
<tr><td>기술조건</td><td>장비/제어 설계</td></tr>
<tr><td>계약조건</td><td>안전기준 포함, 적절한 안전계획, 적절한 위험성평가</td></tr>
<tr><td rowspan="3">개인과 팀</td><td>부정적 정신상태</td><td>상황 인식 상실, 스트레스, 과신, 정신적 피로</td></tr>
<tr><td>부정적 생리생태</td><td>육체적 피로</td></tr>
<tr><td>신체/정신 제약</td><td>실신</td></tr>
<tr><td rowspan="2">개인 요인</td><td>구성원 자원관리</td><td>팀워크 부족</td></tr>
<tr><td>개인준비</td><td>휴식 요구사항 미준수, 부적절한 훈련, 부적절한 위험판단 패턴</td></tr>
<tr><td rowspan="4">1</td><td rowspan="4">불안전한 행동</td><td rowspan="2">에러</td><td>기술기반 에러</td><td>체크리스트 항목 생략, 부주의, 작업 과부하, 불안전한 행동 습관</td></tr>
<tr><td>결정 에러</td><td>부적절한 조작/절차, 시스템/절차에 대한 부적절한 지식, 비상사태에 대한 잘못된 대응</td></tr>
<tr><td rowspan="2">위반</td><td>일상적 위반</td><td>훈련 규칙 위반, 명령/규정/SOPS 위반, 약간의 위험 감수, 단체 규범 위반</td></tr>
<tr><td>상황적 위반</td><td>시간 압박, 감독 부족</td></tr>
<tr><td>기여요인</td><td>5</td><td>17</td><td>22</td><td>56</td></tr>
</table>

3.4 HFACS-OGAPI 기반 사고분석 사례

(1) HDPE 사일로 폭발사고

사고명: HDPE 사일로 폭발사고 (대림산업 여수공장)				
출처: 안전보건공단 (2013). HDPE 공장 사일로 폭발사고, pp. 1-34.				
발생년월	사고유형	구분	피해정도	출처
2013.3	폭발	국내	사망	KOSHA
사고내용: 2013년 3월 14일 20시 50분경 전남 여수시의 여수산업단지에 소재한 ○○산업(주) 여수공장 내의 HDPE 공정 사일로에서 폭발사고가 발생하여 맨홀설치 작업 중이던 협력업체 근로자 6명이 사망하고, 원청업체 작업감독자를 비롯한 협력업체 근로자 11명이 부상.				

수준	HFACS-OGAPI 분석 (코드:내용)
5. 법규영향	-
4. 조직영향	L4-OI-OC-C: 규범/기준(Silo 내부에 분체가 존재한다는 사실을 알고도 작업, 위험성평가 미흡, 감독부재) L4-OI-OP-Op: 시간압박(정비기간 단축을 위해 분체 제거절차 미실시) L4-OI-PSC-MOC: 변경관리(2012년 6월 정비시 사고발생 이후 작업절차 미개정) L4-OI-PSC-PTW: 안전작업허가(가연성분체 제거조치 미실시/작업허가 승인) L4-OI-PSC-RA: 위험성평가(Silo 내부 화재/폭발 위험성평가 미실시)
3. 불안전한 감독	L3-US-IS: 적절한 교육 미제공(Silo 내부 화재/폭발 위험에 대한 교육 미제공) L3-US-PIO: 적절한 감독시간 제공실패(분체가 존재하는 밀폐공간의 화기작업에 대한 감독/안전벨트 미착용 감독 미실시) L3-US-FCP: 불안전한 행동/위험행동 개선 실패(분체가 존재하는 밀폐공간에서 불안전한 화기작업 행동 개선 실패) L3-US-SV: 위험상황을 의도적으로 묵인(분체가 존재하는 밀폐공간에서 불안전한 화기작업의 위험을 알고도 방치)
2. 불안전한 행동 전제조건	L2-PUA-PF-PR: 부적절한 교육(Silo내부 화재/폭발 위험지식 미흡)
1. 불안전한 행동	L1-UAO-V-RV: 무의식적인 위반(분체가 존재하는 밀폐공간에서 화기작업의 위험을 알고도 실행) L1-UAO-V-SV: 시간부족(정비기간 단축을 위해 분체 제거절차 미실시 위반) L1-UAO-V-SV: 감독부재(분체가 존재하는 공간에서 화기작업 위반)

(2) MGPI 화학물질 누출

<table>
<tr><td colspan="5">사고명: MGPI 화학물질 누출</td></tr>
<tr><td colspan="5">출처: CSB (2016). MGPI Processing, Inc. Toxic Chemical Release, pp. 1-48.사고명: MGPI 화학물질 누출</td></tr>
<tr><td>발생년월</td><td>사고유형</td><td>구분</td><td>피해정도</td><td>출처</td></tr>
<tr><td>2016.6</td><td>누출</td><td>해외</td><td>부상</td><td>CSB</td></tr>
<tr><td colspan="5">사고내용: 2016년 10월 21일 캔자스주 애치슨에 있는 MGPI(MGPI Processing, Inc.) 시설에서 부적합한 화학물질이 부주의하게 혼합된 것을 조사했다.
두 화학물질인 황산과 차아염소산나트륨(표백제로 덜 농축된 형태로 더 잘 알려져 있음)의 혼합물은 염소 및 기타 화합물을 포함하는 구름을 생성했다. 클라우드는 현장 작업자와 주변 커뮤니티의 일반 대중에게 영향을 미쳤다. 사고는 MGPI 시설 탱크 농장에 있는 Harcros Chemicals(Harcros) 화물 탱크 자동차(CTMV)에서 황산을 일상적으로 전달하는 중에 발생했다.</td></tr>
<tr><td>수준</td><td colspan="4">HFACS-OGAPI 분석 (코드:내용)</td></tr>
<tr><td>5. 법규영향</td><td colspan="4">L5-RS-ICS: 감독기관은 문제를 개선하지 않음</td></tr>
<tr><td>4. 조직영향</td><td colspan="4">L4-OI-RM-HR: 교육 프로그램이 중요 안전 단계의 중요성을 효과적으로 전달하는 데 부족, L4-OI-RM-EFR: sodium hypochlorite line과 sulfuric acid line connection이 유사한 타입(Same size fill line Design connections), sodium hypochlorite line과 sulfuric acid line이 가까이에 위치하여 실수유발, sulfuric 를 sodium acid를 잘못 연결하여 주입할 경우, 별도의 자동중지 장치 없음, (No automated or remotely operated control valves at facility, .Chlorine gas entered control room via intakes(Ventilation design & siting), L4-OI-OP-Op: 배송 일정으로 인해 운영자가 산만 함, L4-OI-OP-P: 하역 절차가 작업자 관행과 일치하지 않음, L4-OI-OP-Ov: sodium hypochlorite line과 sulfuric acid line connection이 유사한 타입 (Same size fill line Design connections), sodium hypochlorite line과 sulfuric acid line가까이에 위치하여 실수유발, L4-OI-PSC-RA: sodium hypochlorite line과 sulfuric acid line이 가까이에 위치하여 실수유발</td></tr>
<tr><td>3. 불안전한 감독</td><td colspan="4">L3-US-FCP: sulfuric acid를 sodium hypochlorite 잘못 연결시키는 불안전한 행동 개선 실패,
L3-US-SV: sulfuric acid를 sodium hypochlorite 잘못 연결시키는 불안전한 행동 승인</td></tr>
<tr><td>2. 불안전한 행동 전제조건</td><td colspan="4">L2-PUA-PF-PR: MGPI operator는 driver에게 명확한 위치를 알려주지 않음-교육 미흡</td></tr>
<tr><td>1. 불안전한 행동</td><td colspan="4">L1-UAO-E-SE: sulfuric acid를 sodium hypochlorite 잘못 연결함-주의부족,
L1-UAO-V-RV: sulfuric acid를 sodium hypochlorite 잘못 연결함-무의식적인 위반</td></tr>
</table>

3.5 HFACS-OGAPI 체계를 활용한 사고분석 결과 시사점

HFACS-OGAPI 체계 개발을 위하여 석유, 가스, 화학산업에 적용된 HFACS 체계를 조사한 결과, HFACS-OGI와 HFACS-CSMEs 체계가 존재하였다. 소규모 화학산업에 적용할 수 있는 HFACS-CSMEs 모델은 수준 5를 포함하지 않았고, 공정안전문화와 관련된 요인도 포함하고 있지 않은 단점이 있었다. 석유와 가스산업에 적용할 수 있는 HFACS-OGI 모델은 휴먼에러 기여 요인에 대한 구체적인 정보를 제공하지 않는 한계가 있었다.

이러한 한계를 보완하기 위하여 저자는 국내와 해외에서 발생한 45건의 석유, 가스, 화학, 발전소와 플랜트 공정 사고를 분석하여 새로운 HFACS-OGAPI 체계를 개발하였다. HFACS-OGAPI 체계는 SCIE 저널인 process safety progress(미국 화학공학회)에 2022년 3월 29일 "Human factor analysis and classification system for the oil, gas, and process industry"라는 제목으로 출판되었다.

미국 NASA와 항공 안전센터의 휴먼에러 기여요인 점검 체크리스트를 참조하여 HFACS-OGAPI체계의 특성을 반영한 석유, 가스, 화학 및 공정 산업에 적합한 휴먼에러 기여요인 점검 체크리스트를 개발하였다. 그리고 BP 텍사스 폭발사고(2005), Aghom operating 질식사고(2019) 및 Kleen 에너지 폭발사고(2010)를 대상으로 CSB가 분석한 사고 기여요인과 HFACS-OGAPI로 분석한 사고 기여요인을 비교하였다.

CSB가 분석한 BP 텍사스 폭발사고의 기여요인은 18개이고, HFACS-OGAPI로 분석한 기여요인은 27개였다. 그리고 CSB가 분석한 Aghon operation 질식사고의 기여요인은 5개이고, HFACS-OGAPI로 분석한 기여요인은 16개였다. 마지막으로 CSB가 분석한 Kleen 에너지 폭발사고의 기여요인은 7개이고, HFACS-OGAPI로 분석한 기여요인은 13개였다. HFACS-OGAPI 체계는 CSB가 분석한 사고원인을 모두 포함하고, 더 많게 사고 기여요인을 파악할 수 있어 나름의 효과가 있다고 생각한다. CSB가 분석한 사고 기여요인과 HFACS-OGAPI로 분석한 사고 기여요인은 다음 표의 내용과 같다.

구분	기여요인	BP 텍사스 폭발사고	Aghom Operating 질식사고	Kleen 에너지 폭발사고
CSB	기여요인	18	5	7
HFACS-OGAPI	수준 5 (법규영향)	2(7%)	0(0%)	3(23%)
	수준 4 (조직영향)	13(48%)	6(38%)	7(54%)
	수준 3 (불안전한 감독)	5(19%)	6(38%)	2(15%)
	수준 2 (불안전한 행동 전제조건)	3(11%)	2(13%)	1(8%)
	수준 1 (불안전한 행동)	4(15%)	2(13%)	0(0%)
	기여요인	27	16	13

(1) BP 텍사스 폭발사고

2005년 3월 BP의 텍사스 시티 정유 공장 폭발로 15명이 사망하고 180명이 부상을 입었으며, 30억 달러의 손해 및 법적 합의가 발생하였다. 폭발은 라피네이트 스플리터 타워의 과충전과 뜨거운 탄화수소를 방출하는 블로우다운 드럼으로 인해 발생했다. CSB의 사고 기여요인 18건을 기반으로 HFACS-OGAPI 체계로 분석한 결과 27개 기여요인을 확인할 수 있었다. 수준 5는 2건(7%), 수준 4는 13건(48%), 수준 3은 5건(19%), 수준 2는 3건(11%), 수준 1은 4건(15%)을 차지하였다. 다음 표는 BP 텍사스 폭발사고에 대한 HFACS-OGAPI 분석 내용이다.

CSB가 분석한 사고 기여요인	HFACS-OGAPI 분석 [코드-(단계 4)]
비공식 절차 사용(설계 범위 이상으로 채워진 타워 및 레벨 경보 무시)	L1-UAO-V-RV(02)
알람 이상(알람이 울리지 않음)	L4-OI-RM-EFR(01)
레벨 표시기 보정이 오래됨	L4-OI-RM-EFR(01)
부적절한 위험 평가(블로우다운 드럼이 라피네이트로 과충진됨)	L4-OI-PSC-RA(02)
압력 릴리프 시스템이 오래된 방식임	L4-OI-RM-EFR(01)
회사가 주로 재무 성과에 초점을 맞추고 교육 및 안전관리시스템 관리를 소홀히 함. 안전 리더십의 부족 포함	L4-OI-OC-C(01)
	L4-OI-RM-MB(01)
여러 번의 기계적 고장이 있었음	L4-OI-RM-EFR(01)
부적절한 운영 규칙 존재, 비공식 절차 사용, 경영층이 이러한 문제 미해결	L4-OI-OC-C(01)
변경관리 효과성 부족(예산 삭감 등)	L4-OI-PSC-MOC(02)
장치의 실제 상태를 작업자에게 알리지 않은 계기의 오작동	L4-OI-RM-EFR(01)
비정상 및 시동 조건에 대한 교육 미흡 (ISOM 라피네이트 섹션 시동 절차에는 운전원이 장치를 안전하고 성공적으로 시동할 수 있는 충분한 지침이 부족함)	L4-OI-RM-HR(01)
	L3-US-IS(01)
	L2-PUA-PF-PR(02)
운영자의 의사결정은 라피네이트 스플리터 타워에서 잘못 보정된 계측기의 영향을 받음	L4-OI-RM-HR(01)
	L3-US-IS(01)
	L2-PUA-PF-PR(02)
	L1-UAO-E-DE(02)
ISOM/AU2/NDU 컴플렉스는 라피네이트 장치를 시작하는 동안 효과적인 감독 부족	L3-US-IS(03)
	L3-US-FCP(01)
	L3-US-SV(01)
사고 당일 운영자는 극심한 수면 부족으로 피로했을 가능성이 있음	L2-PUA-IT-AMS(03)
공장은 Amoco의 공정 안전 표준(PSS) No. 6(BP에서 채택)의 요구사항을 따르지 않음	L1-UAO-V-RV(04)
	L1-UAO-V-SV(02)
위험한 프로세스 영역의 차량관리, 안전한 거리를 설정하기 위한 효과적인 차량 안전 정책 부재	L4-OI-PSC-RA(01)
미국 OSHA PSM 표준은 고용주가 변경관리의 효과적인 위험을 평가할 것을 요구하지 않음	L5-RS-ICS(01)
미국 OSHA의 계획된 점검은 사고 예방의 핵심 요소와 명확하게 관련되지 않음	L5-OF-CA(03)

(2) Aghorn Operating 질식사고

2019년 10월 Aghorn Operating작업자는 황화수소에 치명적인 부상을 입었다. 텍사스 오데사에 있는 Aghorn의 Water 스테이션 빌딩에는 두 개의 펌프가 있었다. 작업자는 하루에 두 번 정도 설비의 이상유무를 확인하기 위해 빌딩에 방문하는데, 만약 설비에 이상이 있으면 경보 시스템을 통해 바로 방문한다. 사고 당시 작업자는 펌프에 이상이 있어 알람을 받고 빌딩에 도착하였다. 작업자는 개인 휴대용 황화수소 검지기를 차량에 두고 빌딩으로 들어갔다.

그는 제어실로 들어가 경보가 울린 원인을 찾았고, 펌프의 전원을 차단하지 않은 채 펌프 A로 가 Discharge밸브를 잠갔지만, Intake 밸브는 약간 잠갔다. 밸브 주변에 있을 즈음 갑자기 누출된 황화수소에 작업자는 쓰러지고 말았다. CSB는 사고 후 펌프에 물과 황화수소가 배출되는 플런저가 파손된 것을 발견하였다. 작업자는 방출된 황화수소에 노출되어 치명상을 입었다. 그 후 그의 배우자는 빌딩에 도착하여 작업자를 찾는 동안 누출된 황화수소에 부상을 입었다.

CSB의 사고 기여요인 5건을 기반으로 HFACS-OGAPI 체계로 분석한 결과 16개 기여요인을 확인할 수 있었다. 수준 5에 대한 내용을 확인할 수 없었다. 수준 4는 6건(38%), 수준 3은 6건(38%), 수준 2는 2건(13%), 수준 1은 2건(13%)을 차지하였다. 다음 표는 Aghorn operating 질식사고에 대한 HFACS-OGAPI 분석 내용이다.

CSB가 분석한 사고 기여요인	HFACS-OGAPI 분석 [코드-(단계 4)]
개인 황화수소 감지기 미사용: 작업자는 시설에 들어갈 때 개인 황화수소 감지 장치를 착용하지 않음	L4-OI-RM-HR(01) L3-US-IS(01) L3-US-SV(01) L1-UAO-V-RV(02)
록아웃/텍아웃 절차 미실시: 작업을 수행하기 전 펌프 #1의 전원에 대한 록아웃/텍아웃 절차 미수행. 1) Aghorn은 OSHA 규정 29 CFR 1910.147 - 유해 에너지 제어(잠금/태그아웃), 2를 준수하지 않음) Aghorn의 공식화되고 포괄적인 록아웃/텍아웃 프로그램 부족	L4-OI-RM-HR(01) L3-US-IS(01) L3-US-FCP(01) L3-US-SV(01) L2-PUA-PF-PR(02) L1-UAO-V-RV(04)
펌프 하우스 내부의 황화수소 제한: 1) 밀폐 및 부적절한 환기로 인해 황화수소가 펌프 빌딩 내부에 치명적인 수준으로 축적됨. 2) Aghorn에는 펌프 빌딩을 환기시키기 위한 설비 또는 시설이 충분하지 않음	L4-OI-RM-EFR(01) L4-OI-PSC-RA(02)
작동하지 않는 황화수소 감지 및 경보 시스템: 1) Aghorn이 Foster D 홍수 스테이션 시설 황화수소 감지 및 경보 시스템을 유지 관리하거나 적절하게 구성하지 않음. 2) 감지기 신호를 수신하지 못한 경보시스템으로 작업자는 황화수소 누출을 인식하지 못함	L4-OI-RM-EFR(01) L2-PUA-EF-TE(01)
결함이 있는 현장 보안관리: 1)작업자의 배우자는 황화수소 경고 표지판을 보지 못했을 가능성이 있으며 그녀는 야간에 도착했음 2) Aghorn의 현장 보안은 ANSI/API 표준 780을 포함하는 업계 지침 및 표준을 충족하지 못함	L4-OI-PSC-RA(01) L3-US-SV(01)

(3) Kleen 에너지 폭발사고

2010년 2월 7일 코네티컷주 미들타운 건설현장의 Kleen 에너지 발전소에서 천연가스 폭발로 6명의 근로자가 사망하고 최소 50명이 부상을 입었다.

CSB의 사고 기여요인 7건을 기반으로 HFACS-OGAPI 체계로 분석한 결과 13개 기여요인을 확인할 수 있었다. 수준 5는 3건 (23%), 수준 4는 7건 (54%), 수준 3은 2건 (15%), 수준 2는 1건 (8%), 수준 1은 해당사항이 없었다. 아래 표는 Kleen 에너지 폭발사고에 대한 HFACS-OGAPI 분석 내용이다.

CSB가 분석한 사고 기여요인	HFACS-OGAPI 분석 [코드-(단계 4)]
천연가스를 사용하여 배관을 청소하는 절차 검토 미흡, 근로자에게 교육 미실시	L4-OI-RM-HR(01) L3-US-IS(01) L3-US-FCP(01)
배관을 청소하고 배출되는 두 개의 대형 구조물 사이의 개방형 파이프에서 천연가스 분출에 대한 평가 미흡	L4-OI-OP-Op(02) L4-OI-PSC-RA(01)
천연가스 배출에 대한 위험성평가 절차 미흡	L4-OI-PSC-RA(01)
천연 가스 취입 절차 - 적절한 공기 혼합을 보장하고 방출이 안전한 장소로 향하도록 하기 위한 환기 배관에 대한 기술적 평가 부족	L4-OI-OC-C(01) L4-OI-OP-P(01)
작업 전 파이프 청소 직원과 함께 안전 회의 미시행/가스 분사 절차 미검토	L4-OI-RM-HR(01) L2-PUA-PF-PR(02)
환경､보호국(EPA)의 40 CFR 302.4 관리보고 기준에 인화성이 높은 메탄이 불포함되어 있음	L5-RS-NRF(01)
미국 OSHA는 가스배관을 청소할 목적으로 가연성 가스를 대기로 방출하는 것을 금지하는 기준 미수립	L5-RS-NRF(01)
미국 화재예방협회와 기계공학회는 가스배관 청소를 목적으로 하는 천연가스 사용을 금지하는 기준 미수립	L5-RS-NRF(01)

(4) 고찰

Theophilus(2017) 등이 개발한 HFACS-OGI 체계로 11건의 사고분석 결과 기여요인은 80개이었다. Wang(2020) 등이 개발한 HFACS-CSMEs 체계로 101건의 사고분석 결과 기여요인은 1,543개이었다. 저자가 개발한 HFACS-OGAPI(2022) 체계로 45건의 사고분석 결과 기여요인은 483개이었다.

HFACS OGI/OGAPI/CSMEs 체계로 분석한 결과, 휴먼에러 기여요인에 가장 큰 영향을 주는 수준을 확인해 보면, OGI와 OGAPI의 경우 수준 4 조직영향이 가장 큰 기여요인으로 파악되었다. CSMEs의 경우 수준 2 불안전한 행동 전제조건이 가장 큰 기여요인으로 파악되었다. 이 분석 결과를 통해 휴먼에러를 유발하는 주요 기여요인이 조직영향과 불안전한 행동 전제조건이라는 것을 파악할 수 있었다. HFACS OGI/OGAPI 및 CSMEs 기여요인 분석 비교는 다음 표와 같다.

HFACS	OGI	OGAPI	CSMEs
수준 5 (법규영향)	9 (11%) [5]	30 (6%) [5]	-
수준 4 (조직영향)	34 (43%) [1]	192 (40%) [1]	391 (25%) [3]
수준 3 (불안전한 감독)	11 (14%) [3]	129 (27%) [2]	270 (17%) [4]
수준 2 (불안전한 행동 전제조건)	16 (20%) [2]	66 (14%) [3]	466 (30%) [1]
수준 1 (불안전한 행동)	10 (13%) [4]	66 (14%) [3]	146 (27%) [2]
기여요인	80	483	1,543

[ ]: 휴먼에러를 일으키는 우선순위

참조 문헌과 링크

- 김정오. (2005). 에러의 심리과정. 한국심리학회지, Vol. 17, No. 3, 245-263
- 김왕배, 김중남, & 양승옥. (1996). 원자력발전소 인적행위 개선시스템 (K-HPES) 개발현황. 대한산업공학회 추계학술대회 논문집, 213-216.
- 김왕배, 정백순, & 양승. 원자력발전소 인적 행위 분석 지원 전산시스템 (CAS-HIPES) 개발.
- 김정오. (2005). 에러의 심리과정. 한국심리학회지, Vol. 17, No. 3, 245-263.
- 신민주, 백동현, 김동산, & 윤완철. (2008). 철도사고 휴먼에러 분석을 위한 지원시스템프레임웍 설계. Journal of the Ergonomics Society of Korea, 27(3), 43-52.
- 이원관. (2011). 체크리스트와 절차관련 휴먼에러 연구. 항공우주의학회지, 20(3), 63-68.
- 안전보건공단 중앙사고조사단. (2020). 우리는 완벽한가?
- 이승재, 이승학, 이동현, 김태영, 한경우, 손기호, 정의영, 최승규. (2023). 어린이 운송 차량의 안전사고 방지 방안에 관한 연구. 2023년 한국산학기술학회 추계 학술발표논문집.
- 안전보건공단 중앙사고조사단. (2020). 우리는 완벽한가?
- 안전보건공단 (2014). 열풍 가열로 폭발사고 사례연구.
- 안전보건공단 (2015). 불화수소 탱크컨테이너 하역작업 중 누출사고 사례연구, pp. 1-34.
- 안전보건공단 (2016). 인화성액체 제품 포장 중 화재·폭발사고, pp. 1-32.
- 안전보건공단 중앙사고조사단. (2020). 우리는 완벽한가?
- 안전보건공단 (2013). HDPE 공장 사일로 폭발사고, pp. 1-34.
- 안전보건공단 중앙사고조사단. (2020). 우리는 완벽한가?
- 안전보건공단. (2024). 과거의 사고를 반면교사로, 화학사고 사례집.
- 양정모. (2022). 산업재해 예방에 긍정적인 영향을 주는 안전풍토 수준 향상에 관한 연구, 행동기반 안전관리 프로그램, HFACS-OGAPI 및 시스템적 사고조사 방법 적용을 중심으로. 서울과학기술대학교 안전공학과 박사학위 논문.
- 양정모. (2024). 사고에서 얻은 교훈, 사고조사 이론과 실행사례.
- 양정모. (2024). 휴먼 퍼포먼스 개선과 안전 마음챙김. 박영사.
- 한국산업안전보건공단. (2024). 하수관로 작업 중 굴착기 버킷 맞음.
- 한국산업안전보건공단. (2021). 중대재해 이슈 리포트, 화재폭발 사례와 중대재해처벌법.
- 허은미, & 변승남. (2010). 철도산업에서 안전성 제고를 위한 휴먼에러 연구. 한국철도학회 학술발표대회논문집, 2040-2047.

- Bilke, T. A., & Midwest, I. (1998). Cause and prevention of human error in electric utility operations (Master's thesis, Colorado State University).
- Bonsu, J., Van Dyk, W., Franzidis, J. P., Petersen, F., & Isafiade, A. (2016). “A systems approach to mining safety: an application of the Swiss cheese model”, Journal of the Southern African Institute of Mining and Metallurgy, 116(8), pp. 776-784.
- Celik, M., & Cebi, S. (2009). Analytical HFACS for investigating human errors in shipping accidents.Accident Analysis & Prevention,41(1), 66-75.

- Charles Perrow (1984). Normal Accidents. New York: Basic Books, Inc.
- Chauvin, C., Lardjane, S., Morel, G., Clostermann, J. P., & Langard, B. (2013). Human and organisational factors in maritime accidents: Analysis of collisions at sea using the HFACS. Accident Analysis & Prevention,59, 26-37.
- CSB (2016). MGPI Processing, Inc. Toxic Chemical Release, pp. 1-48
- CSB. (2007). Vinyl Chloride Monomer Explosion.
- Damme, D. V., Kjær-Hansen, J., & Amat, A. L. (1998). Human factors in the investigation of accidents and incidents. Eur Air Traffic Control Harmon Integr Program HUM ET1 ST13.
- DoE. (2009). Human Performance Improvement Handbook, DoE Vol.
- Fleishman, E. A., Buffardi, L. C., Allen, J. A., & Gaskins III, R. C. (1990). Basic considerations in predicting error probabilities in human task performance (No. NUREG/CR-5438; CBCS-90-1). Nuclear Regulatory Commission, Washington, DC (USA). Div. of Systems Research; George Mason Univ., Fairfax, VA (USA). Center for Behavioral and Cognitive Studies.
- Gain Working Group E, Flight Ops/ATC Ops Safety Information Sharing (2004). A Roadmap to a Safety Culture: Enhancing the Safety Environment.
- Garrett, J. W., & Teizer, J. (2009). Human factors analysis classification system relating to human error awareness taxonomy in construction safety. Journal of construction engineering and management, 135(8), 754-763.
- Graziano, A., Teixeira, A. P., & Soares, C. G. (2016). Classification of human errors in grounding and collision accidents using the TRACEr taxonomy. Safety science, 86, 245-257.
- Gong, Y., & Fan, Y. (2016). Applying HFACS approach to accident analysis in petro-chemical industry in China: Case study of explosion at Bi-benzene Plant in Jilin. In Advances in Safety Management and Human Factors(pp. 399-406). Springer, Cham.
- Health and Safety Executive. (2004). Investigating accidents and Incident.
- Hsieh, M. C., Wang, E. M. Y., Lee, W. C., Li, L. W., Hsieh, C. Y., Tsai, W., ... & Liu, T. C. (2018). Application of HFACS, fuzzy TOPSIS, and AHP for identifying important human error factors in emergency departments in Taiwan. International Journal of Industrial Ergonomics,67, 171-179.
- Hobbs, A. (1997). Human Factors in Airline Maintenance: A Study of Incident Reports. Canberra, ACT.
- Hollnagel, E. (1993). Human reliability analysis. Context and control.
- Hollnagel, E., & Speziali, J. (2008). Study on Developments in Accident Investigation Methods: A Survey of the" State-of-the-art.
- IAEA. (2002). Review of methodologies for analysis of safety incidents at NPPs, IAEA-TECDOC-1278.

- Isaac, A., Shorrock, S. T., Kennedy, R., Kirwan, B., Andersen, H. B., & Bove, T. (2003). Technical review of human performance models and taxonomies of human error in ATM (HERA).
- ISO 45001 (2018). Occupational health and safety management systems — Requirements with guidance for use.
- Kim, S. K., Lee, Y. H., Jang, T. I., Oh, Y. J., & Shin, K. H. (2014). An investigation on unintended reactor trip events in terms of human error hazards of Korean nuclear power plants. Annals of Nuclear Energy,65, 223-231.
- Lee, S., Moh, Y. B., Tabibzadeh, M., & Meshkati, N. (2017). Applying the AcciMap methodology to investigate the tragic Sewol Ferry accident in South Korea. Applied ergonomics, 59, 517-525.
- Lee, Y. H., Park, J., & Jang, T. I. (2011). The human factors approaches to reduce human errors in nuclear power plants. In Nuclear Power-Control, Reliability and Human Factors. IntechOpen.
- Liu, S. Y., Chi, C. F., & Li, W. C. (2013, July). The application of human factors analysis and classification system (HFACS) to investigate human errors in helicopter accidents. In International conference on engineering psychology and cognitive ergonomics(pp. 85-94). Springer, Berlin, Heidelberg.
- Liu, R., Cheng, W., Yu, Y., & Xu, Q. (2018). Human factors analysis of major coal mine accidents in China based on the HFACS-CM model and AHP method. International journal of industrial ergonomics,68, 270-279.
- Loftus, E. F., & Palmer, J. C. (1974). Reconstruction of automobile destruction: An example of the interaction between language and memory. Journal of verbal learning and verbal behavior, 13(5), 585-589.
- Norman, D. A. (1981). Categorization of action slips. Psychological review, 88(1), 1.
- Patterson, J. M., & Shappell, S. A. (2010). Operator error and system deficiencies: analysis of 508 mining incidents and accidents from Queensland, Australia using HFACS. Accident Analysis & Prevention,42(4), 1379-1385.
- Rasmussen, J. (1986). Information processing and human-machine interaction: An approach to cognitive engineering. Elsevier Science Inc..
- Rasmussen, J. (2012). Skills, rules, and knowledge; signals, signs, and symbols, and other distinctions in human performance models. IEEE transactions on systems, man, and cybernetics, (3), 257-266.

- Rasmussen, J. (2012). Skills, rules, and knowledge; signals, signs, and symbols, and other distinctions in human performance models. IEEE transactions on systems, man, and cybernetics, (3), 257-266.

- Reason, J. (1990). Human error, Cambridge university press.
- Reason, J. (1984). Lapses of attention in everyday life. In R. Parasuaman & D. R.

Davies(Eds.), Varieties of attention. (pp. 515-549). New York: Academic Press.
- Reason, J. (2017). The human contribution: unsafe acts, accidents and heroic recoveries. CRC press.
- Reinach, S., & Viale, A. (2006). Application of a human error framework to conduct train accident/incident investigations. Accident Analysis & Prevention,38(2), 396-406.
- Standard, D. O. E. (2009). Human performance improvement handbook volume 1: concepts and principles. US Department of Energy AREA HFAC Washington, DC, 20585.
- Swain, A. D., & Guttmann, H. E. (1983). Handbook of human-reliability analysis with emphasis on nuclear power plant applications. Final report (No. NUREG/CR-1278; SAND-80-0200). Sandia National Lab.(SNL-NM), Albuquerque, NM (United States).
- Schröder-Hinrichs, J. U., Baldauf, M., & Ghirxi, K. T. (2011). Accident investigation reporting deficiencies related to organizational factors in machinery space fires and explosions. Accident Analysis & Prevention,43(3), 1187-1196.
- Wang, J., Fan, Y., & Gao, Y. (2020). Revising HFACS for SMEs in the chemical industry: HFACS-CSMEs, Journal of Loss Prevention in the Process Industries, 65, pp. 1-10.
- Wickens, C. D. (1976). The effects of divided attention on information processing in manual tracking. Journal of Experimental Psychology: Human Perception and Performance, 2(1), 1.
- Whittingham, R. B. (2004). The blame machine: Why human error causes accidents. Routledge.
- Xia, N., Zou, P. X., Liu, X., Wang, X., & Zhu, R. (2018). A hybrid BN-HFACS model for predicting safety performance in construction projects. Safety science,101, 332-343.
- Yamada, R., & Itsukushima, Y. (2013). The effects of schema on recognition memories and subjective experiences for actions and objects. Japanese Psychological Research, 55(4), 366-377.
- Yang, J., & Kwon, Y. (2022). "Human factor analysis and classification system for the oil, gas, and process industry", Process Safety Progress, pp. 1-9
- Ziedelis, S., & Noel, M. (2011). Comparative analysis of nuclear event investigation methods, tools and techniques. European Commission, Joint Research Center (EC/JRC), EUR, 24757.

- 매경헬스. (2018). 동두천 어린이집 차량사고, 4세 여아 숨져…잇따른 사고에 대책은?. Retrieved from: URL: https://www.mkhealth.co.kr/news/articleView.html?idxno=41566.
- 연합뉴스. (2018). 실수로 '증권사 파산'까지…증시 강타한 '팻핑거' 역사. Retrieved from: URL: https://www.yna.co.kr/view/AKR20180408034100008.
- 서울신문. (2017). [단독] "화장실 문 손잡이인 줄 알고 그만"…비행기 비상구 활짝. Retrieved from: URL: https://www.seoul.co.kr/news/2017/02/05/20170205500068.
- 조선일보. (2023). 직원 실수로 462억 날려 파산...'한맥 사태' 10년 걸친 소송 결과는. Retrieved

from: URL:
https://www.chosun.com/national/national_general/2023/05/15/J7C3UK7MLRD25JO2UQKHSWYLXU/.

- 중앙일보. (2021). "주유 도중 출발한 車…몸 날아갔는데 차주는 '내 잘못 20%'" [영상]. Retrieved from: URL: https://www.joongang.co.kr/article/24061125.
- 한국일보. (2022). 내 머릿속의 스키마(Schema). Retrieved from: URL: https://www.hankookilbo.com/News/Read/A2022093008400002868.
- HiDoc 뉴스. (2020). 현실이 괴로워서 였을까... 가짜를 지어내는 '작화증'. Retrieved from: URL: https://news.hidoc.co.kr/news/articleView.html?idxno=21120.
- KBS뉴스. (2021). MRI에 산소통 끼여 환자 숨진 사고…"의사가 지시한 의료사고". Retrieved from: URL: https://news.kbs.co.kr/news/pc/view/view.do?ncd=5359415.

- Human error solutions. (2025). Memory Failure Types and Human Error. Retrieved from: URL: https://humanerrorsolutions.com/memory-failure-types-and-human-error/.
- OSHA Education School. (2023). OSHA: Accidents vs. Incidents. Retrieved from: URL: https://www.oshaeducationschool.com/articles/osha-accidents-vs-incidents.
- Simon Whatley. (2011). Categorization of action slips in human error. Retrieved from: URL: https://www.simonwhatley.co.uk/writing/categorisation-of-action-slips-in-human-error/
- Skybrary. (2025). Human Error Types. Retrieved from: URL: https://skybrary.aero/articles/human-error-types
- SOLOGIC. (2018). Causal Patterns and Five Examples. Retrieved from: URL: https://www.sologic.com/en-au/resources/blog/english/causal-patterns-and-five-examples.
- TapRooT. (2025). Knowledge-based Mistakes. Retrieved from: URL: https://taproot.com/knowledge- based-mistakes/.

Chapter 4

휴먼에러의 배후

휴먼에러를 일으키는 직무측면, 사람측면 및 조직측면의 특성을 설명한다. 직무측면에서 인간공학의 역사와 범위에 대한 설명을 하고, 인간공학을 통한 휴먼에러 개선방안과 Ergonomics와 Human Factors의 차이를 설명한다.

사람측면에서 뇌의 구조와 기능(대뇌, 중뇌, 소뇌), 뇌엽과 기능(전두엽, 두정엽, 후두엽, 측두엽), 뇌속의 깊은 구조(뇌하수체, 시상하부, 편도체, 해마), 뇌속에 혈액 공급 및 뇌신경을 포함한 뇌의 작동방식을 살펴본다. 전전두피질과 편도체의 상관관계와 의식의 특성과 뇌가 만들어내는 환상(경험자아, 기억자아, 배경자아, 시차편집, 뇌가 만든 신체, 뇌의 능동적 추론, 게슈탈트 이론)에 대해서 설명한다. 그리고 물리적, 생리적, 뮐러-라이어, 폰조, 포겐도르프, 카니자, 체커, 분트, 헤링 및 전경과 배경 특성과 관련한 착시를 설명한다. 사람의 기억과정을 주의, 부호화, 저장 및 인출 절차로 설명하고, 기억을 시간에 따른 분류와 지속시간 및 처리과정(단기 감각기억, 단기기억, 작업기억, 장기기억)에 따른 분류로 설명한다. 휴먼에러를 일으키는 사람의 인지과정(기대, 관련성, 하향식, 상향식, 정신모델, 가정, 정신적 편견, 보수적 결정)에 대해서 설명한다. 또한 휴먼에러를 일으키는 유발요인(스트레스, 정신적 긴장 회피, 제한된 작업 기억, 제한된 주의자원, 마음가짐, 피로, 장시간 근무, 태도, 종속성과 팀 에러, 동조)과 유발 상황(작업환경, 개인의 능력, 과제의 요구사항, 인간본성)에 대한 설명을 한다.

조직측면에서는 인위적 결과물, 표현되는 믿음과 가치 및 근본가정의 특성을 가진 조직문화와 안전문화에 대한 설명을 한다. 그리고 휴먼에러를 발생시키는 조직측면의 약점(본사 조직과 사람에 의해 휴먼에러 발생, 지식기반 근로자가 휴먼에러 유발, 위험성 감소조치의 효과가 낮음 및 집중화된 관리)을 설명한다.

휴먼에러의 배후에는 사람들에게 요구되는 직무, 직무에 필요한 장비, 직무를 둘러싼 환경적 측면, 해당 직무를 하는 사람(개인 및 역량) 그리고 그들이 근무하는 곳의 조직 속성과 관련이 있다. 휴먼에러와 관련한 요인은 다양하고 복합적이므로 어느 하나의 단일 요인만을 고려한다면, 휴먼에러에 대한 충분한 이해를 하기 어렵다. 휴먼에러는 조직 시스템을 포함하며, 전통적인 인간공학(Human Factors and Ergonomics)이론을 기반으로 총괄적인 안전관리시스템 측면으로 검토되어야 한다.

I 직무 측면

휴먼에러를 일으키는 직무 측면의 기여요인에는 직무와 관련한 설계 방식이 있다. 교대 근무 시간, 휴식 시간, 작업량, 작업, 장비 및 환경 설계로 인한 신체적 및 정신적 요인은 휴먼에러를 줄이기 위해 고려해야 할 중요한 요소이다. 작업은 사람의 한계와 강점을 모두 고려하여 인간공학적 원칙에 따라 설계되어야 한다.

1 인간공학

1.1 인간공학의 역사

폴란드의 생물학자인 Jastrzębowski는 1857년 인간공학(ergonomics)이라는 단어를 만들어 정의했다. 인간공학이라는 용어의 어원인 에르곤 (ergon)은 일을 의미하며, 노모스 (nomos)는 원칙 또는 법을 의미하는 그리스어로부터 나온 것이다. Jasterzebowis는 농민사회가 밀과 감자를 재배하는 대신 공장에서 14시간 동안 철과 강철을 생산하는 과정을 통해 사람과 경제에 미치는 영향을 생각했다. 근대 인간공학의 아버지인 Étienne Grandjean는 작업을 작업자에게 맞추는 것이 인간공학이라고 하였다. 인간공학은 인간의 특별한 요구를 충족시키는 다양한 분야를 결합한 응용 과학이며 부상 및 장애를 없애거나 줄여 생산성을 높이고 삶의 질을 향상시키는 목표 지향적 과학이다.

Ramazzini는 1633년 이탈리아 Carpi에서 태어났다. 그는 파르마대학의 의대생이었지만, 노동자들이 겪고 있는 질병에 주의를 기울였다. 그는 1682년 모데나대학교 (University of Modena)에서 의학 이론 분야의 의장으로 임명되면서 집중적인 학문연구를 시작했다. 그리고 그는 작업장을 방문하여 근로자의 작업 관찰을 통해 질병에 걸리는 과정을 검토했다. 연구결과, 질병은 근로자가 취급하는 물질의 유해한 특성 때문이라는 것을 알게 되었다.

19세기에 Frederick Winslow Taylor는 과학적 관리방법을 개발하여 인간의 작업 성과를 극대화하고, 주어진 작업을 최적으로 수행하게 하는 방법을 검토했다. 예를 들어 석탄 또는 광석의 크기와 무게를 점진적으로 줄인다면, 노동자가 삽을 사용하여 작업하는 양을 3배 덜 늘릴 수 있다는 것을 발견한 것이다. Frank와 Lillian Gilbreth는 1900 년대 초 Taylor의 방법을 확장하여 시간과 모션 연구를 개발했다. 불필요한 단계와 조치를 제거하여 효율성을 향상시키는 것을 목표로 했다. 이 방법을 적용함으로써 Gilbreths는 벽돌 쌓기 동작의 수를 18에서 4.5로 줄여 벽돌공의 생산성을 120에서 350 벽돌/h로 늘릴 수 있었다.

제1차 세계 대전 이전에는 항공 심리학과 비행자에 대한 연구가 주류를 이루었지만, 이후에는 전쟁을 효율적이고 성공적으로 이끌기 위해 군인들이 다루는 항공기의 조작 스위치, 디스플레이의 디자인 그리고 비행자의 키나 체격을 감안한 인간공학적 개선이 이루어졌다. 이로 인해 인체측정학과 관련한 연구가 진행되었다.

제2차 세계 대전(1940년)이 시작되면서, 새롭고 복잡한 기계와 무기 개발이 필요했다. 1943년 당시 미 육군 중위 Alphonse Chapanis는 비행기 조종석의 혼란스러운 조작 장치와 디스플레이를 보다 인간공학적으로 개선할 때, 조종사의 휴먼에러를 크게 줄일 수 있음을 증명하였다. 전쟁이 끝난 후 육군과 공군은 전쟁 중에 연구했던 결과를 요약한 책자 19권을 출판했다. 책자의 주요 골자는 사람이 작업을 수행하는 데 필요한 근력 수준, 물건을 들 때 허리에 가해지는 압박 정도, 많은 노동을 할 때 심혈관에 미치는 영향 및 사람이 밀거나 당길 수 있는 최대 하중 등에 대한 내용이었다. 냉전이 시작되면서 휴먼팩터(human factors)와 인간공학 분야의 연구가 크게 확장되었다. 전쟁 후의 연구는 군사적인 후원을 받았고, 연구의 범위는 소형 장비에서 전체 워크 스테이션으로 확대되었으며, 시스템은 산업 분야 뿐만 아니라 전체 국방 분야에 확장되었다. 그리고 동시에 민간 산업에서도 인간공학의 중요성이 강조되었다.

1.2 인간공학의 범위

인간공학의 연구분야는 1960년대 중반부터 발전하였고, 컴퓨터 하드웨어(1960년대), 컴퓨터 소프트웨어(1970), 원자력 발전소 및 무기 시스템 (1980년대), 인터넷과 자동화 (1990년대) 그리고 적응 기술(2000년대) 등의 분야로 확장되었다. 그리고 최근에는 신경 인간공학 및 나노 인간공학을 포함한 새로운 분야로 적용되고 있다. 인간공학 및 휴먼팩터에 종사하는 사람은 산업 엔지니어, 산업 심리학자, 산업 의학 의사, 산업 위생사 및 안전 공학자, 건축가, 직업 치료사, 물리 치료사, 디자이너, 직업 의학 전문가 및 보험 손실 관리 전문가 등이다.

1.3 인간공학을 통한 휴먼에러 개선

우주 시대는 무중력과 극한 중력과 같은 새로운 인간공학적 문제를 만들었다. 우주의 환경은 어디까지 허용될 수 있으며, 정신과 신체에 어떤 영향을 미칠까? 정보화 시대는 인간과 컴퓨터의 상호작용이라는 새로운 인간공학 분야를 탄생시켰다. 또한 소비재 및 전자 제품에 대한 수요 증가와 경쟁으로 인해 제품 디자인에 휴먼팩터를 포함하는 회사가 많아졌다. 다음 내용은 인간공학이라는 연구를 통해 개선된 여러 성과이다.

- 버튼, 스위치, 경고 알람, 계기 표시기 등을 색상, 모양, 크기, 위치, 라벨링 및 근접성을 사용하여 명확하고 고유하게 구분하여 제어판 보드, 계기판 등의 디자인을 개선하여 에러를 줄였다.
- 장비의 유지보수 작업을 고려하여 설계를 개선했다. 여기에는 구성 요소에 대한 쉬운 출입, 기능적으로 관련된 구성 요소의 그룹화, 명확한 레이블 지정, 특수 도구의 최소 사용 및 결함을 제거하는 설계를 포함한다.
- 과도한 피로를 유발하는 장기간의 초과 근무에 노출되는 근로자의 행동과 성과에 대한 연구를 제공했다. 비정상적인 소음으로 인한 주의 산만, 불리한 환경 조건 및 작업자 주의력에 부정적인 영향을 개선하였다.
- 사무 장비, 가구 디자인, 의자 디자인, 산업용 전동 공구 디자인 및 컨베이어 시스템 운송 차량 등과 같은 휴먼에러 유발 시설을 개선하였다.

인간공학은 사람의 한계와 능력을 인정하고 작업, 기계 또는 컴퓨터 및 환경과의 상호 작용을 효율적으로 개선하는 학문이다. 인간공학 엔지니어는 이러한 상호작용과 관련된 현상을 이해하고 평가를 위한 프레임워크를 개발하기 위해 인간 대 인간, 인간 대 그룹 또는 인간 대 조직 상호작용을 연구한다. 인간공학은 모든 사물을 사람에게 맞추는 공학적인 연구이며, 작업을 하면서 안전과 건강을 극대화하기 위하여 도구, 장치 및 인공물 등을 개선하는 활동이다. 인간공학의 우선순위는 사용자의 신체적, 행동적, 정보 처리 특성 및 요구사항을 고려하는 것이다.

1.4 Ergonomics와 Human Factors

인간공학(ergonomics)은 휴먼팩터(human factors)와 유사한 의미를 갖고 있다. 인간공학을 유럽에서는 Ergonomics로 표기하고 미국에서는 Human factors로 표기한다. 미국의 인간공학 전문가들이 참여하는 전문 조직인 Human Factors Society가 1957년 첫 번째 연례 회의가 열렸다(당시 약 90명이 참석했다). 그리고 1992년 Human Factors and Ergonomics Society로 이름이 변경되었으며, 오늘날에는 4,500명 이상의 회원(사회)이 있으며, 국제적으로 인정받는 조직이 되었다.

II 사람 측면

휴먼에러를 일으키는 사람 측면의 기여요인에는 사람의 역량, 기술, 성격, 태도 및 인식 등이 있다. 사람의 기술이나 태도는 향상되고 변화될 수 있지만, 성격은 대체로 변화가 어렵다. i) 사람은 신체적, 정신적, 성격, 지식 및 경험 등 여러 면에서 각기 다르다. 사람은 체형과 크기, 근력과 능력 수준 등 신체적 차이는 각기 다르다. ii) 사람의 시력, 청력 및 손재주는 각기 다르다. iii) 사람의 정신적 능력은 각기 다르고 심리 검사를 통해서만 평가할 수 있다. 심리 검사는 일반적으로 업무에 적합한 인력을 선발해야 하는 경우에만 적용할 수 있다. iv) 사람의 능력과 한계를 고려한 직무 설계, 장비, 정보 및 작업 환경을 조성해야 한다. 사람의 성격을 근본적으로 바꾸는 것은 매우 어려우므로 태도를 바꾸도록 교육을 지원하는 것이 효과적이다. 사람이 휴먼에러를 일으키는 배경을 잘 이해하기 위해서는 사람의 뇌 작동방식, 전전두피질과 편도체의 상관관계, 의식의 특성과 뇌가 만들어내는 환상, 착시현상, 마음챙김과 마음놓침, 기억체계, 인지과정 및 휴먼에러 유발요인과 상황에 대한 이해가 필요하다.

1 뇌의 작동방식

1.1 뇌의 구조와 기능

뇌는 사고, 기억, 감정, 촉각, 운동 능력, 시각, 호흡, 체온 조절, 배고픔 등 우리 몸을 조절하는 복잡한 기관이다. 뇌에서 뻗어 나온 척수[58]는 중추신경계(central nervous system, CNS)를 구성한다. 성인의 뇌 평균 무게는 약 1.4kg이며, 뇌의 약 60%는 지방이다. 나머지 40%는 수분, 단백질, 탄수화물, 그리고 소금으로 구성되어 있다. 뇌는 혈관과 신경, 그리고 신경세포(neuron cell)[59]와 신경교세포(neuroglial cell)[60]를 포함한다.

대뇌 피질은 대뇌의 안쪽 부분과 비교해 어두운 색을 띠고 있어 회백질(gray matter)이라고 부르고, 반대로 안쪽은 백질(white matter)이라 한다.

신경세포(neuron)는 신경계의 기본 구조 및 기능 단위로서 신경세포체(soma)[61], 말이집(myelin)[62] 및 축삭돌기(axon)[63]로 구성된다. 신경세포체는 축삭돌기를 제외한 세포체이다. 말

58) 척수(spinal cord)는 뇌에서부터 등 아래쪽까지 척추 중앙의 빈 공간을 통해 이어져 있는 신경으로 이루어진 긴 관이다. 척수는 뇌와 신체 간에 메시지를 주고받는 두꺼운 전기 케이블과 같다.

59) 신경세포(neuron) 또는 신경원은 신경계를 구성하는 세포이다. 신경세포는 나트륨 통로, 칼륨 통로등의 이온 통로를 발현하여 다른 세포와는 달리 전기적인 방법으로 신호를 전달할 수 있다.

60) 신경교세포는 신경계의 보호자이자 조절자이다. 신경교세포는 항상성(homeostatic, 생물체가 외부 환경에도 불구하고 체내의 상태를 일정하게 유지하는 특성) 상태를 유지하고 일상적인 뇌 기능에 기여할 뿐만 아니라 신경계 손상, 감염 및 질병에 반응한다.

61) 신경세포체(soma)는 신경세포의 한 부분으로 핵을 포함한 부분이다.

62) 말이집(myelin)은 뉴런의 축삭을 감싸는 지질과 단백질로 구성된 절연 층으로, 신호 전도 속도를 빠르게 하고 신호 누수를 방지하는 역할을 한다.

63) 축삭돌기(axon)는 신경세포의 세포체에서 길게 뻗어 나온 돌기로, 신경세포의 전기 신호를 다른 신경세포나 조직으로 전달하는 역할을 하며, 수상돌기보다 길게 뻗어 있는 경우가 많다.

이집은 신경세포의 축삭을 둘러싸고 있는 지질이 풍부한 절연 물질로, 신경 신호 전도를 빠르게 하고 효율적으로 하는 역할을 한다. 축삭돌기는 신경세포의 세포체에서 뻗어 나온 긴 돌기로, 다른 신경세포나 조직으로 화학적 그리고 전기적 신호(활동 전위)를 전달하는 역할을 한다.

뇌는 온몸으로 화학적 그리고 전기적 신호를 보내고 받는다. 서로 다른 신호는 서로 다른 과정을 제어하고, 뇌는 각 신호를 해석한다. 예를 들어, 어떤 신호는 피곤함을 느끼게 하고, 어떤 신호는 통증을 느끼게 한다. 어떤 메시지는 뇌 안에 저장되고, 어떤 메시지는 척추를 통해 신체의 광대한 신경망을 거쳐 말단부로 전달된다. 이를 위해 중추신경계는 수십억 개의 신경세포에 의존한다. 뇌는 크게 대뇌, 중뇌 및 소뇌로 나눌 수 있다.

(1) 대뇌 (Cerebrum)

대뇌(뇌의 앞부분)는 회백질(대뇌 피질)과 그 중심부의 백질로 구성되어 있다. 뇌에서 가장 큰 부분인 대뇌는 움직임을 시작하고 조정하며 체온을 조절한다. 대뇌의 다른 영역들은 언어, 판단, 사고 및 추론, 문제 해결, 감정 및 학습을 담당한다. 그 외에도 시각, 청각, 촉각 및 기타 감각과 관련된 기능들이 있다.

(2) 중뇌 (midbrain)

중뇌는 뇌줄기 아래쪽 부위와 사이뇌 사이의 비교적 작은 지역이다. 중뇌는 비의식적인 반사운동의 중추로 안구운동과 홍채 조절의 역할을 한다.

(3) 소뇌 (Cerebellum)

소뇌는 머리 뒤쪽 측두엽과 후두엽 아래 뇌간 위에 위치한 주먹만 한 크기의 뇌 부분이다. 소뇌는 대뇌피질과 마찬가지로 두 개의 반구로 이루어져 있다. 바깥쪽에는 신경세포가 있고 안쪽에서 대뇌피질과 소통한다. 소뇌의 기능은 수의근 운동을 조절하고 자세, 균형, 평형을 유지하는 것이다. 새로운 연구에 따르면 소뇌가 사고, 사회적 행동에 미치는 역할과 중독, 자폐증 및 조현병과 연관성이 있는 것으로 알려져 있다.

1.2 뇌엽과 기능

뇌반구(대뇌의 일부)는 전두엽, 두정엽, 측두엽 및 후두엽 네 부분으로 구성되어 있고 특정 기능을 담당한다.

(1) 전두엽

전두엽(Frontal lobe)은 머리 앞쪽에 위치한 뇌에서 가장 큰 엽으로 성격, 의사결정, 운동 능력에 관여한다. 전두엽에는 언어 능력과 관련된 브로카 영역[64]이 있다. 내측 전전두피질(medial prefrontal cortex, mPFC)은 감정 조절, 작업 기억, 의사결정, 주의력 등 다양한 인지 및 사회적 기능에 필수적인 뇌 영역이다. 그리고 추론, 계획, 사회적 상호작용과 같은 고차원적 인지 능력에 중요한 역할을 한다. 내측 전전두피질은 기억 특히 감정 기억의 공고화에도 관여한다.

(2) 두정엽

두정엽(Parietal lobe)은 뇌의 중간 부분에 위치한다. 두정엽은 사물을 식별하고 공간적 관계(자신의 신체를 주변 사물과 비교하는 것)를 이해하는 데 도움을 준다. 두정엽은 또한 신체의 통증과 촉각을 해석하는 데에도 관여한다. 두정엽에 있는 베르니케[65] 영역은 뇌가 말을 이해하는 데 도움을 준다.

(3) 측두엽

측두엽(Temporal lobe)은 뇌의 양옆에 위치하고 있고 단기 기억, 언어, 음악 리듬, 그리고 어느 정도의 후각 인지에 관여한다.

(4) 후두엽

후두엽(Occipital lobe)은 뇌의 뒤쪽 부분으로 시각과 관련이 있다.

1.3 뇌 속 깊은 구조

(1) 뇌하수체

뇌하수체(Pituitary Gland)는 코뼈 뒤 뇌 깊숙한 곳에 위치한 완두콩 크기의 조직이다. 뇌하수체는 갑상선, 부신, 난소, 고환에서 분비되는 호르몬의 흐름을 조절하여 신체의 다른 분비샘들의 기능을 관장한다. 또한 시상하부로부터 줄기와 혈액 공급을 통해 화학 신호를 받는다.

(2) 시상하부

시상하부(Hypothalamus)는 대뇌피질에 투사시키는 주요 감각계의 통합중추로 의식으로 가는 관문이다. 시상하부는 뇌하수체 위에 위치하며 뇌하수체에 화학 신호를 보내 기능을 조절한다. 체온을 조절하고, 수면 패턴을 동기화하고, 배고픔과 갈증을 조절하며, 기억과 감정의 일부 측면에도 역할을 한다. 후각 이외의 여러 감각 정보가 있고, 시상을 거쳐 대뇌피질을 전

64) 브로카 영역은 주로 좌뇌에 위치한 언어처리 영역으로 주로 말하기의 언어 표현과 관련이 있다.
65) 베르니케 영역은 주로 좌뇌에 위치한 언어처리 영역으로 듣고 이해하기와 관련이 있다.

달 시상하부는 시상의 아랫부분으로 자율신경계[66]의 중추로 스트레스 반응센터이다. 체온을 조절하고 식욕과 관련한 호르몬을 분비한다.

(3) 편도체

편도체(Amygdala)는 아몬드 모양의 작은 구조로 측두엽에 위치하며 좌우 쌍으로 존재한다. 뇌의 각 반구 아래에 위치한다. 변연계에 포함된 편도체는 감정과 기억을 조절하며, 뇌의 보상 체계, 스트레스, 그리고 위협을 감지했을 때 나타나는 투쟁-도피 반응과 관련이 있다. 편도체가 제거될 경우, 공포나 불안 반응을 유발하는 상황을 학습하지 못한다.

(4) 해마

해마(Hippocampus)는 각 측두엽 아랫부분에 있으며, 기억, 학습, 항해, 공간 인식을 지원한다. 대뇌 피질로부터 정보를 받으며 알츠하이머병에 중요한 역할을 한다.

1.4 뇌신경

뇌신경(Cranial Nerves)은 뇌와 직접 연결되어 있고 말초신경계에 속한다. 뇌신경은12개의 신경(cranial nerves)이 있으며, 척수신경보다 뇌로 가는 이동속도가 빠르다. 그 이유는 사람이 생명을 유지(환경감지 및 인체조절 등)하기 위한 차원이다.

구분	설명
뇌신경 1	후각신경으로 후각 담당
뇌신경 2	시신경으로 시력 담당
뇌신경 3	동안신경으로 동공 반응 및 눈의 기타 운동을 제어하며, 중뇌와 뇌교가 만나는 뇌간 영역에서 분지
뇌신경 4	활차신경으로 눈의 근육을 제어함
뇌신경 5	삼차신경으로 뇌신경 중 가장 크고 복잡하며, 감각 기능과 운동 기능을 모두 담당. 뇌교에서 기원하여 두피, 치아, 턱, 부비동, 입의 일부, 얼굴의 감각을 뇌로 전달하고, 씹는 근육 기능을 비롯한 여러 기능 담당
뇌신경 6번	외전신경으로 눈 근육의 일부 지배

66) 신경계(nervous system)는 동물이 자신을 둘러싼 환경에서 자극을 받아들이고 반응을 일으키는 계통이다. 신경계에는 중추신경계, 말초신경계 및 자율신경계가 있다. i) 중추신경계는 몸에서 느끼는 감각을 수용하고 조절하며, 뇌와 척수로 이루어진 경계이다. ii) 말초신경계는 중추신경계에서 갈라져 나와 몸의 각 기관에 연결되는 신경계로 감각과 근육자극과 관계가 있다. iii) 자율신경계는 교감신경과 부교감 신경으로 이루어진다. 교감신경은 동공확대, 타액감소, 호흡증가, 심박수 증가, 소화기능 저하, 방광축소 등 위급 상황 시 대처하고, 부교감신경은 휴식상태를 유지하고 소화를 돕는다. 편도체는 교감신경과 부교감신경 모두와 상호작용하며, 스트레스 상황에서는 교감신경을 활성화하여 투쟁-도피 반응을 유발하지만, 부교감신경의 활성화를 통해 안정을 찾을 수 있다.

뇌신경 7번	안면신경으로 얼굴 움직임, 미각, 샘 및 기타 기능 담당
뇌신경 8번	전정와우신경으로 균형 감각과 청력 담당
뇌신경 9번	설인신경으로 미각, 귀, 목의 움직임 담당
뇌신경 10번	미주신경으로 귀와 소화계 주변의 감각을 담당하고 심장, 목, 소화계의 운동 활동 조절
뇌신경 11번	부신경으로 머리, 목, 어깨의 특정 근육 지배
뇌신경 12번	설하신경으로 혀의 운동 활동 담당

2 전전두피질과 편도체의 상관관계

내측 전전두피질과 편도체는 강한 기능적 상관관계를 보인다. 내측 전전두피질은 편도체에 대한 억제적 하향식 제어를 통해 감정 반응을 조절하는 데 도움을 준다. 편도체와 내측 전전두피질은 공포 기억의 획득, 공고화, 인출, 그리고 공포 소거에 핵심적인 역할을 하는 두 가지 구조로 광범위한 양방향 연결을 가지고 있다. 내측 전전두피질이 활성화되면 편도체는 비활성화 되고, 내측 전전두피질이 비활성화되면, 편도체가 활성화되는 시소작용이 일어난다.

편도체는 좌뇌와 우뇌 동일한 크기/모양으로 존재하며, 좌우측 중 하나만 문제가 생겨도 두려움을 느끼지 못하는 특성을 갖고 있다. 편도체는 위기대응센터, 감정중추 및 변연계로 위기 상황을 온몸에 알리는 기능을 한다. 그리고 학습을 통해 공포회로를 형성하는 특성 또한 갖고 있다. 마치 '자라보고 놀란가슴 솥뚜껑 보고 놀란다' 라는 공포학습의 예시가 존재하며, 일상적인 소리만 듣고도 놀라는 경우가 있다.

우리의 뇌는 1만년 전 원시인의 뇌와 다르지 않다. 인간의 뇌는 세상을 있는 그대로 인지하고 이해하기 위한 노력을 하지 않는 특성이 있다. 두개골 안 어두컴컴한 곳에 있는 두뇌는 바깥세상을 중요하게 인식하지 않는다. 뇌는 그저 주어진 환경에서 잘 살기 위한 노력을 할 뿐이다. 원시시대에 현대인이 산다고 가정하면, 맹수를 만날 경우 생존의 위협을 느끼고 뇌의 편도체는 온 몸에 비상사태를 선포하고, 그 상황에 맞서 싸우던지 아니면 도망가던지 하는 선택을 해야 한다. 이러한 상황에서 뇌는 다음과 기능을 통해 대응한다.

- 맹수를 만나 도망을 가던지 또는 맞서 싸우든지 하려면, 근육의 힘이 필요하다.
- 뇌는 심장의 박동수를 올린다.
- 필요한 근육세포에 에너지와 산소를 공급한다.
- 어깨근육, 목, 안면 및 턱 근육이 수축된다.
- 전전두피질 기능 저하로 인해 판단력이 저하된다.
- 편도체 중심의 신경망이 두뇌를 지배한다.
- 편도체는 위기 시 두려움과 공포를 조장한다.
- 편도체 활성화를 통해 두뇌는 혼돈에 휩싸인다.
- 스트레스가 가중된다.

편도체 활성화로 인한 결과는 신체를 유지하기 위한 에너지가 근육 활용에 투입된다는 것이다. 평상시 인체는 주로 면역기관과 소화기관에 많은 에너지를 사용하지만, 위기시에는 그럴 여유가 없다. 더욱 문제가 되는 상황은 편도체 기능 강화로 인해 뇌는 기억좁히기(memory narrowing)를 한다는 것이다.

기억좁히기는 스트레스가 심할수록 기억력이 감소되는 현상이다. 기억좁히기를 검증하기 위하여 아동과 성인 참가자에게 스트레스 요인을 적용하여 자가 보고 스트레스 측정치를 수집했다. 2주 후, 참가자들은 스트레스 요인의 중심 세부 사항과 주변 세부 사항에 대한 깜짝 기억력 검사를 받았는데, 스트레스가 심할수록 아동과 성인 모두 기억력이 감소되었다. 우리가 다양한 상황을 가정하여 비상대응 훈련을 시행하는 이유는 비상 상황 시 생길 수 있는 스트레스 요인으로 인한 편도체 기능을 약화시키고, 내측 전전두피질 기능을 강화하기 위함이다. 따라서 각종 훈련은 실전을 상정하여 시행하고, 꾸준한 반복 교육과 개선이 이루어져야 한다.

3 의식의 특성과 뇌가 만들어내는 환상

3.1 의식의 특성

의식은 자신의 내면이나 외부 환경 속의 상태나 대상을 인식하는 것이다. 의식은 마음(mind)과 동의어이며, 마음의 한 측면이다. 오래전 의식에 대한 개념은 사람 내면의 삶, 내성, 사적인 사고, 상상 및 의지의 세계 이였다. 오늘날의 의식은 종종 모든 종류의 인지, 경험, 감정, 또는 지각을 포함한다. 의식은 끊임없이 변화하거나 변화하지 않는 자각, 자각에 대한 자각, 메타인지 또는 자기 인식일 수 있다.

의식은 인간의 생사를 판단하는 기준이다. 의식은 살아 있는 자의 영혼이다. 어떤 생명체가 의식을 소유했다면, 그 생명체는 영혼이 있는 귀중한 존재라는 의미다. 의식의 특성은 뇌가 만들고, 나라는 의식은 어느 누구도 관찰할 수 없고 관여할 수 없다. 우리의 의식은 경험자아, 기억자아 및 배경자아의 모음이다(Marvin Minsky).

(1) 경험자아

경험자아(experiencing self)는 현재 우리의 일부이다. 지금 무슨 일이 일어나고 있는지, 지금 어떤 기분인지, 그리고 지금 무엇을 집중하고 있는지 생각 할 때 그것이 바로 경험자아이다. 경험자아는 현재의 고통, 즐거움, 대화 및 사랑 등을 통해 얻는다. 마치 "일이 잘 되어서 기뻤어요.", "제가 한 일을 후회해요.", "그와 함께 있고 싶었어요.", "너무 외롭고 괴로웠어요." 라고 느낀 감정을 말하는 것과 같다.

(2) 기억자아

기억자아(remembering self)는 과거를 기억하는 우리의 일부로 종종 서사적 목소리라고도 불린다. 그 이유는 나의 삶에 대한 이야기를 다른 사람들에게 심지어는 자신에게도 할 수 있도록 도와주기 때문이다. 기억자아는 삶을 일련의 기억으로 바라본다. 예를 들어, 예전에 좋은 음악이 나오고 좋은 기억에 남을 만한 사건이 있었다면, 시간이 흘러서도 그 음악을 들으면 당시의 기억을 회상한다. 기억자아는 이러한 기억과 이야기라는 렌즈를 통해 끊임없이 삶을 재해석한다. 기억자아는 인간 심리의 필수적인 부분으로 우리를 과거와 연결시켜 목적의식을 갖게 한다. 또한 미래에 일어날 일을 예상할 수 있도록 지원한다.

(3) 경험자아와 기억자아

경험자아는 우리의 일부로서 인지적, 정서적 그리고 행동적으로 반응하며, 기억자아는 우리가 경험한 것을 되돌아보고 성찰한다. 경험자아는 경험이 일어나는 시점의 관점에서 경험을 판단하고, 기억자아는 기억하는 시점의 관점에서 경험을 판단한다. 우리가 책을 읽을 때 경험자아는 속도에 가치를 두는 반면, 기억자아는 경험의 즐거움에 가치를 둔다. 기억자아는 개별 자아로 다른 사람과 나를 구분하기 위해 의식을 동원하고 주변환경에 반응하고 저항한다.

경험자아와 기억자아의 차이를 밝힌 카네만(Kahneman)[67]의 고전적인 실험은 사람이 대장내시경 검사 중 겪는 통증에 초점을 맞추었다. 환자 A는 8분간 대장내시경 시행 동안 통증이 지속되던 상황에서 내시경을 제거하였고, 환자 B는 24분간 대장내시경 시행 동안 통증이 컸던 시점을 지나 완화되던 상황에서 내시경을 제거했다. 다음 그림에서 볼 수 있듯이, 환자 A는 8분간 내시경을 받았고, 환자 B는 24분간 내시경 받았다. 두 환자 중 누가 가장 큰 고통을 겪었는지 물었을 때, 대부분의 사람들은 B 환자라고 답할 것이다. 실제로 그래프에서 볼

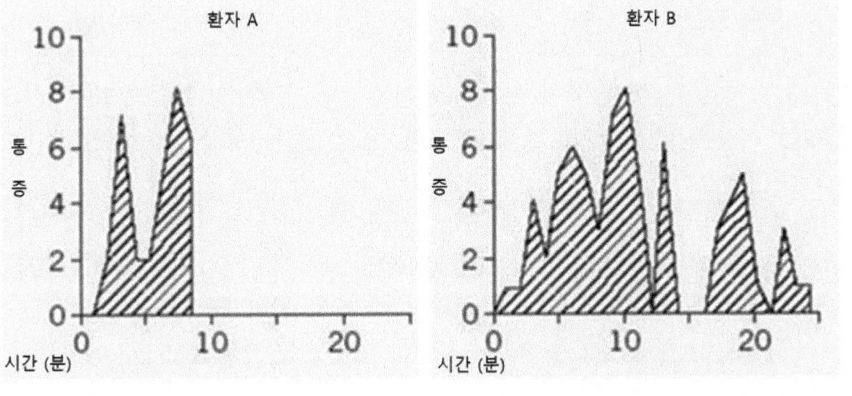

67) 카네만(Daniel Kahneman, 1934년 3월 5일 ~ 2024년 3월 27일)은 이스라엘 출신 미국의 심리학자이자 경제학자이다. 2002년 노벨 경제학상을 수상했다. 그의 학문적인 업적은 판단과 의사결정분야의 심리학, 행동경제학과 행복심리학이다. 프린스턴 대학 SPIA(이전 명칭; 우드로 윌슨 스쿨)의 교수로 재직하였다.

수 있듯이 환자 B는 환자 A보다 더 긴 시간 동안 고통을 겪었고, 통증의 총량도 훨씬 더 컸다. 그러나 대장내시경 검사 중 겪었던 통증을 평가해 달라고 환자에게 물었을 때, A 환자가 B 환자보다 통증에 대한 기억(기억자아)은 훨씬 더 나빴다. 그 이유는 A환자는 고통스러운 순간에 검사가 끝났고, B환자는 고통이 줄어드는 시점에서 검사가 끝났기 때문이다.

카네만은 자신의 연구 결과에서 두 가지 중요한 결론을 도출했다. 첫번째는 모든 경험에서 느껴지는 쾌락과 고통에 대한 기억은 그 경험의 최고점(peak)과 끝맺음(end) 시점의 쾌락과 고통 정도에 따라 결정된다(최고종료 규칙, peak-end rule). 두번째는 검사시간은 전체 통증 평가에 아무런 영향을 미치지 않는다는 것(기간 무시, duration neglect)이다.

(4) 배경자아

배경자아(background self)는 경험자아와 기억자아를 알아차리는 자아이다. 배경자아는 일반적으로 느껴지지 않는 존재이다. 경험자아는 에너지가 좌충우돌 뭉치고, 들뜨는 입자와 같은 생각과 감정이고, 기억자아는 생각과 감정이 스토리텔링으로 쌓이는 의식과 같다. 그리고 배경자아는 순수에너지를 내면에 가득 채우는 의식과 같은 존재이다. 배경자아는 인식의 주체이기 때문에 설명하기 어렵지만, 늘 고요하고 조용하게 존재한다. 경험자아와 기억자아는 생각, 감정, 경험, 기억 같은 소음을 만들어내고, 배경자아는 한 걸음 뒤에서 내 안에 떠오르는 생각을 바라보고 알아차리는 것이다.

3.2 뇌가 만들어 내는 환상

(1) 시차편집

뇌는 다양한 감각정보를 받아들이고 처리하는데 적극적으로 의미를 부여하고 편집한다. 이러한 과정을 쉽게 이해할 수 있는 방법은 손뼉을 쳐 보는 것이다. 손뼉을 치는 모습을 시각정보로 활용, 소리를 청각정보로 활용 그리고 느낌을 촉각정보로 활용한다. 손뼉치기라는 하나의 사건을 두고 서로 다른 세 가지 정보를 동시에 인식할 수 있다. 하지만, 세 가지 정보가 뇌에 도달하는 시간은 상당한 차이가 있다. 사실 촉각정보와 청각정보는 시각정보보다 더 빨리 뇌에 도달한다.

한 연구는 14명의 피험자를 대상으로 청각자극과 시각자극 중 어느 쪽이 더 빠른 지 단순반응 시간을 조사하기 위해 노트북의 DirectRT(reaction time) 소프트웨어 프로그램을 통해 진행되었다. 데이터를 수집하여 첫 번째 값과 마지막 값을 제외한 평균 반응 시간을 계산했다. 피험자의 평균 시각반응 시간은 약 0.33초인 반면, 평균 청각반응 시간은 약 0.28초로 나타났다. 이는 청각반응 시간이 시각반응 시간보다 빠르다는 것을 보여준다. 또한 남성은 여성보다 청각과 시각적 자극에 대한 반응 시간이 더 빨랐다. 단거리 달리기 선수를 대상으로 한 연구에서도 유사한 결과가 나왔다. 빛으로 출발 신호를 주었을 때의 반응시간은 0.19초이었지만, 총소리로 출발 신호를 주었을 때의 반응시간은 0.16초이었다.

청각정보와 시각정보의 차이가 발생하는 이유는 청각정보가 의식이 존재하는 대뇌피질에 도착 시 0.008~0.001초가 걸리는 데 반해, 시각정보가 의식이 존재하는 대뇌피질에 도착 시 0.02~0.04초가 걸리기 때문이다. 따라서 손뼉을 치던 상황에서 뇌는 손의 촉감을 가장 먼저 느끼고, 손뼉 소리가 도착한 이후 장면을 인식한다. 뇌는 이러한 다양한 차이를 동시적으로 인식하는 특성이 있다.

손가락으로 콧등을 만져보면, 촉각정보를 통해 손가락이 콧등에 닿는 느낌과 코가 손가락 닿는 느낌을 동시에 느낄 수 있다. 이 경우, 손가락과 팔을 거쳐 뇌로 가는 촉각정보 보다 콧등에서 뇌로 가는 촉각정보가 먼저 도착한다. 즉, 뇌는 콧등의 촉각 정보를 먼저 느끼고, 손가락의 촉각정보를 받는다. 하지만, 우리의 의식은 두 가지 경우의 차이를 없애고, 손가락으로 콧등을 만진다는 하나의 동시적 사건으로 의식하는 것이다. 우리의 의식은 주어진 다양한 감각정보를 별도로 받아들이지 않고, 동시에 받아들인다.

사람은 잠에서 깨어나는 순간부터 빛, 소리, 냄새 등 다양한 외부정보를 받아들인다. 매일 일어나기만 하면, 생각이나 노력 없이도 반박할 수 없는 세상의 현실에 푹 빠져들게 된다. 따라서 감각은 온통 뒤범벅이다. 다음 그림 회전하는 뱀들(rotating snakes)[68]을 보면, 실제로 움직이는 것은 없지만, 뱀들이 마치 기어가는 것처럼 보인다.

출처: Rotating Snakes illusion by Akiyoshi Kitaoka.

68) 이미지는 Akiyoshi Kitaoka의 원본 "회전하는 뱀들(Rotating Snakes)"을 약간 수정한 것이다. 이 이미지는 눈의 움직임과 관련하여 발생하는 "바퀴"의 강력하고 아름다운 회전을 보여준다. 안정적으로 응시하면 이러한 효과는 사라진다.

우리는 감각을 통해 세상에 직접 접근하는 것처럼 느껴진다. 손을 뻗으면 다양한 물건을 만질 수 있지만, 이러한 촉각은 직접적인 경험이 아니다. 손가락에서 촉각이 일어나는 것처럼 느껴지지만, 사실 모든 것은 뇌에서 일어난다. 모든 감각 경험도 마찬가지이다. 보는 것은 눈에서 일어나는 것이 아니다. 청각은 귀에서 일어나는 것이 아니고, 후각은 코에서 일어나는 것이 아니다. 모든 감각 경험은 뇌의 활동 속에서 일어난다.

(2) 뇌가 만든 신체

우리는 다른 사람을 볼 때 그 사람의 물리적 신체(physical body)를 본다. 그리고 다른 사람이 나를 볼 때도 마찬가지다. 하지만, 내가 내 자신을 볼 때의 몸은 소매틱 신체(somatic body)이다. 소매틱은 그리스어인 소마(soma)에서 온 어원으로 몸 뿐만 아니라 정서와 인지 등이 통합된 실천적 주체를 의미한다. 물리적 신체는 보거나 만지면서 느끼는 실체로 경험적인 과정을 포함한다. 하지만 소매틱 신체는 보거나 만지지 않아도 내가 있다고 느끼는 것으로 말하자면, 뇌가 인위적으로 만들어낸 몸의 이미지이다. 두정엽은 주로 외부로부터 받아들이는 감각신호를 통해 소매틱 신체 이미지 신호를 구축한다. 이미지 신호는 달팽이관의 신체균형 정보, 시각피질의 시각정보 및 신체 각 부위의 고유감각 정보 등이 위쪽두정소엽(SPL, superior parietal lobule)에서 형성된다.

(3) 뇌의 능동적 추론

뇌는 외부로부터 유입되는 정보를 기반으로 내적모델을 형성하여 적극적인 예측을 한다. 그리고 그 예측의 에러를 줄이고자 지속적인 내적모델을 수정한다. 내적모델이란 예측과 실제의 차이를 피드백하는 것을 의미한다. 뇌는 대화를 할 때에도 맥락을 고려하여 미리 나올 얘기나 핵심 단서를 지속적으로 예측한다. 뇌가 이러한 예측을 하는 이유는 에너지 효율성 때문이다. 뇌는 감각정보에 의해 활성화되기를 수동적으로 기다리는 것이 아니라, 능동적 관점에서 미래를 예측한다. 외부의 다양한 정보를 유추하여 연관성을 극대화하여 예측하고, 지각과 인지를 촉진시킨다. 우리가 계단을 걸어 내려갈 때 계단 하나하나의 높이를 매번 확인하고 계산해 가면서 걸어가지 않는다. 만약 매 걸음마다 계단의 높이를 계산해야 하는 상당한 노력을 해야 한다면, 뇌는 매번 엄청나게 많은 정보를 처리해야 한다. 따라서 뇌는 처음 한두 계단 내려가 보고 다음 계단의 높이가 대략 일정할 것이라는 내적모델을 통해 예측한다.

시각 경험은 눈으로 보는 형상보다 머릿속으로 만들어내는 내적모델에 의존한다. 다음 좌측 그림을 보면, 흰 삼각형이 없지만 보기에는 흰 삼각형이 있는 것처럼 보인다. 그리고 다음 그림 우측을 보면, 검정 삼각형이 없지만 보기에는 검정 삼각형이 있는 것처럼 보인다.

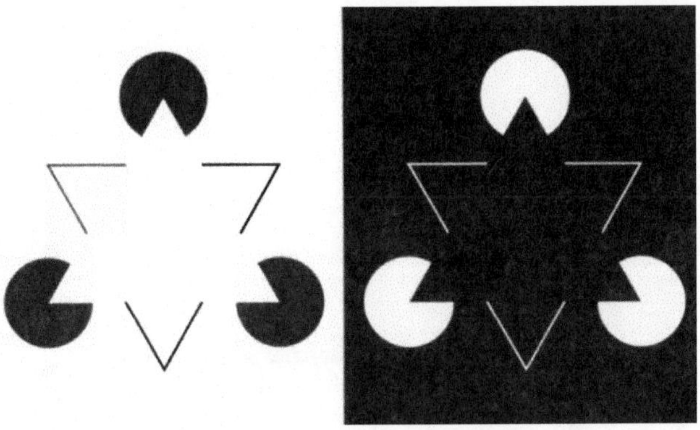

다음 그림의 좌측은 흰색 사각형이 중앙에 나타나는 변형을 보여주고, 우측은 곡선 형태의 원을 보여준다.

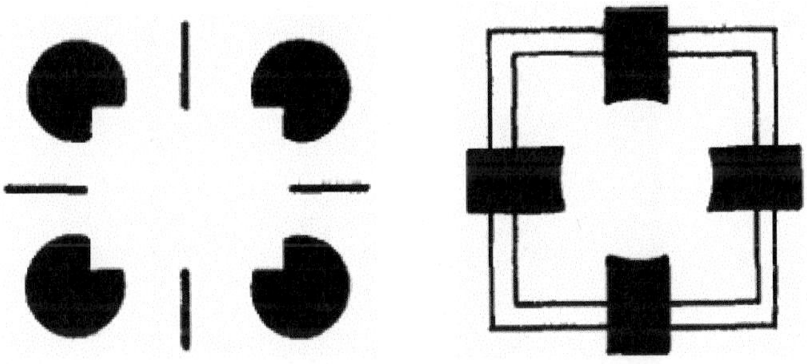

다음 그림(p.118)은 상대적인 깊이가 다른 두 평면이다. 그림 위쪽의 평면은 아래쪽의 평면보다 더 멀리 있는 것으로 인식된다. 그리고 이 두 평면 사이에는 날카로운 낭떠러지나 절벽이 있는 것으로 보인다. 절벽 가장자리를 묘사하는 윤곽은 선명하게 보인다. 이 선은 서로 다른 깊이에서 보이는 두 평면 사이의 경계를 형성한다.

망막으로 들어온 외부 시각정보는 시상을 거쳐 후두엽에 위치한 시각피질로 이동한다. 그리고 후두엽에 있는 시각중추의 내적모델은 예측정보를 시상으로 보낸다. 시상은 의식의 관문으로 눈을 통해 시상으로 들어오는 신경다발[69]보다 후두엽에서 시상으로 향하는 신경다발이 10배나 많다. 외부정보는 눈을 통해 보면서 시각피질에 있던 예측정보로 통합하여 시상을 통해 의식이 있는 대뇌피질로 이동한다. 또한 시각정보와 관련한 기억도 내적모델을 통해 시각피질로 이동한다. 전술한 과정을 거친 후 사람은 비로서 보는 것을 믿게 되는데, 눈으로 보기 보다 뇌로 본다는 것이 적절한 비유일 수 있다.

사람들과의 대화에서 듣는 방식에도 능동적 추론을 통한 에너지 효율화가 적용된다. 사람의 뇌에는 상대의 이야기를 듣고 해석하는 시스템 그리고 내가 들을 것이라고 생각하는 이야기를 예측하는 시스템이 동시에 존재한다. 두 가지 중 내가 들을 것이라고 생각하는 이야기의 정보량이 더 많다. 즉, 다른 사람의 이야기를 듣는 순간에도 자신이 들을 것이라고 생각하는 이야기를 적극적으로 예측한다. 그러던 중 자신의 예측과 다를 경우 더 주의를 기울인다. 자신의 예측과 다른 이야기에 대해서만 집중적으로 처리하는 것이 뇌의 에너지 효율화 관점이기 때문이다.

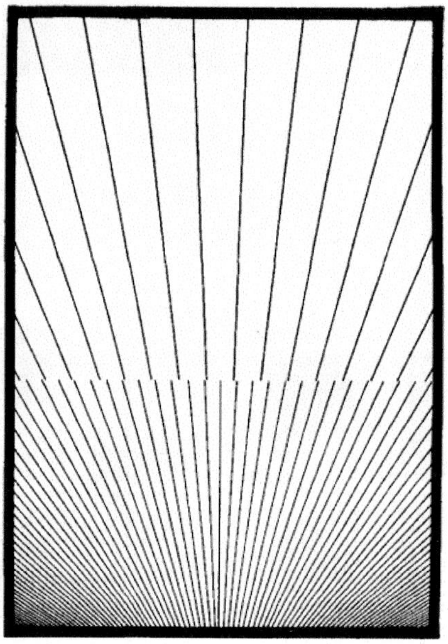

3.3 게슈탈트 이론

게슈탈트는 독일어로 통일된 전체를 의미한다. 독일 심리학자 막스 베르트하이머(Max Wertheimer), 쿠르트 코프카(Kurt Koffka), 볼프강 쾰러(Wolfgang Kohler)는 1920년대에 게슈탈트 이론을 창안했다. 게슈탈트(Gestalt) 이론은 사람이 정보를 받아들이는데 있어 전체적인 구조의 특징을 받아들이는 심리학 학파이자 지각 이론이다. 게슈탈트 심리학은 '전체는 부분의 합보다 크다라는 격언'과 관계가 있다. 게슈탈트 이론에서 정보는 개별적인 부분이 아닌

69) 신경다발은 말초신경계의 신경에 속하는 신경 섬유 다발이다.

전체로 인식되어 총괄적으로 처리된다. 게슈탈트 이론은 전체를 이해하는 과정에서 인식되는 대상들의 관계성을 중요하게 여긴다. 즉, 어떤 대상의 색을 보고 단순히 색으로만 인식하는 것이 아니고, 색에 다양한 의미를 부여한다. 예들 들어, 붉은색은 열정, 흰색은 순수 그리고 노란색은 안전 등으로 그 의미를 부여한다. 게슈탈트 이론은 사물을 인식할 때 유사한 요소들을 어떻게 그룹화하고, 패턴을 인식하고, 복잡한 이미지를 어떻게 단순화하는지 설명하는 인간 지각의 이론, 원리 또는 법칙이다.

(1) 창발

창발(emergence)은 게슈탈트 사고의 핵심이다. 우리는 주변의 모든 것들을 이해하고자 집착하지 않고 세상을 인식한다. 우리가 환경을 빠르게 이해하려고 하는 것은 생존을 위해 필수적인 것이다. 만약 우리가 원시시대에 살고 있다고 가정을 하면, 갑자기 맹수가 주변에 나타났을 때, 오랜 시간을 투자해서 어떤 결정을 하지는 않을 것이다. 다음 그림과 같이 유니레버의 로고는 여러 개의 작은 도형들의 조합으로 이루어져 있다.

(2) 연속성

연속성(Continuity) 원리는 특정 방향으로 연속적인 경로를 따라가는 것처럼 보이는 요소들을 그룹화한다는 것이다. 사람의 눈은 디자인의 경로, 선, 곡선을 따라가며, 분리된 사물보다는 시각적 요소들의 연속적인 흐름을 선호한다. 사람의 눈은 장애물에 가려져 있거나 시각적 요소들이 서로 연결되거나 양분되어 흐름이 끊어지더라도 계속해서 경로를 따라간다.

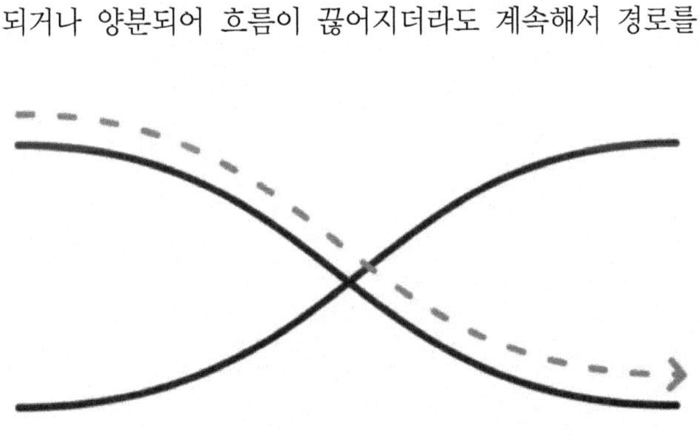

다음 좌측 그림의 영어를 어떻게 읽어야 할까? 일반적으로 BACK TO SCHOOL SALE로 읽을 것이다. 하지만, 다음 우측 그림과 배치하면 어떻게 읽어야 할까? BACK SCHOOL TO SALE과 같이 읽을 것이다. 영어의 뜻이나 의미에 관계없이 연속성에 따라 좌에서 우로 배치된 흐름에 따라 문장을 읽는다.

(3) 그림과 배경

사람은 불확실성을 싫어하기 때문에 견고하고 안정적인 요소를 찾는다. 다음 그림 루빈의 꽃병처럼 이미지가 모호하지 않은 한, 우리는 전경을 먼저 본다. 대부분의 경우 배경과 전경은 안정적이지만, 루빈의 꽃병 착시현상처럼 다중 안정성에 기여하는 경우도 있다. 루빈의 꽃병은 그림과 배경의 원리를 보여주는 고전적인 삽화이다. 흰색 배경을 떠올려 보면 전경에 검은색 꽃병이 보인다. 그리고 검은색 배경을 떠올려 보면 서로를 바라보는 두 얼굴이 보인다.

(4) 불변성

불변성(Invariance) 원리는 다양한 변형에도 불구하고 우리가 기본 형태를 동일하게 인식하는 방식이다. 이러한 변형에는 회전, 이동, 크기 변화, 늘이기, 조명 조건 변화, 그리고 부분의 변화가 포함된다. 불변성 덕분에 우리는 친구나 가족을 멀리서나 다른 각도에서, 심지어 그들이 우스꽝스러운 표정을 지을 때도 인식할 수 있다. 다음 그림은 서로 다른 각도로 다양한 방향으로 묘사되어 있지만, 그 형상을 인식할 수 있다.

(5) 유사성

유사성(Similarity)은 물건, 사물 또는 요소가 표면적인 특성을 공유할 때, 우리는 그것들을 하나의 그룹으로 인식한다. 다음 그림 A는 여섯 개의 원을 하나의 전체로 인식하도록 보이고, B와 C는 세 개의 원으로 이루어진 각각의 두 선을 인식하도록 보인다.

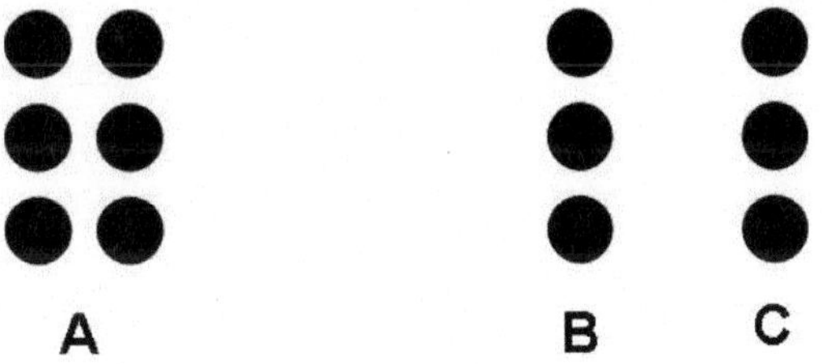

(6) 대칭과 질서

사람들은 시각적 요소가 대칭적으로 배열될 때 그룹화되어 있다고 생각하는 경향이 있다. 자연계는 대칭(또는 거의 대칭)으로 가득 차 있으며, 뇌는 대칭적인 형태를 선호하는 경향이 있다. 대칭적인 요소는 사람에게 모든 것이 정돈되어 있다는 느낌을 준다. 요소가 비대칭적이라면 사용자는 비대칭의 원리를 파악하는 데 많은 시간을 낭비하게 된다. 결국 무언가 잘못되었거나, 누락되었거나, 균형이 맞지 않는다는 느낌을 받게 된다.

4 착시현상

착시는 시각 체계에 의해 발생하는 것으로 현실과 다르게 보이는 시각적 지각이다. 착시현상은 다양하기 때문에 그 원인이 명확하지 않고, 다양한 요인의 복합 작용으로 일어나기도 한다. 착시는 물리적 착시, 생리적 착시 및 인지적 착시의 세 가지 주요 유형으로 구분할 수 있다.

4.1 물리적 착시

물리적 착시(Physical visual illusion)의 일반적이고 고전적인 예로는 물에 반쯤 잠긴 막대기가 휘어진 것처럼 보이는 현상을 들 수 있다. 물리적 착시의 익숙한 현상 중 하나는 습도가 낮고 맑은 날씨에 산이 실제보다 훨씬 가까이 보이는 현상을 들 수 있다.

4.2 생리적 착시

생리적 착시(Physiological visual illusions)는 눈이나 시각 경로에서 발생한다. 다음 좌측 그림은 헤르만 격자(Hermann grid, 1870) 착시이다. 헤르만 격자는 흰색과 검은색으로 이루어진 격자의 교차점에서 가상의 회색 점이 보이는 고전적인 착시 현상이다. 다음 우측 그림은 반짝 격자(scintillating grid)로 교차점의 흰색 점에서 검은 점이 나타나는 것처럼 보인다(헤르만 격자의 개선된 버전, Bernd and Elke Lingelbach). 하지만, 좌우 그림의 검은색 교차되는 부분에 집중하고 주시할 경우, 회색 점이 보이지 않고 검은 점도 나타나지 않는 것을 볼 수 있다.

이러한 착각이 일어나는 이유는 뇌로 정보를 보내는 시각신호 전달의 첫 단계인 망막 신경절 세포(Ganglion cells) 때문이다. 망막 신경절 세포는 망막의 내부표면 근처에 위치한 신경세포로서 망막에서 빛을 감지하여 뇌로 시각 정보를 보내는 핵심적인 역할을 한다. 눈을 카메라에 비유하면 망막은 카메라의 필름과 같은 역할을 한다.

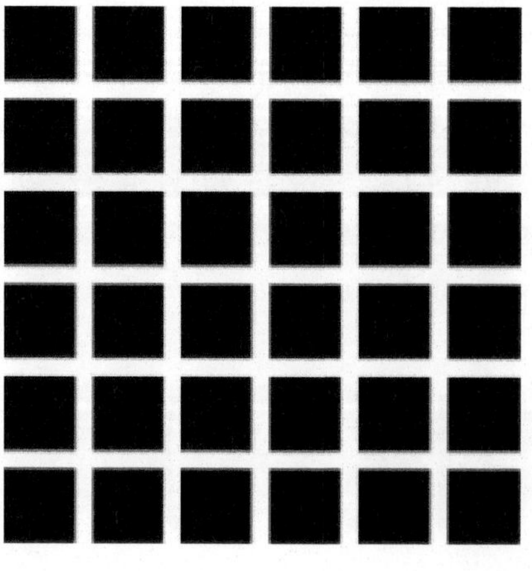

망막 신경절 세포의 수용장(Receptive field)은 외부의 빛을 망막 중앙으로 받을 때 흥분하고, 주변으로 받을 때 억제된다. 즉, 밝은 부분은 더 밝게, 그리고 어두운 부분은 더 어둡게 인식하도록 하는 역할을 한다. 그래서 헤르만 격자에서 검은색 교차되는 부분의 흰색을 인식하는 망막 신경절 세포는 흰색을 인식하는 세포보다 억제된 신호를 보내게 되어 어두운 부분을 만들게 된다. 그리고 반짝 격자(scintillating grid)에서는 교차점의 흰색 점에서 검은 점이 나타나는 것처럼 보인다. 이러한 과정은 사람의 능동적 추론의 결과로 어떤 형태를 인식할 때 그 윤곽과 모서리를 명확하게 하기 위해 주변의 자극인 빛을 약화시켜 더욱 선명하게 보고자 하는 측면억제 현상의 노력이다.

4.3 인지적 착시

인지적 착시(cognitive illusions)는 19세기 독일의 물리학자이자 의사인 헤르만 헬름홀츠가 처음 제안한 개념으로 사람이 세상과 상호작용을 하면서 무의식적인 추론의 과정으로 설명할 수 있다. 인지적 착시는 일반적으로 모호한 착시, 왜곡된 착시, 역설적 착시, 및 허구적 착시로 구분할 수 있다. 착시는 뮐러-라이어 착시, 폰조 착시, 포겐도르프 착시, 카니자 착시, 체커의 그림자 착시, 분트의 착시, 헤링의 착시 및 전경-배경 착시 등으로 구분할 수 있다.

인지적 착시에 지대한 영향을 주는 능동적 추론(active inference)은 사람의 지각, 계획, 그리고 행동을 확률적 추론의 관점에서 특징짓는 이론이다. 능동적 추론은 뇌, 인지, 그리고 행동에 대한 통합적인 관점을 제공하며, 신경과학, 심리학, 철학 등 여러 분야에서 많이 사용되고 있다(Karl Friston). 다음 사진(1)이 어떤 모습인지 잠시 생각해 보기 바란다. 사람의 뇌는 시각을 통해 외부정보를 받아들이는 과정에서 평상시 보지 못했던 상황이나 사물을 볼 때, 바쁘게 능동적 추론과정을 거친다. 즉, 주어진 시각정보에 대해서 어떤 인식을 할지 결정하는 과정을 거치는 것이다. 하지만, 평상시 보지 못했던 것에 의미를 부여하고자 노력을 하지만, 이전에 유사한 경험이 없어 시각중추는 혼란에 빠지게 된다.

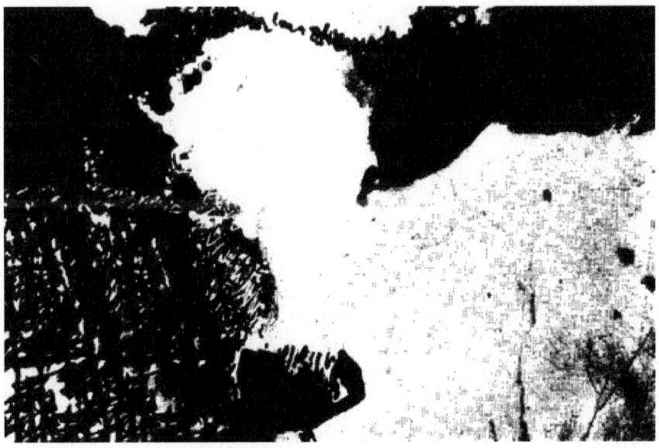

사진(1)

다음 사진(2)을 보고 어떤 모습인지 잠시 생각해 보기 바란다.

사진(2)을 보면 소의 모습이라는 것을 확실히 느낄 것이다. 그리고 이제 다시 처음 사진(1)으로 돌아가 어떤 모습인지 다시 한번 생각해 본다. 아마도 소의 이미지라는 것을 확신할 수 있을 것이다. 처음에 사진(1)을 보았을 때 어떤 이미지인지 알 수 없었으나, 소의 이미지가 확실한 사진(2)을 본 후에는 다시 처음 사진(1)을 보아도 그 모습이 소의 이미지라는 것을 확신할 수 있다. 그 이유는 사진(2)을 보고 적절한 내적모델이 뇌에 생겼기 때문이다.

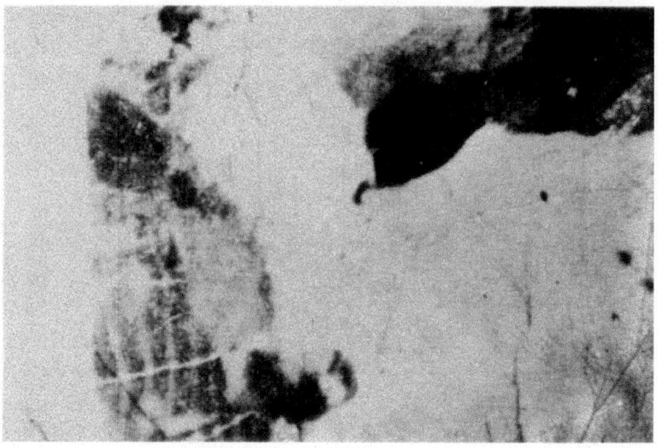

사진(2)

4.4 뮐러-라이어 착시

뮐러-라이어(Müller-Lyer) 착시는 1889년 독일 사회학자 프란츠 카를 뮐러-라이어가 처음으로 정의하였다. 뮐러-라이어 착시는 다음 그림과 같이 길이가 같은 두 선이 화살표 모양 끝의 방향 때문에 길이가 다르게 보이는 잘 알려진 착시현상이다.

다음 그림과 같은 화살표의 한 선은 바깥쪽을 가리키고 있고 다른 선은 안쪽을 가리키고 있어, 일반적으로 안쪽을 가리키는 화살표를 더 길게 인식한다. 그리고 도심의 건물과 같은 지리적 경계선에 둘러싸인 곳에서 사람들은 자연 속에 사는 부족민들과는 다르게 착시의 선을 보다 더 인식한다.

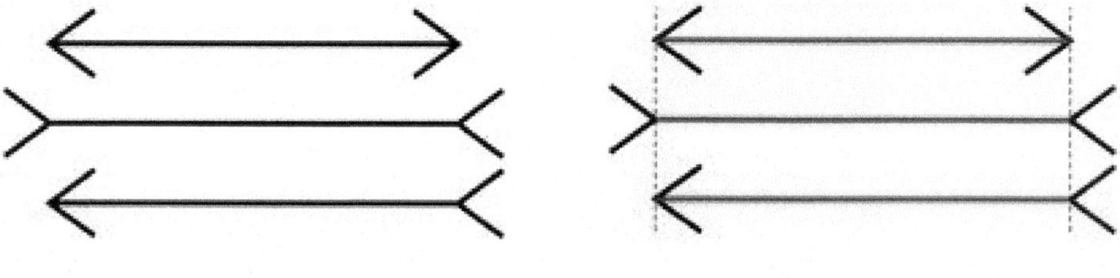

뮐러-라이어의 전통적인 착시 버전 이외에도 다음 그림과 같은 아령(dumbbell)버전의 착시를 보여주는 그림이 있다. 다음 그림의 위 아래 선은 같은 크기이지만, 둥근원 외부에 배치되거나 내부에 배치되거나 하면 그 크기가 달라 보인다.

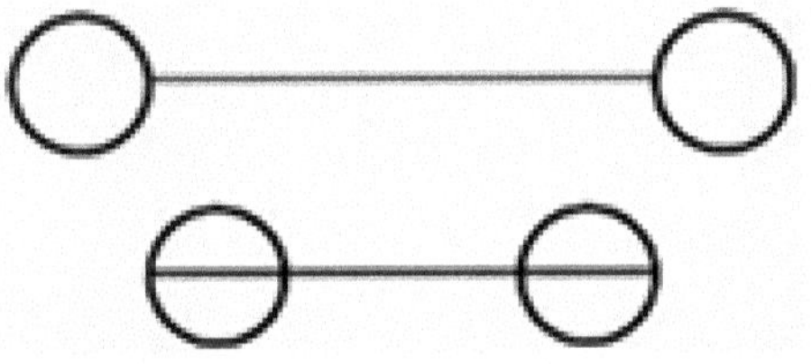

4.5 폰조 착시

폰조(Ponzo) 착시는 이탈리아 심리학자 마리오 폰조(1882-1960)의 이름을 딴 착시현상이다. 뇌가 공간 정보를 무의식적으로 추론하고 해석하면서 발생하는 인지적 착시이다. 다음 그림에서 사다리꼴 모양에 같은 길이의 선을 수평으로 놓으면 위에 있는 선이 더 길게 보이는 착시현상을 말한다.

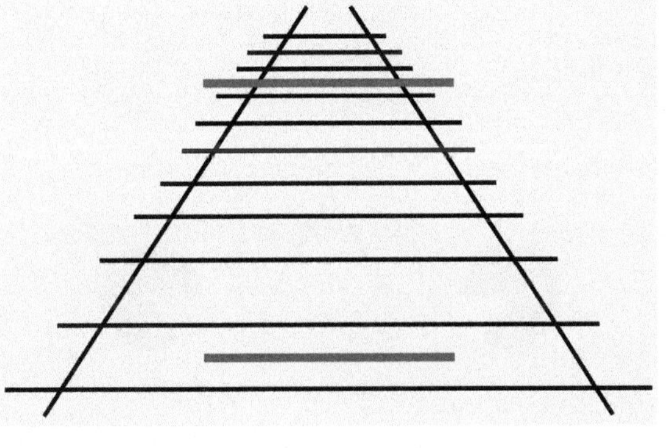

4.6 포겐도르프 착시

포겐도르프 착시(Poggendorff illusion)는 중간에 놓인 구조물의 윤곽에 의해 중단된 사선(斜線, oblique line)의 나뉜 선들 중 한 선의 위치를 잘못 인식하는 착시이다. 이 착시는 물리학자인 요한 포겐도르프(Johann Christian Poggendorff)의 이름을 따서 명명되었다. 다음의 좌측 그림의 사각형 네모 뒤에 있는 사선 ①과 ②는 하나의 선으로 보이고, ③은 절단된 것으로 보인다. 하지만, 우측 그림과 같이 ②와 ③이 하나의 선이고, ①이 절단된 것이다.

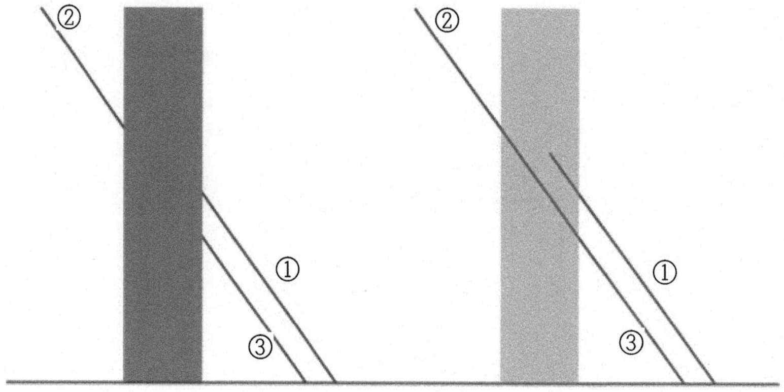

4.7 카니자 착시

카니자(Kanizsa) 착시는 실제로 묘사되지 않은 모양을 인식하는 착시이다. 다음 그림을 보면, 공간적으로 분리된 세 개의 검은색 원(pac-men)과 검은색 윤곽이 있는 삼각형에 흰색 삼각형을 볼 수 있다. 사람은 세 개의 검은색 원을 전체의 일부로 보는 전체론적 시각을 통해 흰색 삼각형을 인지한다.

4.8 체커 그림자 착시

체커 그림자 착시(checker shadow illusion, 동색착시로도 불린다)는 1995년 MIT의 시과학(Vision Science) 교수인 Edward H. Adelson에 의해 소개되었다. 다음 그림은 우리의 눈과 뇌가 정보를 얼마나 부정확하게 인식하는지 단적으로 보여준다. 다음 그림 속의 A와 B는 실제로 같은 색이지만, 우리의 시각 체계는 A가 B보다 더 어둡다고 느낀다. 그 이유는 체크무늬와 그림자 같은 주변의 여러 정보들로 인해 올바른 밝기를 판단할 수 없다.

4.9 분트의 착시

분트 착시(Wundt illusion)는 19세기 독일 심리학자 빌헬름 분트(Wilhelm Wundt)에 의해 처음 소개된 착시 현상이다. 다음 그림처럼 두 개의 가로선은 모두 직선이지만 관찰자에게는 안쪽으로 구부러진 것처럼 보일 수 있다.

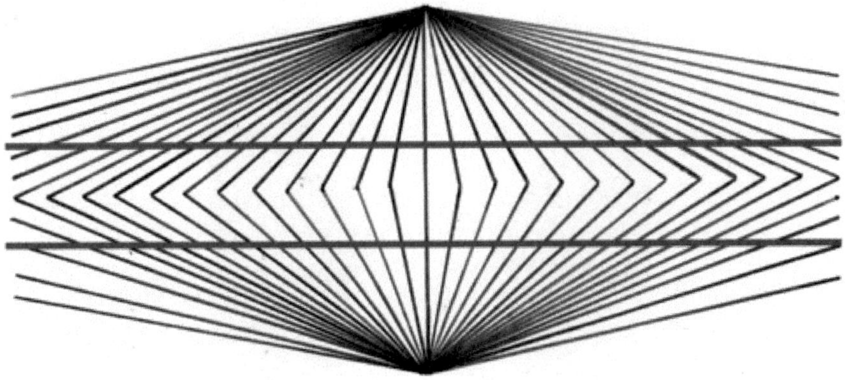

4.10 헤링의 착시

헤링의 착시(Hering illusion)는 1861년 독일의 생리 학자 에왈드 헤링(Ewald Hering)에 의해 소개된 착시현상이다. 다음 그림과 같이 나란한 두 직선이 바깥쪽으로 휜 것처럼 보인다. 헤링의 착시는 기하학적이고 광학적인 착시 중 하나이며. 방사형 선상 배경(자전거의 쐐기처럼) 앞에 두 개의 직선 및 평행선이 표시되면 선이 바깥쪽으로 구부러진 것처럼 보인다. 분트 착시(Wundt illusion)와 유사하지만 반전된 효과이다.

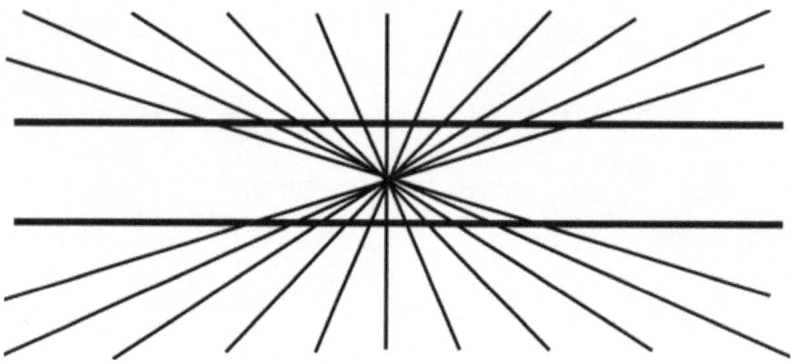

4.11 전경과 배경 착시

전경과 배경 착시(figure-ground illusion)는 시각을 통해 물체를 인식하는 과정에서 일어나는 착시이다. 다음 그림의 검정색 부분은 사람의 얼굴을 연상시키지만 흰 부분은 꽃병을 연상시킨다.

5 마음챙김과 마음놓침

5.1 마음이란?

마음은 생각하고, 상상하고, 기억하고, 의지하고, 감각하는 것 또는 그러한 현상을 담당하는 일련의 능력이다. 마음은 지각, 쾌락과 고통, 믿음, 욕망, 의도, 감정 경험과 관련이 있다. 마음은 의식적, 무의식적 상태, 감각적, 비감각적 경험을 포함한다.

5.2 마음과 신체의 연결

뇌와 말초신경계, 내분비계와 면역계, 그리고 실제로 우리 몸의 모든 기관과 우리가 겪는 모든 감정적 반응은 공통의 화학적 언어를 공유하며 끊임없이 서로 소통하고 있다(Dr. James Gordon, founder of the Center for Mind-Body Medicine).

마음은 뇌와 같은 의미를 갖고 있지 않다. 마음은 생각, 감정, 신념, 태도 및 이미지와 같은 정신상태(mental state)로 구성된다. 뇌는 우리가 이러한 정신 상태를 경험할 수 있게 해주는 하드웨어이다. 정신 상태는 완전히 의식적이거나 무의식적일 수 있다. 즉, 우리는 왜 반응하는지 알지 못한 채 상황에 감정적으로 반응할 수 있다.

신체기관은 시스템적으로 운영되며, 정신상태와 주기적이고 효과적으로 작용한다. 정신상태로 인해 육체에 긍정적 혹은 부정적인 영향을 줄 수 있다. 예를 들어, 불안이라는 정신적 상태는 스트레스 호르몬을 생성하게 한다. 두뇌에 있는 정신상태는 시상하부(Hypothalamus), 뇌하수체(Anterior pituitary), 부신겉질자극 호르몬(ACTH), 부신피질(Adrenal cortex), 스테로이드계 유기화합물 부신분비물(Cortisol)과 작용을 한다.

5.3 마음챙김

마음챙김(Mindfulness)[70]은 모든 생각과 느낌을 있는 그대로 알아차리는 것이다. 마음챙김은 불교심리학을 기반으로 하고 있다. 마음챙김의 어원은 빨리(Pali)어의 sati이며, sati는 깨달음과 자각의 의미를 갖고 있다. Jon Kabat-Zinn의 마음챙김 기반 스트레스 감소(MBSR, Mindfulness Based Stress Reduction) 프로그램은 마음챙김을 서양 심리학에 도입하는 데 중추적인 역할을 한 것으로 알려져 있다. 마음챙김은 순간순간 경험에 따라 판단하지 않고 현재 순간에 의도적으로 주의를 기울임으로써 나타나는 인식이다 Kabat-Zinn(2003). 마음챙김은 기존의 범주, 맥락, 선입견, 마인드세트를 자동적으로 따르는 마음놓침(Mindlessness)에서 벗

70) Mindfulness는 19세기 영국의 Thomas David라는 학자가 sati의 의미를 번역하면서 지속 사용되어 왔다. 하지만, mindfulness라는 용어에는 무언가 비워내지 못하고 꽉 차 있다는 느낌을 준다. 마음챙김의 진정한 의미는 mindfulness보다는 awareness에 가깝다는 학자들의 주장이 많이 있다(김주환, 2024). 하지만, 오랫동안 mindfulness라는 단어로 사용되어 왔으므로 본 책자에서는 mindfulness를 그대로 사용한다.

어나, 새로운 것을 인식하는데 열린 적극적인 마음 상태를 뜻한다(Langer, 2015).

마음챙김을 통해 행복은 운명이 아니라 후천적으로 얻어질 수 있는 상태로 훈련에 의해 증가될 수 있다. 마음챙김은 사람의 생각, 감정, 신체감각과 같은 현재 순간의 느낌을 있는 그대로 알아차리는 상태로서, 심리적 장애 및 괴로움을 감소시킬 뿐만 아니라 행복 및 안전감을 증가시킨다.

마음챙김은 혼돈과 혼란, 생각과 통찰, 희망과 위험 속에서 그 정신을 명확하게 보도록 배우는 것이다. 마음챙김은 수동적 체념이 아니며 감정이나 욕망의 제거도 아니다. 오히려 우리의 가치와 기분에 더 깊이 연결하게 한다. 우리 삶을 속속들이 의식하게 해서 가장 의미 있는 안전에 집중하도록 돕는다.

아래 표는 다양한 학자들이 제안한 마음챙김 정의이다.

학자	정의
Brown & Ryan, 2003	현재 경험이나 현재 현실에 대한 향상된 주의력과 인식
Kabat-Zinn, 2003	경험에 따라 판단하지 않고 현재 순간에 의도적으로 주의를 기울임으로써 나타나는 자각
Baer et al., 2006	마음챙김은 i) 내부 및 외부 자극 관찰, ii) 관찰된 현상 설명, iii) 활동에 참여할 때 자각하고 행동, iv) 현재 순간 경험에 대해 판단하지 않음, v) 내부 경험에 반응하지 않음이라는 다섯 가지 측면으로 구성된다.
Yu & Zellmer-Bruhn, 2018	팀 상호작용은 현재 사건에 대한 인식과 관심, 그리고 팀 내 경험에 대한 경험적이고 비판단적인 처리로 팀 구성원 간의 공유된 믿음
Langer, 1989, 2014	현재에 위치하고, 상황과 관점에 민감하며, 규칙에 의해 안내되지만 지배되지는 않는 새로운 구별 그리고 활동적인 마음 상태
Weick et al.,2000	중요한 세부 사항을 예리하게 인식하고, 생성 과정에서 에러를 발견하고, 공유된 전문 지식과 그들이 발견한 것에 따라 조치를 취할 자유를 갖는 그룹과 개인의 능력

5.4 마음놓침

마음놓침은 영어로 Mindlessness로 정신없음 또는 무관심 등으로 해석할 수 있다. 우리가 습관적으로 하는 운전, 다림질, 운동, 위험한 행동이 마음놓침에 해당할 수 있다. 마음챙김의 전문가인 Langer는 마음놓침을 선입견에 의존하여 사물을 실제로 있는 그대로 보거나 다루지 않고, 우리가 기억하거나 정의한 대로만 보는 비활성 상태의 마음이라고 설명하고 있다. 또한 마음놓침은 우리가 이미 결정된 사고방식에 전념한다는 의미로도 해석할 수 있다. 마음놓침은 주로 불안전한 습관에서 비롯되며 이와 관련한 부정적인 결과에는 알코올 중독, 도박, 과식, 폭력 및 불안전한 행동 등이 있다.

(1) 마음놓침의 위험성

우리가 어떤 업무를 지속적으로 수행하면서 터득한 기술이나 역량이 어느 정도 능숙해지면, 해당 업무의 구체적인 또는 개별적인 요인이나 부분이 우리의 의식에서 없어질 가능성이 크다. 이러한 경우 우리는 그 업무를 어떻게 구체적으로 하는지 기억하지 못하더라도 그 업무를 잘 할 수 있다고 가정할 가능성이 높다. 즉, 자신이 판단할 때 익숙한 상황에 대해서는 더 이상의 주의를 기울일 필요가 없다는 가정을 통해 마음놓침 현상이 발생한다. 마음놓침 현상이 발생하는 이유는 우리가 어떤 일을 처음 할 때 생성된 사고방식을 집착하기 때문이다.

(2) 마음놓침을 하는 이유

사람이 마음놓침을 하는 이유는 다양한 요인이 있지만 주로 결과 지향적인 목표를 설정하고 따르기 때문이다. 어떠한 일의 시작은 목표 설정과 긴밀한 관계가 있다. 사회나 조직의 일들은 다양한 상황들로 연결되어 있고 상호 보완적인 절차에 따라 긴밀한 관계를 형성한다. 그리고 모든 일들은 정해진 자원과 절차에 따라 조직 구성원의 책임한계를 설정한다. 이러한 사유로 각자의 역할과 책임을 다하면서 정해진 목표를 달성하고자 노력하는 것이다.

정해진 목표는 달성가능하고 도전적이어야 하지만, 실제 우리 생활이나 조직에서는 너무 도전적이면서 달성하기 어려운 목표가 설정되는 경우가 많이 있다. 이로 인해 정해진 절차보다는 현장 중심의 방안을 터득하여 적절한 타협점을 찾아 목표 달성을 이룬다.[71] 하지만, 문제는 타협점을 찾는 과정이나 결과가 매번 좋을 수는 없다. 그 이유는 타협점을 찾는 과정에서 또 다른 타협점을 찾거나 다양한 변동성(variabilities)이 생성되기 때문이다. 이로 인해 사람들은 상황이나 사물을 보면서 통상적인 시각에서 시간에 쫓기면서 자신들을 둘러싼 상황을 파악하기 어렵게 된다. 마음놓침을 하는 또 다른 이유는 우리가 특정 상황을 처리하는 방법을 너무 잘 안다고 가정할 경우이다. 우리가 특정 상황에 대해서 친숙하다고 판단할 경우 최소한의 주의를 기울여 반응한다.

(3) 마음놓침으로 인한 피해

가. 통제력 상실

우리가 사는 다양한 장소에서 다양한 마음놓침 상황이 발생한다. 어떤 작업을 수행하던 과정에서 심각한 부상을 입은 사람을 대상으로 사고 인터뷰를 시행하는 과정이 있었다. 부상을 입은 사람은 회사를 입사한 지 3년이 되지 않았던 신규 근로자로서 추락방지 보호구를 착용

71) 홀라겔(2018)은 생산, 운영 및 작업 등을 위한 계획(상정)된 기준을 WAI(work as imagined)하고, WAI를 기반으로 사람이 실행하는 운영 혹은 작업을 WAD(work as done)라고 하였다. 그리고 WAI와 WAD 사이에서 사람이나 조직이 효율성과 철저함을 절충하는 것을 ETTO(efficient thoroughness trade-off)라고 하였다. ETTO는 효율성과 철저함 사이의 이러한 균형 또는 균형의 본질을 다루는 원칙이다. 일상 활동, 사업장 또는 여가에서 사람들(및 조직)은 통상적으로 효율성과 철저함 사이에서 선택의 기로에 서게 된다. 그 이유는 두 가지를 동시에 모두 충족하는 경우는 거의 불가능하기 때문이다. 한정된 자원으로 생산성이나 성과를 급히 올리고자 한다면, 그 생산성과 성과를 높이기 위해 철저함이 줄어들기 때문이다.

하였으나, 적절한 지점에 추락방지 보호구를 걸지 않고 작업하던 중 그만 떨어져 부상을 입었다. 부상을 입은 신규 근로자는 선배나 동료들이 하던 행동을 지속적으로 봐온 터라 보호구를 적절한 지점에 건다는 것이 중요하다고 생각하지 않았던 것으로 답변하였다. 마음놓침은 선배 또는 동료들의 행동을 따를 때 일어날 수 있으며, 때로는 중대한 사고를 일으키는 요인으로 사람의 통제력을 상실하게 한다. 마음놓침은 우리의 현명한 행동을 방해함으로써 통제력을 제한한다.

나. 무력감 팽배

심리학자 Martin Seligman의 연구에 따르면, 학습된 무력감은 문제를 해결하기 위한 해결책이 있을 때에도 그 해결책을 찾지 못하게 하는 요인이다. 학습된 무력감에 대한 일반적인 사례는 쥐 시험에서 입증되었다. 쥐는 물에 들어가면 일반적으로 40~60시간 동안 수영을 할 수 있다. 하지만 쥐를 즉시 물에 넣지 않고 쥐가 몸부림을 멈출 때까지 붙잡아 두었다가 집어넣으면, 쥐는 수영을 포기하고 익사한다. 또 다른 사례로 만성 질환자가 치료를 받는 병동은 일반적으로 강한 무력감이 팽배하다. 하지만 이들이 다른 일반 병동으로 이동하면 무력감이 줄어 병이 호전되는 경우가 있다. 하지만 그들이 다시 만성 질환자가 있는 병동으로 가면 특정 환자들이 건강상 좋지 않은 증상을 갖게 되었다. 무력감은 주변 동료 다수가 무력감을 느끼고 있을 때 발현되는 마음놓침 현상의 피해이다. 지속적이거나 반복적인 위험 상황에 지속적으로 노출되는 근로자가 무력감을 느끼고 있을 때 마음놓침으로 인해 사고가 발생할 가능성이 크다.

6 기억체계

6.1 기억의 정의

기억은 시간이 지나도 지속되는 학습의 결과물로 경험한 바를 획득하고 저장하며 나중에 다시 회상할 수 있는 뇌의 기능이다. 기억은 시간이 지나도 정보를 보유하고 미래의 행동에 영향을 준다. 기억되는 정보는 시각, 청각, 후각, 촉각 등 모든 감각 기관을 통한 경험뿐만 아니라 사건의 순서, 관련 자료와 정보, 수식과 같은 논리적 해석 등으로 다양하다.

6.2 기억과정

기억은 주의(attention), 부호화(encoding), 저장(storage) 및 인출(retrieval)의 과정을 거친다. 다음은 기억과정을 설명한 그림이다.

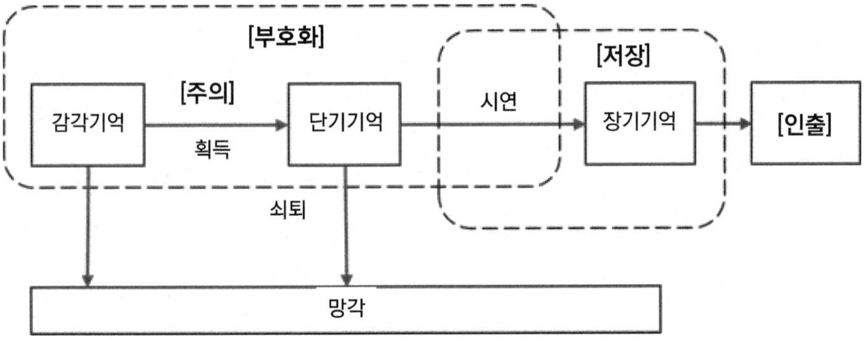

(1) 주의

주의(attention)는 i) 외부환경 자극과 정보를 기반으로 목적한 정보를 선택한다. ii) 선택된 정보를 초점화 한다. iii) 관계가 없는 정보를 억제한다. iv) 선택된 정보가 처리될 때까지 초점화를 유지하는 특성을 갖고 있다. 주의를 네 가지 단계로 구분하면 각성, 정향, 선택적 주의 및 지속적 주의로 구분할 수 있다. 각성은 깨거나 또는 자극에 반응을 보이는 생리적 그리고 심리적 상태로 경계심을 유발하여 효과적인 정보처리를 하는 중요한 요인이다. 각성은 깨어나거나 감각 기관이 지각 지점까지 자극되는 생리적 및 심리적 상태로 너무 높거나 낮으면 주의를 기울이는데 어려움이 따른다. 정향(orienting)은 사람이 새로운 외부정보를 알아차리기 위한 생리적 그리고 행동적 변화이다. 정향의 특징은 갑작스러움에 대한 반응, 시각과 청각의 반응 그리고 신체의 반응이 수반되는 것이다.

선택적 주의(selective attention)는 인지 능력의 한계로 인해 모든 것을 수용할 수 없기 때문에 특정한 조건에 부합되는 요인들만 선별적으로 수용하는 것을 말한다. 쉽게 말해, 보고 싶은 것만 보고 듣고 싶은 것만 듣는 식으로 이때 인지기준은 개인의 특성, 신념, 욕구, 경험 등이다. 이런 선택적 수용은 의식적일 뿐만 아니라 무의식적으로 이루어지기도 한다.

지속적 주의(sustained attention)는 장시간 동안 어떤 활동이나 자극에 집중할 수 있는 능력이다. 다른 방해 자극이 있더라도, 어떤 활동을 마치는 데 필요한 시간 동안 집중한다. 지속적주의는 일상생활에서 오랜 시간이 걸리는 일과 활동을 효율적이고 성공적으로 수행하는 데 도움이 된다.

(2) 부호화

부호화(encoding)는 뇌가 정보를 처리한다는 의미이다. 정보는 감각을 통해 뇌로 유입되어 처리되고 잠재적으로 저장되며, 광범위한 시간에 따라 우리의 행동에 영향을 준다. 부호화는 외부정보를 저장가능한 형태로 변환하는 과정으로 향후 필요시 인출의 과정을 거치면서 기억을 되살린다. 어떠한 기억들은 의식적인 노력이 없어도 쉽게 인출되기도 한다.

(3) 저장

저장(storage)은 정보를 기억에 저장하기 위한 다양한 처리 과정이다. 뇌는 기존에 알고 있었던 어떠한 사실을 기초로 다른 정보를 지속적으로 업데이트 하면서 기억을 저장하거나 수정하는 과정을 거친다. 이러한 과정을 오랜 기간 거치면서 기억은 지속적으로 유지된다.

(4) 인출

인출(retrieval)은 저장된 정보를 상기시키는 과정이다. 저장된 과거의 정보를 회상하면서 인출하는 방법(명시적 기억, explicit memory)과 의식적으로 정보를 회상하지 않아도 정보가 떠오르는 방법(암묵적 기억, implicit memory)이 있다.

6.3 기억의 분류

(1) 시간에 따른 분류

시간에 따른 분류에는 회고적 기억(retrospective memory)과 미래적 기억(prospective memory)이 있다. 회고적 기억은 현재부터 과거의 경험을 찾아내는 것으로 과거에 누군가와 만났거나 들었던 사실이나 사건들이다. 그리고 미래적 기억은 미래의 있을 계획을 기억하는 것으로 약속시간에 맞게 출발하는 것 또는 학교에 가는 것을 기억하는 것들이다.

(2) 지속시간과 처리과정에 따른 분류

지속시간과 처리과정에 따른 분류는 크게 일시적 기억(transient memory)과 장기기억(Long Term Memory, LTM)으로 구분할 수 있다. 일시적 기억에는 단기기억(Short Term Memory, STM)과 단기 감각기억(Short Term Sensory Memory, STSM)이 있다. 단기기억에는 정교화된 측면에서 정보를 조작하고 구성화 하는 작업기억(working memory)이 있다. 그리고 장기기억

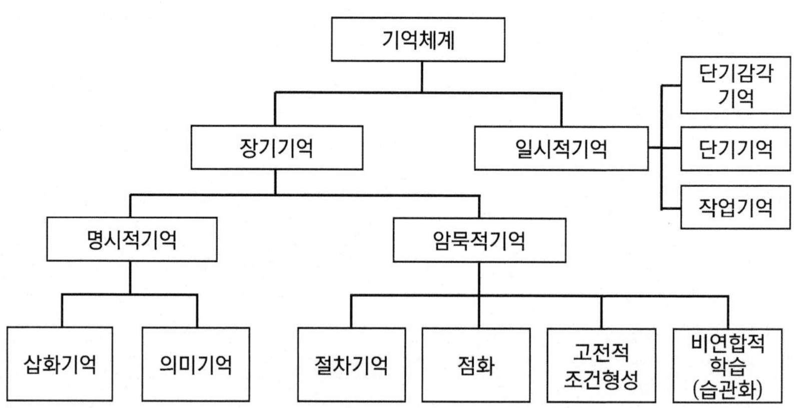

은 명시적 기억(explicit memory)와 암묵적 기억(implicit memory)으로 구분할 수 있다. 명시적 기억에는 삽화기억(episodic memory)과 의미기억(semantic memory)이 있다. 암묵적 기억에는 절차기억(procedural memory), 점화(priming), 고전적조건화(classical conditioning) 및 비연합적 학습(non-associative learning)이 있다. 위 그림은 지속시간과 처리과정에 따른 기억의 분류이다.

가. 일시적기억

• 단기감각기억

단기감각기억(STSM, Short Term Sensory Memory)에는 감각 시스템(시각, 촉각, 후각, 미각 및 청각)에 해당하는 감각 레지스터 또는 저장소가 있다. 각 감각기억은 자극(stimuli)을 단기기억으로 처리할 수 있는 형태로 잠시 저장하고 변환한다. 단기감각기억은 필요한 정보만을 수용하면서 덮어쓰기 하듯 받아들인다.

• 단기기억

단기기억은 단기감각기억에서 정보를 얻어 처리하며, 장기기억으로 정보가 보내지기 전 처리하는 기능을 한다. 일반적으로 단기기억 저장 용량은 제한된 것으로 알려져 있다. 단기기억에 들어간 정보는 장기기억으로 옮기기 위해 시연(리허설) 다른 방식으로 의식적인 주의를 기울여 인코딩하지 않는 한 약 12~30초 후에 감소한다. 그리고 단기기억은 필요 시 장기기억에서 정보를 검색한다.

• 작업기억

단기기억에서 정교화된 측면에서 정보를 조작하고 구성화 하는 작업기억(working memory)이 있다. 작업기억은 정보를 일시적으로 보관할 수 있는 제한된 용량을 가진 인지 시스템이다. 작업기억은 추론과 의사 결정 및 행동 결정에 중요한 역할을 한다. 작업기억은 종종 단기기억과 동의어로 사용되지만 일부 학자는 두 가지 형태의 기억을 별개로 간주하고, 작업기억은 저장된 정보의 조작을 허용하는 반면 단기기억은 정보를 단기로만 저장한다고 주장한다.

Baddeley의 작업기억 모델(Alan Baddeley and Graham Hitch, 1974)에 따르면, 작업기억에는 중앙집행기(central executive)에 음운루프(phonological loop), 일화적 버퍼(episodic buffer) 및 시공간 스케치판(visuospatial sketchpad)이 있다. i) 중앙집행기는 어떠한 정보에 주의를 기울여 필요 없는 정보를 억제하는 기능을 한다. ii) 음운루프는 음운정보를 저장하며, 반복하여 암송하면서 정보를 지속적으로 유지한다. 수업의 내용을 기억하고, 사람의 이름과 전화번호 등을 잃어버리지 않기 위해 계속 기억하는 것이다. iii) 일화적 버퍼는 다양한 정보를 하나의 이미지로 만들고 저장한다. 시각과 언어적 정보를 하나의 이야기 형태나 이미지 형태로 기억하고 저장한다. iv) 시공간 스케치판은 시공간적 정보를 저장하는 곳이다. 모양이나 색을 기억하고, 퍼즐을 맞추거나 길을 찾을 때 이미지를 떠올리는 것이 주요 기능이다. 다음 그림은 Baddeley의 작업기억 모델 그림이다.

사람들은 일반적으로 7±2로 표현되는 제한된 수의 항목을 한 번에 확실하게 기억할 수 있다고 알려져 있으며, 이를 매직 넘버 7이라고 부른다. 작업기억의 한계를 극복하기 위해서는 각각의 숫자를 하나의 덩어리(chuck)로 기억하는 것이다. 만약 01038794569 라는 번호가 있다면, 010-3879-4569로 묶어서 기억하면 효과가 있다.

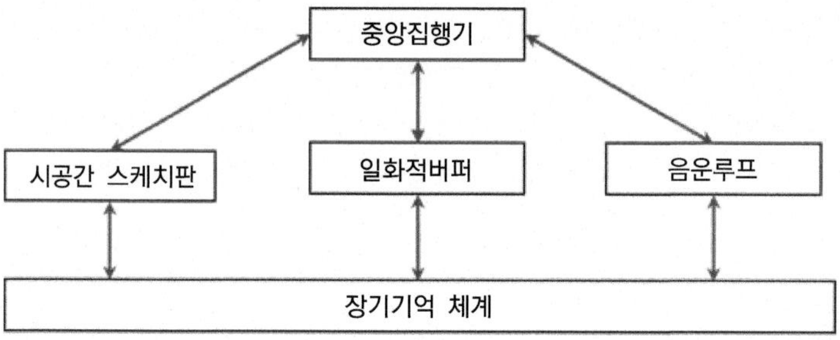

나. 장기기억

장기기억은 단기기억에서 정보를 받아 무기한 저장을 한다. 알려진 바에 의하면 장기기억의 용량은 무제한이다. 장기기억은 우리 삶의 경험에 대한 모든 학습과 기억을 담고 있다. 사람은 하나 이상의 작업(예: 자동차를 운전하면서 동승자와 동시에 대화)을 수행하는 동안 주의를 기울일 수 있다. 주의를 통해 어떤 작업은 다른 작업보다 얼마나 더 많은 주의가 필요할지 판단한다. 사람은 다양한 상황에서 주의를 기울이는 동안 소모되는 에너지를 절약하기 위하여 습관적으로 시행하는 일들은 주의를 기울이지 않고 적은 에너지를 사용한다.

• 명시적 기억

명시적 기억(explicit memory)은 선언적 기억(declarative memory) 또는 서술적 기억과 유사하고, 삽화기억(episodic memory)과 의미기억(semantic memory)을 포함한다. 명시적 기억은 주로 측두엽에서 일어난다. 명시적 기억은 과제를 수행하기 전 경험에 대한 의식적인 회상이 필요할 때 드러나며, 나이가 들어갈수록 감소하는 경향이 있다.

삽화기억은 사람이 시간, 공간 등 관련한 맥락에 대한 기억을 말하며, 다양한 기억 중 삽화나 이미지 형태로 저장되는 사건 들이다. 의미기억은 삽화기억과는 다르게 시간과 공간을 초월한다. 마치 특정한 기념일, 생일, 결혼기념일 및 졸업일 등 의미를 부여하고 기억하는 것들을 포함한다.

• 암묵적 기억

암묵적 기억(implicit memory)은 비선언적 기억(non-declarative memory) 또는 비서술적 기억과 유사하고, 절차기억(procedural memory), 점화(priming), 고전적조건화(classical conditioning) 및 비연합적 학습(non-associative learning)을 포함한다. 암묵적 기억은 주로 선조체, 신피질, 편도체 및 소뇌 등에서 일어난다. 암묵적 기억은 말이나 이미지로 구현되지 않으므로 일상에서 말하는 명시적 기억과는 다르다. 또한 사건에 대한 명시적 기억에 의해 설명될 수 없다. 경험적으로 암묵적 기억은 의식적 또는 의도적 회상을 요구하지 않는 작업에 의해 드러난다.

절차기억은 사람이 특별한 조건이나 방식으로 행동에 옮기는 것으로 자전거 타기, 수영, 운전, 연마, 절단 등 운동이나 작업활동을 포함한다. 이 기억을 통해 사람은 특별한 노력을 덜 드리고 순간적인 무의식적 행동을 한다.

점화(priming)는 하나의 자극에 노출됨으로써 의식적인 지침이나 의도 없이 후속 자극에 대한 반응에 영향을 미치는 현상이다. 예를 들어, NURSE라는 단어는 BREAD라는 단어 뒤에 있을 때보다는 DOCTOR라는 단어 뒤에 있을 때 더 빨리 인식된다. 점화는 지각, 연상, 반복, 긍정, 부정, 감정, 의미 또는 개념일 수 있다. 점화는 두 자극이 같은 양상에 있을 때 가장 효과적으로 작용한다.

고전적조건화는 행동주의 심리학의 이론으로 러시아 생리학자 이반 파블로프(Ivan Petrovich)가 개를 이용한 실험을 통해 처음 증명했다. 특정 반응을 이끌어내지 못하는 자극(중립 자극)이 무조건적으로 그 반응을 이끌어내는 자극(무조건 자극)과 반복적으로 연관되어 그 반응을 일으키는 과정을 말한다. 특정 자극에 무의식적으로 반응하는 현상 중 자극과 그에 따른 반응이 선천적 본능과 관련이 없더라도 학습을 통해 조건화된 반응이 새롭게 형성될 수 있다는 것을 알려준다.

비연합직 학습이란 자극에 빈복적으로 노출된 후 해당 자극에 대힌 반응이다. 비연합적 학습은 자극과 친숙한 패턴을 연관시키지 않고 자극에 대한 반응의 변화가 나타나는 학습 유형을 말한다. 습관화, 민감화, 점화와 같은 비교적 원시적인 행동 과정을 포함하며, 연합적 학습(associative learning)이 자극과 자극 또는 자극과 반응이 연합해서 나오는 것과는 다르다.

7 인지과정에서 일어나는 휴먼에러

인지는 앎의 정신적 과정이다. 인지는 지각, 심상, 사고, 기억, 문제 해결, 의사 결정, 학습, 언어 및 운동 활동의 의식적인 방향을 포함하는 우리의 정신 활동이다. 인지 과정을 통해 우리는 정보에 주의를 기울이고, 인식하고, 처리하고, 저장하는 방법 그리고 행동하는 방법을 찾는다. 우리가 범하는 다수의 에러는 이러한 인지 과정과 관계가 있다.

7.1 기대

사람은 환경에서 감각 수용체(눈, 귀, 코 및 손가락)를 활용하여 정보를 파악하는데, 일반적으로 기대했던 상황과 다를 경우 놀라움을 느낀다. 기대는 사람의 감각 수용체를 통해 어떤 일이나 대상이 원하는 대로 되기를 바라고 기다리는 마음가짐이다.

7.2 관련성

사람은 당면 과제 및 목표와 관련된 정보나 자극을 찾는다. 주의는 자발적(내부적)이거나 외부 환경(외부적)의 자극을 통해 지속적인 교감을 주고받으면서 관련성을 찾는다.

7.3 하향식

하향식 주의는 의도적으로 지시되며 사전 지식과 경험뿐만 아니라 기대와 관련성에 의해 영향을 받는다. 하향식 주의에는 군중 속에서 친구의 얼굴을 찾거나 제어 디스플레이에서 특정 항목을 찾거나 부품 검사를 수행하는 등의 검색 작업 등이 있다. 하향식 주의는 상향식 주의보다 느리며, 주의력 조절과 관련이 있다. 주의력 조절은 기억 저장소에 있는 정보를 사용하여 의식적으로 무언가를 지시하는 과정이다. 이것은 개념 중심 또는 노력적 주의(concept-driven or effortful attention)라고도 한다.

7.4 상향식

상향식 주의는 일반적으로 예상치 못한 사건이나 돌출에 따른 외부 자극에 의해 포착된다. 상향식 주의를 자동식 주의(automatic attention)라고도 한다. 상향식 주의는 밝은 빛의 섬광, 큰 소리, 미끄러운 상태로 인한 균형 상실 또는 물체의 충격 등에 대한 반응으로 나타난다. 상향식 주의는 매우 빠르며 자극 지각 후 최대 100-200밀리초 내에 반응한다.

7.5 정신모델

정신모델(Mental Models)은 사람이 염두에 두고 있는 지식(사실 또는 가정)에 대한 구조화된 모습이다. 정신모델은 시스템이 포함하는 것, 구성 요소가 시스템으로 작동하는 방식, 그렇게 작동하는 이유, 시스템의 현재 상태 그리고 자연의 기본법칙을 감지할 수 있도록 도움을 준다. 사람은 자신을 둘러싼 다양한 현실을 자신이 기억할 수 있는 정신적 이미지(예: 간단한 한 줄 그림)로 단순화하여 복잡한 상황을 처리한다. 정신모델은 전술한 기술기반 행동, 절차기반 행동 및 지식기반 행동을 하기 위해 사용되지만, 특히 기술기반 에러를 감지할 수 있는 능력을 제공한다. 정신모델의 이러한 좋은 능력에도 불구하고 인간 본성의 한계로 인하여 정신모델은 어느 정도 부정확하다는 점을 유의해야 한다.

7.6 가정

지식기반 행동을 해야 하는 사람은 처해진 상황에 따라 다양한 스트레스를 받을 수 있다. 이러한 상황에서 스트레스로 인한 부담을 줄이고 직면한 문제를 쉽게 풀기 위해 적절한 가정을 한다. 또한 사람들은 불확실성을 경험할 때 더 많은 가정을 하면서 문제를 해결한다. 가정은 안전하지 않은 태도와 부정확한 정신모델의 결과로 발생한다. 예를 들면 "우리는 항상 ... 이다" 또는 "나는 ...을 믿는다"와 같은 생각은 정확하지 않은(안전하지 않은) 정신모델로 이어져 에러를 일으킬 수 있다. 부정확한 정신모델을 유도하는 가정을 개선하기 위해서는 도전적인(challenging) 가정을 통해 정신모델을 개선하고 문제를 해결하며 팀 성과를 최적화하는 것이 중요하다. 그리고 중요한 문제 해결 상황에서 아래 표와 같은 악마의 옹호자를 지정하면 더 좋은 해결책을 얻을 수 있다.

- 다른 사람이나 자신이 내린 결론을 확인한다.
- 결론에 이르는 데이터를 요청하거나 식별한다. "어떻게 그 데이터를 얻었는가?", "문제의 원인은 무엇인가?"
- 데이터와 결론을 연결하는 추론(정신모델)을 물어본다. "말이...?", "왜 그렇게 생각하는가?"
- 가능한 신념이나 가정을 추론한다.
- 다른 사람의 가정을 검증한다.

7.7 정신적 편견-지름길

사람은 모호한 상황에서 질서를 추구하고 자신이 인식하는 방식으로 행동하는 경향이 있다. 정신적 편견/지름길은 불확실한 상황 속에서 질서와 단순함을 부여하여 정신적인 노력을 줄이고자 하는 과정이다. 이러한 과정에서 발생하는 부정적인 편견에는 확증 편견, 유사성 편견, 빈도 편견, 가용성 편견 및 대표 편견 등이 있다.

7.8 보수적 결정

보수적이라는 용어가 갖는 의미에는 안전, 신뢰성, 품질 및 보안 등의 의미가 있다. 그리고 현재 생산 일정과 압박에도 불구하고 사람을 보호한다는 의미를 담고 있다. 조직이 생산성 향상이나 이윤 추구를 위하여 자원을 줄이거나 인력 투입을 줄인다면 그 만큼의 불안전한 요인이 발생할 것이다. 이러한 상황에서 모든 결정은 안전한 방향인 보수적인 결정이 되어야 한다. 보수적인 결정을 하기 위해서는 아래 표의 내용을 사전에 검토해야 한다.

-안전과 신뢰성을 좋지 않게 하는 요인을 확인한다.
-해당 전문지식을 갖춘 사람에게 신속한 도움을 요청한다.
-성급한 결정과 행동을 피한다.
-역할과 책임을 할당한다.
-다양한 대안의 안전성과 신뢰성에 대한 잠재적인 결과를 이해한다.
-의도적이고 신중하게 제어된 접근 방식을 채택한다.
-명확한 방향, 역할 및 책임 및 중단 기준을 제공하여 신중한 결정을 내린다.

8 휴먼에러 유발 요인

사람들은 무언가를 할 때 통제력을 유지하는 자신의 능력을 과대평가하는 경향이 있다. 여기에서 통제력을 유지한다는 것은 작업을 수행하는 동안 발생할 일을 모두 파악할 수 있다는 것을 의미한다. 이러한 능력을 과대평가하는 이유는 수없이 에러를 범하면서도 그 결과가 부정적으로 나타나는 일은 드물었기 때문이다. 따라서 일반적으로 사람들은 자신이 에러를 범할 것이라고 생각하지 않는다. 그리고 사람은 자신의 능력한계에 대한 인식이 일반적으로 부족하다. 예를 들어 많은 사람들은 충분한 휴식을 취하지 않고 업무를 하거나, 시끄럽거나 열악한 환경 조건(더위, 추위, 소음, 진동 등)이 있는 곳에서 일하는 법을 배운다. 이러한 특성으로 인해 사람은 주어진 조건을 정상으로 인식하고 행동한다. 그러나 피로 또는 상황적 인식

(situational awareness)상실 등 인간 능력의 한계를 초과하면 휴먼에러가 발생할 가능성이 높아진다. 휴먼에러를 일으키는 기여요인에는 스트레스, 정신적 긴장의 회피, 제한된 작업 기억, 제한된 주의 자원, 마음가짐, 자신의 에러를 보기 어려움, 제한된 관점, 피로 및 장시간 근무 등이 있다.

8.1 스트레스

스트레스는 사람이 환경에서 감지하는 다양한 요인에 대한 정신적 그리고 신체적 반응으로 일부는 정상적이고 긍정적인 영향을 준다. 하지만 사람은 스트레스가 누적되는 상황에서 압박감을 느끼고, 부정적인 성과를 낼 수 있다. 이러한 문제로 인해 사람은 공황 상태를 감지하게 되어 효과적인 감지, 인식, 기억, 생각 또는 행동을 하는 능력이 저하될 수 있다. 그리고 어떤 일을 달성하기 어렵다고 판단할 때, 불안과 초조함으로 인해 잘 기억하고 잘 해왔던 일들을 잘 못 처리하고 휴먼에러를 일으킨다.

스트레스 그 자체가 다양한 질병을 일으키는 요인이지만, 만성적인 스트레스를 받는 사람은 업무 수행 속도가 현저히 느리고 정확도가 낮다. 스트레스는 사람의 의사 결정에 상당한 영향을 미쳐 안전규정을 잘못 해석하거나 안전 수칙을 잘못 준수하는 등 휴먼에러를 유발한다.

2013년 이란에 있는 Hamedan 대학에서 시행한 스트레스 관련 연구에 따르면, 카이제곱 검정과 로지스틱 회귀 분석을 통해 운전 시 스트레스 요인과 생활 스트레스 요인 중 어떤 스트레스가 사고발생에 더 많은 영향을 주었는가를 확인하는 과정이 있었다. 306명의 운전자를 대상으로 i) 보복운전, 좋지 않은 도로 상태, 기상상황 악화 및 두려움 등으로 구성된 운전 시 스트레스 요인 설문과 ii) 경제적 문제, 가족과 다툼, 직장의 문제 및 철야작업 등을 구성된 생활 스트레스 요인 설문을 시행하였다. 연구결과, 생활 스트레스와 운전 시 스트레스 두 집단 간에 유의미한 차이가 있었다($p = 0.05$). 그리고 운전 시 스트레스 요인보다 생활 스트레스 요인이 교통사고 발생에 더 많은 기여를 하는 것으로 나타났다. 교통사고를 줄이기 위해서는 운전 시 스트레스 요인도 관리해야 하지만, 생활 스트레스에 대한 더 많은 관심을 가져야 한다.

8.2 정신적 긴장의 회피

사람은 오랜 시간 동안 높은 수준의 주의를 요구하는 일을 하기 어렵다. 사고는 많은 노력이 필요한 느리고 힘든 과정이다. 사람은 자신만의 친숙한 패턴을 찾아 그동안 성공했던 사례를 문제에 적용하는 경향이 있다. 그리고 문제에 대해서 더 나은 해결책을 찾기보다는 현재의 해결책에 안주하려는 경향이 있다.

(1) 가정
가정(assumptions)은 사실을 확인하지 않고 당연한 것으로 받아들이는 조건이다.

(2) 습관
습관(habit)은 잦은 반복을 통해 습득한 무의식적인 행동 패턴이다.

(3) 확증편향
확증편향(confirmation bias)은 원래 가지고 있는 생각이나 신념을 확인하려는 경향성이다. 흔히 하는 말로 "사람은 보고 싶은 것만 본다"와 같은 것이 바로 확증편향이다. 인지심리학에서 확증편향은 정보처리 과정에서 일어나는 인지편향 가운데 하나이다. 사람들은 자신이 원하는 결과를 간절히 바랄 때, 또는 어떤 사건을 접하고 감정이 앞설 때, 그리고 자신의 뿌리 깊은 신념을 지키고자 할 때 확증편향을 보인다. 확증편향은 원하는 정보만 선택적으로 모으거나, 어떤 것을 설명하거나 주장할 때 편향된 방법을 동원한다.

(4) 빈도편향
빈도편향(Frequency bias)은 자주 사용하는 해결책이 효과가 있을 것이라는 일종의 도박이다. 더 자주 발생하거나 더 최근에 발생한 정보에 더 큰 가중치를 부여하는 편향이다.

(5) 가용성 편향
가용성 편향 (availability bias)은 쉽게 떠오르고 만족스러워 보이는 해결책이나 행동에 안주하는 경향이다. 가용한 정보에 더 많은 가중치가 부여된다(틀릴 수 있음에도 불구하고). 이는 두 사건이 거의 동시에 발생하기 때문에 두 사건 사이에 인과 관계를 부여하는 경향과 관련이 있다.

(6) 사후 확신 편향
사후 확신 편향(hindsight bias)은 후견지명(後見之明)이라고도 한다. 일어난 일에 대해 원래 모두 알고 있었던 것처럼 말하거나 생각하는 것을 뜻한다. 하지만 일이 발생하기 전 생각해 놓았던 것이 왜곡되어 받아들여질 수 있으며, 후에 일어날 사건을 예측할 수 있다는 것을 과시하기 위해 사용될 수 있다.

8.3 제한된 작업 기억

단기기억은 문제 해결과 의사 결정 그리고 일시적이고 주의를 요하는 새로운 정보를 기억하는 데 사용된다. 또한 정보에 대한 학습, 저장 및 회상하는데 사용된다. 단기기억의 한계는 건망증의 근원이 된다. 건망증은 어떤 작업을 수행할 때 해야 할 일을 누락하는 것이다.

8.4 제한된 주의 자원

사람은 기껏해야 두세 가지 일을 동시에 집중할 수 있다. 주의는 한정적인 요인으로 사람이 특정한 한 가지에 강하게 이끌리게 되면 필연적으로 기존에 주의(관심)를 기울이던 요인을 잃어버리게 된다. 사람은 본질적으로 사용 가능한 감각 데이터의 아주 작은 부분에만 주의를 기울일 수 있기 때문이다. 더불어 사람의 주의력 집중은 오랜 시간 동안 유지하기 어렵다는 것을 인식해야 한다.

8.5 마음가짐

사람은 본질적으로 목표 지향적이므로 성취하고자 하는 것(목표)에 더 집중하는 특성이 있다. 따라서 자신이 기대한 사항이나 보고 싶어하는 것만 보는 경향이 있다. 사람은 자신만의 마음을 갖고 있으며, 그 마음을 기반으로 질서를 유지하여 정신모델(mental model)을 만든다. 사람은 한번 만들어진 자신의 정신모델 외부의 모든 것을 경시하는 경향이 있다. 이로 인해 자신의 정신모델에 맞지 않는 정보를 보기 어렵다. 이로 인해 사람들은 예상하지 못한 조건과 환경을 놓치는 경향이 있다. 또한 사람은 자신의 입장에 맞는 조건과 상황을 기대하기 때문에 실제 존재하지 않는 것을 보는 경향이 있다. 사람은 어떠한 목표를 달성하는 과정에서 잠재된 위험을 숨기는 경향이 있어 위험을 올바르게 보려고 하지 않는 경향이 있다.

8.6 자신의 에러를 보기 어려움

사람은 특히 혼자 작업할 때 에러에 취약하다. 작업에 너무 가까이 있거나 다른 일에 몰두하는 사람들은 주변이나 자신의 행동에 이상이 있음을 감지하기 어렵다. 그 이유는 사람들은 자신과 관련한 당면한 문제 또는 작업에 집중하기 때문이다.

8.7 제한된 관점

사람은 모든 것을 볼 수 없음에도 불구하고 모든 것을 볼 수 있을 것이라고 생각한다. 마치 잠겨져 있는 문의 열쇠 구멍으로 방 안의 모든 물건들을 다 볼 수 있다고 생각하는 것과 같다. 사람들이 갖는 이러한 생각으로 인해 어떤 사안에 대하여 부정확한 정신적 그림을 그리고 모델을 형성하여 잠재된 위험을 과소평가하는 과정으로 이어진다.

8.8 피로

사람은 정해진 업무량을 초과하거나 다양한 환경 요인으로 인해 피곤을 느낄 수 있다. 세상이 보다 살기 좋아지고 편해졌지만 사람들은 더 오래 일하고 더 적게 잠을 잔다. 사람은 신체적, 정서적 그리고 정신적 피로로 인해 에러와 잘못된 판단을 할 수 있는 가능성이 높다. 사람이 피로를 느끼는 일반적인 상황은 생산압박, 시끄러운 환경, 인력과 자원 감축 및 수면 습관 등 다양한 요인이 있다. 여기에는 개인차에 따라 피로를 느끼는 수준이 서로 다르다. 사람이 피로를 느낄 경우, 추론과 의사 결정 장애가 나타날 수 있다. 그리고 경계 및 주의력 장애와 정신기능 및 반응 시간 저하 등이 일어날 수 있다. 또한 상황적 인식 상실과 부정적인 지름길(short cut)을 선택하는 상황으로 이어진다.

8.9 장시간 근무

어떤 사람은 질병이나 부상으로 인해 업무를 수행하기 어려움에도 불구하고 지속적으로 업무를 수행해야 하는 경우가 있다. 경미한 건강 문제가 있는 사람들이 지속해서 일을 하면서 심각한 건강상 장애를 가질 수 있다. 극단적인 경우에는 만성적이고 장애가 있는 구성원이 신체적 및 정신적 치료를 받지 못하는 경우도 있다.

8.10 태도

태도(attitude)는 사람이 갖는 특정한 대상에 대한 마음의 상태 또는 느낌이다. 태도는 다양한 요인에 의해 영향을 받으며 사람의 경험, 다른 사람의 모범적인 모습, 누군가에게 받는 지도 그리고 후천적인 믿음 등에 의해 공식화된다. 태도는 교육에 따라 변화될 수 있고 사회나 해당 조직의 문화에 따라 영향을 받을 수도 있다. 불안전한 태도는 작업장에 존재하는 위험에 대한 자신만의 믿음과 가정으로 피해의 전조(잠재 위험 노출)를 보기 어렵게 만든다.

자부심, 영웅주의, 치명적, 낙천주의 및 정당화 믿음은 사업장에서 위험한 행동을 유발하는 불안전한 태도의 요인이다.

(1) 자부심

자부심은 자신의 능력을 지나치게 높게 평가하는 거만함을 포함한다. 모든 일에 대한 판단을 자기 중심적으로 해석하기 때문에 다른 사람들의 의견을 무시하고 팀워크를 방해하는 요인이다. 어리석은 자부심을 가진 사람들은 자신의 기대나 목표가 달성되지 않을 경우 자신의 능력을 의심받는다고 생각한다.

(2) 영웅주의

훌륭한 활약이나 희생을 한 사람을 영웅으로 치켜세우는 것이다. 심지어 그들이 저지른 잘못조차도 은폐되고 미화되며 당연시된다. 영웅주의를 가진 사람의 행동은 일반적으로 충동적일 수 있다. 무언가를 빨리 끝내지 않으면 모든 것을 잃게 된다는 생각이 있다. 이 태도는 피해야 할 위험을 고려하지 않고 목표점에 극단적으로 초점을 맞추는 것이 특징이다.

(3) 치명적

모든 사건은 미리 결정되어 있고 불가피하며 운명을 피하기 위해 아무것도 할 수 없다는 패배주의적 믿음으로 "que será, será" 또는 "let the chips fall as they may"라는 말과 같다. 제1차 세계 대전 당시 프랑스 북부의 전장에서 수백만 명의 병사들은 장기간에 걸친 참호전을 해야 했다. 이러한 지루한 참호전 상황에서 과도한 숙명론적 현상이 나타났다. 공격하는 보병 부대는 항상 참호에 위치한 적의 기관총 사격에 직면했다. 매주, 매달, 해마다 똑같은 공격은 실패를 거듭하였다. 수백만 명이 죽고 다쳤지만 장군들은 계속 싸움을 이어갔다. 치명적인 태도는 치명적인 결과를 낳는다.

(4) 무적

모든 에러, 실패 또는 부상에 대한 무감각한 태도이다. 대부분의 사람들은 일반적으로 자신은 에러를 범하지 않을 것이라고 믿는다. 하지만 그런 일이 발생하여 피해가 발생할 경우 놀라움을 금치 못한다. 1912년 역사상 가장 큰 해상 사고인 타이타닉호 침몰 사고가 발생하였다. 배가 침몰할 수 없다는 무적의 마음을 기반으로 한 사람들의 태도는 충분한 구명보트를 구비하지 않았고, 선원들은 준비된 구명보트를 진수하지 못하는 결과를 낳았다.

(5) 낙천주의

사람들은 주변 환경에서 모든 것이 정상적이며 완벽하다고 생각하는 경향이 있다. 사람은 지각(perception)의 차이를 파악하고, 부분보다는 전체를 보는 경향이 있다. 이로 인해 무의식적으로 모든 것이 계획대로 잘 될 것이라고 믿는다. 이러한 태도는 위험에 대한 부정확한 인식을 조장하고 사람이 비정상적인 상황이나 위험을 무시하도록 유도하여 적절한 반응을 하는 것을 늦춘다.

(6) 정당화 믿음

과거의 좋은 결과를 믿고 기존 관행이나 조건을 변경(개선)하지 않는 것이 정당화 믿음이다. 이와 관련한 예를 들면, 이 타이어는 100,000 ㎞를 달렸지만 아직 펑크가 나지 않았고 더 버틸 수 있다는 믿음이다. 그리고 과거에는 문제가 없었고, 우리는 항상 이런 식으로 해왔다는 마음가짐이다. 특히 다수의 사람들은 결과가 좋다면 과정은 중요하지 않으며, 관련 기준을 준수하지 않아도 된다는 유혹을 느낄 수 있다.

8.11. 종속성과 팀 에러

종속성이란 에러를 예방하는 하나의 방벽이 다른 방벽의 조건이나 강도에 의해 불리한 영향을 받을 수 있는 상황을 의미한다. 예를 들어, 철도 산업의 기차 운영자는 일반적으로는 기차에 설치된 자동 신호 검지장치에 의존하므로 기차 운행과 관련한 모니터링과 경계를 늦출 수 있다. 이 경우 자동 신호 검지장치에 문제가 생길 경우 대형사고로 이어질 수 있다. 이러한 상황은 기차 운전에 있어 자동 신호 검지장치와 사람은 하나의 종속성을 갖고 있다고 볼 수 있다. 따라서 에러를 예방하기 위한 통제는 독립적으로 구축되어야 한다. 만약 그렇지 않을 경우 하나의 에러가 또 다른 에러로 이어질 수 있기 때문이다.

하드웨어 제어 또는 물리적 안전 장치가 항상 작동한다는 가정으로 인해 사람이 경계를 늦추는 장비종속성, 함께 일하는 두 명 이상의 사람들 사이의 사회적(대인 관계) 상호 작용으로 인한 팀 종속성 그리고 안일함과 과신으로 인한 개인적 종속성이 존재한다.

(1) 장비 종속성

사람이 시설이나 장비를 신뢰할 경우 경계 수준을 낮추거나 작동 중에 장비 모니터링을 중단할 가능성이 크다. 수치 및 압력 제어 등과 같은 자동화로 인해 장비 종속성이 일어날 가능성이 크다. 사람은 지루한 작업과 오랜 기간 동안 장비를 반복적으로 다루거나 모니터링 할 경우, 경계 수준이 낮아질 수 있으며 기준이나 절차를 어기려고 하는 유혹을 받을 수 있다. 그 결과 관련 기록을 위조하는 등의 위반이 일어날 가능성이 있다. 특히 컴퓨터 시스템이 구비된 시설에서 사람은 경계를 늦출 수 있다.

이러한 문제를 해결하기 위해서는 강제 기능 및 인터록 적용, 경고 시스템의 고장 알림, 장비 또는 구성 요소의 유형 다양화, 자동 시스템의 고장 모드와 이를 감지하는 방법에 대한 교육 시행이 필요하다. 그리고 도구, 계측 및 제어의 복잡성을 최소화하는 방안을 적용해야 한다.

(2) 팀 에러

일반적으로 두 명 이상의 사람이 작업을 수행한다고 해서 작업이 올바르게 수행된다는 보장은 없다. 작업과 관련한 성공과 실패는 작업을 수행하는 그룹 간의 상호작용에 영향을 받을 수 있다. 팀으로서 업무를 추진하거나 작업을 하는 경우에는 서로가 서로를 믿거나 서로가 서로를 불신하는 상황으로 인하여 불안전한 상황을 초래할 수 있다. 다음 논리 다이어그램(p.147)은 기술자의 성과를 확인하는 감독자(또는 동료)의 예를 사용하여 팀의 종속성을 수치적으로 보여준다. 기술자와 감독자(또는 동료) 사이의 완전한 독립성을 가정하면 에러가 발생할 가능성은 백만분의 1이다. 그리고 전체 작업 신뢰도는 99.9999%이다. 하지만 감독자(또는 동료)가 기술자의 작업을 면밀히 확인하지 않으면 에러가 발생할 가능성은 천분의 1로 증가한다.

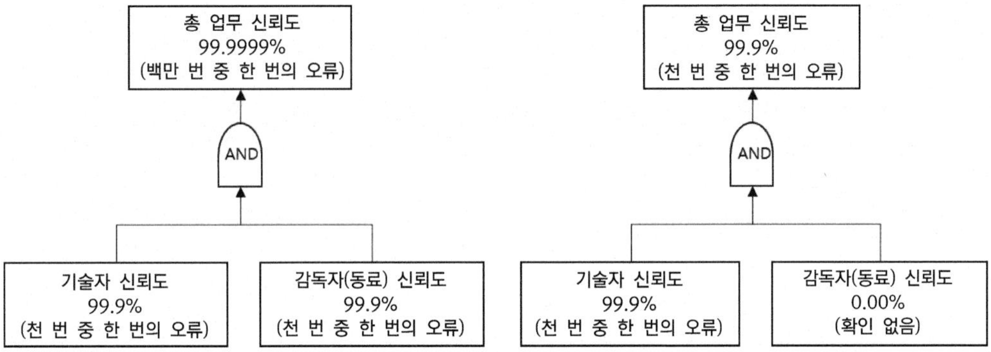

가. 후광 효과

후광 효과는 특정 개인의 능력을 맹목적으로 신뢰하는 현상이다. 사람들이 어떤 사람의 특별한 경험, 자격 또는 권위 등을 의식하여 그들이 범하는 에러에 대한 경계를 푸는 현상이다. 후광 효과로 인해 중대한 문제가 일어날 수 있는 곳은 병원의 수술실이다. 이곳에서 근무하는 저명한 외과의사의 위험한 지침이나 지시를 거스를 수 없는 상황이 후광 효과의 좋은 예이다. 후광 효과와 관련이 있는 에러로 인해 미국에 있는 병원에서 사망하는 사람이 약 44,000명에서 90,000명 사이인 것으로 추산된다.

나. 권력거리

Hofstede는 1967년 ~ 1973년 기간 다국적 기업인 IBM의 전 세계 회사를 대상으로 국가적 가치관의 차이에 관한 대규모 조사연구를 수행했다. 그는 서로 다른 국가의 IBM 직원 117,000 명 표본의 답변을 동일한 방식으로 비교했다. 표본이 가장 큰 40개 국가에 연구 초점을 맞추었고, 이후 50개 국가와 3개 지역으로 확장했다. 최초 분석에서 권력거리(PDI), 개인주의(IDV), 불확실성 회피(UAI) 및 남성성(MAS)에 대한 조사를 하였다. 권력거리 지수(power distance index; PDI)는 조직이나 단체(가족과 같은)에서 권력이 작은 구성원이 권력의 불평등한 분배를 수용하고 기대하는 정도이다.

권력거리가 작은 문화에서는 권력 관계가 보다 상호 의논 적이고 민주적일 것이라고 기대할 수 있다. 사람과 사람 사이 관계는 형식적 위치에 관계없이 보다 평등할 것이고, 낮은 위치에 있는 사람들이 보다 편안한 분위기에서 상사의 의사결정에 기여하거나 비판할 권리를 요구할 수 있다. 반면, 권력거리가 큰 나라에서는 낮은 위치에 있는 사람들이 전제적이고 가부장적인 권력 관계를 그대로 수용하기 쉽다. 사람의 권력은 단순히 그 사람의 특정한 형식적 위치와 계급에 따라 결정되는 것이라고 인정하게 된다. 이러한 의미에서 Hofstede의 권력거리 지수는 객관적인 권력 분포 차이를 반영하는 것이 아니라, 권력 불평등을 어떻게 받아들이는가에 관한 것이다.

권력거리 지수를 세계적 관점에서 분석한 자료에 따르면, 전 세계에서 권력거리가 가장 큰 나라는 말레이시아(104) 이었고, 가장 낮은 나라는 오스트리아(11) 이었다. 권력거리가 높은 아시아 국가는 중국(80), 싱가포르(74), 홍콩(68), 한국(60), 일본(54) 순이었다. 한편, 권력거리 지수와 같이 비교해 볼 필요가 있는 것은 개인주의 지수이다. 개인주의(individualism) 지수는 개인들이 단체에 통합되는 정도를 나타낸다. 개인주의는 사회에서는 개인적 성취와 개인의 권리를 강조한다. 사람들이 자기 자신과 자기 직계 가족을 스스로 책임지고 자신의 소속을 스스로 결정한다. 따라서 권력거리가 높을수록 개인주의가 낮고, 개인주의가 높을수록 권력거리가 낮을 가능성이 있다. 전 세계에서 개인주의가 가장 큰 나라는 영국(89) 이었고, 가장 낮은 나라는 과테말라(6) 이었다. 개인주의가 높은 아시아 국가는 일본(46), 홍콩(25), 중국(20), 싱가포르(20), 한국(18) 순이었다. 한국의 경우 권력거리는 높은 수준이고, 개인주의는 낮은 수준이라는 것을 알 수 있다.

항공분야에 있어 권력거리는 상당한 휴먼에러 기여요인으로 알려져 있다. 특히, 조종사와 부조종사가 같이 있는 곳에서 부조종사는 자신의 낮은 지위로 인해 높은 지위에 있는 사람의 명령이나 지시를 어길 수 없다. 더욱이 낮은 지위에 있는 부조종사는 조종사와 업무를 할 때 과도한 수준으로 예의를 표해야 한다. 그리고 조종사가 지시하는 내용에 대해 비판적으로 생각하거나 이의를 제기하면 안 되며 무의식적으로 받아들여야 한다.

1997년 대한항공 801편 괌 추락 사고 관련으로 대한항공의 전 기장이자 교통부 비행 검사관인 박재현의 진술에 따르면, 조종석은 순종과 종속에 따라 운영된다고 하였다. 부조종사는 조종사의 조종 기술에 문제가 있어도 의견제시를 할 수 없었다고 했다. 1997년 8월 6일 대한항공 보잉 747호가 괌 활주로에서 몇 마일 떨어진 언덕에 추락하여 228명의 승객과 승무원이 사망하는 사고가 있었다. 이 사고는 항공사고 중 주요 참사이며, 조종사의 휴먼에러가 기여한 사고이다. 대한항공 보잉 747호기 괌사고에 대한 월스트리트 저널(1999)의 논평을 정리하면 아래 표와 같다.

권위에 대한 두려움은 개인이 권위에 대한 두려움을 나타내는 감정 상태이다. 존경과 같은 긍정적인 감정과 반대로 권위에 대한 두려움은 가치 측면에서 부정적인 감정이며 회피 동기를 갖게 하고, 감정적으로 두려움과 불안 외에도 개인은 자기 의심, 혐오, 실망 및 분노를 경험할 수 있다. 권위에 대한 두려움은 의사소통의 효과를 감소시킬 수 있다. 두려움과 불안과

- 한국의 독특한 사회와 문화 요인에 의해 항공사고가 발생한다.
- 전직 공군 조종사 출신의 사람들이 민간 항공기를 조종하므로 상명하복의 문화가 군대와 사회에 만연되어 있다.
- 공군 사관학교 졸업생들이 착용하는 레드 스톤 반지는 즉각적인 존경을 표한다.
- 부조종사는 기장인 조종사에게 복종할 수밖에 없는 상황이 존재한다.
- 저널은 한국의 특정 문화적 요인이 항공사의 안전에 악영향을 미친다는 점을 지적하였다.

같은 감정적 경험은 접근 행동보다는 회피 행동을 유발한다. 이와 관련하여 흔히 나타나는 회피 행동은 침묵이다. 침묵을 지키면 의사소통이 줄어들고, 정보 공유가 분산되며, 피드백이 부족해진다.

권위에 대한 두려움은 권위자의 명령을 고려 없이 따르게 하고, 개인은 책임을 회피하고 명령에 의문 없이 따르게 한다. 또한, 권위에 대한 두려움이 높은 사람들은 권위가 당연히 옳고 전문적인 것을 의미한다고 생각하는 경향이 있어 인지적 편향을 초래할 수 있다. 따라서 권위자의 견해에 이의를 제기하는 것은 옳지 않으며, 동의하는 것이 현명한 선택이라고 생각한다. 권위에 대한 두려움은 또한 개인이 자신의 생각, 태도, 행동 측면에서 권위와 일치하도록 자신의 의견을 바꾸도록 이끌 수 있다. 침묵을 유지하는 가장 자주 언급되는 이유는 부정적으로 보이고 소중한 관계를 손상시킬까 봐 두려워하기 때문이다. 권위로 인한 다양한 계층의 권력거리는 조직간 그리고 구성원간 의사소통 미흡으로 인하여 휴먼에러를 일으키는 중요한 기여요인이 된다.

권위와 관련한 의사소통 분야의 연구가 있다. 이 연구의 가설은 권력거리 신념이 높은 개인일수록 권위에 대한 두려움이 더 크고, 이는 의사소통에 부정적인 영향을 미칠 수 있다는 가설을 세웠다. 이 연구의 독립변인은 권력거리 믿음이고 조절변인은 권력에 대한 두려움을 통한 종속변인은 사업장 의사소통 수준으로 설정되었다. 연구대상 1,063명을 대상으로 세 가지 연구가 시행되었다. 연구 1 결과, 권력거리 신념이 높은 참가자들은 직장 내 의사소통, 특히 상사와의 의사소통이 비효율적이었지만, 부하직원 및 동료와의 의사소통에는 차이가 없었다. 연구 2와 3 결과(3개월 동안 3단계로 진행), 권위에 대한 두려움이 높은 권력거리가 상사와의 의사소통에 미치는 부정적 영향을 매개하는 것으로 나타났다. 연구 4 결과, 권력거리 신념과 직장 의사소통 간의 관계를 설명하는 메커니즘에 대한 통찰력을 제공하며, 권위에 대한 두려움이 유의미한 것으로 밝혀졌다. 따라서 조직은 권력거리 신념과 권위에 대한 두려움에 주의를 기울여야 한다. 그 이유는 권력거리로 인한 의사소통 실패로 인한 사고가 발생할 수 있기 때문이다.

다. 무임승차

무임승차란 일을 하거나 주도권을 잡는 사람(들)의 의도와 행동을 적극적이고 확실하게 판단하지 않고 행동하는 경향을 의미한다. 일반적으로 무임승차한 사람은 어떠한 일을 할 때 자신의 일이 아니라고 생각하고 반응적인 행동을 한다.

1984년 인도 마디아프라데시 주 보팔에 있는 유니온 카바이드 인도 현지 법인(UCIL, Union Carbide India Ltd)인 보팔 공장에서 치명적인 사고가 발생했다. 당시 사고는 농약의 원료로 사용되는 42톤의 아이소사이안화메틸(Methyl isocyanate, 이하 MIC)이라는 유독가스가 누출되면서 시작되었다. 사고가 발생된 지 2시간 동안 저장 탱크로부터 유독가스 8만 파운드(36톤 상당)가 노출되었다. 이 사고로 현장에서 사망한 사람이 약 3,787명이었다. 그리고 가스 누출 후유증 등으로 인한 추가 사망자는 16,000명 이상이었고, 부상자는 약 558,125명

이상이었다.

MIC는 불안정하고 물에 대한 반응성이 매우 높아 물과 섞이면 치명적인 화학반응이 일어난다. 따라서 정비(배관 세척 등) 동안 MIC를 담고 있는 탱크에는 물이 들어가지 못하도록 수동 안전밸브가 설치되어 있다. 만약 정비 동안 수동 안전밸브에 문제가 생기면 MIC 탱크에 물이 들어가게 된다. 그리고 매우 높은 수준의 반응폭주(runaway reaction, 화학물질을 보관하는 탱크에 발열반응이 일어나고 냉각실패로 인해 탱크 내부 온도와 압력이 비정상적으로 상승하는 이상반응)가 발생한다.

이 사고의 기여요인을 살펴보면, i) 설계, 절차 및 교육 관련: 관련운전 지침상 MIC를 탱크에 50% 이상 채우지 말아야 했지만 운영 감독은 85%까지 MIC를 채우고 운영하였다. 그리고 공장은 지속적인 손실로 인해 생산능력의 1/3 정도만 가동되면서 근로자 수가 줄었다. 그리고 새로운 근로자가 채용되었지만 공장 시설에 대한 교육이 효과적으로 이루어지지 않았다. ii) 냉각시스템 관련: 탱크 내부의 반응열을 막기 위해 설치되었던 냉동 시스템은 비용 절감을 이유로 작동이 되지 않았다. iii) 계측 및 수동조작 관련: 교대 근무자에게 탱크의 상황을 알릴 수 있는 고온 및 높은 수준의 경보 장치가 설치되어 있었다. 그리고 교대 근무자는 탱크의 압력과 온도가 올라가는 것을 알고 있었지만, 별도의 조치를 취한 기록은 없었다. iv) 자동화 관련: 탱크 내부의 반응폭주를 억제할 수 있는 비상정지 시스템(ESD, Emergency Shutdown System)이 없었다. v) 세정기 관련: 유독가스가 배출될 경우 이를 자동으로 세정하는 세정기(Scrubber)도 있었으나 1개월 넘게 고장나 있었다. vi) 소각 시스템 관련: 누출된 가스를 태우는 소각 시스템(Flare stack)이 있었으나 파이프가 고장나 작동이 불가능했었다. vii) 비상대응: 근로자 대피명령은 12월 3일 새벽 0시 50분에 이루어졌지만 이때는 사이렌이 공장 내에서만 울려 근로자들만 대피시켰다. 그리고 외부에서도 들을 수 있게 사이렌이 제대로 울린 것은 가스가 본격적으로 누출되기 직전인 새벽 2시 10분이었다. viii) 슬립 밸브 관련: 이러한 사고를 막기 위해 배관 세척 중에는 슬립 블라인드[72]를 밸브에 추가로 삽입하여 MIC 탱크에 물이 들어가는 것을 막아야 했다.

전술한 다양한 원인 외에도 다양한 상황이 있을 수 있다. 1984년 12월 2일 사고 당일 유지보수 감독자는 다른 업무로 인해 부재 중이었고, 교대 감독자의 지시에 따라 정비 근로자는 배관 세척(flush) 작업을 했다. 하지만 정비 근로자는 밸브에 슬립 블라인드를 설치하지 않은 것을 알고 있었지만, 그것은 자신의 업무가 아니고 다른 사람이 잘 알아서 했을 것이라는 판단으로 조치하지 않았다. 이러한 근로자의 판단은 무임승차와 관련이 깊은 행동이다.

라. 그룹의 생각

응집력, 충성도, 합의 그리고 헌신은 모두 팀이 갖는 독특한 속성이다. 그러나 때때로 이러한 속성이 팀의 의사 결정에 좋지 않은 결과를 초래할 수 있다. 팀 운영의 조화를 유지하기

72) 슬립 블라인드(slip blind)는 파이프라인이나 기타 개구부를 밀봉하는 데 사용되는 플랜지 유형이다.

위해 문제나 이슈를 공론화하는 것을 꺼린다. 그룹의 생각은 부하 직원이 상사나 상급 관리자를 불쾌하게 하지 않기 위해 좋은 소식만 공유하는 현상으로 발현될 수 있다. 아래 표의 내용은 집단사고를 이루는 그룹의 상황이다.

구분	내용
무적의 환상 (Illusion of invulnerability)	과도한 낙관주의를 만들고 극도의 위험 감수를 조장한다.
집단적 합리화 (Collective rationalization)	결정을 다시 내리기 전 집단적으로 합리화하여 경고의 수준을 낮춘다.
의심할 여지가 없는 도덕성 (Unquestioned morality)	그룹이 갖는 고유한 도덕성을 믿어 의심치 않아 윤리적 또는 도덕적인 문제를 일으킬 경향이 있다.
고정관념 (Stereotyped view)	잘 변하지 않는 행동으로 확고한 의식이나 관념이다. 집단이 갖는 단순하고 지나치게 일반화된 생각들이다.
직접적인 압력 (Direct pressure)	팀이나 그룹 구성원이 올바른 지적이나 의견을 내지 못하도록 하는 압박이다.
자기 검열 (Self-censorship)	아무도 강제하지 않지만 위협을 피할 목적 또는 타인의 감정을 상하게 하지 않을 목적으로 자신의 표현을 스스로 검열하는 행위이다.
만장일치의 환상 (Illusion of unanimity)	만장일치를 강조하여 의견을 내지 않는 침묵을 동의로서 간주한다는 생각이다.

마. 책임 분산

두 명 이상의 사람이 어떤 일을 수행할 때 서로의 의견이 다른 가운데 상호 협의가 될 경우, 그들은 개인 스스로 내린 결정보다 위험을 감수하면서 안전절차를 무시할 가능성이 높다. 이러한 행동 방식을 책임 분산이라고 하고, 때로는 군중 사고방식(herd mentality)이라고도 한다. 책임 분산은 사고를 유발하는 하나의 요인으로 미국 에너지부 관할 현장에서 발생했던 사례를 아래와 같이 살펴본다.

1980년대 후반 미국 에너지부 관할 공장에서 관리자는 근로자들과 함께 주말 동안 펌프 교체 작업을 수행하였다. 이 작업은 비정상적으로 오랫동안 운영되지 않았던 시스템의 가동을 지원하기 위한 펌프 작업이었다. 하지만 펌프 교체 작업은 순조롭지 못했다. 그리고 관리자와 근로자들은 펌프 교체 작업 지연으로 인해 공장 운영이 어려워질 것이라는 압박감을 갖고 있었다. 이에 따라 그들은 정해진 규정이나 절차 등을 위반하게 되었다. 물론 당시 상황으로 보면 그들이 내린 결정은 긴급한 상황이므로 절차를 위반하는 것이 일리가 있는 것으로 보였다. 하지만 이러한 책임 분산으로 인한 사고를 막기 위해서는 잠시 멈춤 제도(timeout)를 통해 누군가가 안전절차의 중요성을 주지시켜야 했다. 그리고 모든 근로자들에게 긴급한 상황일지라도 정해진 절차 준수의 중요성을 일깨우는 교육을 시행해야 했다. 조직은 두 명 이상이 어떠한 결정을 내려야 하는 상황에서 안전한 결정을 내릴 수 있도록 지속적인 교육과 훈련을 지원해야 한다.

(3) 개인적 종속성

개인적 종속성은 사람이 외부의 환경이나 다른 사람에게 의존하는 경향이다. 개인적 종속성이 있는 사람은 일반적으로 다른 사람, 가족 및 종교 단체 등에 도움을 구한다. 이러한 도움에는 매우 늙거나 아프거나 장애가 있는 사람이 보호자에게 의존하는 신체적 도움, 학생이 선생님에게 그리고 후배가 선배에게 의존하는 인지적 도움, 안심과 안정을 위해 다른 사람에게 의존하는 안정적 도움 등이 있다. 이러한 종속성은 좋은 면과 좋지 않은 면이 있는데, 좋지 않은 면에는 나약함, 미성숙, 수동성, 불안전한 행동 등 자율적이고 성숙하며 안전한 생활을 유지하는데 장애물이 된다.

좋지 않은 개인적 종속성이 있는 사람은 그동안 자신이 경험한 내용과 숙련도 또는 자격 등을 기반으로 자신만의 종속성을 따라 어떠한 에러도 범하지 않을 것이라는 생각을 한다. 결과적으로 개인적 종속성은 휴먼에러를 일으킨다. 개인적 종속성을 개선하기 위해서는 휴먼 퍼포먼스를 개선할 수 있는 프로그램 시행이 필요하다.

8.12 동조

(1) 개요

동조(Conformity)는 사람이 태도, 신념, 집단 규범, 정치 또는 비슷한 생각을 가진 사람들과 생각을 일치시키고, 타인의 반응에 맞춰 자신의 행동을 바꾸는 행위이다. 동조는 정보적(informational) 동조와 규범적(normative) 동조로 구분할 수 있다(Deutsch& Gerard, 1955). 정보적 동조는 현실을 정확하게 해석하고 올바르게 행동하려는 욕구에 기반하고, 규범적 동조는 타인의 사회적 인정을 얻고자 하는 목표에 기반한다. 규범적 동조 측면에서 사람들은 개인적인 욕망을 추구하기보다는 사회에 순응하는 것을 선호한다. 새로운 길을 개척하는 것보다 다른 사람들이 이미 걸어온 길을 따르는 것이 더 쉽기 때문이다. 따라서 순응은 때때로 집단 의사소통의 산물이기도 하다.

동조는 소규모 집단과 사회 전체에서 발생하며, 다른 사람들과 있을 때나 혼자 있을 때에도 발생한다. 예를 들어, 사람들은 혼자 있을 때에도 식사를 하거나 텔레비전을 시청할 때에도 사회적 규범을 따르는 경향이 있다. 한편, 동조는 군중심리와 관계가 있다. 군중심리(Herd mentality)는 사람들이 속한 집단의 행동이나 신념에 동조하려는 경향을 말한다.

귀스타브 르 봉(Gustave Le Bon)은 프랑스의 박식가로 1895년 '군중의 심리학(The Psychology of Crowds)'을 저술했다. 이 책에서 그는 군중 속 사람들은 집단 최면에 종속된다고 주장했다. 1903년, 프랑스 사회학자이자 범죄학자인 가브리엘 타르드(Gabriel Tarde)는 이러한 집단 최면에 사회적 몽유병(social somnambulism) 또는 사회적 수면 장애(social sleepwalking)라는 이름을 붙였다.

(2) 실험 사례

가. 솔로몬 애쉬

솔로몬 애쉬(Solomon E. Asch)가 하버드 대학교 사회 관계 실험실에서 일곱 명의 피험자를 대상으로 동조 실험을 했다. 다음 그림과 같은 두 장의 카드를 피험자들에게 보여주었다. 좌측 그림의 카드에는 하나의 표준 선이 그려져 있었다. 우측 그림의 카드에는 세 개의 선이 그려져 있었는데, 그중 하나는 표준 선과 길이가 같았다.

피험자들은 좌측 그림 카드의 선과 길이가 같은 우측 그림 카드의 선을 선택하도록 요청받았다. 우측 그림의 세 선들은 피험자 한 명씩 자리에 앉은 순서에 따라 의견을 말했다. 이 실험의 조건은 가장 마지막 순서에 앉아있는 사람을 피험자로 지정하고, 이외의 사람은 실험자와 미리 협력하여 실험에 참여한 사람들(협조자)로 미리 정해진 조건에 따라 반응했다. 협조자가 모두 옳지 않은 선을 선택했을 때, 피험자는 어떤 행동을 취해야 하는가? 피험자에게는 두 가지 선택이 놓여 있다. 첫째는 협조자 다수의 의견을 거부하고 독립적인 의견을 말하는 것이고, 둘째는 협조자 다수의 의견에 동조하여 사실의 증거를 거부하는 것이다.

1번 협조자는 A라고 답을 한다. 그리고 2번 협조자도 A라고 대답한다. 그리고 3번, 4번, 5번도 마찬가지이다. 이제 곧 피험자의 차례인데, 피험자는 고민에 빠진다. 실험결과 놀라운 사실이 발견되었다. 일반적인 상황에서 개인이 잘 못 선택할 확률은 1% 미만이지만, 실험 상황에서는 36.8%가 협조자 집단의 잘못된 선택을 받아들였다. 물론 개인마다 반응은 달랐다. 어떤 피험자들은 완벽하게 협조자 집단의 의견에 동의하지 않았지만, 어떤 피험자들은 거의 항상 협조자 집단의 의견에 동조했다. 집단의 영향력 측면에서 중요한 변수는 무엇인지? 다수인지? 만장일치인지?

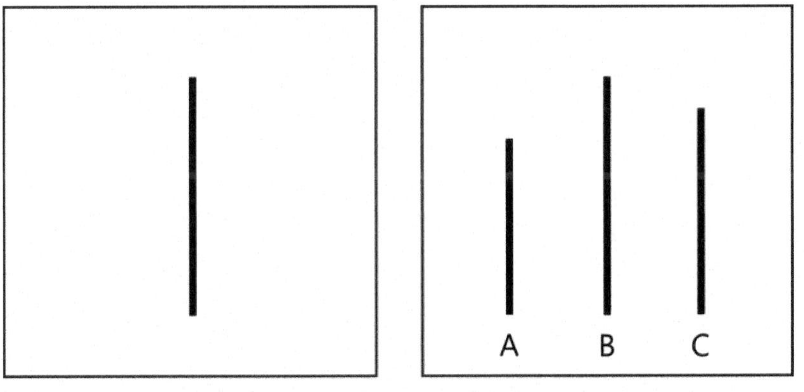

솔로몬 애쉬는 이 실험을 통해 집단은 동조하기 위해 명백히 잘못된 선택을 할 수 있다는 것을 증명하였고, 이것을 규범적 동조라고 정의하였다. 실험 이후 피험자와 인터뷰를 한 결과, 피험자들은 협조자들의 선택이 옳지 않다는 것을 알고 있었다. 하지만 피험자는 협조자들이 더 현명하다고 생각했고, 별종으로 취급 받고 싶지 않아 명백한 잘 못을 선택했다고 답했다.

대부분의 경우 사람들은 의식적이든 무의식적이든, 특히 카멜레온 효과라는 메커니즘을 통해 사회 집단의 규범에 단순히 순응했다. 카멜레온 효과는 사람들이 호감을 형성하고 원활하게 진행되는 사회적 상호작용을 만들기 위해 의도치 않게 그리고 자동적으로 다른 사람의 몸짓, 자세 및 말투를 모방하는 것이다. 타인의 반응에 맞춰 자신의 행동을 바꾸는 것은 의식적일 수도 있고 무의식적일 수도 있다.

나. 셰리프의 실험

셰리프(Sherif's experiment, 1935)는 한 개인이 집단의 의견에 따라 얼마나 변하는지 실험을 하였다. 그의 실험에서 참가자들은 어두운 방에 배치되어 4.5미터 떨어진 작은 빛 점을 응시했다. 그리고 실험자는 피험자들에게 빛이 움직인 정도를 추측해 보라고 했다. 실험조건은 빛의 움직임은 전혀 없었고, 동일한 피험자를 대상으로 몇 일간 시행하는 것이다. 피험자는 시각적 착시현상으로 인하여 2.5 ㎝에서 25 ㎝ 정도의 움직임을 인식했다. 첫날에는 각 참가자가 서로 다른 움직임을 인식했지만, 둘째 날부터 넷째 날까지는 동일한 움직임에 동의했고, 다른 참가자들도 그 예측에 동의했다. 시간이 지남에 따라 각자의 판단을 소리 내어 논의하면서 개인적인 예측은 다른 집단 구성원들의 예측과 일치하기 시작했다. 셰리프는 이것이 사회에서 사회적 규범이 어떻게 발전하는지를 보여주는 사례로 정의하면서, 사람들에게 공통된 기준의 틀을 제공한다고 제안했다.

그의 연구 결과는 사람들이 모호한 자극과 새로운 상황을 해석하기 위해 타인의 의견에 의존한다는 것을 강조하고 있다. 이후 그의 실험은 더욱 현실적인 상황을 기반으로 진행되었다. 피험자에게 범죄 용의자를 개별적으로 1초간 보여주었다. 한 실험 그룹에게는 어떤 내용도 말하지 않았고, 한 실험 그룹에게는 법정에서 사용될 중요한 증거라고 주의를 당부하였다. 어떤 내용도 듣지 못한 그룹은 35%의 동조율을 보였고, 법정에서 사용될 증거라는 말을 들었던 그룹은 51%의 동조율을 보였다. 중요성을 더 많이 부여하면 동조하는 경향이 증가했다.

다. 사소한 것의 기적

2008년 3월 서울의 한 주택가에서 쓰레기봉투 하나로 작지만 의미 있는 실험이 있었다. 이 실험은 EBS가 동조현상을 알기 쉽게 연출한 것이다. 통행인이 있는 주택가 전봇대 한쪽에 쓰레기가 들어있는 검정색 봉투를 그냥 방치해 두는 것으로 실험은 시작되었다. 효과적인 실험을 위해 통행인이 보지 못하는 장소에 CCTV를 설치해 두고 실험자들이 광경을 볼 수 있도록 설정하였다.

날이 어두워질수록 지나가던 사람들이 하나둘씩 쓰레기를 버리는 장면이 목격되었다. 그리고 어떤 행인들은 잠시 주위를 살피고 주춤 하더니 곧 쓰레기를 버렸다. 쓰레기는 곧 쌓이기 시작했다. 밤이 깊어 가면서 쓰레기는 산더미 처럼 쌓였다. 실험자는 쓰레기를 버린 사람들을 만나 왜 쓰레기를 버렸는지 물었는데, 사람들은 이사온지 얼마되지 않아 그곳에 쓰레기가 있어 버려도 되는 줄 알았다고 답했다. 그리고 민망한지 쓰레기를 다시 가져갔다.

무단 쓰레기로 골치를 앓는 이 장소에는 해당 구청이 이미 '쓰레기를 함부로 버리지 맙시다', '당신이 버린 양심 거울은 알고 있습니다'라고 쓰여진 반사경을 설치되어 있었다. 그리고 쓰레기를 버리면 벌금을 물리고 CCTV가 설치되어 있다는 경고 안내문을 설치한 상황이었지만, 아무 소용이 없었다. 주택가 주민들은 쓰레기가 쌓이는 곳의 불결함과 악취로 인해 상당한 피해를 보고 있다고 답했다.

실험자들은 쓰레기가 쌓인 이유는 사소한 쓰레기 봉지 하나였으므로 그 사소한 것을 변경하는 실험을 하기로 했다. 실험자는 구청의 협조를 얻어 해당 지역을 말끔히 청소하고 작은 화단을 만들기로 했다. 지나가는 행인에게 '여기에 화단을 만들면 쓰레기가 쌓일까요?'라는 질문에 행인은 걱정스러운 표정으로 '소용없을 것 같은데요'라고 답했다. 그리고 지역 주민에게도 동일한 질문을 했으나, 소용없을 것이라는 답이 다수였다. 실험자는 화단을 완성하고 쓸모없던 경고 안내문을 제거했다. 하지만 아직 그 결과는 알 수 없는 상황이었다.

시간이 지나고 있었지만 아직까지는 쓰레기를 버리는 사람이 없었다. 그리고 어디선가 쓰레기를 든 사람이 어슬렁거리며 그곳으로 향하고 있었다. 그 사람은 화단을 보고도 그 주변에 쓰레기를 버리고 되돌아가려고 하고 있었다. 그런데 버렸던 쓰레기를 다시 되가져가고 있는 것이었다. 다음 날 아침 8시, 그곳에는 쓰레기가 없었다. 작은 화단 하나가 그동안 골머리를 앓던 쓰레기 방치 장소를 변화시킨 것이다. 이후 A 주민에게 그 상황을 묻자, 매우 놀라웠다고 답했다. B주민은 쓰레기 천지였고 막 지저분하고 그랬는데 이렇게 화단이 생기고 쓰레기가 없고 보기 좋다고 답을 했다. 해당 지역 환경미화원은 너무 감사하다는 말을 남겼다. 의외로 세상을 바꾸는 것은 사소한 것이다.

쓰레기가 방치된 곳에 꽃을 심고 땅을 가꾸면 이곳은 누군가가 소유한 것으로 보인다. 그리고 그곳이 누군가 신경 쓰는 장소라고 보이게 되면, 사람들은 그곳을 존중하게 된다(조지 켈링 교수, 러트거스대 심리학과). 평상시 규칙을 잘 지키던 사람도 누군가 그 규칙을 어기면 동조하는 현상이 커진다. 그 사람이 갖고 있는 기본적인 도덕이나 규범이 상황에 바뀌는 것이다.

이런 현상을 사업장으로 적용해 본다면 단연 안전풍토와 안전문화 조성이라는 측면에서 동조 현상을 십분 활용할 수 있을 것으로 생각한다. 안전문화란 조직에서 안전이 우선시되고, 조직과 개인이 그 중요성을 분명히 인식하고, 조직과 개인이 이를 바탕으로 항상 그리고 자연스럽게 생각과 행동을 취하는 것을 의미하며, 그것은 가능한 행동의 체계이다. 또한 안전문화는 개인과 집단의 가치관, 사물에 대한 태도, 감정, 전문기술, 기능 및 행동 패턴의 결과로서 윤곽을 파악하는 것이다.

체르노빌 원전사고를 조사했던 IAEA의 국제원자력안전자문그룹(INSAG)은 다음 그림과 같은 Edgar H. Schein의 조직문화 모델을 안전문화 모델로 채택하였다. 그리고 안전문화가 인

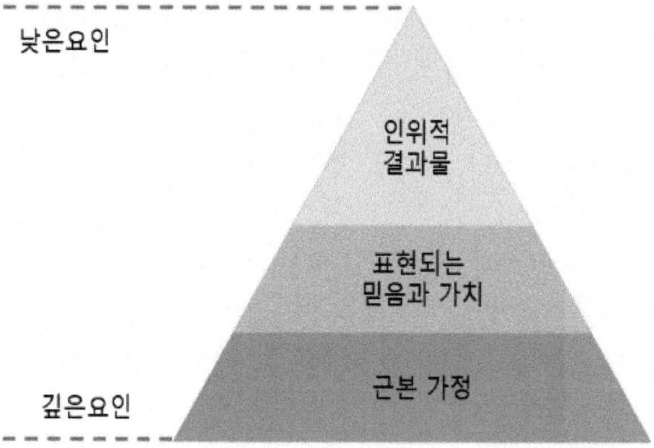

위적결과물, 표현되는 믿음과 가치 그리고 근본가정 세개의 층으로 구성된 다는 것을 강조하였다. 이에 대한 예시로 근로자가 누구도 보고 있지 않은 상황에서 안전한 행동을 한다는 것은 관찰이 가능하므로 인위적 결과물에 해당한다. 그리고 그 근로자가 안전한 행동을 하도록 유도한 것은 표현되는 믿음과 가치 그리고 근본가정이다. 따라서 안전문화를 조성하는 과정은 회사나 조직이 안전을 근본적인 가정과 표현되는 믿음과 가치로 삼아(안전 마음챙김, Safety Mindfulness) 사람들의 행동을 안전하게 유도하는 끊임없는 과정이라고 볼 수 있다.

사업장 구성원 한 명이 안전한 행동을 하면 한 사람의 습관이고, 두 명 이상이 하면 안전문화 조성의 시작으로 볼 수 있다. 여기에서 한 사람 그리고 그 이상의 사람이 서로가 서로의 모범이 되어, 안전규칙을 준수하는 행동은 집단의 안전습관이라는 동조 현상을 이끌어 낼 수 있다고 생각한다.

9 휴먼에러 유발 상황

미국 원자력발전협회(Institute of Nuclear Power Operation, INPO)는 휴먼에러를 일으키는 상황(Error likely situation)을 과제의 요구사항(task demands), 개인의 능력(individual capabilities), 작업 환경(work environment) 그리고 인간본성(human nature)으로 구분하였다. 휴먼에러를 일으키는 상황은 휴먼에러를 일으키는 조건이므로 휴먼에러가 발생하기 전 존재한다. 따라서 휴먼에러를 일으키는 상황을 제거하면 휴먼에러를 줄일 수 있다.

구분	내용
과제의 요구사항 (task demands)	할당된 업무가 사람의 능력을 초과하는 것을 확인할 수 있는 정신적 그리고 신체적 요구사항과 물리적 요구 사항, 작업 난이도 및 복잡성을 검토한다. 과제의 요구사항과 관련한 문제는 과도한 작업량, 서두름, 동시 작업, 불명확한 역할 및 책임 및 모호한 기준 등이 있다.
개인의 능력 (individual capabilities)	특정 작업의 요구사항을 충족하지 못하는 사람의 정신적, 신체적 및 정서적 특성으로 인지적 및 신체적 제한이 포함된다. 예를 들면 안전하지 않은 태도, 부족한 교육 수준, 지식 부족, 숙달되지 않은 기술, 성격, 경험 부족, 잘못된 의사소통 관행, 피로 및 낮은 자존감 등이 있다.
작업 환경 (work environment)	사람의 행동에 영향을 미치는 작업장, 조직 및 문화적 조건 등의 영향이다. 여기에는 어색한 장비 배치, 복잡한 작업 절차, 다양한 위험에 대한 작업 그룹의 태도, 작업 제어 프로세스, 온도, 조명 및 소음 등이 포함된다.
인간본성 (human nature)	습관, 단기 기억, 스트레스, 안주, 부정확한 위험 인식, 사고 방식 및 정신적 지름길과 같은 불리한 조건에서 사람이 에러를 범할 수 있는 일반적인 요인이다.

9.1 작업 환경(Work Environment)

구분	내용
1. 혼란 및 방해	• 작업 순서에 따라 작업하는 동안 잠시 중지, 그리고 다시 시작하도록 요구받는 작업 환경 조건
2. 일상의 변화와 일탈	• 기존의 업무 방식에서 벗어남 • 작업이나 장비 상태에 대한 정보를 이해할 수 없도록 하는 익숙하지 않거나 예측하지 못한 작업 또는 작업 현장 조건
3. 혼란스러운 디스플레이 또는 컨트롤	• 사람의 작업 기억이 혼동될 수 있도록 설치된 디스플레이 및 제어 장치의 특성 • 시설에 대한 설명이 누락되거나 모호한 내용(불충분하거나 관련성이 없음) • 특정 프로세스 매개변수 표시 부족 • 비논리적인 구성 또는 레이아웃 • 표시된 프로세스 정보에 대한 식별 부족 • 표시 간의 충돌을 구별하는 명확한 방법 없이 서로 가깝게 배치된 컨트롤
4. 계측에러	• 보정되지 않은 장비나 프로그램의 결함
5. 잠재된(숨겨진) 시스템 응답	• 장비나 기기 조작 후 사람이 볼 수 없거나 예상하지 못한 시스템 반응 • 어떠한 조치로 인해 장비나 시스템이 변경되었다는 정보를 받을 수 없음
6. 예상치 못한 장비 상태	• 일반적으로 접하지 않았던 시스템 또는 장비 상태로 인해 개인에게 익숙하지 않은 상황 발생
7. 대체 표시 부족	• 계측 장치가 없어 시스템이나 장비 상태에 대한 정보를 비교하거나 확인할 수 없음
8. 성격 갈등	• 두 명 이상의 사람이 함께 작업을 수행하는 경우 개인적 차이로 인해 주의가 산만해짐

9.2 개인의 능력(Individual Capabilities)

구분	내용
1. 업무 미숙	• 작업 기대치나 기준을 알지 못함 • 작업을 처음 수행함
2. 지식 부족(잘못된 정신 모델)	• 작업을 완료하는 데 필요한 정보를 알지 못함 • 작업 수행에 대한 실제적인 지식 부족
3. 이전에 사용되지 않은 새로운 기술	• 작업 수행에 필요한 지식 또는 기술 부족
4. 부정확한 커뮤니케이션 습관	• 근로자 간 정확한 의사소통이 어려운 수단이나 습관
5. 실력/경험 부족	• 해당 작업을 자주 수행하지 않아 작업에 대한 지식이나 기술의 수준이 낮음
6. 불분명한 문제 해결 능력	• 익숙하지 않은 상황에 대한 체계적이지 못한 대응 • 이전에 성공한 해결책을 사용하지 않음 • 변화하는 환경(시설 조건)에 대처하지 못 함
7. 불안전한 태도	• 존재하는 위험에 대한 주의를 기울이지 않고 작업(생산)을 달성하는 것이 중요하다는 개인적인 믿음 • 특정 작업을 수행하는 동안 무적이라는 인식, 자부심, 과장된 감정, 운명론적 마음가짐
8. 질병 또는 피로	• 질병 또는 피로로 인한 신체적 또는 정신적 능력 저하 • 허용 가능한 정신 능력을 유지하기 위한 휴식 부족

9.3 과제의 요구사항(Task Demands)

구분	내용
1.시간의 압박(서두름)	• 행동이나 과업을 긴박하게 수행해야 함 • 지름길을 가야 하고 조급함을 부추김 • 부가적인 작업을 수락해야 함 • 여유 시간이 없음
2.높은 수준의 작업	• 높은 수준의 집중력 유지 • 개인의 정신적 요구(해석, 결정, 과도한 양의 정보 검토)
3.동시 다중 동작	• 정신적 또는 신체적으로 둘 이상의 작업 수행 • 주의력 분산 및 정신적 과부하
4.반복적인 행동/단조로움	• 반복적인 행동으로 인한 부적절한 수준의 정신 활동 • 지루함 • 허용 가능한 수준의 주의력 유지가 어려운 정보
5.돌이킬 수 없는 행동	• 일단 행동을 하면 상당한 지연 없이는 복구할 수 없는 조치 • 조치를 취소할 수 있는 명확한 방법이나 수단이 없음
6.설명 요건	• 현장 진단이 필요한 상황 • 잠재적으로 잘못된 규칙 또는 절차의 오해 또는 적용
7.불분명한 목표, 역할 또는 책임	• 불확실한 작업 목표 또는 기대치 • 업무 수행의 불확실성
8.기준이 없거나 불분명	• 모호한 행동 지침 • 적절한 기준이 없음

9.4 인간본성(Human Nature)

구분	내용
1.스트레스	• 업무가 적절하게 (표준에 따라) 수행되지 않을 경우 자신의 건강, 안전, 자존감 또는 생계에 위협이 된다는 인식에 대한 마음의 반응 • 반응에는 불안, 주의력 저하, 작업 기억력 감소, 잘못된 의사 결정, 정확함에서 빠른 것으로의 전환 등이 포함될 수 있음 • 개인의 업무 경험에 따른 스트레스 반응 정도
2.습관 패턴	• 잘 실행된 작업의 반복적인 특성으로 자동화된 행동 패턴 • 과거 상황이나 최근 업무 경험과의 유사성으로 인해 형성된 성향
3.가정	• 일반적으로 최근 경험에 대한 인식을 바탕으로 사실 확인 없이 이루어진 추측으로 부정확한 정신 모델로 인해 생성됨 • 사실이라고 믿어짐
4.자기만족/과신	• 세상의 모든 것이 잘되고 모든 것이 예상대로 이루어지고 있다는 가정으로 이어지는 "Pollyanna(어떤 상황에서도 항상 긍정적인 면을 찾으려는 상황)" 효과 • 위험이 있는 상황을 인식하지 못하고 자기 과신. 직장에서 7~9년 정도를 근무하면 보통 생김 • 과거 경험을 바탕으로 작업의 어려움이나 복잡성을 과소평가
5.마음가짐(의도)	• 보고 싶은 것만 바라보는 경향(의도), 선입관 • 예상하지 못한 정보를 놓칠 수도 있고 실제로 존재하지 않는 정보를 볼 수도 있음 • 자신의 에러를 발견하는 데 어려움을 겪음
6.부정확한 위험 인식	• 위험과 불확실성에 대한 개인적인 평가 또는 불완전한 정보나 가정 • 잠재적인 결과나 위험을 인식하지 못하거나 부정확하게 이해함 • 개인의 에러 가능성에 대한 인식과 결과에 대한 이해를 바탕으로 위험을 감수하는 행동의 정도(남성에게 더 많이 발생)
7.정신적 지름길 또는 편향	• 익숙하지 않은 상황에서 패턴을 찾거나 보는 경향, 익숙하지 않은 상황을 설명하기 위해 경험 법칙 또는 마음의 습관(휴리스틱) 적용, 확증 편향, 빈도 편향, 유사성 편향 및 가용성 편향
8. 제한된 단기 기억	• 망각을 일으킴 • 동시에 2~3개 이상의 정보 채널에 정확하게 주의를 기울일 수 없음

III 조직 측면

휴먼에러를 일으키는 조직 측면의 기여요인에는 직무 패턴, 직장 문화, 자원, 의사소통 및 리더십 등이 있다. 이러한 요인들은 사람과 및 집단에게 강력한 영향을 준다. 통상적으로 직장에서 근무하는 사람들의 행동은 자신이 위치한 사업 또는 조직의 특수한 영향인 조직문화에 영향을 받고, 안전문화는 조직문화에 많은 영향을 받는다.

1 조직문화

문화란 지식, 신앙, 예술, 도덕, 법률, 관습 등 인간이 사회의 구성원으로서 획득한 능력 또는 습관의 총체이다. 이러한 개념에 대한 정의는 지난 50여 년간 인류학계에 큰 영향을 끼쳤으나 인류학의 발전과 더불어 문화의 정의는 더욱 많아졌다. 그리고 문화에는 습득된 행동, 마음속의 관념, 논리적인 구성, 통계적으로 만들어진 것, 심리적인 방어기제 등 164가지나 되는 요소가 있는 것으로 알려져 있다. 하지만, 문화가 실제인지 추상인지가 중요한 것이 아니고 이것을 어떻게 과학적으로 해석하느냐가 중요하다고 볼 수 있다. 문화를 가장 쉽게 이해하는 방법은 국가, 직업, 조직 등 넓은 의미의 범주에서 관찰을 통해 이해하는 것이다. 국가별로 서로 다른 언어, 질병 치료 방법, 종교, 자녀 양육, 음식, 예술, 축하, 농담, 예의, 의복, 작업 방식이 존재하고 있어 문화의 특징을 잘 설명해 주고 있다.

조직문화는 조직의 기대사항이 반영된 경험, 철학과 사람의 행동을 이끄는 가치를 포함한다. 그리고 사람의 자아상, 내부 작동, 외부 세계와의 상호 작용, 미래의 기대로 표현된다. 조직문화에는 조직이 공유하는 가치, 리더십 및 기대치, 성과 관리 및 참여 수준이 포함된다. 따라서 조직은 유연하고 좋은 문화를 구축하여 사람이 긍정적인 잠재력을 발휘하도록 지원한다. 조직문화의 세가지 수준은 다음과 같다.

1.1 인위적 결과물

인위적 결과물(artifact) 은 우리가 다른 문화를 가진 새로운 집단과 마주했을 때 보고 듣고 느낄 수 있는 현상이다. 인위적 결과물에는 그 그룹의 물리적 환경, 건축, 언어, 기술과 제품, 예술적 창조물, 의복 및 감정적 표현에 구현된 스타일 등이 포함되어 있다. 이 인위적 결과물 중에는 집단의 풍토가 있으며, 풍토는 문화의 징후를 나타낸다. 관찰된 행동 양식과 의식 또한 그러한 행동이 일상적인 것으로 만들어지는 조직적인 과정의 인위적 결과물이다. 인위적 결과물은 일반적으로 우리가 가장 잘 볼 수 있는 것들이다.

1.2 표현되는 믿음과 가치

표현되는 믿음과 가치(espoused beliefs and values)는 조직이 일하는 방식으로 이해할 수 있다. 이것은 인위적 결과물보다 더 깊은 요인으로 조직의 가치와 행동, 헌장, 비전과 사명 선언문 등으로 공유되는 유형으로 조직 문화에 대한 통찰력을 얻을 수 있다.

표현되는 믿음과 가치는 조직의 핵심 도덕으로도 간주할 수 있고 조직이 업무를 수행하는 방식에 대한 일종의 청사진 역할을 한다.

1.3 근본 가정

근본 가정(taken-for-granted underlying basic assumptions)은 표현되는 믿음과 가치보다 더 깊은 요인으로 문화의 기반이 되는 토대이다. 근본 가정은 종종 설명하기 어렵고 무형이며 조직이 작동하는 방식에 익숙해진 사람들만 실제로 이해하는 경우가 많다. 만일 당신이 어떤 조직에 새로 참여하여 적응에 오랜 시간이 걸린다는 상황을 가정해 보면, 여기에 오랫동안 있었던 사람이 당연하게 여기는 근본 가정을 아직 파악하지 못했기 때문이다. 근본 가정은 일반적으로 보이지 않지만 종종 강력한 영향을 발휘한다. 아래 그림은 인위적 결과물, 표현되는 믿음과 가치 그리고 근본 가정으로 구성된 문화의 세 가지 수준이다.

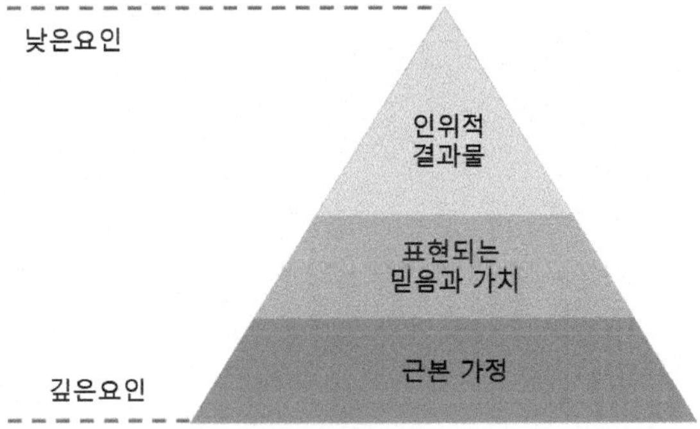

2 조직문화와 안전

조직문화와 안전은 상관관계가 있을까? 이러한 상관관계 확인은 실제 조직을 대상으로 연구하기 전까지는 알 수 없는 경험적인 측면이다. 하지만 알려진 여러 연구에 따르면 다음 그림(p.161)과 같이 조직문화는 조직구조와 서로 영향을 주고받으면서 성숙한다. 그리고 안전은 조직구조의 영향을 받는다고 알려져 있다. 결국 조직문화는 안전문화의 형태로 만들어져 안전에 지대한 영향을 준다.

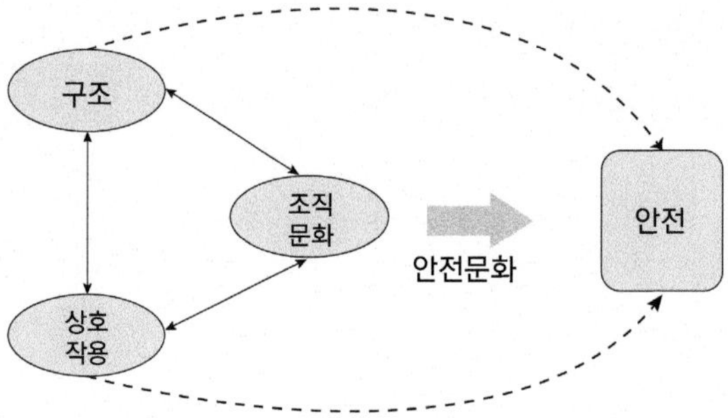

3 안전문화

1986년 4월 우크라이나 체르노빌 원자력발전소에서 원자로가 멈춘 것을 가정한 실험 도중, 정지 중이었던 4호기가 제어불능으로 노심이 녹아 폭발하는 사고가 발생하였다. '안전문화'라는 용어는 체르노빌 원전사고 조사를 담당했던 IAEA의 국제원자력안전자문그룹(INSAG)이 작성한 '사고 후 검토회의 요약'(1986년)에서 처음으로 사용되었다. 당시 안전문화와 관련한 Turner(1998), Rasmussen(1997), Reason(1997) 그리고Leveson(2004) 등과 같은 많은 전문가들의 이론이 있었지만, 국제원자력기구(IAEA)는 Shein이 제시한 문화 모델을 안전문화 이론에 접목하였다. 조직문화의 세가지 수준은 다음과 같다.

3.1 근본 가정

근본가정(taken-for-granted underlying basic assumptions)은 사람이 무의식적으로 어떤 행동을 하게 하는데 많은 영향을 주는 요인이다. 아래는 안전과 관련이 있는 근본가정의 예시이다.

- 근로자, 계약자 및 공공의 안전이 모든 상황에서 최우선 과제라고 믿는 것이다.
- 관리자들의 책임에 안전이 포함되어 있다.
- 안전과 관련한 경계심을 늦추지 않는다.
- 사람이 실수하는 상황을 정상적이라고 생각하고 개선의 기회로 삼는다.
- 법적인 준수는 최소한의 요구사항이라고 생각한다.
- 공정한 안전 문화를 구축한다.

3.2 표현되는 믿음과 가치

안전과 관련한 가치(value)는 조직에서 구성원의 행동을 유도하는 주요 원칙으로 안전보건

경영시스템 운영의 핵심적인 역할을 한다. 아래는 안전과 관련한 믿음과 가치의 예시이다.

- 구성원의 근로조건에 안전과 관련한 내용이 있다.
- 모든 사람은 안전과 관련한 책임이 있다.
- 모든 사람은 안전에 관한 질문과 문제를 제기할 수 있다.
- 사업장의 잠재적인 유해 위험요인을 개선 대상으로 선정한다.
- 조직에는 안전소통을 위한 열린 채널이 있다.
- 모든 아차사고를 보고하고 조사한다.
- 안전한 작업을 시행하기 위한 효과적인 교육 훈련 프로그램을 구비한다.
- 안전성과를 주기적으로 보고하고 측정한다.

3.3 인위적 결과물

인위적 결과물(artifact)은 형식적, 문서적, 물리적 요소를 다루지만 비형식적 요소 또한 포함한다. 안전과 관련한 인위적 결과물은 아래의 예시와 같다.

- 조직의 안전보건 정책, 목적 그리고 성명서
- 시스템 문서와 절차
- 안전성과 보고서
- 공장 설계 문서와 안전 고려사항
- 외부에 공개한 안전관련 자료
- 안전가이드라인 또는 핸드북
- 안전포스터
- 사업장의 안전게시판
- 안전문화 설문서
- 안전시상
- 정형화된 안전보호구와 작업복

안전과 관련한 경영층, 관리감독자 그리고 근로자의 좋은 행동 유형은 아래와 같다.

- 경영층

경영층은 가시적인 리더십을 보이고 안전에 대한 헌신, 의사소통, 안전과 관련한 문제 제기, 안전에 대한 긍정적인 태도, 관리방식 개선, 신뢰와 공감대를 형성한다.

- 관리감독자

관리감독자는 안전에 대한 긍정적인 태도 보유, 안전과 관련한 문제 제기, 안전대책 수립 지원, 안전개선을 위한 동기부여, 팀 간 신뢰 구축, 안전개선을 위한 열린 마음가짐, 학습하는 자세 그리고 스스로 안전한 행동의 전파자가 되어야 한다.

- 근로자

근로자는 회사의 안전규정과 절차 준수와 작업장 주변의 유해 위험요인에 대한 보고와 개선을 해야한다.

4 조직측면의 휴먼에러

4.1 본사 조직과 사람에 의해 휴먼에러 발생

본사에 있는 경영층은 사업장의 안전관리 수준을 결정할 수 있는 막강한 권한을 갖고 있다. 본사는 사업장 책임자와 관리자의 인사권을 갖고, 다양한 명령을 통해 좋은 결과를 요구하는 것이 일반적이다. 이때 사업장 책임자나 관리자는 본사의 명령을 거스르거나 좋지 않은 결과를 보이면, 심각한 인사 결정을 받기도 한다. 이러한 권력거리를 기반으로 하는 본사와 사업장 간의 업무 방식에 따라 사업장은 때때로 불안전한 결정을 할 수도 있다. 그 이유는 본사가 자원확보, 공사 기간 확보, 인원 투입 및 각종 투자와 관련한 권력을 갖고 있지만, 적절한 지원을 하지 않기 때문이다. 사업장과 근로자는 주어진 환경에서 효율과 안전을 번갈아 가면서 선택과 집중을 한다. 이러한 조건은 사람의 에러를 유발하는 주요 기여요인이다. 다음 그림은 다양한 조건들이 근로자에게 영향을 주는 모습을 그린 것이다.

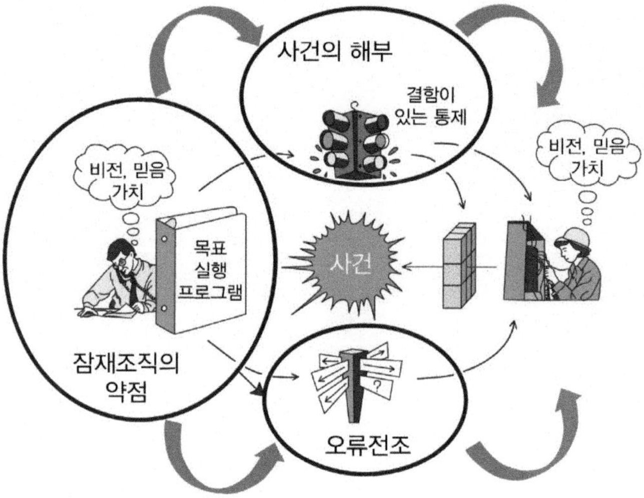

4.2 지식기반 근로자가 휴먼에러 유발

본사나 사업장 외부에 있으면서 제품이나 시설을 설계하는 사람을 지식기반 근로자라고 칭한다. 이들은 주로 국가법규, 경험, 관행 및 기술 수준에 따라 제품이나 시설을 설계하는 사람들이다. 이들의 가장 중요한 우선순위는 빠른 시간 내에 설계를 완료하는 일이다. 그리고 저렴한 투자를 이끄는 것이다. 그 이유는 본사에 위치한 경영층으로부터 그러한 지침이나 조정을 받기 때문이다. 이러한 결과로 인해 지식기반 근로자가 설계단계에서 검토하지 못한 시설 설치나, 인지하고 있었지만 비용 문제로 인해 반영하지 못한 안전시설 등으로 인해 사업장과 근로자는 휴먼에러를 일으키게 된다.

4.3 위험성 감소조치의 효과가 낮음

위험성평가에 따라 검토된 다양한 위험요인에 대한 감소조치를 효과적으로 시행해야 한다. 이러한 감소조치에는 제거, 위험 대체, 공학적 대책 사용, 행정적 조치 그리고 보호구 사용 등의 우선순위를 적용하는 것이 국제적 기준이며, 유해위험요인을 관리하기 위한 최선의 방법이다. 다만, 이러한 높은 우선순위를 적용할 경우 그에 상응하는 비용 수반이 필요하다. 사업주는 전술한 위험관리 우선순위를 적용하는데 있어 가급적 적은 비용 투자를 선호하고, 절차 수립, 교육 및 보호구 지급 등의 비효율적인 개선을 하는 것이 현실이다. 결국, 동일하고 유사한 사고가 지속적으로 발생한다.

4.4 집중화된 안전관리

지난 50년간 전통적인 안전관리는 사고를 이탈(deviation)의 결과로 보고 이를 개선하기 위해 책임부여와 압박을 활용해 왔다. 그리고 사고가 발생하는 원인을 사람의 불안전한 행동으로 지목하고, 그들의 기준 미준수를 비난해 왔다. 이러한 비난의 이유는 사람이 계획에 따라 작업하고 안전관리 요구 사항을 준수한다면 모든 것이 잘 될 것이라는 믿음 때문이다. 조직은 안전관리 수준을 높이기 위해 그동안 다양한 압박과 압력을 사용해 왔다. 이러한 상황에 따라 사업장의 근로자는 현실적으로 불가능한 기준과 절차를 준수해야 한다는 압박에 따라 잦은 휴먼에러를 범하게 되고, 사고의 가능성에 노출되어 왔다. 이러한 좋지 않은 연결고리는 조직이 집중화된(centralized) 안전관리 방식을 따르기 때문이라고 생각한다. 이러한 방식을 일반적으로 Safety-I[73]이라고 칭하며, 집중화된 안전관리로 칭한다.

집중화된 안전관리로 인해 위험성평가는 효과적이지 못한 결과를 가져왔다. 피상적인 위험요인 확인, 위험성 감소 조치 미흡(절차나 교육 위주), 근로자의 자발적인 참여 어려움, 위험요인 발굴 시 근로자의 추가 역무 부가, 법기준/규정/절차와 현장 조건의 차이를 개선하지 못했다.

집중화된 안전관리는 탑 다운 방식으로 사업장 조직에 이해상충이나 압박감을 조성할 수 있다. 그러한 압박으로 인하여 피상적으로는 잘되는 것으로 보이지만 실제로는 본사조직과 현장조직에는 불신이 존재한다. 또한 왜곡된 안전문화로 인하여 사업장은 암암리의 작업이 성행하며, 관리감독자의 역할은 후퇴한다. 다음 그림(p.166)은 전술한 상황을 설명한 내용이다.

여기에서 집중화된 안전관리의 정점에 있는 안전관리자의 입체적 로케이션을 살펴볼 필요가 있다. 일반적으로 안전관리자는 사업장에서 안전과 관련한 정책 수립, 계획 수립, 목표 설정, 교육훈련, 안전문화 체계 구축 등 다양한 사고예방 활동을 하는 전문가의 위치에 있다.

---

73) Safety-I의 초점은 부정적인 결과라고 할 수 있는 사고와 고장을 줄이면 안전을 확보할 수 있다는 믿음이다. 한편, Safety-II의 초점은 모든 결과가 긍정적이기도 하고 부정적일 수 있다는 변동성(variability)에 초점을 두고 있다. Safety II의 목표는 상황에 잠재된 변동성이 안전한 영역에서 유지할 수 있도록 지원하고 능동적인 대처를 통해 안전 탄력성을 유지할 수 있도록 하는 것이다.

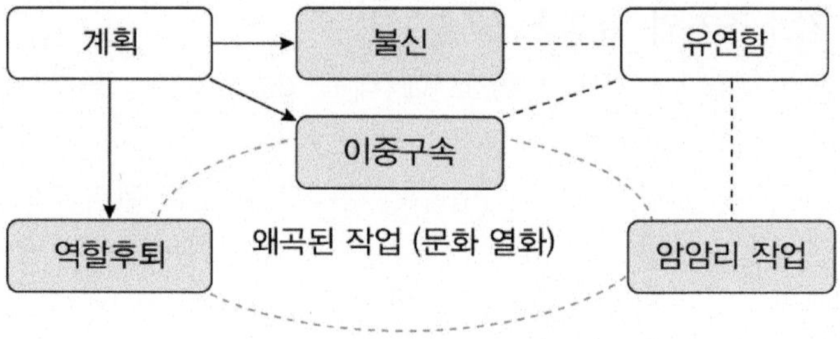

하지만, 때로는 검사나 감사를 통해 사업장의 안전관련 기준이나 법령이 준수되는지 여부를 주기적으로 확인하고 개선해야 하는 역할을 한다. 하지만, 모든 문제를 기준과 법령의 잣대로 옳고 그름을 설정하는 방식은 조직의 안전관리를 집중화된 관리로 이끌고 있다.

이러한 현실을 여실히 보여주는 현장의 사례를 설명하면, i) 안전관리자의 업무는 현장의 작업시스템의 핵심 기능과 분리되어 운영된다. ii) 안전관리자의 안전관리 활동은 세부적인 지역 활동과 관련한 운영이나 너무 일반화된 결론으로 현장의 문제를 너무 선형적으로 과대 간소화하는 결정을 한다. iii) 안전관리자는 조직의 전반적인 기능과 관련된 문제를 해결하지 않고, 일선 작업에만 몰두한다. iv) 안전관리자는 반응적이고 단편적이며 법규 준수 등의 방어적인 활동을 한다. 이로 인해 현장 작업팀에게 부과되는 압박은 거세지고 WAI와 WAD[74)]의 간격은 더 벌어지게 된다. v) 이러한 결과로 비난 문화, 부적절한 자원 할당, 목표 충돌 증가, 자원 조달에 대한 책임 불일치, 가치를 추가하지 않는 안전, 비현실적인 사고분석과 위험분석 방식 적용, 적대적 관계, 체계적인 개입 부족, 단일 집중, 암묵적 기준 준수, 조직 보호에 대한 투자, 조작된 안전 보고 지표 등의 부정적인 영향을 미친다. 결과적으로 계속 증가하는 안전관리 기대치와 운영 측면의 프로그램은 더 많은 압력과 더 많은 목표 충돌(예: 시간 및 리소스)을 생성한다. 그리고 그들은 업무의 불확실성을 개선하기 위하여 새로운 일을 생성하는 것보다는 기존의 작업(서류 만들기, 사람의 행동 비난, 문책 등)에만 몰두해야 한다.

---

74) 홀라겔(2018)은 생산, 운영 및 작업 등을 위한 계획(상정)된 기준을 WAI(work as imagined)하고, WAI를 기반으로 사람이 실행하는 운영 혹은 작업을 WAD(work as done)라고 했다. 그리고 WAI와 WAD 사이에서 사람이나 조직이 효율성과 철저함을 절충하는 것을 ETTO(efficient thoroughness trade-off)라고 하였다. 즉, WAI와 WAD의 간격을 얼만큼 잘 줄일 수 있는가를 안전관리 수준의 고도화 척도로 판단할 수 있다.

참조 문헌과 링크

- 김주환. (2023). 내면소통, 삶의 변화를 가져오는 마음근력 훈련. 인플루엔셜.
- 원정언(2019). 소매틱 움직임 장기체험자의 몸 경험에 대한 내러티브 탐구. 박사학위논문. 서울불교대학원대학교.
- 차일권. (2017). 게슈탈트론에 따른 패키지디자인 인지 연구-사례분석. 일러스트레이션 포럼, 18(51), 79-88.
- 최아미, & 이승곤. (2023). 항공사 객실승무원의 마음챙김, 심리적 안녕감, 직무만족 간의 구조적 관계: 재직기간의 조절효과. 관광연구저널, 37(1), 165-177.
- 김진옥, & 박윤미. (2017). 여행사 종사원의 마음챙김 (Mindfulness) 이 삶의 질에 미치는 영향: 감정소진과 감정조절의 매개효과 검증. 관광연구저널, 31(12), 5-20.
- 최미림. (2017). 사무직 노동자의 창의성과 내적동기 향상을 위한 마음챙김 (Mindfulness) 기반의 그룹 코칭 프로그램 제안. 연세상담코칭연구, 8, 115-133.
- 안희영. (2014). 마음챙김 혁명: MBSR (마음챙김에 근거한 스트레스 완화)을 중심으로. 한국정신과학회 학술대회논문집, 116-131.
- 윤석인. (2022). 마음챙김이 심리적 건강에 미치는 영향: 무아관의 매개효과. Korean Journal of Counseling, 23(3), 125-142.
- 정진용. (2016). 권력 거리. 한국항공운항학회 학술대회, 225-227.
- 정청기 외. (2014). 사람 뇌의 구조와 기능. 범문에듀케이션.
- 양정모 (2023). 세로운 안전문화. 박영시.

- Amini, R., Gorjian, S., Khodaveisi, M., Soltanian, A., & Rezapur-Shahkolai, F. (2018). Association of life stress with road accidents. J Holist Nurs, 28(1), 1.
- Asch, S. E. (1955). Opinions and social pressure. Scientific american, 193(5), 31-35.
- Bar, M. (2007). The proactive brain: using analogies and associations to generate predictions. Trends in cognitive sciences, 11(7), 280-289
- Baron, R. S., Vandello, J. A., & Brunsman, B. (1996). The forgotten variable in conformity research: Impact of task importance on social influence. Journal of personality and social psychology, 71(5), 915.
- Baddeley, A. (2020). Working memory. Memory, 71-111.
- Baddeley, A. (2000). The episodic buffer: a new component of working memory?. Trends in cognitive sciences, 4(11), 417-423.
- Blaser, R. E., & Vira, D. G. (2014). Experiments on learning in zebrafish (Danio rerio): A promising model of neurocognitive function. Neuroscience & Biobehavioral Reviews, 42, 224-231.
- Bosveld, T. (2024). Evaluating at the beginning and the end: how we evaluate activities from the perspectives of the experiencing and remembering self (Master's thesis).
- Chartrand, T. L., & Bargh, J. A. (1999). The chameleon effect: the perception-behavior

link and social interaction. Journal of personality and social psychology, 76(6), 893.

- Cialdini, R. B., & Goldstein, N. J. (2004). Social influence: Compliance and conformity. Annu. Rev. Psychol., 55(1), 591-621.
- Coren, S. (1972). Subjective contours and apparent depth. Psychological Review, 79(4), 359.
- Coultas, J. C., & Van Leeuwen, E. J. (2015). Conformity: Definitions, types, and evolutionary grounding. Evolutionary perspectives on social psychology, 189-202.
- Cowan, N. (2008). Chapter 20 What are the differences between long-term, short-term, and working memory?(pp. 323-338
- Cowan, N. (2015). George Miller's magical number of immediate memory in retrospect: Observations on the faltering progression of science. Psychological review, 122(3), 536.
- Dai, Y., Li, H., Xie, W., & Deng, T. (2022). Power distance belief and workplace communication: The mediating role of fear of authority. International journal of environmental research and public health, 19(5), 2932.
- Daniels, M. A., & Greguras, G. J. (2014). Exploring the nature of power distance: Implications for micro-and macro-level theories, processes, and outcomes. Journal of management, 40(5), 1202-1229.
- DoE. (2009). Human Performance Improvement Handbook, DoE Vol 1, pp.1-27
- Diamond, A. (2013). Executive functions. Annual review of psychology, 64(1), 135-168.
- Eagleman, D. (2015). The brain: The story of you. Canongate Books.
- Elliot, A. J., Eder, A. B., & Harmon-Jones, E. (2013). Approach-avoidance motivation and emotion: Convergence and divergence. Emotion Review, 5(3), 308-311.
- Graf, P., & Schacter, D. L. (1985). Implicit and explicit memory for new associations in normal and amnesic subjects. Journal of Experimental Psychology: Learning, memory, and cognition, 11(3), 501.
- Graf, P. (1990). Life-span changes in implicit and explicit memory. Bulletin of the Psychonomic Society, 28(4), 353-358.
- Gregory, R. L. (1997). Visual illusions classified. Trends in cognitive sciences, 1(5), 190-194.
- Hao, L., Zhu, H., He, Y., Duan, J., Zhao, T., & Meng, H. (2022). When is silence golden? A meta-analysis on antecedents and outcomes of employee silence. Journal of Business and Psychology, 37(5), 1039-1063.
- Haslam, S. A., & Reicher, S. D. (2017). 50 years of "obedience to authority": From blind conformity to engaged followership. Annual Review of Law and Social Science, 13(1), 59-78.
- HSE. (2024). Introduction to human factors. Retrieved from: URL: https://www.hse.gov.uk/humanfactors/introduction.htm.
- Kanizsa, G. (1976). Subjective contours. Scientific American, 234(4), 48-53.

- KMD. (1951). A puzzle-picture with a new principle of concealment. The American journal of psychology, 431-433.
- Kriegeskorte, N., & Douglas, P. K. (2019). Interpreting encoding and decoding models. Current opinion in neurobiology, 55, 167-179.
- Marek, R., Strobel, C., Bredy, T. W., & Sah, P. (2013). The amygdala and medial prefrontal cortex: partners in the fear circuit. The Journal of physiology, 591(10), 2381-2391.
- Kahneman, D. (2011). Thinking, fast and slow. Farrar, Straus and Giroux.
- Kowalska, M., Zięba, M., & Wiecheć, K. (2022). The narrating self and the experiencing self in the narratives of women who have experienced trauma. Journal of Constructivist Psychology, 35(2), 699-718.
- Maymin, P. Z., & Langer, E. J. (2021). Cognitive biases and mindfulness. Humanities and Social Sciences Communications, 8(1), 1-11.
- Mayes, A. R., Gooding, P. A., & van Eijk, R. (1997). A new theoretical framework for explicit and implicit memory. Psyche, 3(2), 1-43.
- McDermott, K. B., & Roediger, H. L. (2018). Memory (encoding, storage, retrieval). General Psychology FA2018. Noba Project: Milwaukie, OR, 117-153.
- Minsky, M. (1986). Society of mind. Simon and Schuster.
- Morrison, E. W., & Milliken, F. J. (2000). Organizational silence: A barrier to change and development in a pluralistic world. Academy of Management review, 25(4), 706-725.
- Piff, P. K., Dietze, P., Feinberg, M., Stancato, D. M., & Keltner, D. (2015). Awe, the small self, and prosocial behavior. Journal of personality and social psychology, 108(6), 883.
- Ponzo, M. (1910). Intorno ad alcune illusioni nel campo delle sensazioni tattili, sull'illusione di Aristotele e fenomeni analoghi. Wilhelm Engelmann.
- Redelmeier, D. A., & Kahneman, D. (1996). Patients' memories of painful medical treatments: Real-time and retrospective evaluations of two minimally invasive procedures. pain, 66(1), 3-8.
- Rix, G., & Bernay, R. (2014). A study of the effects of mindfulness in five primary schools in New Zealand. Teachers' Work, 11(2), 201-220.
- Rush, E. B., Quas, J. A., & Yim, I. S. (2011). Memory narrowing in children and adults. Applied Cognitive Psychology, 25(6), 841-849.
- Schacter, D. L., Chiu, C. P., & Ochsner, K. N. (1993). Implicit memory: A selective review. Annual review of neuroscience, 16(1), 159-182.
- Schacter, D. L. (1987). Implicit memory: History and current status. Journal of experimental psychology: learning, memory, and cognition, 13(3), 501.
- Stack, T., Ostrom, L. T., & Wilhelmsen, C. A. (2016). Occupational ergonomics: A practical approach. John Wiley & Sons.

- Shelton, J., & Kumar, G. P. (2010). Comparison between auditory and visual simple reaction times. Neuroscience and medicine, 1(1), 30-32.
- Strauch, B. (2017). Investigating human error: Incidents, accidents, and complex systems. CRC Press.
- Stuart-Edwards, A., MacDonald, A., & Ansari, M. A. (2023). Twenty years of research on mindfulness at work: A structured literature review. Journal of Business Research, 169, 114285.
- Tang, J., Wu, S., & Sun, J. (2013, August). Confluence: Conformity influence in large social networks. In Proceedings of the 19th ACM SIGKDD international conference on Knowledge discovery and data mining (pp. 347-355).
- Tobias, B. A., Kihlstrom, J. F., & Schacter, D. L. (2014). Emotion and implicit memory. In The handbook of emotion and memory (pp. 67-92). Psychology Press.
- Wagemans, J., Elder, J. H., Kubovy, M., Palmer, S. E., Peterson, M. A., Singh, M., & Von der Heydt, R. (2012). A century of Gestalt psychology in visual perception: I. Perceptual grouping and figure-ground organization. Psychological bulletin, 138(6), 1172.
- Woloszyn, M. R. (2010). Contrasting three popular explanations for the Muller-Lyer illusion. Current Research in Psychology, 1(2), 102-107.
- Wickens, C. D. (1976). The effects of divided attention on information processing in manual tracking. Journal of Experimental Psychology: Human Perception and Performance, 2(1), 1.
- Willey, R. I. (2014). Consider the Role of Safety layers in the Bhopal Disaster. Chemical Engineering Progress, 110(12), 22-27.
- Zajchowski, C. A., Schwab, K. A., & Dustin, D. L. (2017). The experiencing self and the remembering self: Implications for leisure science. Leisure Sciences, 39(6), 561-568.

- 백세시대. (2020). [백세시대 창간특집] 의식은 무엇인가 “뇌의 여러 부위가 일정한 진동수로 공명하는 것과 관계있어”. Retrieved from: URL: https://www.100ssd.co.kr/news/articleView.html?idxno=68599.
- 연합뉴스. (2019). “망막 신경절 세포 선택적 활성화 성공”…망막 변성 치료기대. Retrieved from: URL: https://www.yna.co.kr/view/AKR20191011042500017.
- 유튜브. (2025). 어두운 점이 보이는 신기한 ‘헤르만 격자’ 착시 이야기. Retrieved from: URL: https://www.youtube.com/watch?v=f2jPxA4_v3c.
- 위키백과. (2025). 체커 그림자 착시. Retrieved from: URL: 체커 그림자 착시 - 위키백과, 우리 모두의 백과사전.
- 위키백과. (2025). 분트 착시. Retrieved from: URL: 분트 착시 - 위키백과, 우리 모두의 백과사전.
- 위키백과. (2025). 헤링 착시. Retrieved from: URL: 헤링 착시 - 위키백과, 우리 모두의 백과사전.
- 위키백과. (2025). 전경-배경 착시. Retrieved from: URL: 전경-배경 착시 - 위키백과, 우리 모두의 백과사전.

- 위키백과. (2025). 호프스테더 문화 차원 이론. Retrieved from: URL: 호프스테더 문화 차원 이론 – 위키백과, 우리 모두의 백과사전.
- 위키백과. (2025). 군중심리. Retrieved from: 군중심리 – 위키백과, 우리 모두의 백과사전.
- 위기백과. (2025). 기억. Retrieved from: URL: 기억 – 위키백과, 우리 모두의 백과사전.
- 위기백과. (2025). 점화. Retrieved from: URL: 점화 (심리학) – 위키백과, 우리 모두의 백과사전.
- 위기백과. (2025). 고전적 조건형성. Retrieved from: URL: 고전적 조건형성 – 위키백과, 우리 모두의 백과사전.
- 유튜브. (2025). 사고한 것의 기적. Retrieved from: 사소한 것의 기적(EBS다큐) – YouTube.
- 중앙일보. (2023). 뇌의 노화 늦출 수 있다...내면소통 훈련법 [더,마음]. Retrieved from: URL: https://www.joongang.co.kr/article/25197674.

- EBOCO. (2025). Müller-Lyer illusion. Retrieved from: URL: https://www.ebsco.com/research- starters/history/muller-lyer-illusion.
- EBSCO. (2020). Herd mentality (mob mentality). Retrieved from: Herd mentality (mob mentality) | EBSCO Research Starters.
- EBSCO. (2023). Power distance index (PDI). Retrieved from: Power distance index (PDI) | EBSCO Research Starters.
- CLEARLY CULTURAL. (2025). Power Distance Index. Retrieved from: URL: Power Distance Index – Clearly CulturalDominic Abrams and John Levin. (2012). The formation of social norms: Revisiting Sherif's autokinetic illusion study. Retrieved from: URL: (PDF) The formation of social norms: Revisiting Sherif's autokinetic illusion study.
- Innovative Resources. (2020). Mindfulness or mindlessness—a battle of the minds? Retrieved from: https://innovativeresources.org/mindfulness-or-mindlessness-which-is-better/.
- Interaction design Foundation. (2025). The Gestalt Principles. Retrieved from: URL: What are the Gestalt Principles? | IxDF.
- JOHNS HOPKINS MEDIINE. (2025). Brain Anatomy and How the Brain Works. Retrieved from: URL: https://www.hopkinsmedicine.org/health/conditions-and-diseases/anatomy-of-the-brain
- KAISER PERMANENTE. (2023). Relax, Release, Renew. Introduction to mindful meditation & Demonstration. Retrieved from: URL: https://www.slideshare.net/sophia763824/introduction-to-mindful-meditation-presentationpdf.
- MIT Press. (2025). Active Inference, The Free Energy Principle in Mind, Brain, and Behavior. Retrieved from: URL: https://mitpress.mit.edu/9780262045353/active-inference/.
- Popular Science. (2018). 모든 것을 한 번에 볼 수는 없다....헤르만 격자 원인은?. Retrieved from: URL: 모든 것을 한 번에 볼 수는 없다....헤르만 격자 원인은? 〈 Science 〈 기사본문 – 파퓰

러사이언스.
- Princeton. Edu. (1996). About the triangle. Retrieved from: URL: https://www.princeton.edu/~freshman/kanizsa.html.
- Riskonnect. (2025). How Stress Impacts Workplace Safety. Retrieved from: URL: https://riskonnect.com/health-safety-management/how-stress-impacts-workplace-safety/.
- Sustained Attention Cognitive Ability - Neuropsychology. (2025). What is sustained attention?. Retrieved from: URL: https://www.cognifit.com/science/focus?srsltid=AfmBOoobwOpn_iumQsXdg5th2ibfnFx4F3dJqHIgi0tT_iZHRx1qa7Po.
- The Illusions Index. (2025). Kanizsa Triangle. Retrieved from: URL: https://www.illusionsindex.org/i/kanizsa-triangle.
- WIKIPEDIA. (2025). Consciousness. Retrieved from: URL: https://en.wikipedia.org/wiki/Consciousness.
- Wikipedia. (2025). Gestalt psychology. Retrieved from: URL: https://en.wikipedia.org/wiki/Gestalt_psychology.
- Wikipedia. (2025). Optical illusion. Retrieved from: URL: https://en.wikipia.org/wiki/Optical_illusion.
- WIKIPEDIA. (2025). Optical illusion. Retrieved from: URL: https://en.wikipedia.org/wiki/Optical_illusion#References.
- WIKIPEDIA. (2025). Ponzo illusion. Retrieved from: URL: https://en.wikipedia.org/wiki/Ponzo_illusion.
- WIKIPEDIA. (2025). Ponzo illusion. Retrieved from: URL: https://en.wikipedia.org/wiki/Ponzo_illusion.
- Wikipedia. (2023). Mind. Retrieved from: URL: https://www.mindef.gov.sg/web/wcm/connect/rsaf/038029f7-551b-4fca-a7e5.
- University of Minnesota. (2023). What Is the Mind-Body Connection. Retrieved from: URL: https://www.takingcharge.csh.umn.edu/what-is-the-mind-body-connection.
- Wikipedia. (2025). Conformity. Retrieved from: https://en.wikipedia.org/wiki/Conformity

Chapter 5
인간신뢰성 평가

휴먼에러를 예방하기 위해서는 사람의 본성을 바꾸는 것보다 시설과 환경을 개선하는 방안이 가장 효과적이다. 확률적 위험성평가(Probabilistic Risk Assessment)의 개요, 배경과 역사, 시행시기(신규 개발, 기존 시스템 및 사고 발생 시)에 대한 설명을 한다. 그리고 세계적으로 사용되어온 세대별 인간신뢰성평가(1세대, 2세대, 3세대)에 대한 소개를 하고, 그 중 THERP, HEART 및 ATHEANA 기법을 소개한다. THERP(Technique for Human Error-Rate Prediction, 휴먼에러확률 예측기법)의 역사, 개요, 적용 분야, 필요사항, 도구 및 자원의 가용성 및 장단점에 대한 설명을 한다. HEART(Human Error Assessment and Reduction Technique, 휴먼에러평가 및 저감기법)의 역사, 개요, 적용 분야, 평가절차, 필요사항, 도구 및 자원의 지원의 가용성 및 장단점에 대한 설명을 한다. ATHEANA(Technique for Human Error Analysis, 휴먼에러분석기법)의 역사, 개요, 적용분야, 필요사항, 도구 및 자원의 지원의 가용성 및 장단점에 대한 설명을 한다.

Ⅰ 소개

1960년대 냉전과 우주 경쟁으로 촉진된 엔지니어링 소재와 전자 분야를 중심으로 한 기술의 발전은 부품과 시스템의 신뢰성을 크게 향상시켰다. 하지만, 이러한 장비 신뢰성 향상은 안타깝게도 인간신뢰성 개선에는 상대적으로 못 미쳤다. 시스템이 더욱 복잡해짐에 따라, 새로운 기술을 관리하는 사람의 어려움은 더욱 가중되었고, 휴먼에러로 인한 시스템 고장 가능성과 사고는 증가했다. 이에 따라 시스템 신뢰성과 인간신뢰성 간의 불균형이 심화됨에 따라 기술 시스템 운영에서 휴먼에러의 빈도 또는 발생 가능성을 평가하는 방법이 필요해졌다. 이러한 필요성은 인간공학을 기반으로 인간과 기계 간의 인터페이스 설계에 인간의 능력과 한계를 반영하는 방법으로 휴먼에러와 관련한 문제를 개선하는 방향으로 추진되었다.

하지만, 오늘날의 인간공학 분야 설계자들은 사람을 먼저 고려하기 보다는 시스템 중심의 접근 방식을 선호한다. 그 이유는 사람이 시스템의 허용 범위를 벗어나는 한계를 정의하기 어렵기 때문이고, 설계자들이 사람에 대한 충분한 지식이 없기 때문이다. 결과적으로 시스템이 사람을 위해 만들어지기 보다는 사람이 시스템에 적응해야만 하는 상황이 전개되었다. 게다가 사람이 시스템에 쉽게 적응할 수 없다는 사실은 시설이 작동하기 전까지는 알지 못하는 경우가 많으며, 시설이 작동하면 필요한 변경을 하기 어렵다는 문제가 있다. 인간공학적 시스템을 적용하지 않고 장비를 설계하면, 아무리 고도로 훈련되고 동기 부여가 잘 된 사람일지라도 시스템적인 휴먼에러를 범하게 된다.

인간신뢰성평가(Human Reliability Assessment, 이하 HRA)는 복잡한 기술 조건에서 발생하는 휴먼에러를 확률적으로 계산하고 개선하기 위해 시행된다. 휴먼에러가 발생하는 기여요인에는 작업 자체의 설계 방식, 작업장 설계(작업 환경, 도구, 제어 장치, 디스플레이 등 포함), 문서화(서면 절차, 표지판, 라벨) 및 작업자 역량(작업에 대한 교육 수준, 자격, 경험 등) 등이 있다. HRA는 휴먼에러를 일으키는 기여요인에 대한 정보를 논리적인 방식으로 수집하는데 사용되며, 정성적방법과 정량적방법을 포함한다.

휴먼에러확률(Human Error Probability, 이하 HEP)은 인간신뢰성을 정량화하는 가장 일반적인 측정 단위이다. HEP는 작업에서 발생하는 에러 수와 에러 가능성이 있는 작업 수행 수 간의 수학적 비율로 산출한다. HEP 값은 종종 작은 숫자이므로 일반적으로 지수 형태로 표현한다. HEP는 다음 공식을 사용하여 계산한다.

$$HEP = \frac{\text{작업에서 발생한 에러수}}{\text{에러 발생 기회 수}}$$

II 확률적 위험성평가

1 개요

확률적 위험성평가(Probabilistic Risk Assessment, 이하 PRA)는 시스템과 운영과정에 존재하는 위험을 정량적 그리고 정성적으로 평가하는 방식이며, 프로세스와 관련한 종합적인 베이지안 추론[75] 방법론이다. 일반적으로 PRA는 세 가지 기본적인 질문에 대한 답을 찾아가는 프로세스이다.

i) 어떤 종류의 사건이나 시나리오가 발생할 수 있는가(즉, 무엇이 잘못될 수 있는가)?
ii) 사건이나 시나리오의 발생 가능성과 관련 불확실성은 무엇인가?
iii) 이러한 사건이나 시나리오로 인해 발생할 수 있는 결과는 무엇인가(예: 구성원 부상, 임무 상실, 탄화수소 격납고 손실, 원자로 노심 손상 빈도)?[76]

PRA는 미국의 스리마일 원전사고(1979)[77] 이후 원자력발전소의 안전성을 평가하기 위해 널리 활용되고 있다. PRA의 목표는 정상 운전 중인 발전소의 원자로가 불시 정지되는 설비 이상이나 사람의 불안전한 행동으로 인한 이상에서 노심이 건전한 상태로 유지되도록 하는 것이다. 그리고 안전계통이 원활히 작동하거나 운전원이 적절한 조치할 확률, 또는 노심 손상을 초래하는 사건이 현실화될 확률을 구하는 것이다. 원자력분야에서는 Rasmussen(1975)의 보고서를 통해 PRA가 도입되었고, 원전의 종합 안전성 평가 도구로 사용되고 있다.

PRA는 원자력발전소에서 발생할 수 있는 모든 초기사건을 파악하여, 사건별 전개 시나리오와 영향을 근간으로 모든 사고에 수반되는 총체적인 위험도(Risk)를 종합적으로 분석한다. 이 방법은 중대사고에 이르는 사고경위와 이에 따른 노심손상빈도, 격납건물 파손확률과 사고로 인한 주민의 피폭선량 및 환경피해 등을 정량적인 수치로 제시함으로써 구체화된다. PRA는 계통·기기의 신뢰도 정보의 수준에 따라 그리고 해석 모델에 따라 불확실성이 존재하므로 절대적인 척도보다는 상대적인 척도로서 활용되고 있다. PRA는 사고가 발생할 수 있는 확률을 기반으로 위험을 분석하므로 시설의 다양한 정보를 필요로 한다. 그리고 평가가 확률에 기초하므로 결과가 불확실 할 수 있다는 점을 참고해야 한다.

고장률은 일정 기간 발생하는 고장의 빈도이고, 신뢰성은 고장률이 작은 것이다. 사람은 통

75) 베이지안 추론(Bayesian inference)은 통계적 추론의 한 방법으로, 추론 대상의 사전 확률과 추가적인 정보를 통해 해당 대상의 사후 확률을 추론하는 방법이다.
76) Boyer, R. L.(2018). Probabilistic Risk Assessment (PRA): Analytical Process for Recognizing Design and Operational Risks(No. JSC-E-DAA-TN74089).
77) 1979년 3월 미국 펜실베니아주 해리스버그 시에서 16km 떨어진 스리마일섬 원자력 발전소 2호기에서 일어난 노심용융 사고.

상적으로 신뢰성이 높은 설비나 장치를 안전하다고 믿는 경향이 있다. 하지만, 그러한 장치에서도 사고가 발생한다. 고장은 안전한 방향으로 고장이 나는 경우와 위험한 방향으로 고장이 나는 경우로 분류할 수 있다. i) 위험한 방향으로 고장이 나는 경우를 살펴보면, 자동차의 브레이크가 고장 나서 작동이 안되면, 위험한 방향으로의 고장으로 사고를 일으킨다. 자동차의 브레이크 작동 메커니즘(고장이 나지 않는 신뢰성이 높은 장치일 지라도)이 스위치를 넣고 전류를 흐르게 하여 브레이크를 작동시키는 장치라면, 전류를 흐르게 하는 선이 열화되어 고장을 일으킬 가능성이 존재하기 때문이다. 다음 그림의 좌측을 보면, 버튼을 누르면 회로에 전류가 흐르고 코일의 전자석 힘으로 브레이크가 걸리는 구조로 되어 있다. 고장이 없을 경우에는 좋은 시스템이지만, 구성 전기회로의 부품 개수가 늘어나 고장의 빈도가 커진다. 그리고 부품 별 고장률에 의해 사고의 가능성이 커진다. 이것이 확률적 안전이다. ii) 안전한 방향으로 고장이 나는 경우를 살펴보면, 코일에 상시적으로 전류를 흐르게 하여 전자석의 힘으로 들어올려 브레이크가 작동(풀리게)하게 하는 것이다. 즉, 버튼을 누르면 전류가 끊겨 중추의 무게로 브레이크가 작동하도록 설계하는 것이다. 부품의 수가 늘어남에 따른 고장률은 증가하지만, 부품이 고장을 일으킬 경우 전류를 끊는 일을 하므로 자동적으로 브레이크가 작동된다. 고장이 나면 브레이크 작동으로 멈추므로 이것이 확정적 안전이다. 기계설비는 가능한 이러한 확정적 안전을 고려하는 것이 중요하다.

한편, 원자력발전소의 안전성 평가방법으로 사용되고 있는 결정적 위험성평가(Deterministic Risk Assessment) 방법[78]은 원자력발전소의 계통·기기 및 구조물 각각에 대하여 안전기능에 따른 성능과 건전성을 평가할 수 있으나, 총체적으로 안전에 미치는 개별적인 영향을 정량화 할 수 없으므로 안전도(위험도)를 산출하기 어렵다. 따라서 원자력발전소의 위험도 평가는 PRA 방법을 사용한다는 점을 참조한다.

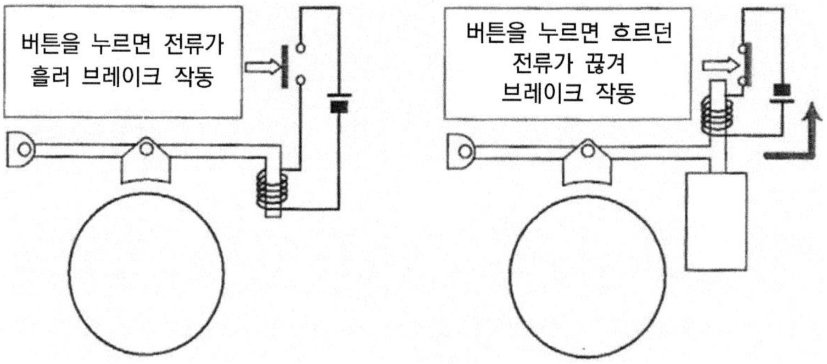

78) 비확률적 위험성평가는 사건 발생 가능성을 정성적으로 평가하고, 위험 결과를 예측한다. 전문가의 판단과 경험을 바탕으로 위험성을 평가하고, 특정 화학 물질의 유해성 평가와 같이 정량적인 데이터가 부족한 경우 사용된다.

2 배경과 역사

1950년대 후반에서 1960년대 초, 보잉과 벨 연구소는 핵무기 발사 시스템을 평가하기 위해 결함 트리(Fault Tree)를 개발하면서 초기 HRA에 대한 접근이 시작되었다. 원자력 산업은 1973부터 3년간의 연구를 통해 WASH-1400보고서[79]가 작성된 이후 PRA에 대한 지속적인 연구가 있었다. 이것이 최초의 현대식 PRA로 간주되며, 보고서에 수록된 자료는 현재까지도 사용된다.

PRA는 현재 미국 내 모든 상업용 원자력 발전소에서 시행되고 있으며, 업계와 원자력 규제 위원회(Nuclear Regulatory Commission, 이하 NRC)는 PRA[80] 기술에 대한 방대한 데이터, 방법론 및 문서를 개발했다. 모든 신규 원자력 발전소는 PRA와 심층방어(Defense In Depth) 개념을 기반으로 발전소 인허가를 받아야 하고, NRC는 PRA 방식을 사용하여 상업용 원자력 산업에 대한 감독을 시행한다.

PRA 기법의 대표적인 방법에는 사건수 분석(Event tree analysis, ETA) 기법, 결함수 분석(Fault tree analysis, FTA) 기법, 마스터 로직 다이어그램(Master logic diagram, MLD), 마르코프 분석(Markov analysis) 기법, 신뢰도 블록 다이어그램(Reliability block diagram, RBD) 및 몬테카를로 시뮬레이션(Monte-Carlo simulation) 등이 있다. 그 중 PRA의 핵심 방법에는 사건수 분석(Event tree analysis, ETA) 기법과 결함수 분석(Fault tree analysis, FTA) 기법 등이 있다.

3 시행 시기

3.1 신규 개발

PRA를 시행하기에 가장 이상적인 시기는 설계 프로세스 초기 단계이다. PRA를 통해 최소한의 비용으로 개발 과정 전반에 걸쳐 필요한 안전 및 위험 저감 조치를 통합하여 관리할 수 있다.

3.2 기존 시스템

PRA는 기존 시스템에 적용하여 운영과 관련된 위험을 식별하고 우선순위를 정할 수 있다.

79) 원자로 안전성 연구(영어: Reactor Safety Study, WASH-1400)는 1975년 미국 원자력 규제 위원회에서 수행한, 원자력 발전으로 인한 사회적 위해성을 해석적 방법으로 연구 분석한 보고서로 원자력 발전소에 대한 안전성 분석 근거로 주로 쓰인다. 특별 위원회 교수 이름에 따라 노만 라스무센 보고서(Norman Rasmussen Report)로도 불린다.

80) SAPHIRE(Systems Analysis Programs for Hands-on Integrated Reliability Evaluations)는 미국 아이다호 국립 연구소에서 개발하였고, NASA에서도 사용하는 PRA 소프트웨어라는 점을 참고한다.

위험성평가를 통해 시스템 변경의 영향을 평가하고 생산성을 높이는 동시에 품질이나 신뢰성 저하를 방지할 수 있다.

3.3 사고 발생 시

예상치 못한 가동 중단이나 사고 발생 시, 고장 원인을 평가하고 향후 유사한 사고 발생 가능성을 최소화하기 위해 PRA를 통해 적절한 개선 계획을 수립할 수 있다.

PRA 개발과 적용은 신뢰성 공학 측면에서 상당한 진전을 보여 주었다. 특히, PRA의 기본 논리는 설계 프로세스에 중요한 보조 기능을 제공하여, 발생 가능성이 높은 사고 시퀀스의 확산을 방지하도록 지원한다. 하지만 1979년 미국에서 발생한 스리마일 원전사고는 PRA의 단점을 여실히 보여주었다. 즉, PRA는 휴먼에러와 관련한 다양한 기여요인을 반영하지 못한다는 점이다. 이에 따라 휴먼에러를 줄이기 위한 다양한 인간신뢰성 평가 기술이 개발되었다.

III 인간신뢰성 평가 도구

영국 HSE는 HRA와 관련한 도구를 확인하기 위한 문헌검색을 한 결과, 72개의 정보 중 유의미한 17개를 선정하였다. 다음의 표는 최종 선정된 17개 HRA 도구(tool)이다. 다만, 다양한 HRA 도구 중 세계적으로 합의된 방법은 없으며, 각각의 방법은 다양한 제한점들이 있다. 제한점에는 대부분의 도구가 공학적 측면의 정량적 방법에 치중한 것이다. HRA 분석 과정에서 평가자의 주관적 견해로 인해 분석 결과의 불확실성이 크다. 또한 HRA분석 결과에 따른 개선방안이 실제 현실과는 동떨어진 요인이 있다는 점을 감안해야 한다.

1 HRA 도구

1.1 1세대 HRA 도구

No	도구	검토사항	분야
1	THERP(Technique for Human Error-Rate Prediction, 휴먼에러확률 예측기법)	USNRC(US Nuclear Regulatory Commission, 미국 원자력규제위원회를 위해 개발된 포괄적인 HRA 접근 방식	원자력과 다양한 산업
2	ASEP(Accident Sequence Evaluation Program, 사고순서 평가 프로그램)	USNRC(US Nuclear Regulatory Commission, 미국 원자력규제위원회를 위해 개발된 THERP의 단축 버전	원자력
3	HEART(Human Error Assessment and Reduction Technique, 휴먼에러평가 및 저감기법)	엔지니어와 HEART전문가가 비교적 빠르게 적용하고 이해. 이 방법은 British Energy에서 제공	모든 산업
4	SPAR-H(Standardized Plant Analysis Risk-HRA, 표준화된 공장 위험분석-HRA)	상세한 평가가 필요하지 않은 유용한 접근법. USNRC를 위해 개발되었으며, HEART를 기반으로 함	원자력과 다양한 산업
5	HRMS(Human Reliability Management System, 인간신뢰성관리 시스템)	포괄적이며 컴퓨터 사용 도구. 독점적인 방식	원자력 (비공개)
6	JJEDI(Justification of Human Error Data Information, 휴먼에러 데이터 정보 기준화)	상위 도구인 HRMS보다 더 빠른 스크리닝 기술이며, 독점적인 방식	원자력 (비공개)
7	INTENT(not an acronym)	의도된 에러에 집중. 사용 빈도는 적지만 잠재적인 사용 가능	원자력 (비공개)

1.2 2세대 HRA 도구

No	도구	검토사항	분야
8	ATHEANA (Technique for Human Error Analysis, 휴먼에러분석기법)	USNRC(USK Nuclear Regulatory Commission, 미국 원자력규제위원회를 위해 개발한 정보 집약적 방법	원자력과 다양한 산업
9	CREAM (Cognitive Reliability and Error Analysis Method, 인지신뢰도 및 에러분석기법)	제어실 운전원을 대상으로 사고를 유발할 수 있는 직무 도출. 인지과정에서의 휴먼에러 확률을 추정하는 분석기법	원자력과 다양한 산업
10	CAHR (Connectionism Assessment of Human Reliability, 인간신뢰성에 대한 연결평가)	잠재적으로 유용한 데이터베이스 방법. 저자에게 문의하면 확인할 수 있음(CAHR 웹사이트).	일반 산업
11	CESA (Commission Error Search and Assessment, 실행에러 검색 및 평가)	잠재적으로 유용	원자력
12	CODA (Conclusions from Occurrences by Descriptions of Actions, 행동설명에 따른 결론)	추가 개발이 필요하며 CAHR이나 CESA가 더 유용할 수 있음.	원자력
13	MERMOS (Méthode d'Evaluation de la Réalisation des Missions Opérateur pour la Sûreté)	EdF에서 개발 및 사용 중이며, 지속 개발 중. 독점적인 방식	원자력

1.3 3세대 HRA 도구

No	도구	검토사항	분야
14	NARA (Nuclear Action Reliability Assessment, 핵 행동 신뢰성평가)	HEART의 원자력 분야의 특정 버전. 독점적인 방식	원자력과 다양한 산업

1.4 전문가 검토 도구

No	도구	검토사항	분야
15	APJ (Absolute Probability Judgements, 절대 확률판정)	편향을 최소화하기 위한 방식.	모든 산업
16	PC (Paired Comparisons, 쌍대비교)	편향을 최소화하기 위한 방식.	원자력과 다양한 산업
17	SLIM-MAUD (Success likelihood index method using multi-attribute utility decomposition, 다중 속성 효용 분해를 이용한 성공 가능성 지수 방법)	SLIM 요소의 편향을 최소화하기 위한 방식. SLIM 요소는 공개적으로 이용 가능	원자력과 다양한 산업

다양한 HRA 도구 중 THERP, HEART 및 ATHEANA 도구를 다음과 같이 설명한다.

2 THERP

2.1 역사

THERP(Technique for Human Error-Rate Prediction, 휴먼에러확률 예측기법)는 샌디아 국립연구소(Sandia National Laboratories) 연구팀에 의해 개발된 인간신뢰성 평가 기법이다. THERP(Technique for Human Error Rate Prediction)라는 명칭은 1962년 미국 인간공학회의 제6차 학술대회에서 보고된 확률론적 안전성평가 중 인간신뢰성에 적용된 기법을 지칭하기 위하여 처음 사용되었다. Swain[81]과 Guttmann(1983)[82]이 THERP 핸드북을 만들어 NRC에 제공하였다.

2.2 개요

THERP 핸드북은 자격을 갖춘 원자력 분야 분석가가 발전소의 휴먼에러 발생을 정량적 또는 정성적으로 평가할 수 있도록 지원한다. 핸드북에는 휴먼에러 조사와 인적 휴먼에러확률(HEP)에 대한 설명을 한다. THERP는 작업과정과 해당 문서 분석, 에러 식별 및 표현 및

81) Swain은(1923~2021) 무기시스템(weapons systems)과 원자력발전소와 관련한 인간공학전문가이다. 그는 샌디아 국립연구소(Sandia National Laboratories)의 기술진으로 활동하였고, 휴먼에러확률 예측기법(THERP, technique for human error-rate prediction)을 개발했다.

82) Guttmann은 인간신뢰성 평가(HRA, Human Reliability Assessment) 연구로 유명하며, Alan D. Swain과 함께 "원자력 발전소 운영을 중심으로 한 인간신뢰성 평가 핸드북(Handbook of Human Reliability Assessment with Emphasis on Nuclear Power Plant Operations)"을 공동 집필했다.

HEP 등을 다루는 종합적인 방법론이다. THERP는 다른 많은 도구보다 작업 설명의 구체성이 높다는 점에서 '분해(decomposition)' 접근법이라고 할 수 있다. 또한 논리적인 접근법이며 대부분의 다른 기법보다, 에러개선에 중점을 둔다.

핸드북은 발전소의 성과형성 요인(Performance Shaping Factors, PSF)의 영향으로 수정될 수 있는 HEP 항목을 정리하여 제시한다. 정량화 과정의 핵심 요소는 다음가 같다(Kirwan, 1997)

- 작업을 요소로 분해
- 각 요소에 명목 HEP 할당
- 각 요소에 대한 성과형성 요인 영향 결정
- 작업 간 종속성 영향 계산
- HRA 이벤트 트리 모델링
- 전체 작업 HEP 정량화

전체 고장 확률을 도출하기 위한 계산은 이벤트 트리의 모든 고장 경로의 확률을 합산한다. 모든 HEP가 .01 이하인 경우, 모든 성공 경로는 무시하고 주요 고장 경로만 합산하여 계산한다. 근사치의 정확도는 항의 개수 또는 HEP 값이 증가함에 따라 감소한다(Swain & Guttmann, 1983).

2.3 적용 분야

THERP는 원자력 발전소의 PRA를 위해 개발되었지만 해양 및 의료 등 다른 분야에도 적용되었다.

2.4 필요사항

THERP 평가자가 HEP를 정량화하기 위해서는 1주에서 2간의 교육이 필요하다. THERP 핸드북을 효과적으로 적용하기 위해서는 HRA 전문가, 시스템 분석가, 발전소 전문가 등이 참여해야 하며, 상당한 인력과 시간이 필요하다(Swain, 1987).

2.5 도구 및 지원의 가용성

THERP 핸드북은 NRC 웹사이트를 통해 공개적으로 이용이 가능하다. 다음은 NRC 홈 페이지 주소이다. https://www.nrc.gov/about-nrc/organization/resfuncdesc.html. HRA 교육을 제공하는 여러 컨설팅 기관이 있으며, 해당 기관에서 THERP 교육을 제공한다.

2.6 장단점

THERP의 장점은 실무에서 널리 활용되고 있으며, 감사가 가능한 강력한 방법론을 갖추고 있다. 단점은 자원이나 시간이 많이 소요되고, 모델링 시나리오와 성과형성 요인(Performance Shaping Factors, PSF)에 미치는 영향에 대한 지침을 충분히 제공하지 못한다. 그리고 THERP에 포함된 세세한 정보로 인해 과도한 평가가 진행될 수 있다.

3 HEART

3.1 역사

HEART(Human Error Assessment and Reduction Technique, 휴먼에러평가 및 저감기법)는 윌리엄스(1985)가 중앙전력발전위원회(Central Electricity Generating Board)에 근무하던 기간 학회에 논문으로 발표한 내용이다.

3.2 개요

HEART는 휴먼에러를 일으킬 수 있는 위험을 정량화하는 빠르고 간단한 방법으로 설계되었다. 이 방법을 적용하기 위해서는 여러 전제조건이 있다. i) 기본적인 인간신뢰성은 수행할 작업의 일반적인 특성에 따라 달라질 수 있다, ii) 완벽한 조건에서는 이 수준의 신뢰성이 확률적 한계 내에서 주어진 명목 가능도에 따라 일관성 있게 달성된다, iii) 하지만, 이러한 완벽한 조건이 모든 상황에 존재하는 것은 아니므로, 예측된 인간신뢰성은 식별된 에러 발생 조건(Error Producing Conditions, EPC)이 적용될 수 있는 정도에 따라 낮아질 수 있다. HEART 평가는 작업 취약성의 핵심 지점을 파악하고 개선 영역을 제시할 수 있다(Williams, 1992).

3.3 적용 분야

HEART는 인간신뢰성이 중요한 모든 분야에 적용 가능한 범용적인 도구이다. 원자력, 화학, 항공, 철도 및 의료 등 여러 산업 분야에서 성공적으로 적용되어 왔다.

3.4 HEART 평가 절차

(1) 단계 1: 분석 대상 작업 결정

분석 대상 시스템에 대해 적합한 작업이나 시나리오의 집합을 선정한다. 효과적인 분석을 위해서는 선정된 작업이나 시나리오의 집합이 시스템을 대표할 수 있어야 한다.

(2) 단계 2: 계층적 작업분석

계층적 작업분석[83]을 통해 휴먼에러의 정량적 평가 및 저감 기법의 대상이 될 작업과 시스템에 대한 분석을 하고 기술한다.

가. 작업을 목표에 따라 여러 개의 세부 작업들로 구분하고, 필요한 경우 세부 작업들을 다시 더 작은 작업들로 나누는 과정을 반복한다.

나. 계층적 작업분석에 필요한 정보를 수집하기 위해 다음과 같은 다양한 데이터 수집 방법들이 사용될 수 있다.

- 실제 작업이 어떻게 수행되는지에 관한 전문가 및 작업자 대상 인터뷰
- 분석 대상 작업에 대한 직접적 또는 간접적 관찰
- 절차서, 체크리스트, 교육/훈련 자료 및 관련 리스크 평가 결과 등에 대한 검토

(3) 단계 3: 선별 절차 수행

분석 대상 작업에 대해 적합한 휴먼에러의 분류, 원인 및 강도를 찾는다.

(4) 단계 4: 인간 비신뢰도에 따른 작업 분류

이 단계는 분석 대상 작업에 관련된 인간 비신뢰도의 기준을 정의한다. 이를 위해 일반 작업유형(GTT, Generic task types)에 대한 비신뢰도 기준치를 할당한다. 다음의 표는 아홉 가지 HEART 일반 작업유형 및 인간 비신뢰도 기준치(proposed nominal human unreliability)이다.

기호	일반 작업유형 (GTT, Generic task types)	인간 비신뢰도 기준치 (5~95 백분위수 범위)
A	전혀 익숙하지 않은 결과를 모르는 상태에서 빠르게 수행하는 작업	0.55 (0.35~0.97)
B	감독 또는 절차가 없는 상황에서 시스템을 한 번에 새로운 상태로 변경하거나 이전상태로 복원하는 작업	0.26 (0.14~0.42)
C	높은 수준의 이해도와 기술을 필요로 하는 복잡한 작업	0.16 (0.12~0.28)
D	비교적 단순한, 주의가 부족한 상태로 또는 빠르게 수행되는 작업	0.09 (0.06~0.13

83) 계층적 작업분석(Hierarchical task analysis)은 작업을 목표에 따라 여러 개의 세부 작업들로 나누고, 이 세부 작업들을 다시 더 작은 작업들로 나누는 과정을 반복함으로써 작업의 구조를 계층의 형태로 상세하게 표현하는 분석 방법을 말한다(KOSHA. (2017). 설계단계에서의 휴먼에러 평가기법(THEA)에 관한지침.

E	일상적이고, 많이 연습된, 비교적 낮은 수준의 기술을 요하는 빠른 작업	0.02 (0.007~0.045)
F	절차에 따라 확인해 가면서 시스템을 새로운 상태로 변경하거나 이전 상태로 복원하는 작업	0.003 (0.0008~0.009)
G	높은 수준의 지식, 경험, 동기를 갖춘 사람이 에러를 수정할만한 충분한 시간이 있는 상태에서 매우 익숙하고, 잘 설계되고, 많이 연습 되고, 시간당 몇 번씩 발생하는 일상적 작업을 중요한 작업보조도구의 도움 없이 수행하는 경우	0.0004 (0.00008~0.009)
H	증강 또는 자동화된 감독시스템이 시스템상태에 대한 정확한 해석을 제공할 때 시스템의 명령에 올바르게 반응하는 작업	0.00002 (0.000006~0.00009)
M	적합한 설명을 찾을 수 없는 기타 작업	0.03 (0.008~0.11)

※ 백분위수(Percentile)란 분포상의 데이터 중 해당 백분율만큼이고, 이하에 놓이게 되는 수를 말한다. 즉, 이 표에서 백분위수 5는 대략적으로 인구 100명중 5번째로 에러율이 낮은 사람의 에러율 값이다. 이 표의 백분위 수 범위 기준치는 로그-정규성을 나타내는 경험에 기초해 선택되었다.

예를 들어, 제어실에서의 비일상적인 비상 상황에 초점을 맞추고 있다면, 이는 유형 A의 '전혀 익숙하지 않은, 결과를 모르는 상태에서 빠르게 수행되는 작업'에 해당하며, 이에 대한 인간 비신뢰도의 기준치는 0.55이다.

(5) 에러발생조건확인

대상작업과 연관된 에러발생조건(EPC, Error Producing Conditions)을 확인한다. 대상작업에 적용할 에러발생 조건은 다음의 표 38가지 에러 발생조건 목표에서 찾는다. 다음 표의 세 번째 열에 표시된 최대 예상에러율 변화량(좋은 조건에서 나쁜 조건으로 갈수록 증가)은 최악의 조건(에러발생조건이 최대로 영향을 미치는 조건)에서 에러율이 인간 비신뢰도 기준치 대비 몇 배나 증가하는지를 나타낸다. 최대 예상에러율 변화량의 수치는 다양한 인간수행도 연구결과에 근거하여 도출된 것이다.

번호	에러 발생조건 (EPC, Error Producing Conditions)	최대 예상 에러율 변화량
1	가끔 또는 처음 발생하는 중요한 상황에 대한 익숙하지 않음	×17
2	에러탐지와 수정을 위한 시간의 부족	×11
3	낮은 신호 대 잡음비(탐지대상 신호와 방해되는 자극 간의 차이가 적음)	×10
4	정보나 기능을 억제하거나 무효화할 수 있는 수단이 너무 쉽게 접근 가능함	×9
5	공간적 또는 기능적 정보를 작업자들이 쉽게 이해할 수 있는 형태로 전달할 수 있는 수단이 없음	×8
6	작업자의 정신모형과 설계자의 의도 간의 불일치	×8
7	의도되지 않은 행동을 되돌릴 수 있는 확실한 수단이 없음	×8

8	정보채널(시각, 청각 등)용량의 과부하(특히, 중복되지 않은 정보들의 동시제시로 인한)	×6
9	기존에 학습되어 있는 기술과 반대로 기술을 적용해야 할 필요가 있는 경우(반대기술)	×6
10	작업에서 다른 작업으로 특정한 지식을 손실 없이 전달해야 하는 경우	×5.5
11	요구되는 수행도 표준의 모호함	×5
12	리스크에 대한 인식과 실제 리스크 사이의 불일치(리스크 불일치)	×4
13	미흡한, 모호한 또는 잘못된 시스템 피드백	×4
14	제어대상으로부터 행동에 대한 시의적절하고 직접적이고 명확한 확인이 없는 경우	×3
15	조작자의경험미숙(예-자격에 부합하나 신입이고 전문가가 아닌 경우, 경험미숙)	×3
16	절차 및 작업자 간 의사소통에 의해 전달되는 정보의 미흡함	×3
17	결과에 대한 독립적인 확인이나 테스트가 거의 또는 전혀 없음	×3
18	단기적인 목표와 장기적인 목표 사이의 충돌(목표상충)	×2.5
19	정확성 확인을 위한 정보입력의 다양성이 없음	×2.5
20	개인의 교육 달성수준과 작업이 요구하는 수준사이의 불일치	×2
21	다른 더 위험한 절차를 사용함으로써 얻는 인센티브가 있음	×2
22	작업구역 밖에서 신체적 및 정신적 운동을 할 기회가 거의 없음	×1.8
23	(눈에 띌 정도로)신뢰할 수 없는 계기	×1.6
24	운전원의 능력이나 경험을 넘어서는 절대적 판단의 필요	×1.6
25	기능과 책임의 불명확한 할당	×1.6
26	활동 중에 진행상황을 확실히 파악할 수 있는 방법이 없음	×1.4
27	한정된 신체적 능력을 넘어서는 위험	×1.4
28	본질적인 의미가 거의 또는 전혀 없는 무의미한 작업	×1.4
29	높은 수준의 감정적 스트레스	×1.3
30	작업자들 사이의 건강 악화에 대한 증거, 특히 고열	×1.2
31	작업자들의 낮은 사기(낮은 사기)	×1.2
32	디스플레이와 절차 간의 의미의 비일관성	×1.2
33	열악하거나 험악한 환경 (건강비율75%미만또는생명을위협하는심각성)	×1.15
34	장기간의 비활동 또는 매우 반복이 심한 낮은 정신적 부하작업사이클 ×1.1(첫30분간)	×1.05(이후시간당)
35	일반적작업-수면 사이클에 대한 방해	×1.1
36	타인의 개입에 의한 작업속도의 조절	×1.06
37	일반적으로 만족스럽게 작업을 수행하는데 필요한 수준보다 더 많은 팀원의 수	×1.03(추가인원당)
38	지각적 작업(기억회상, 인지, 탐지 등)을 수행하는 인원의 나이	×1.02 (25-85세까지 매 10년 마다

(6) 단계 6: 영향 비율 평가(Assessed proportion of affect)

이 단계는 확인된 각각의 에러발생조건들에 대해 영향 비율 평가를 결정한다. 영향 비율은 평가자의 주관적 판단에 기반하여 0(낮음)과 1(높음) 사이의 수로 평가한다.

(7) 단계 7: 영향 평가

이 단계에서는 각각의 확인된 에러발생조건들에 대하여 영향 평가를 한다. 영향 평가 결과는 다음 식에 의해 계산된다.

영향 평가 = (최대 예상 에러율 변화량−1) × 영향 비율 평가결과 + 1

(8) 단계 8: 휴먼에러확률(HEP) 계산

이 단계에서는 다음 식에 따라 휴먼에러에 의한 대상 작업의 실패 확률을 계산한다. 확률이 0에 가까울수록 위험도가 낮다. 확률은 1을 초과할 수 없으므로, 계산 결과가 1을 넘는 경우 확률은 1로 간주한다.

휴먼에러확률(HEP) = 인간 비신뢰도 기준치 × 영향 평가 결과

예들 들어, 일반 작업유형(GTT, Generic task types) F-절차에 따라 확인해 가면서 시스템을 새로운 상태로 변경하거나 이전 상태로 복원하는 작업(인간 비신뢰도 기준치 0.003)을 대상으로, 에러 발생조건(EPC, Error Producing Conditions)이 i) 기존에 학습되어 있는 기술과 반대로 기술을 적용해야 할 필요가 있는 경우 × 6, ii) 리스크에 대한 인식과 실제 리스크 사이의 불일치 × 4, iii) 조작자의 경험미숙(예-자격에 부합하나 신입이고 전문가가 아닌 경우) × 3, iv) 단기적인 목표와 장기적인 목표 사이의 충돌 × 2.5, v) 작업자들의 낮은 사기 × 1.2 일 경우, 다음 표와 같이 휴먼에러확률(HEP)을 계산할 수 있다.

일반 작업유형(GTT)	에러 발생조건 (EPC, Error Producing Conditions)	총 HEART 영향	영향 비율 평가 (APOA, Assessed proportion of affect)	영향 평가 (Assessed effect)
F의 인간 비신뢰도 기준치 0.003	9번 반대기술	× 6	1	(6−1) × 1.0 + 1 = 6.0
	12번 리스크 불일치	× 4	0.8	(4−1) × 0.8 + 1 = 3.4
	15번 경험미숙	× 3	0.4	(3−1) × 0.4 + 1 = 1.8
	18번 목표상충	× 2.5	0.8	(2.5−1) × 0.8 + 1 = 2.2
	31번 낮은 사기	× 1.2	0.6	(1.2−1) × 0.6 + 1 = 1.12

휴먼에러확률(HEP)은 다음과 같다. 0.003 × 6.0 × 3.4 × 1.8 × 2.2 × 1.12 = 0.27

(9) 단계 9: 개선방안 제시

이 단계는 확인된 에러들에 대해 가능한 개선방안을 찾아서 제시하는 과정이다. 에러발생조건에 대한 범용적인 개선방안들이 제공되지만 시스템에 특화된 것은 아니므로, 에러와 시스템의 특성을 고려하여 보다 구체적인 개선방안을 제시하여야 한다.

(10) 단계 10: 문서화

이 단계는 분석 과정 전반에 대한 모든 세부 사항을 문서로 정리하는 과정이다.

3.5 필요사항

HEART는 HRA적용 전에 시행하는 방식으로 비교적 빠르게 적용할 수 있도록 설계되었으며 엔지니어와 인간공학 전문가가 일반적으로 쉽게 이해할 수 있다. 하지만 이 기법의 요소들은 매우 주관적이기 때문에 다른 많은 방법들과 마찬가지로 인간공학 전문가가 프로세스에 참여해야 한다. HEART를 최대한 효과적으로 적용하기 위해서는 평가자가 높은 수준의 교육을 받아야 한다. 평가자는 사람의 관점에서 시설이나 설비 운영을 바라볼 수 있는 능력, 통계에 대한 이해, 그리고 인간의 다양성을 이해해야 한다(Williams, 1992).

3.6 도구 및 지원의 가용성

1992년 Nuclear Electric(현 British Energy)에서 HEART 사용자 매뉴얼을 상세히 작성하였다. British Energy에 요청하면 매뉴얼을 받아볼 수 있으며, British Energy는 특정 조건(예: 상업적 이익을 위해 사용하지 않고, British Energy의 경쟁업체가 아닐 경우 등)에 따라 사본을 제공한다.

3.7 장단점

HEART의 장점은 인간신뢰성 계산 방법으로 비교적 간단하고 기능이 많다. 그리고 평가에 필요한 자원이 상대적으로 적다. 단점은 에러 종속성 모델링(dependency modelling)이 포함되어 있지 않다. EPC(Error Producing Conditions, 에러 발생 조건)를 구분할 때 사용자를 돕기 위한 설명이 부족하다. 동일한 평가자가 동일한 작업에 대한 평가를 시행할 경우, 서로 다른 HEP를 계산할 가능성이 있다. 분석을 위해 어느 정도까지 작업을 분해해야 하는지에 대한 정보가 부족하다. 평가된 영향 비율 결정 시 주관적인 판단이 들어간다.

4 ATHEANA

4.1 역사

ATHEANA(Technique for Human Error Analysis, 휴먼에러분석기법)는 HRA 전문가 컨소시엄이 구성되어 개발되었다. ATHEANA와 관련하여 참고해야 할 주요 문서는 i) NUREG/CR-6350. 미국 원자력 규제 위원회, 브룩헤이븐 국립 연구소, 뉴욕주 업튼, 1996년 4월. Cooper, S.E., Ramey-Smith, A.M., Wreathall, J., Parry, G.W., Bley, D.C. Luckas, W.J., Taylor, J.H., Barriere, M.T. 작성, ii) NUREG-1624, May 2000. Division of Risk Analysis and Applications. Office of Nuclear Regulatory Research, US NRC, Washington DC. 이다.

4.2 개요

ATHEANA는 미국 NRC가 발간하는 NUREG(US Nuclear Regulatory Commission Regulation, 미국 원자력 규제 위원회 규정)-series 중 NUREG-1624의 내용이다. ATHEANA는 2세대 도구로, 정성적 및 정량적 HRA 결과를 도출하는 방법이다. 이 방법의 전제는 심각한 휴먼에러는 EFC(error-forcing contexts, 에러유발 맥락)의 결과로 발생한다는 것이다. EFC는 발전소 상태 및 운영자의 에러 발생 가능성을 높이는 기타 요인들의 조합이다.

이 도구는 엔지니어링, PRA, 인적요인 및 심리학 분야의 지식과 경험을 발전소 특정 정보 및 중대 사고 분석에서 얻은 통찰력과 통합하여 EFC(error-forcing contexts, 에러유발맥락)를 찾기 위한 검색 체계를 제공한다. 이 도구는 회고적 분석과 전향적 분석 모두에 사용할 수 있다. ATHEANA를 개발한 주요 목적은 다음과 같다. i) 이전 HRA/PRA 모델에서 모델링된 인적 사건은 실제 운영 사건에서 운영자가 수행한 중요한 역할과 일치하지 않는 것으로 간주되었다. ii) 사고 기록과 행동 과학의 발전은 휴먼에러를 이해하는 데 있어 맥락적 요인, 특히 시설의 환경에 더욱 중점을 두어야 함을 뒷받침했다. iii) 심리학의 발전은 휴먼에러 발생을 모델링하는 데 있어 공학, 인적 요인, 그리고 PRA 분야와 통합되었다. ATHEANA HRA 프로세스는 10단계로 구성되어 있지만, 핵심 내용은 다음과 같다.

- 우려 사항을 ATHEANA HRA/PRA 관점에 통합한다.
- 우려 사항과 관련된 휴먼에러 및 안전하지 않은 행동을 파악한다.
- 각 휴먼에러 사건 또는 안전하지 않은 행동이 발생한 이유를 파악한다.

EFC는 4가지 관련 검색 체계를 사용하여 식별한다.

- 처음 세 번의 검색은 동일한 기본 사례에서 벗어난 편차를 포함하는 발전소의 환경 상태 및 규칙을 식별한다.
- 예상되는 발전소 운영의 물리적 편차를 검색한다.
- 첫 번째 검색에서 확인된 편차 시나리오에서 정상적으로 적용될 수 있는 공식 절차를 검색한다.
- 이벤트를 일으키는 사람의 행동을 검색한다.

ATHEANA는 EFC를 구성하는 발전소 상태와 PSF(performance shaping factors, 성과형성요인)가 발생할 가능성 또는 빈도를 추정하여 HFE(human failure events, 인간실패 사건)발생 확률에 대한 정량화 모델을 사용한다. 정량화 과정에서 고려되는 세 가지 기본 요소는 다음과 같다.

(1) EFC 발생 확률

발전소의 불안전한 상태와 불안전한 행동(unsafe human action, UA)을 유발할 가능성이 있다고 판단되는 PSF(performance shaping factors, 성과형성요인)의 조합이다. 일부 PSF의 확률은 과거 기록을 통해 추정할 수 있으며, 다른 PSF는 다양한 요인과 연관될 수 있다. 발전소 전문가의 판단과 ATHEANA를 적용하는 분석가의 판단은 이러한 PSF 발생 가능성을 평가하는 기반을 형성한다.

(2) UA(unsafe human action, 불안전한 행동) 확률

불안전한 행동과 관련한 자료를 확인하는 것이 선호되지만, 그렇지 않을 경우 HEART와 SLIM 방법을 사용한다.

(3) 초기 UA에서 회복하지 못할 확률

안전하지 않은 조치를 개선할 수 있는 조건에는 i) 안전하지 않은 조치 이후 발생하는 의문, 경보 및 기타 징후, ii) 신규운전자(또는 불안전한 조치와 관련된 사람)가 진행 중인 대응에 의문을 제기할 수 있는 기회 및 iii) 발전소 상태 변화로 인해 새로운 경보 및 징후가 발생할 가능성 등이 있다.

ATHEANA를 사용하여 확인된 에러 유발 조건을 해결하기 위해서는 평가자의 상당한 창의성과 통찰력이 필요하다.

4.3 적용 분야

ATHEANA는 원자력 산업을 위해 개발되어 적용되었다.

4.4 필요사항

ATHEANA 방법은 매우 복잡하고 비용이 많이 소요된다. NUREG-1624 방법의 사용 및 운영 환경에 대한 교육이 필요하다.

4.5 도구 및 지원의 가용성

ATHEANA 방법론은 미국 NRC 웹사이트를 통해 공개적으로 제공된다. 다음은 NRC 홈 페이지 주소이다. https://www.nrc.gov/about-nrc/organization/resfuncdesc.html.

4.6 장단점

ATHEANA 방법론은 1세대 도구가 다루지 못했던 수행에러(errors of commission)를 검토할 수 있다는 점에서 유용하다. 하지만 질적평가를 위해서는 적합하지만, 양적평가를 수행하기에는 직합하지 않아 진문가의 핀딘이 필요하다. NUREG-1624에 따른 ATHEANA 장단점은 다음과 같다.

장점은 i) EOC(errors of commission, 수행에러)를 광범위하게 해결하려는 접근 방식이다. ii) 실패를 체계적으로 탐색할 수 있는 방법을 제공한다(이것은 기존 HRA 방법론에서는 제대로 수행하지 못했던 부분이었다), iii) 문제를 일으킬 수 있는 조건에 대한 상세한 통찰력을 개발하는 데 사용할 수 있다. iv) 작업 절차, 교육 및 인터페이스 재설계를 위한 기반을 제공할 수 있으며, 시나리오 생성 도구로 사용할 수도 있다. v) 맥락과 인지라는 중요한 문제에 초점을 맞춘다. vi) 구성 방법론이 적절하게 적용되면 인간 행동에 대한 더 많은 통찰력을 제공할 수 있다.

단점은 i) 매우 복잡하고 비용이 많이 든다. ii) 지침이 많아 해당 분야 전문가의 지원이 필요하다. iii) 정량화 방법이 취약하고 정량적 결과의 입증이 어렵다. iv) 정량화는 전문가의 판단에 지나치게 의존하기 때문에 신뢰성이 낮을 수 있다. v) 방법론 적용을 위해서는 경험이 풍부한 전문가 참여와 프로젝트 팀 구성, 자원 투입, 정보 취합 등 다양한 지원이 필요하지만, 이에 대한 명확한 정의나 지침이 없다.

참조 문헌과 링크

- 김효민, & 염성필. (2019). 인간의 실수를 어떻게 막을 것인가?: 확률적 위험성 평가가 한국의 원자력 안전 규제에 적용된 과정. 한국과학기술학회 학술대회, 82-103.
- 나미령, 김사길, & 이용희. (2015). 원전에서 조직 위험요소의 상황적 맥락을 고려한 휴먼에러 관리 방안 제고. Journal of the Korean Society of Safety, 30(1), 87-93.
- 정원대, & 김재환. (2011). 원자력발전소 위험도 평가를 위한 인간신뢰도분석. 대한인간공학회지, 30(1), 55-64.
- Kim, I. T. (1997). 확률적 안전평가 기법의 활용. 방재와 보험, 45-48.
- 안전보건공단. (2016). 제어실 운전원 휴먼에러확률 예측기법(THERP)에 관한 기술지침.
- 안전보건공단. (2014). 확률적 리스크평가 절차에 관한 지침.
- 안전보건공단. (2017). 휴먼에러의정량적평가및저감 기법(HEART)에 관한 지침.

- Boyer, R. L. (2018). Probabilistic Risk Assessment (PRA): Analytical Process for Recognizing Design and Operational Risks (No. JSC-E-DAA-TN74089).
- D. P., Boyd, M., & Langley, C. (2016, April). Using the decision ladder to reach a better design. In Ergonomics Society Annual Conference).
- energy institute. (2011). HUMAN FACTORS BRIEFING NOTE No. 13. Human reliability analysis. Retrieved from: URL: https://www.100ssd.co.kr/news/articleView.html?idxno=68599.
- Forester, J., Bley, D., Cooper, S., Lois, E., Siu, N., Kolaczkowski, A. and Wreathall, J. (2004) Expert elicitation approach for performing ATHEANA quantification. Reliability Engineering & System Safety 83, (2004) pp.207 - 220
- Han, M. H., Chon, Y. W., & Hwang, Y. W. (2024). Study of Explanatory Power of Deterministic Risk Assessment's Probability through Uncertainty Intervals in Probabilistic Risk Assessment. Journal of the Korean Society of Safety, 39(3), 75-83.
- Reason, J. (1990). Human error, Cambridge university press.
- Shim, K. B. (2001). Probabilistic Safety Assessment of Nuclear Power Plants Using Bayes Method. Communications for Statistical Applications and Methods, 8(2), 453-464.
- Swain, A. D., & Guttmann, H. E. (1983). Handbook of human-reliability analysis with emphasis on nuclear power plant applications. Final report (No. NUREG/CR-1278; SAND-80-0200). Sandia National Lab.(SNL-NM), Albuquerque, NM (United States).
- Williams, J. C. (2015, December). HEART—a proposed method for achieving high reliability in process operation by means of human factors engineering technology. In Safety and Reliability (Vol. 35, No. 3, pp. 5-25). Taylor & Francis.
- Williams, J. (1992, January). Toward an improved evaluation analysis tool for users of HEART. In International Conference on Hazard Identification and Risk Analysis, Human Factors and Human Reliability in Process Safety (pp. 261-280).

- Whittingham, R. B. (2004). The blame machine: Why human error causes accidents. Routledge.

- SNEPC-서울대학교 원자력정책 센터. (2019). 확률적 안전성평가 개념. Retrieved from: https://atomic.snu.ac.kr/index.php/%ED%99%95%EB%A5%A0%EB%A1%A0%EC%A0%81_%EC%95%88%EC%A0%84%EC%84%B1%ED%8F%89%EA%B0%80_%EA%B0%9C%EB%85%90.
- 한국탈핵에너지학회. (2020). 원전의 안전기준은 어떠해야 하는가? (일본원자력시민위원회 저). Retrieved from: URL: 원전의 안전기준은 어떠해야 하는가? (일본원자력시민위원회 저) - 한국탈핵에너지학회.
- HSE. (2009). Review of human reliability assessment methods. Retrieved from: URL: https://www.icheme.org/media/17251/rr679.pdf.

Chapter 6

휴먼에러 사고예방

제1장에서 5장까지 사고의 반복성, 휴먼에러의 함의, 휴먼에러 분류와 분석체계 및 불안전행동, 휴먼에러의 배후 그리고 인간신뢰성평가에 대한 다양한 정보를 검토하고 설명하였다. 이 장에서는 휴먼에러를 예방하기 위한 방향성과 실행방안을 소개한다.
휴먼에러를 비난의 대상으로 삼기보다는 조직적인 차원에서 통제관리에 우선순위를 두고 개선해야 한다. 휴먼에러를 예방하기 위한 통제의 개념, 방벽(barrier)과 방어(defense)의 심각도, 조직의 통제역할, 방어기능 및 통제 신뢰도에 대한 설명을 한다. 그리고 공학적 통제, 행정적 통제, 문화적 통제, 작업그룹 규범, 리더십 활동 및 통제관리를 포함하는 심층방어 체계(In-Depth Controls)에 대한 설명을 한다. 휴먼에러 유발 조직의 특성을 살피기 위해 자체평가, 행동관찰과 피드백(BBS 프로그램), 문제보고, 벤치마킹, 성과지표와 추세, 독립적인 감독, 경영층 검토, 조사 및 설문, 개선활동 프로그램 및 변경관리와 관련한 내용을 설명한다. 또한 행동공학 모델(환경적 요인과 개인적 요인)과 공정문화 구축(비난의 고리와 유책성 결정 나무와 치환테스트)과 관련한 내용을 설명한다.
휴먼에러 유발요인과 사고조사에 활용할 수 있는 SHELL(Soft, Hardware, Environment, Live-ware)모델을 설명한다. SHELL모델의 개요, 구성요소, M-SHELL모델에 대한 추가적인 설명을 하고, 환자 추락사고 및 화학공장 사고사례를 소개한다. 그리고 휴먼에러 발생을 효과적으로 관리할 수 있는 Dirty Dozen에 대한 개요와 12개 항목을 설명한다. 또한 근로자 자원관리(CRM)의 개요와 항공분야, 원자력분야, 의료계, 미국 해군과 해안경비대의 CRM 적용 사례를 소개한다.

I 조직적 차원의 휴먼에러 관리

1 통제

통제(control)에는 일반적으로 방벽(barrier)과 방어(defense)의 방식이 있다. 방벽과 방어는 위험에서 무언가를 보호하기 위해 특별히 고안된 기술적 또는 조직적 기능을 의미한다. 통제는 어떤 위험을 봉쇄하는 방식을 취하며 시설과 사람을 위험에서 보호하는 인적, 기술적 또는 조직적 기능으로 구성된다. 물리적 연동, 장비 중복배치, 전원 및 신호 표시기, 개인 보호 장비, 절차 사용, 주의 태그 부착 그리고 자가진단 등이 통제의 좋은 예이다. 1986년 4월 우크라이나 체르노빌 발전소 4호기 원자로 사고는 통제가 부적절하게 이루어진 사례이다.

1986년 4월 26일 우크라이나 체르노빌 원자력 발전소 4호기에서 터빈(turbine) 정전 시 잔류 운동량만으로 얼마 동안 전력 공급이 가능한지 여부를 결정하기 위한 안전 실증 테스트를 시행하였다. 이 과정에서 밝혀진 통제 실패와 관련한 내용을 살펴본다.

(1) 안전 작동 매개변수 위반
초기 작동 에러로 인해 전력 수준이 전체 전력의 7% 이하로 떨어졌음에도 불구하고 운전자는 전압 발생기 테스트를 지속하였다. 이와 관련한 기준에 따르면 전체 전력의 20% 미만에서는 이러한 테스트를 금지하고 있었다. 그 이유는 낮은 전력 수준에서는 원자로 노심에 양의 공극 계수를 생성하여 폭주 반응을 일으킬 수 있는 위험이 있기 때문이다. 운영자는 전체 전력 수준이 20% 미만인 경우, 테스트를 중단하고 원자로를 정상 출력으로 복귀해야 했지만 그러지 않았다.

(2) 공학적 안전 시스템 비활성화
이후 운영자는 테스트를 완료하기 위해 비상 냉각 시스템과 정지 시스템을 비활성화했다. 운영자가 이러한 안전 시스템을 물리적으로 비활성화할 수 있다는 것은 실제로 시스템 설계의 결함이었다.

(3) 규제를 벗어난 후퇴된 제어봉
전력이 너무 낮게 떨어지자 운영자는 제어봉을 규정에서 허용하는 것보다 훨씬 더 높은 수준으로 후퇴시켜 강제로 전력을 높였다. 여기서도 설계 결함으로 인해 그러한 조작이 허용되었다. 테스트를 진행하는 동안 터빈 내부에서 증기 흐름이 감소했고, 열이 노심에서 정상적으로 제거되지 않았다. 노심의 온도가 급격하게 증가하면서 끓는점과 반응성이 증가되면서 운영자는 수동으로 반응로를 정지시키려고 시도하였다. 이로 인해 여러 번의 증기 폭발이 일어났다. 그 결과 원자로 용기 헤드가 날아갔고 두 번째 화학 폭발로 인해 건물 지붕이 날아갔다.

(4) 설계 결함

RBMK 원자로[84]설계에는 다른 모든 원자로 설계에 있는 철근 콘크리트 격납 구조가 포함되지 않았다. 이로 인해 10일 동안 원자로 하우징에서 연료와 화재가 완전히 용해되어 방사성 핵종을 대기 중으로 방출했다. 체르노빌 사고는 수십 명의 목숨을 앗아갔고 공장이 완전히 파괴되었으며, 수만 명의 사람들을 강제로 이주시킨 대형 참사였다. 환경에 대한 악영향은 오늘날에도 계속되고 있다.

2 방벽과 방어의 심각도

방벽과 방어를 포함하는 통제에 문제가 있다면 사고는 필연적으로 발생한다. 여기에서 휴먼에러는 일반적으로 사고를 일으키는 기여요인이지만 사건의 심각도를 결정하는 것은 통제의 수와 약점이다. 통제 결함이 많은 조직은 시스템적으로 약점이 존재하고 이로 인해 다양한 사고가 발생한다.

3 조직의 통제 역할

휴먼에러를 일으키는 불안전한 감독, 불안전한 조건 및 불안전한 행동은 조직의 프로세스, 물리적 구조, 경영층의 리더십 및 문화와 같은 맥락과 긴밀하게 관계되어 있다. 따라서 통제 관리에 있어 조직의 역할은 매우 중요하다.

4 방어기능

방어는 아래 표와 같이 인식 만들기, 감지 및 경고, 보호, 복구, 격납 및 비상대응 요소를 포함한다.

84) 흑연감속 비등경수 압력관형 원자로(黑鉛減速沸騰輕水壓力管型原子爐)는 소비에트 연방이 개발한 원자로 형식으로 체르노빌 사고를 일으킨 원자로 유형이며 플루토늄 생산용 원자로를 기반으로 한 원자로를 만드는 소련의 프로젝트 중 최고의 작품이었다. RBMK는 냉각재로 경수를 감속재로 흑연을 사용하며, 연료로는 천연우라늄을 사용할 수 있으며(일반적으로 2.4%의 농축우라늄을 사용한다), 압력관 개수만 늘리면 원자로를 크게 만들 수 있고, 또한 운전 중 연료교체가 가능하기 때문에 운전성이 높다는 장점이 있다. 그 대신, 다른 원자로 유형에 비해 냉각수에 문제가 생기면 폭발 가능성이 더욱 높다는 단점이 있다.

구분	내용
인식 만들기	위험(hazard)을 인식한다. 예를 들면 위험성평가 시행, 자체 점검 시행, 회의, 커뮤니케이션, 위험 태그 및 방사선 게시 등을 통해 위험인식을 만든다.
감지 및 경고	비정상 상태 또는 임박한 위험이 있을 경우 경고한다. 경보 및 표시 장치, 동시 확인, 동료 확인, 감독, 밀폐 공간 관리 및 문제 해결 방법론 등을 활용한다.
보호	사고로부터 사람, 장비 및 환경을 보호한다. 개인 보호 장비 사용, 감독 시행, 장비 잠금, 인터록 실시, 차폐 및 환기 등을 한다.
복구	시스템을 비정상 상태에서 안전한 상태로 복원한다. 비상 절차 확인, 눈 세척 시설 설치, 미리 설정된 대응 절차 확인, 운영 계획의 연속성 등을 유지한다.
격납	위험한 에너지의 누출을 제한한다. 이중 저장 탱크 사용, 원격 조작 시행 등
비상탈출	위험에서 대비할 수 있는 수단을 제공한다. 비상 계획 수립 및 비상 조명 사용 등

5 통제 신뢰도

통제 신뢰도이 낮은 교육, 절차, 보호구 사용보다는 통제 신뢰도가 높은 통제, 방벽 또는 보호 장치 등을 우선 적용한다. 아래 그림은 통제 신뢰도가 높은 예시와 낮은 예시를 보여 준다.

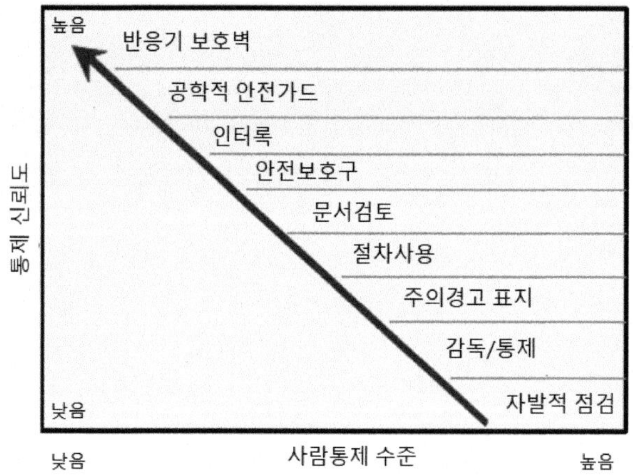

6 심층방어 체계

심층방어 체계(In-Depth Controls)의 개념은 어떠한 사고를 예방하기 위해 다양한 통제를 사용하는 것이다. 다양한 통제에는 조직, 문화 및 물리적 시설 적용 등이 있다. 심층방어가 적용된 시설이나 조직에서는 하나의 통제가 실패하거나 비효율적인 경우 체계적으로 배치된 다른 중복된 통제가 동일한 방어 기능을 수행한다. 통제에는 주요 자산을 휴먼에러로부터 보호하기 위해 활동이나 프로세스를 안전하고 예측 가능하게 진행하는 다양한 장치, 방법 또는 관행이 포함된다.

6.1 공학적 통제

공학적 통제는 물리적 환경에서 모든 하드웨어, 소프트웨어 및 장비 항목을 통제하는 것이다. 공학적 통제는 능동적(Active controls) 또는 수동적(Passive controls)으로 작동한다. 능동적 제어에는 펌프 또는 밸브와 같은 장비 등이 포함되고 수동적 제어는 일반적으로 움직이는 부품이 없는 파이프, 탱크 및 용기 등이 포함된다.

(1) 효과적인 공학적 통제 요소

공학적 통제를 효과적으로 시행하기 위해서는 인간-기계 환경에서 접근성 확인, 설비와 불필요한 인간의 상호 작용 제거, 에러 허용 설계 반영 및 근로자의 불안전한 행동을 방지할 조치가 적용되어야 한다. 그리고 감독자는 인간-기계 인터페이스 결함과 관련된 에러를 찾아 환경 조건, 접근성, 조명 및 사람의 상주 가능성과 관련된 문제를 해결해야 한다.

(2) 공학적 통제의 일반적인 결함

효과적인 공학적 통제를 적용함에도 불구하고 이 기능이 무효화될 수 있다. 이러한 요인으로는 공학적 통제의 임시 수리 또는 장기 임시 수정/변경, 비활성화된 표시기, 과도한 소음, 누락된 라벨 또는 쉽게 보거나 읽을 수 없는 방향의 라벨, 부적절한 조명, 고온 또는 고습도(열 스트레스 요인), 비정상적인 장비 상태, 열악한 접근성 및 비좁은 조건 또는 어색한 장비 배치 등이 있다.

6.2 행정적 통제

행정적 통제는 사람들에게 무엇을 해야 하는지, 언제 해야 하는지, 어디서 해야 하는지, 얼마나 잘 해야 하는지 등 작업과 관련한 지침을 알려주며 일반적으로 다양한 서면 정책, 프로그램 및 계획으로 문서화된다. 행정적 통제는 전적으로 사람의 인지, 판단 및 행동에 의존한다. 따라서 행정적 통제는 공학적 통제만큼 신뢰하기 어렵다.

(1) 행정적 통제에 영향을 미치는 요인

행정적 통제에 영향을 미치는 요인에는 사업의 목표, 예산, 계획, 자원 확보 등과 같은 전략적 사업 계획이 포함된다. 여기에는 공식적인 조직 구조, 권한, 역할 및 책임 라인, 생산 작업 활동 수행을 위한 정책, 프로그램 및 프로세스(예방적 유지보수, 절차 개발, 수정, 구성 제어, 운영 등)가 포함된다. 그리고 조직이 운영하는 다양한 대화, 이메일, 로그, 회의, 보고서, 뉴스레터, 표지판, 게시물, 전화 등이 포함된다. 또한 기술적 및 행정적 절차(허가/태그 부착, 이물질 배제, 문제 해결, 부품 및 재료, 자체 평가, 시정 조치 등) 및 교육훈련 프로그램이 포함된다.

(2) 행정적 통제의 일반적인 결함

행정적 통제의 일반적인 결함에는 하나의 절차 단계에 포함된 두 개 이상의 작업, 모호한 기대치와 기준, 피상적인 문서 검토 또는 기술 절차 개발, 절차 및 작업 패키지에서 확인되지 않은 중요한 단계가 있다. 그리고 사람의 능력을 초과하는 과도한 작업, 운영 경험을 포함하지 않는 새로운 작업 계획, 지나치게 지연된 예방 정비 및 과도한 초과 근무가 있다. 또한 업무량 및 피로로 이어지는 불충분한 인력, 초과 근무(만성 피로로 이어짐), 현장 작업 감독 미실시 및 불분명한 자격 기준 등이 있다.

6.3 문화적 통제

효과적인 안전 문화가 존재하는 조직에서는 생산과 안전이 충돌할 때, 안전이 우선한다는 믿음이 존재한다. 이러한 믿음이 문화적 통제이다.

(1) 가치

사람들이 중요하게 생각하는 것 그리고 높은 우선 순위로 간주하는 것을 가치로서 느끼고 형성하는 것은 중요하다. 가치는 조직이 일하는 방식이고 조직의 행동 방식, 헌장, 비전과 사명 선언문 등으로 공유되는 유형으로 조직 문화에 대한 통찰력을 얻을 수 있도록 하는 능력이 있다. 가치는 조직의 핵심 도덕으로도 간주할 수 있고 조직이 업무를 수행하는 방식에 대한 일종의 청사진 역할을 한다.

(2) 믿음

사람들은 무언가를 진실이라고 믿는 경우, 믿는 방향으로 태도와 행동을 이끄는 경향이 있다. 믿음은 무엇이 성공할지에 대한 가정을 포함하여 어떤 것의 진실, 존재 또는 타당성을 받아들이고 확신하는 것이다. 따라서 사람들이 안전한 믿음을 갖도록 지원하는 방안이 필요하다. 한편, 사람이 갖는 부정적인 믿음에는 그들이 언제 어디서나 통제력을 유지할 수 있다고 믿는 경향이다. 이로 인해 일반적으로 사람들이 지름길을 택하거나 안전 기준을 위반하는 상황이 발생한다.

이러한 잘못된 믿음을 예방하기 위한 조직의 대응은 사람은 에러를 범할 수 있다는 가정, 사람들은 일을 잘하고 싶어한다는 동기, 사람이 휴먼에러를 범하는 것은 정상적인 기능이라는 것, 중대한 사건이 발생했다는 것은 조직의 실패임을 인정하는 것이다. 그리고 휴먼에러는 조직의 효율성을 배우고 개선할 수 있는 기회를 제공한다는 것을 인식하는 것이다.

(3) 태도

태도는 대상이나 주제에 대한 마음의 상태 또는 느낌이다. 태도는 안전과 불안전 그리고 휴먼에러 유발과 긴밀한 관계가 있다. 근로자는 그의 감독자와 동료로부터 안전하고 긍정적이며 일관된 피드백을 경험하고 그 감정이 왜 중요한지 이해할 때 안전한 행동을 유지한다. 이와는 반대로 근로자는 그의 감독자와 동료로부터 고통, 두려움, 불안, 좌절, 굴욕, 당혹감, 지루함 또는 불편함과 같은 불안전하고 부정적인 피드백을 경험하면 안전한 행동을 유지하기 어렵다.

안전한 행동을 촉진하는 태도는 사람은 언제든지 에러를 범할 수 있다는 것을 인정하는 것이다. 그리고 에러 발생 가능성이 있는 상황, 안전하지 않거나 위험한 작업 조건 또는 기타 비정상적인 조건을 감지하기 위해 주변 작업 조건에 대해 경계하는 상황 인식을 유지하는 것이다. 특히 작업과 관련하여 의심스러운 상황이 발생할 경우 생산보다는 안전한 방향으로 조치를 취한다. 또한 안전하지 않은 태도인 영웅적, 자존심, 숙명론 및 에러에 대한 무적성과 같은 해로운 태도와 관행을 피한다.

(4) 문화적 통제의 일반적인 결함

문화적 통제의 일반적인 결함에는 자신의 문제 해결 능력에 대해 지나친 자신감과 다른 사람의 결정에 조언하기를 꺼려하는 것이 있다. 그리고 자신의 능력에만 의존하고, 휴먼에러 예방 대책을 부적절하게 적용하는 상황이 있다. 또한 위험한 관행에 대한 교정 또는 코칭 부족 및 관리자의 언행 불일치(자신이 한 약속을 지키지 않음, 주의 및 보상 등) 등이 있다. 여기에서 더욱 문제가 되는 요인은 상사가 눈치를 보기 위하여 좋은 내용만 공유하는 것 그리고 정직한 에러에 대한 징계 조치 및 생산성 척도에만 근거하여 보너스를 제공하는 것 등이 있다.

6.4 작업그룹 규범

사람들은 그들의 또래 집단이 하는 행동을 따르는 경향이 있다. 규범은 사람들이 무엇을 하고, 입고, 말하고, 믿어야 하는지 알려주는 일종의 준수 요령이다. 규범은 허용되는 것과 허용되지 않는 것, 무시하는 것, 사물을 보는 방법 그리고 그들이 보고 들은 것을 해석하는 방법 등에 대한 결정 기준이다. 규범은 주로 말로써 전달되고, 규범을 어겼을 때 동료가 어떻게 반응하는지에 따라 강제되거나 무시된다. 심층방어 체계를 구축할 경우 전술한 규범이 안전한 방향으로 전개될 수 있도록 조치한다.

6.5 리더십 활동

경영진은 리더십 관행을 통해 구성원에게 의사소통 촉진, 팀워크 촉진, 코칭 및 기대치를 강화한다. 그리고 잠재적인 조직적 약점 제거 및 에러 방지 활동 촉진을 통해 안전문화의 중요성을 형성할 수 있다. 심층방어 체계의 핵심요인은 바로 경영층의 솔선수범과 적극적인 리더십 활동이다.

6.6 통제 관리

경영층의 직접적인 참여와 개선 노력을 통해 통제 기능의 취약성을 개선할 수 있다. 이러한 노력은 주로 사업장의 실행 에러로 인해 발생한 사고원인을 분석하여 개선방안을 마련하는 것이다.

7 휴먼 퍼포먼스 개선

7.1 휴먼 퍼포먼스

휴먼 퍼포먼스(Human Performance)는 특정한 작업 목표(결과)를 달성하기 위해 수행하는 사람의 행동이다. 행동은 사람들이 행하고 말하는 것이며 목적을 위한 수단으로 보고 들을 수 있는 관찰 가능한 대상의 범주이다. 모든 사고의 80%는 휴먼에러에 의한 것으로 알려져 있다. 그리고 나머지 20%의 사고는 장비 고장과 관련이 있다. 여기에서 휴먼에러에 의한 80%의 사고를 분석하면 약 70%는 잠재적인 조직적 약점에 의해 발생하고, 나머지 30%는 인간 본연의 에러로 인해 발생한다.

휴먼에러로 인한 사고발생은 인적 피해와 물적 피해 등 다양한 손해를 불러 일으킬 수 있다. 그리고 사회, 대중 및 환경에도 큰 영향을 주며, 때로는 사회와 인류를 위태롭게 할 수 있다. 또한 중대재해처벌법에 따른 중대산업재해로 인해 심각한 법적 제재와 상당한 비용적 손해가 발생할 수 있다. 따라서 휴먼 퍼포먼스 개선(Human Performance Improvement)을 통해 휴먼에러를 예방해야 한다. 휴먼 퍼포먼스 개선은 하나의 프로그램이 아닌 조직의 안전보건경영시스템과 연계하는 총체적인 활동에 가깝다.[85]

시스템은 어떠한 좋은 성과를 내기 위해 기능하는 요소들의 네트워크라고 정의할 수 있다. 시설과 관련한 시스템에는 전기 시스템, 물 순환 시스템, 작업 프로세스 시스템, 전화 시스템, 화재 진압 시스템, 난방, 환기 및 공조 시스템 등 수많은 시스템이 존재한다. 또한 시설 환경과 관련한 시스템에는 사회 시스템, 조직 시스템 및 인센티브 시스템 등 다양한 무형의 시스

85) 양정모. (2024). 휴먼 퍼포먼스 개선과 안전 마음챙김. 박영사.

템이 존재한다. 여기에서 휴먼 퍼포먼스도 전술한 시스템들과 유사하게 간주될 수 있다. 해당 조직이 관장하는 작업이 얼마나 잘 조직적으로 잘 관리되고 있는지, 절차가 얼마나 잘 설계되어 있는지, 장비가 얼마나 잘 설계되어 있는지 또는 팀워크가 얼마나 잘 이루어지고 있는지에 따라 휴먼 퍼포먼스 관리 시스템이 좋을 수도 있고 나쁠 수도 있다.

7.2 조직적인 효과

조직은 일반적으로 높은 성과를 창출하기 위하여 관리 팀을 조직하고 적절한 사람을 적절한 기능에 배치한다. 조직은 공식적인 정책, 사업 계획, 우선 순위, 지침, 프로그램, 프로세스, 계획 및 일정, 실행 계획, 기대 및 표준을 사용하여 목표를 달성하기 위한 통제를 한다. 여기에서 휴먼 퍼포먼스는 조직적인 요인, 즉 조직이 구성되는 형태, 경영층의 리더십, 방벽과 방어를 효과적으로 배치할 수 있는 자원, 효과적인 교육과 훈련 및 근로자의 참여에 지대한 영향을 주어 목표달성을 위한 적절한 통제를 한다.

7.3 조직적 영향

조직은 경영층이 생산과 작업을 지시하고 조정하기 위해 만든 사람들의 그룹으로 휴먼 퍼포먼스에 영향을 준다. 여기에는 커뮤니케이션 방법 및 관행, 경영 스타일 및 인력 참여 정도, 도구 및 자원, 절차 개발 및 검토, 작업 환경의 청결 수준, 시설 및 구조물 배치도, 구성원의 역량 수준, 인력의 경험 수준, 설계 및 수정, 작업 프로세스, 경영 가시성, 인적 자원 정책 및 관행, 훈련 프로그램, 우선순위(생산 및 안전), 기대 및 기준, 건강과 안전 강조 및 작업 계획 및 스케줄링 등 다양한 요인이 포함된다.

7.4 작업현장 조건

작업현장은 근로자가 작업하는 장소로 환경적 또는 개인적 요인이 존재하는 장소이다. 환경적 요인에는 사람을 둘러 싼 인간-기계 인터페이스, 열 및 습도와 같은 외부의 조건 등이 있다. 개인적 요인에는 사람의 지식, 기술 및 경험 등이 포함된다. 여기에서 중요한 사실은 휴먼에러를 범하는 사람을 바꾸는 것은 어렵지만, 휴먼에러를 유발하는 요인인 환경적 요인은 쉽게 바꿀 수 있다는 것을 명심해야 한다.

8 휴먼에러 유발 조직의 특성 확인

잠재조직의 특성을 찾는 방법에는 자체 평가, 행동 관찰, 문제보고, 벤치마킹, 성과지표와 추세, 독립적인 감독, 경영층 검토, 개선활동 프로그램 및 변경관리 등이 있다.

8.1 자체 평가

조직은 작업 활동에 대한 현재 성과와 예상 성과를 비교하여 성과의 격차를 평가할 수 있다. 실제 성과와 예상 성과의 차이를 성과 차이(performance gap)라고 한다. 성과 차이를 분석하면, 시정 조치를 위해 필요한 조건과 상황에 대한 정보를 얻을 수 있다. 그리고 성과 차이를 줄이기 위한 개선목표를 수립할 수 있다. 이러한 과정을 거치면서 실제 프로세스와 예상 프로세스와의 차이를 파악하여 잠재조직의 약점을 확인할 수 있다.

8.2 행동관찰과 피드백(BBS 프로그램)

산업재해를 줄이기 위한 오래된 방식은 설비의 신뢰성을 높여 기계적 결함이나 기술적인 문제를 줄이면서 안전보건경영시스템을 효과적으로 운영하는 것이었다. 하지만 지속적으로 발생하는 산업재해는 행동관찰을 기반으로 하는 안전관리 방식인 행동기반안전관리(Behavior based safety, 이하 BBS)의 필요성을 부각시켰다. BBS는 사람의 행동을 관찰하고 좋은 피드백을 주어 근로자의 안전행동을 강화하기 위한 방식으로 시행되었고, 안전문화 수준을 향상시켜주는 안전활동으로 알려져 있다.

1940년대 B. F. Skinner[86]는 조건을 통제한 상태로 동물에게 강화(reinforcement)를 주어 행동에 미치는 영향을 실험한 사람이다. 그는 실험 결과를 토대로 사람에게도 이 연구 결과를 적용함으로써 사람의 행동은 측정이 가능하다는 결론을 얻었다. 즉 결과(consequence)를 조건으로 행동(behavior)이 변한다는 사실을 파악한 것이다. 초기 행동 교정은 산업계에 효과적인 프로그램으로 받아들여졌다. 하지만 시간이 흐르면서 실질적인 대중성은 얻지 못하였는데, 그 이유는 당시의 시대적 상황에 따라 행동 교정이라는 실질적인 한계가 있었기 때문이다. 행동 교정이 잘못 적용되면 근로자의 행동을 개선하기보다는 조작적인 활동으로 인식될 수 있기 때문이었다. 1975년 F. Luthan과 R. Kreitner에 의해 행동 교정은 산업안전 분야에 적용되었다.

그리고 조지아 공대의 Judith Komaki에 의해 처음으로 산업안전 분야에 행동 분석 연구가 적용되었다. 이후 1984년 Monsanto에 의해 근로자가 참여하는 BBS가 적용되면서 성공을 거두기 시작하였다. 화학회사인 Shell도 비슷한 시기에 행동 교정 프로그램을 적용하였던 선도

86) 미국의 영문학자이자 심리학자이다. 행동주의 심리학자로 교육과 심리학에 많은 영향을 끼쳤다. 하버드 대학교에서 1958년부터 1974년 은퇴할 때까지 심리학과의 교수였다. "스키너의 상자"로 불리는 조작적 조건화 상자를 만들었으며 이를 바탕으로 행동주의가 더 발전하였다(위키백과).

적인 회사이다. 이후 1980년 Alcoa, Rohm and Haas, ARCO 화학, Chevron 등 여러 회사가 유사한 프로그램을 적용하여 좋은 안전 성과를 얻었다.

행동 교정을 하기 위한 원칙은 ABC 절차를 활용하는 것이다. A는 전례, 선행자극 혹은 촉진제(antecedent 혹은 activator), B는 사람의 행동(behavior)으로 안전한 행동과 불안전한 행동이 있으며, C는 결과(consequence)로 향후의 안전 행동 혹은 불안한 행동을 이끈다.

(1) 행동교정 ABC 절차

ABC 절차의 한 예로 현관의 초인종이 울리면(선행자극, Antecedent) 사람은 누가 왔는지 보기 위해(결과, Consequence) 확인할 것이다(행동, Behavior). 여기에서 선행자극은 초인종이고 사람의 행동을 이끄는 요인이다.

만약 누군가의 장난으로 초인종이 울린다는 상황을 가정해 보자. 사람은 처음 몇 번 초인종 소리에 반응하여 문을 열 것이다. 하지만, 이러한 상황이 자주 반복된다면, 아마도 누군가 장난으로 그런 것으로 생각하고 초인종 소리를 무시할 것이다. 이런 상황을 통해 우리가 알 수 있는 사실은 초인종이 울리는 선행자극에도 불구하고 누군가 장난으로 인해 초인종을 울린다는 결과를 알기 때문에 문을 여는 행동을 하지 않는다. 아래 그림은 전술한 상황을 묘사한 그림이다.

이 사례를 통해 사람은 행동 결정 시 선행자극보다는 결과를 중요하게 생각한다는 것을 알 수 있다. 결과는 시간 요인(즉시 또는 나중), 확실성(확실 또는 불확실) 및 행동의 결과(긍정 또는 부정) 세 가지로 구분할 수 있다. 사람의 행동은 어떤 것에 대해 즉시 효과를 원하고, 확실함을 원하며 긍정적인 결과를 원한다.

이러한 이론을 안전보건에 적용하기 위해 소음이 심한 사업장에서 근로자가 작업을 한다는 상황을 가정해 보자. 여기에서 선행자극은 근로자에게 귀덮개/귀마개 지급, 착용 포스터 부착, 안전 절차 수립과 교육을 하는 것이다.

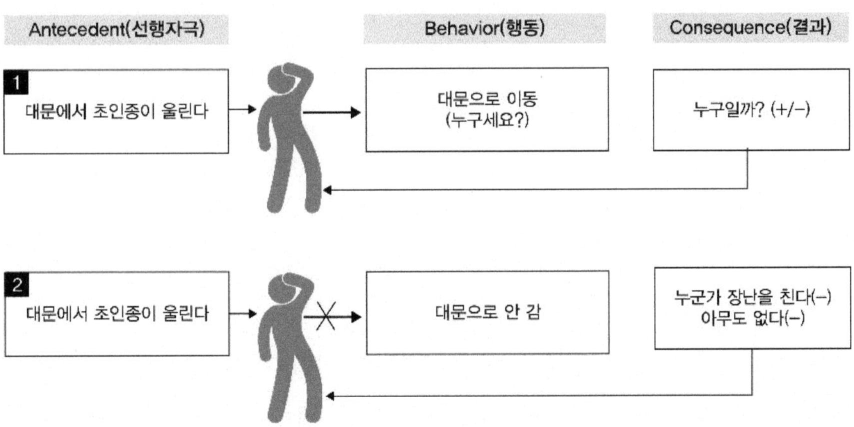

근로자는 이러한 선행자극에 따라 귀덮개/귀마개를 착용할 것이다. 하지만, 근로자는 귀덮개/귀마개 착용으로 얻는 이득인 청력 손상 예방 등의 결과는 장시간에 걸쳐 입증되고, 귀덮개/귀마개를 착용하지 않아 얻는 편안함은 즉시 얻을 수 있으므로 귀덮개/귀마개를 착용하지 않는 상황이 발생한다. 아래의 표와 같은 ABC 절차의 예시를 확인할 수 있다.

선행자극(Antecedent)	행동(Behavior)	결과(Consequence)
·회사가 귀덮개/귀마개를 지급 ·특정 지역에서 귀덮개/귀마개 착용을 회사의 기준으로 수립 ·귀덮개/귀마개 미착용 시 청력 손상이 있음을 교육 ·귀덮개/귀마개 착용 지시 포스터 부착 ·시끄러운 작업 장소 등	·시끄러운 장소에서 귀덮개/귀마개 착용	·미래에 청력 손상이 발생할 수 있다고 걱정한다. ·귀덮개/귀마개 미착용으로 인한 관리자에게 꾸지람을 듣고 싶지 않다.
·위 칸의 선행자극에도 불구하고 ·동료들은 귀덮개/귀마개를 착용하지 않음 ·귀덮개/귀마개 착용에 대한 강제 기준이 없음 등	·시끄러운 장소에서 귀덮개/귀마개 미착용	·막연한 미래에 청력 손상이 있을 수 있다. ·귀덮개/귀마개 착용이 불편하다. ·귀덮개/귀마개 착용하지 않아도 누구도 뭐라고 하는 사람이 없다.

선행자극은 안전 절차, 기준, 규정의 형태로 근로자가 해야 하는 안전 활동을 구체화한 내용으로 존재하며, 때로는 이러한 기준을 알려주는 안내서, 포스터 또는 그림 형태로 존재한다. 다만, 근로자는 자신이 처한 환경과 조건에 따라 선행자극 준수 여부를 결정한다. 선행자극은 근로자를 안전한 방향으로 이끄는 좋은 수단과 방법이 되므로 초기 설정이 중요하다. 초기 설정 이후에는 지속적인 모니터링을 통해 결과(consequence)를 긍정적으로 변화시키는 방안을 수립해야 한다. 결과는 아래 표와 같이 안전 행동을 증가시키는 긍정적 강화와 부정적 강화가 있다. 그리고 안전 행동을 감소시키는 처벌이 있다.

안전 행동을 증가시키는 결과	
긍정적인 강화	부정적인 강화
원하는 무언가를 얻음	원하지 않는 것을 피하도록 함
안전 행동을 감소시키는 결과	
처벌	처벌
원하지 않는 무언가를 얻음	원하거나 가진 무언가를 잃음

위 표에서 가장 추천할 만한 방법은 안전 행동을 증가시키는 결과에서 긍정적인 강화이다. 물론 부정적인 강화 또한 안전 행동을 증가시키는 요인이지만, 근로자가 싫어하는 무언가를 피하게 해주는 강화이므로 되도록 적용하지 않는 것이 좋다. 긍정적인 강화는 근로자가 무언

가를 안전하게 해보겠다고 하는 자율의식을 갖게 하므로 근로자의 향후의 안전 행동에 영향을 준다.

(2) 가이드라인

효과적인 BBS를 운영하기 위해서는 안전 평가, 경영층 검토, 목표와 일정 수립, 안전 관찰 절차 수립, 피드백과 개선 활동, 인센티브와 안전보상, 교육 시행, 모니터링, 경영층 검토 단계로 적용한다.

가. 안전 평가

회사나 사업장의 안전문화 수준과 새로운 문화를 받아들이는 유연성 여부에 따라 BBS의 성패가 달려 있다. 그 이유는 아무리 좋은 프로그램일지라도 해당 사업장의 상황이나 수준에 맞지 않는다면, 성공하기 어렵기 때문이다. 이러한 문제를 줄이기 위해서는 근로자와 인터뷰, 토론 등을 통해 이 프로그램 적용의 필요성을 검토하고 의견을 충분히 수렴해야 한다.

그리고 해당 사업장의 유해 위험요인, 위험한 행동 이력, 과거 안전성과 요약, 근로자의 안전 지식, 안전에 영향을 주는 관리 요소, 안전 감사, 안전 미팅, 보상 등을 검토한다. 안전 평가의 목적은 조직에 적용되고 있는 안전 활동, 교육요구도 및 경영층의 지원현황을 파악하기 위함이다. 이러한 과정을 통해 관찰방식, 소요 비용, 실행일정 등을 결정할 수 있다. 평가 시 아래에 열거된 절차를 참조한다.

· 인터뷰

인터뷰를 시행하는 이유는 사업장의 시스템, 기준, 실행사례 등을 확인하기 위한 것이다. 이때 근로자의 의견을 솔직하게 받아들이기 위해 지역, 직급, 경험 등의 특징을 고려한다. 관리감독자 중 약 10% 정도를 인터뷰 대상으로 포함한다. 회사에 노조가 존재한다면, 일정 수 이상의 간부 인원을 포함한다. 아래의 내용은 일반적으로 추천할 수 있는 인터뷰 예시이다.

- 사업장을 안전하게 했던 원동력은 무엇인가?
- 현재보다 높은 안전수준을 유지하려면 어떤 개선을 하여야 하는가?
- 개선에 있어 걸림돌은 무엇인가?
- 사업장의 안전 성과가 어느 정도인가?
- 사고가 발생한다면 어떻게 대처하는가?
- 사업장에서 발생하는 사고에 대한 보고 비율은?
- 관리감독자나 도급업체는 안전 개선을 위하여 무엇을 해야 하는가?
- 불안전한 행동을 감소시킬 수 있는 사람은 누구인가?
- 위험작업을 거부할 수 있는 제도나 기준이 있는가?
- 불안전한 행동을 하였는가?
- 안전 개선을 위한 동인(driver)은 무엇인가?
- 누가 주로 당신에게 안전을 언급하는가? 주로 어떤 내용인가?
- 안전을 확보하기 위해 어느 정도의 시간을 투자하는가?

· 설문서 접수

인터뷰는 근로자의 느낌과 인지도를 파악할 수 있는 좋은 방법이다. 하지만 근로자가 너무 많거나 야간 근무자에 대한 인터뷰가 어려울 때, 설문서를 활용하는 것을 추천한다. 설문을 하는 사람이 압박감이나 스트레스 없이 편안함을 느끼도록 하는 설문 내용을 선정하여 개발한다. 아래 표는 일반적으로 추천할 수 있는 설문서의 예시이다.

- 응답자의 안전 참여 노력도
- 사업장에 존재하는 긍정적인 안전 강화 방법으로는 무엇이 있는가?
- 안전과 관련한 안전기준 지속성 여부
- 생산과 안전이 상충하는 상황
- 안전에 대한 경영층의 참여 정도
- 사고와 불안전한 행동의 상관관계
- 안전교육의 효과성
- 설비나 도구의 안전설계 반영 여부

※ 기타 설문 문항은 연구논문이나 인터넷에서 검색이 가능한 여러 종류를 참조하여 사업장 특성에 맞게 변형하여 사용할 것을 추천한다.

· 사업장의 사고통계 확인

사업장에서 주로 발생하는 사고의 유형을 확인하고 어떤 유형의 행동이 우선 개선되어야 할지 검토한다. 이러한 검토 결과는 핵심행동 체크리스트에 포함한다.

나. 경영층 검토

안전문화 수준을 검토하여 우선순위, 시급성, 유연성 등을 고려한 프로그램의 소요 비용, 일정, 지원사항을 보고하고 승인을 얻는다. 효과적인 BBS를 운영하기 위해서는 경영층의 지원이 핵심 조건임을 인지하고 추진해야 한다. BBS 소위원회를 구성할 경우, 전사 차원의 의사결정과 호응을 끌어낼 수 있으므로 적극적으로 추천한다.

다. 목표와 일정 수립

BBS는 여러 조직과 관련이 있는 사안이므로 각 사업부의 해당 부서와 긴밀하게 협조하여 전사 차원의 목표를 설정한다. 설정된 이정표를 기반으로 해당 항목별 목표점과 일정을 주기적으로 공유하고 변경하여 효과적인 추진을 한다.

라. 안전 관찰 절차 수립

관찰이란 사람의 행동을 유심히 보고 관련 사실을 확인하는 일련의 과정이다. 관찰을 통해 발견한 불안전한 행동은 잘못이 아닌 누구나 할 수 있는 현실로 생각하고 배움의 기회로 삼아야 한다. 관찰은 근로자의 안전한 행동과 불안전한 행동을 발견하여 개선하는 과정이다.

관찰은 자발적으로 참여하는 관찰방식과 강제적으로 관찰하는 방식으로 구분할 수 있다. 자발적으로 참여하는 방식은 일정한 관찰 목표를 정하지 않고 근로자가 자발적으로 시행하는 방식이다. 이 방식은 근로자의 자율성을 부여하는 긍정적인 면이 있지만, 실제 여러 연구결과에 따르면 관찰 참여율이 낮다. 한편 강제적으로 관찰하는 방식은 강압적인 느낌은 있지만, 정해진 횟수의 관찰과 피드백을 시행하여 근로자의 행동 개선 효과가 높다.

행동을 관찰하기 위해서는 사업장 특성이 반영된 핵심행동 체크리스트(critical behavior checklist)가 준비되어야 한다. 이 체크리스트는 사업장의 아차사고, 근로손실 사고와 불안전한 행동 보고서, 위험성평가 결과, 작업안전분석(job safety analysis) 자료를 검토하여 개발하되 한 페이지를 넘지 않는 것을 추천한다. 관찰 대상이 되는 근로자의 성명을 체크리스트에 기재하지 말아야 한다. 그 이유는 관찰자가 근로자를 고발한다는 부정적인 인식을 줄 수 있기 때문이다. 그리고 목표 행동을 측정하기 위해 체크리스트에 있는 핵심 행동에 대한 관찰 결과를 안전 또는 위험으로 기재하여 안전 행동률을 산출해야 한다(예시: 총관찰된 안전 행동/총관찰된 안전 행동+위험 행동에 대한 백분율).

사업장 특성에 따라 "홀로 일하는 근로자(lone worker)"는 관찰이 어려울 수 있다. 설비나 기계를 매일 홀로 점검하는 근로자, 어떤 물건을 차량에 탑재하여 주기적으로 가정에 배달하는 업무를 수행하는 근로자, 작업 장소에서 멀리 떨어져 있는 근로자의 행동을 관찰하는 일은 다소 어려울 수 있다. 이러한 근로자는 때때로 작업을 조기에 완료해야 하는 압박이나 스트레스 그리고 누군가 자기 행동을 보지 않는다는 인식 등으로 인하여 불안전한 행동을 할 가능성이 있다. 또한 자신의 불안전한 행동을 인식하기 어렵고 누군가 교정을 해 주지 못하는 상황에 처한다. 이러한 근로자들의 경우 스스로 자신의 행동을 관찰(self-observation)하고 피드백하는 방법으로 안전한 행동을 유도할 수 있다.

홀로 일하는 근로자(lone worker)가 사용할 만한 핵심행동 체크리스트를 개발하고 근로자 스스로 행동관찰과 피드백 결과를 기록하도록 하는 방식은 효과적인 방법으로 알려져 있다. 체크리스트를 핸드폰 모바일 프로그램으로 연동하여 기록관리를 한다면 더욱 효과적일 수 있다.

마. 피드백과 개선 활동

BBS의 성패는 효과적인 관찰 이외에도 피드백 시행에 있다. 관찰자는 근로자의 불안전한 행동, 불안전한 작업 조건, 부적절한 도구와 장비 사용 그리고 부적절한 안전보호구 사용 등을 개선하도록 조언할 수 있다. 그리고 그 조언사항을 체크리스트에 기재하고 관리부서에 통보한다. 아래는 여러 종류의 피드백을 열거한 내용으로 사업장의 특성에 따라 적용할 수 있다.

- 관찰자와 피 관찰자 간 피드백
- 현장에서 직접 피드백 혹은 사무실에서 피드백
- 팀 미팅 시 피드백
- 위원회를 통해 공유하는 피드백
- 포스터, 차트 및 게시판을 활용한 피드백

- 관찰 결과에 대해서 경영층에게 하는 피드백
- 그룹 간 피드백

피드백은 구체적(specific) 그리고 포괄적(global)인 것으로 구분할 수 있다. 구체적 피드백은 체크리스트에 언급된 핵심 행동 하나하나를 피 관찰자에게 알려주는 방식이다. 예를 들면, 추락방지 안전벨트 미착용, 추락의 위험이 있는 지역에서 작업, 안전모 미착용, 안전화 미착용 등이다. 포괄적 피드백은 일정한 기간에 누적된 자료를 통계 자료로 분석하여 여러 사람에게 공유하는 방식이다. 연구에 따르면 포괄적 피드백보다는 구체적 피드백이 행동 개선에 더 효과적인 것으로 알려져 있다. 또한, 피드백은 부가적이고 강화적인 방법으로도 구분할 수 있다. 부가적인 피드백은 근로자의 안전한 행동에 대해서 잘했다고 긍정적으로 조언하는 것이다. 상황에 따라서 개별적으로 할 수도 있고, 여러 근로자가 있는 곳에서 할 수도 있다. 강화적인 피드백은 근로자의 미흡한 행동에 대해서 향후 개선하였으면 좋겠다는 기대를 포함한다. 개선활동(intervention)은 결과(consequence)를 긍정적인 방향으로 이끌어 근로자가 안전한 행동을 할 수 있도록 지원해 주는 역할을 한다.

이러한 상황을 산업현장에 적용해 본다면, 관찰자는 매일 근로자들을 대상으로 안전 행동 지침을 준수하고 있는지 개별적인 관찰을 하고 피드백을 시행한다. 그리고 작업이 종료되고 근로자들과 어떤 행동이 안전했고 어떤 행동이 불안전했는지 상호 토론하는 과정을 갖는다. Geller(2001)는 코치의 역할 수행을 잘하기 위해 'COACH' 절차를 추천하였다. 여기에서 COACH는 care, observe, analyze, communicate, help의 영어 약자이다.

Care는 근로자를 "적극적으로 돌본다."라는 의미를 담고 있다. 근로자는 관찰자(코치)의 말과 몸짓을 통해 자신이 관심을 받고 있음을 깨달을 때 안전과 관련한 조언을 더 잘 듣고 수용할 수 있다. 적극적인 Care를 위해서 근로자가 안전에 참여할 수 있는 기회를 주고, 그들이 안전 계획을 스스로 관리하도록 권한을 부여한다. 그리고 회사나 사업장에서 안전과 관련한 열린 토론의 장을 만들다. 처음에는 다소 서툴고 어려울 수 있으나, 쉽게 효과를 낼 수 있는 것부터 시작하고 칭찬을 통해 근로자가 안전에 관한 자신감을 갖도록 유도해야 한다.

Observe는 근로자의 작업 행동을 객관적이고 체계적으로 관찰하여 안전한 행동을 지원하고 위험한 행동을 교정하는 것이다. 관찰자는 근로자의 작업 행동을 염탐하는 간첩이 아니다. 따라서 항상 관찰 전에 근로자에게 허락을 구해야 한다.

Analyze는 ABC 절차에 따라 어떻게 하면 근로자가 안전 행동을 할 수 있는지 여러 방향으로 개선방안을 검토하는 과정이다. 특히 긍정적인 결과가 향후의 행동에 미치는 영향이 크므로 이러한 논리를 기반으로 개선방안을 고려한다.

Communicate는 좋은 코치가 가져야 할 기본적인 소양이다. 관찰자는 적극적인 경청자이자 설득력 있는 연설자가 되어야 한다. 좋은 의사소통에는 미소, 개방, 친절, 열정과 눈맞춤이 있는 부드러움이 있어야 한다. 그리고 각종 보상 등을 활용하여 안전한 행동을 지속해서 유지할 수 있는 조치를 시행해야 한다.

Help는 안전은 확실히 심각한 문제이지만 때로는 약간의 유머를 통해 활기를 더할 수 있는 도움이 필요하다. 근로자의 자존감을 높이기 위한 적절한 용어를 활용한다. 훌륭한 코치는 다른 사람의 자존감을 높이기 위해 부정적인 것보다 긍정을 강조하면서 단어를 신중하게 선택한다. 근로자와 유대감을 형성하는 강력한 도구는 듣는 것이다. 사소한 일이라도 칭찬한다면 근로자는 칭찬받은 일을 잊지 않고 지속할 것이다.

바. 인센티브와 안전보상

피드백을 강화(reinforcement)하기 위한 수단으로 인센티브와 안전 보상을 적절하게 적용한다면 효과 높은 행동 개선을 이룰 수 있다. 강화의 방식은 상품 지급, 휴가 보상, 상품권 지급 등과 같이 긍정적이어야 한다. 하지만 이러한 강화방식 적용 시 근로자는 강화의 이점에 현혹되어 실제 이행하지 않은 내용을 거짓으로 보고할 수 있다는 상황을 검토해야 한다.

이러한 문제를 개선하기 위해 추천할 만한 방법은 근로자 개인에게 지급하는 시상 보다는 팀 단위나 그룹 단위로 시상하는 방법이 있으며, 시상 비용을 모아 외부에 기부하는 방식도 좋은 방안이다. 그리고 시상을 받을 사람을 선정하여 회사의 소개 자료나 방송에 출연할 수 있도록 해 주는 것도 좋은 방법이다. 행동 개선을 위해 적용되는 강화의 방안으로는 인센티브와 안전 보상이 좋은 효과가 있다고 알려져 있다. 아래의 표는 인센티브와 보상 설계 방법으로 사업장의 특성을 고려하여 적용한다.

구분	인정 보상	고정적인 보상	단계적 보상	보상체계와 통합된 인센티브
인정/보상	사회적 인정, 회의에서 감사 메시지 전달	근로자에게 지급하는 고정적인 보상 메뉴 선택	단계별 적합한 보상체계	인센티브 지급
기준	미리 설정하지 않음	관련 기준 수립	각 단계에 적합한 기준	사고율, 근로 손실율 수준
대상	개인/팀	개인/팀	개인/팀	개인/팀
검토사항	모든 직급과 기능에 따라 동등한 인정	간략한 보상 항목을 다양화/신비화. 많은 사람이 받을 수 있게 구성.	다양하고 좋은 보상 제공. 우수자를 선정하여 최고의 보상을 지급	분기, 반기 혹은 연간 안전행동 증가율, 사고 발생율 등

※ McSween(2003)의 제안사항을 기반으로 저자가 일부 내용 수정

아래의 표는 인정 보상 적용 시 참조할 만한 사례로 사업장의 특성을 고려하여 적용한다.

구분	내용
사회적	경영층, 관리자, 감독자의 감사 편지 우수자 이름을 게시 사내 방송이나 매체를 통한 안내 가족에게 감사 메시지 송부
일과 관련	우수자에게 공장순회의 기회 부여 경영층이 참석하는 위원회에 참여 기회 제공 우수자가 원하는 교육 제공 희망하는 직무로 변경할 수 있는 기회 제공 공장장과 함께 식사할 수 있는 쿠폰 제공

사. 교육 시행

BBS시행 전 전술한 안전 평가, 경영층 검토, 목표와 일정 수립, 안전 관찰 절차 수립, 피드백, 인센티브와 안전 보상 등의 검토과정을 기반으로 해당 조직과 근로자에게 안내하는 과정을 갖는다. 이러한 과정은 회사가 운영하는 여러 안전교육 방법으로 시행할 수 있다.

BBS는 국가, 기관 그리고 회사별 특성에 따라 다른 호칭을 하고 있다. 영국 BP사의 경우 ASA(advanced site audit)라고 호칭하고 있다. ASA는 관찰자 양성 교육을 5일간 시행한다. 그리고 근로자를 대상으로 하루나 반나절 이상 교육을 시행한다. 듀폰이라는 회사의 STOP(safety training observation program)은 관리자 대상으로 1일 교육을 시행한다. S 기업은 ASSA(advanced site safety audit)라고 호칭하고 있고, 전 근로자를 대상으로 초기 4시간 교육을 시행하고 이후 재교육(refresher training) 차원으로 추가적인 교육을 시행한다.

아. 모니터링

모니터링은 자체적으로 시행할 수도 있고 외부의 전문가를 동원하여 시행할 수도 있다. 무엇보다 이 단계에서는 최초로 계획하고 목표했던 내용이 적절하게 추진되는지 확인하는 과정이므로 관찰 목표 대비 시행 결과 확인, 체크리스트 활용 방법, 불안전한 행동 피드백 개선 여부, 안전 인증과 인센티브 지급의 객관성과 효과성 등을 검토한다.

자. 경영층 검토

안전 평가, 경영층 검토, 목표와 일정 수립, 안전 관찰 절차 수립, 피드백과 개선 활동, 인센티브와 안전 보상, 교육 시행, 모니터링 단계의 검토와 추진 현황을 종합적으로 확인하고 요청사항을 보고한다.

8.3 문제 보고

잠재되어 있는 문제를 찾아 제거하기 위해서는 조직과 근로자 간 원활한 의사소통과 피드백이 필요하다. 근로자는 잠재조직의 약점을 확인하고 개선하는 데 있어 가장 중요한 역할을 한다. 따라서 관리자는 작업자가 자신의 약점을 자발적으로 보고할 수 있는 분위기를 조성해야 한다.

8.4 벤치마킹

벤치마킹(Benchmarking)은 조직 개선 계획에서 고려해야 하는 강력한 관리 도구이다. 일반적인 벤치마킹의 장점은 조직의 지속적인 개선에 도움이 되며, 조직의 약점을 보완할 수 있다. 그리고 다양한 이해 관계자에게 신뢰를 줄 수 있다. 다만, 벤치마킹를 통한 개선에 있어 새로운 프로세스를 채택할 경우, 기존 프로세스에서 식별된 약점을 제거하는 것과 관련된 특정 목표를 염두에 두고 수행해야 한다.

8.5 성과지표와 추세

성과를 분석한 지표를 활용하여 조직의 약점을 식별할 수 있다. 이 지표는 관리자로 하여금 지속적인 개선을 추진하기 위한 시급한 문제를 집중하도록 하는 장점이 있다. 일반적인 성과지표를 활용할 수 있는 요인에는 일정 기간 동안 제출된 모든 문제 보고서의 에러 수, 산업재해율, 문서 개정 요청, 사건, 보안 및 인간 성과와 관련된 여러 다른 지표의 가중 계산, 절차 준수율, 관찰율(관찰횟수 및 코칭 피드백 율), 재작업율(주어진 기간 동안 다시 작업된 건수 등), 서비스 중단 에러율 및 반복 사건 수 등이 있다.

8.6 독립적인 감독

사람은 위험과 위협을 두려워하는 것을 잊어버리고 잠재된 약점이나 잘못된 통제에 안주할 수 있다. 사람들이 이러한 행동을 하는 것을 어떻게 하면 쉽게 확인하고 개선할 수 있을까? 조직 내 유사 부서와 동료는 이러한 관행이나 분위기에 많이 노출되어 있어 전술한 상황에 여러 결점이 존재하는 것을 인지하지 못한다. 또한 동료나 부서 압박으로 인하여 자유로운 발언을 하기 어려운 사정도 있을 수 있다. 따라서 이러한 문제를 해결하기 위해서는 별도의 독립적인 감독(감사)이 필요하다.

8.7 경영층 검토

경영층은 휴먼에러로 인한 다양한 피해를 인식하고 이에 대한 대응방안을 수립해야 한다. 이러한 대응방안은 별도의 위원회를 통해 다양한 부서의 의견을 모으고 적절한 대책을 수립하는 것이 바람직하다. 경영층은 이 위원회가 기준에 맞게 수행되는지, 성과 차이가 확인되는지 그리고 시정 조치가 효과적으로 완료되는지 등을 확인해야 한다.

8.8 조사 및 설문

정기적인 설문 조사를 통해 구성원의 태도 변화를 모니터링한다. 설문 조사를 통해 조직 전체의 태도, 가치 및 신념을 비교하고 시간 경과에 따른 변화를 감지할 수 있다. 설문지 및 설문 조사 질문은 신중하게 작성해야 하며, 특정 조직의 현실이 감안되어야 한다.

8.9 개선활동 프로그램

개선활동 프로그램은 성과와 관련한 문제를 식별, 문서화 및 평가하여 개선하기 위한 포괄적인 도구이다. 이 도구는 i) 운영 사건, 내부 또는 외부 평가, 일상 작업의 관찰 및 근로자의 위험한 행동에 대한 확인 사항 보고, ii) 문제를 평가하고 적절한 시정 조치 계획 수립, iii) 시정 조치 적용 그리고 시정 조치가 완료된 상황 보고, iv) 시정 조치에 대한 독립적인 후속 평가 시행 등 네 가지 단계를 거친다.

8.10 변경관리

변경관리는 관리자가 변경 방향을 설정하여 사람과 자원을 조정하고 조직 전체에 변경이 필요한 요인을 관리하는 체계적인 프로세스이다. 일반적인 변경관리 대상은 근로자 구성, 정전 일정, 정책, 절차 및 장비의 변경 등이 포함된다. 변경관리 시 주의해야 할 사항으로는 문제 정의 방법, 현재 상태 결정, 원하는 최종 조건 결정, 변화를 수용하는 데 필요한 새로운 가치, 태도 및 신념 고려, 변경이 성공하도록 보장할 책임이 있는 사람 확인, 변화의 영향을 받는 모든 사람들에게 설명 및 변경 일정 수립 등이 있다. 효과적인 변경 관리 체계를 사전에 구비하여 변경이 필요할 경우 적용하는 것이 필요하다. 변경 관리를 효과적으로 한다면 가능한 인적 에러를 상당수 줄일 수 있다.

9 행동공학 모델 적용

행동공학 모델(Behavior Engineering Model, 이하 BEM)은 Tomas Gilbert[87]의 저서 Human Competence, Engineering Worthy performance(1978)에서 언급되었던 내용이다. BEM은 작업 현장에서 휴먼 퍼포먼스에 영향을 미치는 잠재적 요인을 식별하고 그러한 요인에 대한 조직적 기여 요인을 분석하기 위한 조직화된 구조이다. 행동에 영향을 미치는 조건은 환경적 요인과 개인적 요인으로 분류할 수 있다. 환경적 요인에는 외부 조건이 포함되고 개인적 요인에는 개인의 통제 하에 있는 내부 조건이 포함된다. 그러나 스트레스, 본능 반사, 정신적 편향과 같은 인간 본성의 일부 측면은 통제하기 어려운 조건이다. 아래 그림은 효과적인 휴먼 퍼포먼스 개선을 위한 BEM을 보여준다.

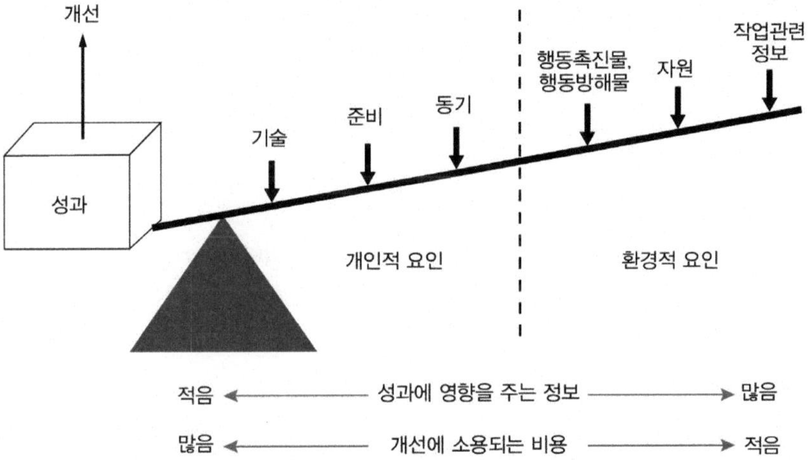

87) Thomas F. Gilbert (1927-1995) 는 종종 HPT(Human Performance Technology)라고도 알려진 수행 기술 분야의 창시자로 알려진 심리학자이다. Gilbert 자신이 성과공학 (Performance Engineering)이라는 용어를 만들고 사용했다.

9.1 환경적 요인

환경적 요인을 행동 방향(Direction to Act), 행동할 기회(Opportunity to Act) 및 행동 의지(Willingness to Act) 등 세 가지로 구분하고, 이와 관련한 에러전조 요인을 설명한 내용은 아래의 표와 같다.

행동 방향	행동할 기회	행동 의지
• 동시 여러 작업 • 반복적인 행동 • 불명확한 목표, 역할 및 책임 • 부족하거나 불분명한 기준 • 혼란스러운 절차 또는 모호한 지침 • 불분명한 전략적 비전 • 무의미한 규칙 • 과도한 통신 요구 사항 • 지연 또는 유휴 시간 • 장기 모니터링	• 시간 압박 • 산만함/방해 • 일상의 변화/일탈 • 혼란스러운 디스플레이 또는 컨트롤 • 동일하고 인접한 디스플레이 또는 컨트롤 • 예상치 못한 장비 상태 • 대체 적응증 복잡성 부족 • 사용할 수 없는 도구, 부품 • 높은 데이터 흐름 • 최근 시프트 변경 • 불리한 환경적 조건/거주지 • 고정관념 • 최근 교대 변경 • 열악한 장비 레이아웃/액세스 • 성가신 알람 • 진동에 대한 장비 감도	• 높은 업무량 • 에러의 결과에 대한 두려움 • 생산을 지나치게 강조 • 성격 갈등 • 과도한 업무 시간 • 반복적인 행동/단조로움 • 동료/작업 그룹 간의 불신 • 위험 관행 • 과도한 업무 시간 • 과도한 집단 응집력/또래 압력

9.2 개인적 요인

개인적 요인을 행동 방향(Direction to Act), 행동할 기회(Opportunity to Act) 및 행동 의지(Willingness to Act) 등 세 가지로 구분하고, 이와 관련한 에러전조 요인을 설명한 내용은 아래의 표와 같다.

행동 방향	행동할 기회	행동 의지
• 작업에 익숙하지 않음 • 처음으로 작업 • 이전에 사용되지 않은 새로운 기술 • 능력 부족 • 경험의 부족 • 부정확한 커뮤니케이션 습관 • 불분명한 문제 해결 능력 • 중요한 매개변수를 인식하지 못함 • 우물 안 개구리 시야	• 스트레스 • 습관 패턴 • 가정 • 자기만족 또는 과신 • 마음가짐 • 정신적 지름길(편견) • 제한된 단기 기억(주의 집중 기간) • 제한된 관점(제한된 합리성) • 질병 또는 피로 • 불안 • 부족한 팀워크 기술 • 인생의 주요 이벤트 • 낮은 자존감 • 신체적 반사 또는 부정확한 신체적 행동 • 물리적 크기가 작업에 비해 너무 크거나 작음 • 인간의 가변성 • 공간 방향 감각 상실	• 개인적 이득을 위해 규칙을 회피하려는 의지 • 중요한 단계에 대한 "안전하지 않은" 태도 • 의심스러운 윤리 • 지루함 • 실패에 대한 두려움/결과 • 과도한 전문적 예의 • 과도한 집단 응집력 • 사회적 존중 • 통제감 없음/학습된 무력감 • 정신적 긴장의 회피

10 공정문화 구축

10.1 비난의 고리

영국의 사회심리학자 James Reason은 'Managing the risks of organizational accidents' 라는 책자에서 안전문화는 공유된 문화, 보고문화, 공정문화, 유연한 문화 및 학습문화로 구성된다고 하였다. 여기에서 공정문화(just culture)는 위험과 불안전한 행동에 대한 수용 가능한 범위와 수용 불가능한 범위를 설정하고, 근로자가 따르고 신뢰하는 분위기를 조성하는 것이다. 근로자의 불안전한 행동의 배후 요인이나 기여요인을 확인하지 않고 무조건 처벌(징계)하는 사례는 용납될 수 없다는 인식이 필요하다. 하지만 이런 기준이 불안전한 행동으로 인해 사고를 일으킨 결과에 대해서 처벌을 면책하지 않는다는 기준은 유지해야 한다. 공정문화 설계를 위한 전제조건은 수용할 수 있는 행동과 수용할 수 없는 행동의 범위를 설정하는 것이다.

조직이 구축한 책임시스템의 실행방안인 처벌과 징계가 공정하지 않으면, 조직과 근로자 간 신뢰가 낮아지고 안전문화는 열화될 것이다. 그리고 의사소통 부족, 경영층이 현장 조건에 대한 관심저하, 잠재조건(latent condition) 조성, 결함방어(flawed defense) 그리고 실수전조(error precursors)의 악순환을 거듭하게 될 것이다.

10.2 유책성 결정 나무와 치환 테스트

미국 에너지부(DOE, Department of Energy)는 영국의 사회심리학자 James Reason의 불안전한 행동에 의한 유책성 결정 나무(A decision tree for determining the culpability of unsafe acts)를 제안하였다. 치환테스트(substitution test)는 Neil Johnston이 제안한 가장 우수한 사람일지라도 최악의 실수를 범할 수 있다는 논리를 포함하고 있다. 즉, 위반자 또는 사고 유발자의 유책성을 판단하기 위해서는 그들과 유사한 직종에서 동일한 자격과 경험이 있는 여러 사람에게 유사한 조건과 상황을 만들어 작업을 수행하도록 테스트를 하고 그 결과에 따라 처벌을 하는 것이다. 테스트 결과 근로자가 불안전한 행동이나 위반을 할 수밖에 없는 조건이라고 판명된다면, 위반자나 사고유발자는 처벌하면 안된다. 즉 치환테스트를 통과했다면 처벌하면 안 된다.

조직은 사고예방을 위하여 안전보건경영시스템의 책임 요소(element)를 운영함에 있어, 정직하고 효과적인 처벌(징계) 체계를 구축해야 한다. 치환테스트를 통과한 근로자를 처벌 위주로 다룬다면, 비난의 순환고리를 탈피할 수 없고, 사고예방의 효과도 그만큼 좋지 않게 될 것이다. 여기에서 더욱 중요한 사실은 징계와 같은 부적강화보다는 보상 등의 정적강화를 적절하게 적용하는 것이 더욱 효과적인 방안일 것이다.

II SHELL모델 적용

1 개요

SHELL은 1972년 Edwards가 제시한 SHEL 모델에서 유래되었다. SHEL 모델은 영어의 앞 글자를 조합한 것으로 Software, Hardware, Environment, Liveware 요소로 구성되어 있다. 이후 1975년 Hawkins는 이 개념을 SHELL 모델로 발전시키면서 Liveware를 하부(조직, 관계자, 상사 또는 부하 등)와 중앙(당사자 본인)으로 구분하여 개선하였다.

항공 사고의 약 75~80%가 휴먼에러와 관계가 있으며, 항공분야에서 휴먼에러의 기여요인을 확인하는 대표적인 방법은 SHELL모델이다. 국제민간항공기구(ICAO) 안전 관리 매뉴얼에 명시된 ICAO SHELL 모델은 다음 그림과 같이 Software, Hardware, Environment, Liveware로 구성되어 휴먼 팩터(human factor) 간의 인터페이스를 이해할 수 있도록 지원한다. SHELL 모델은 사람을 둘러싼 다양한 인터페이스를 입체적으로 검토할 수 있으며, 휴먼 팩터(human factor) 요인을 효과적으로 인식하도록 지원한다.

의료분야의 병원시스템은 자동화와 디지털화로 인해 사람과 시스템 간의 인터페이스가 그 어느때 보다 커지고 있는 시점이다. 의료분야에서도 항공분야와 같은 유사한 사고들이 일어나고 있으며, SHELL 모델을 근간으로 휴먼에러 예방과 그로 인한 사고조사를 하고자 하는 노력이 지속되고 있다.

2 구성요소

2.1 소프트웨어(Software)

시설, 설비, 운전 및 운영 등을 안전하게 관리하고 개선하기 위해 조직이나 회사가 정한 표준 운영 절차로 규칙, 절차, 지침 등의 문서이다.

2.2 하드웨어(Hardware)

도구, 항공 교통 관제 시스템, 구성, 제어 및 표면, 디스플레이 및 기능 시스템, 시설이나 설비 등 사람을 제외한 물리적 자원이다.

2.3 환경(Environment)

소프트웨어(Software), 하드웨어(Hardware) 및 라이브웨어(Liveware) 시스템이 작동해야 하는 상황, 사회 및 경제적 환경, 그리고 자연 환경이다.

2.4 라이브웨어(Liveware)

사람, 관제사, 운항 승무원, 기술자, 유지보수 인력 그리고 시스템 내부의 관리 및 행정 인력이다. SHELL 모델의 핵심 관점은 시스템에서 가장 중요하면서도 가장 유연한 구성 요소인 라이브웨어(Liveware)이다. 라이브웨어(Liveware)는 다른 요인들에 비해 예측 가능성이 가장 낮다. 예들 들면, 사람의 피로, 부주의, 망각, 착각 그리고 위반을 하는 사람들이고, 그들은 온도, 빛, 소음, 작업 부하 등 외부 요인에 의해 쉽게 영향을 받을 수 있다. 따라서 라이브웨어(Liveware)를 둘러싼 다양한 라이브웨어(Liveware), 소프트웨어(Software), 하드웨어(Hardware) 및 환경(Environment) 요소를 탄력성 있게 설계하고 배치 및 조정하여야 한다.

(1) 라이브웨어(Liveware)와 라이브웨어(Liveware)

사람들 간의 인터페이스이다. 이 상호작용은 리더십, 협력, 팀워크, 그리고 개성 등을 다룬다. 다음 그림 중앙의 L(당사자 본인)은 하부의 L(관계자, 상사 또는 부하 등)과 상호작용을 한다. 항공분야에서는 근로자 자원 관리(CRM), ATC의 TRM 및 라인 중심 비행 훈련(LOFT) 등의 프로그램이 포함된다.

(2) 라이브웨어(Liveware)와 소프트웨어(Software)

사람과 소프트웨어 간의 인터페이스이다. 다음 그림 중앙의 L(당사자 본인)과 소프트웨어와 상호작용한다. 법률, 규칙, 규정, 명령, 표준 운영 절차, 관습 및 협약, 그리고 일이 이루어지는 정상적인 방식을 말한다. 라이브웨어와 소프트웨어 간의 안전하고 효과적인 운영을 위해서는 소프트웨어, 특히 규칙 및 절차와 관련된 소프트웨어의 구현 가능성을 확보하는 것이 중요하다.

(3) 라이브웨어(Liveware)와 하드웨어(Hardware)

사람과 하드웨어 간의 인터페이스이다. 다음 그림 중앙의 L(당사자 본인)과 하드웨어와 상호작용한다. 인간-기계 시스템을 논할 때 가장 일반적으로 고려되는 상호작용이다. 인체의 특성에 맞는 좌석 설계, 사용자의 감각 및 정보 처리 특성에 맞는 디스플레이 설계, 적절한 움직임, 코딩 및 위치를 갖춘 제어 장치 등이 여기에 포함된다.

(4) 라이브웨어(Liveware)와 환경(Environment)

사람과 환경 간의 인터페이스이다. 다음 그림 중앙의 L(당사자 본인)과 환경과 상호작용한다. 라이브웨어-환경 상호작용의 적절한 조화에는 환경학, 생리학, 심리학, 물리학, 공학 등 다양한 학문 분야의 경험이 필요하고, 사람에게 노출된 온도와 날씨 등의 물리적 환경을 고려해야 한다. 또한 사람을 보호할 수 있는 방법을 설계하고, 조명, 소음, 방사선에 대한 보호 시스템을 적용해야 한다.

3 M-SHELL 모델

1990년대 후반, 도쿄 전력원자력연구소 휴먼팩터 연구실이나 일본 휴먼팩터 연구소 등은 SHELL 모델 연구를 하는 과정에서 기존의 SHELL 모델에는 관리(Management) 요소가 검토되지 않았다는 것에 주목하고, 다음 그림과 같이 기존의 SHELL 모델에 둘러싸는 형태의 M-SHELL 모델을 제안하였다.

이 모델은 휴먼에러의 기여요인을 라이브웨어(Liveware-당사자 본인)문제와 배후 요인 라이브웨어(Liveware-조직)까시 검토하는 방안으로 전환시켰나. 라이브웨어(Liveware-당사자 본인)

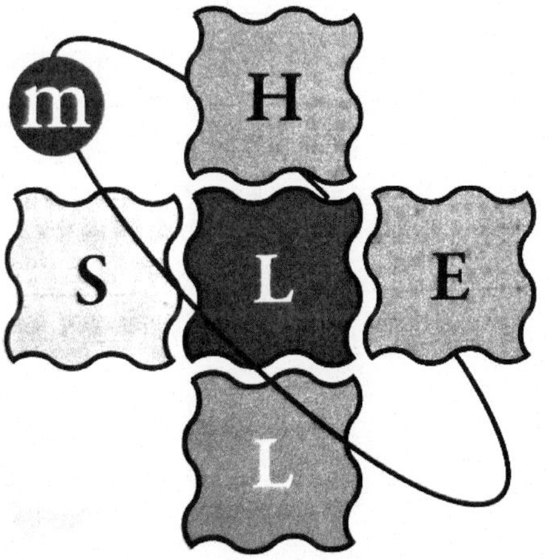

S: Software
절차서, 매뉴얼 등
H: Hardware
기계기구, 장치
맨 • 머신 인터페이스
(man • machine interface) 등
E: Environment
온도, 소음, 공간 등 물리적
작업 환경, 분위기 등 사회적 환경
L: Liveware
중앙: 오퍼레이터
하단: 팀 동료 등
M: Management
관리

로 인한 휴먼에러는 배후 요인인 라이브웨어(Liveware-조직)로 인해 유발된다는 관점에서 조직사고 모델[88]과 유사하다.

4 사고사례

사고사례를 토대로 SHELL 모델의 인터페이스 적용을 검토해 본다. 다만, 해당 논문이나 사고조사 결과에서 밝힌 내용을 저자 입장에서 일부분 재해석한 점을 참조하기 바란다.

4.1 환자 추락사고

2018년 6월 A (여, 76세)씨는 치매, 파킨슨병, 우울증 등으로 병원에 입소하였다. A씨는 입소부터 시설의 출입문과 창문을 열려고 하면서 집에 가고 싶다는 말을 자주 하였다. 환자는 4층 병실에 있는 창문을 밀면(최대 22 cm가량 열려) 통과할 수 있을 것이라고 인식하여 탈출을 시도하던 중 건물 밖으로 떨어져 다발성 장기 손상으로 사망하였다.

이 사고사례를 M-SHELL 모델의 인터페이스로 적용해보면,

i) 라이브웨어- 소프트웨어 측면에서 라이브웨어 중앙에 있는 의료시설 종사자는 위험성평가를 통해 사고를 예방해야 할 책임이 있다. 의료시설 종사자는 환자가 창문을 여는 행위 등 위험한 행동을 사전에 적절하게 조치하지 않았다.

ii) 라이브웨어-하드웨어 측면에서 라이브웨어 중앙에 있는 의료시설 종사자는 4층 창문이 최대 22 cm가량 열릴 수 있는 구조라는 것을 위험성평가를 통해 인식하고, 창문 열림 방지 장치 또는 추락방지망을 설치해야 했다.

iii) 라이브웨어-환경 측면에서 라이브웨어 중앙에 있는 의료시설 종사자는 조직이나 회사의 좋지 않은 안전풍토와 안전문화로 인해 해당 위험요인을 확인하지 못하고 개선하지 못했다.

iv) 라이브웨어-라이브웨어 측면에서 라이브웨어 하부에 있는 의료시설 조직과 경영책임자는 라이브웨어 중앙에 있는 의료시설 종사자가 적절한 위험성평가 시행, 안전점검 시행 및 개선, 창문 열림 장치 설치, 창문 외부 추락방지망 설치 등을 통해 사고를 예방하는 활동에 대한 적극적인 참여와 리더십이 미흡하였다.

v) 라이브웨어 측면에서 라이브웨어 중앙에 있는 환자 A는 치매, 파킨슨병, 우울증을 앓고 있고 탈출 행동을 했다.

vi) M-SHELL 측면에서 안전보건관리시스템 체계에 따라 다양한 사고예방 활동이 PDCA[89]에 따라 시행되어야 했지만, 그 실행이 미흡한 것으로 판단한다. 이 사고의 M-SHELL 모델의 인터페이스를 요약하면 다음 표와 같다.

---

88) Reason은 조직사고를 Orgax로 표현하기도 했다(Reason, J. (2016). Organizational accidents revisited. CRC press).

89) PDCA는 "계획(Plan)-실행(Do)-점검(Check)-개선(Act)"의 네 단계를 반복적으로 수행하여 지속적인 개선을 이루는 것을 목표로 하는 관리 사이클이다.

인터페이스	내용
라이브웨어(중앙)- 소프트웨어	환자가 창문을 여는 위험한 행동 미조치
라이브웨어(중앙)-하드웨어	창문 열림 방지 장치 미설치 또는 추락방지망 미설치
라이브웨어(중앙)-환경	의료기관의 안전풍토와 안전문화 수준 낮아 위험요인 미확인 및 미조치
라이브웨어(중앙)-라이브웨어(하부)	의료기관 종사자와 조직 및 경영책임자의 안전책임과 리더십 미흡으로 위험요인 미확인 및 미조치
M-SHELL	안전보건관리시스템의 PDCA 이행 미흡(위험성평가, 점검과 개선)
라이브웨어(중앙)	환자의 지병으로 인한 탈출 행동

4.2 감광제 생산공정 반응기 폭발사고

2019년 12월 인천광역시 000사업장 3층에 설치된 회분식 반응기 내부를 원료(1.3-디옥솔란[90])로 세척하던 중 정전기로 추정되는 화재 및 폭발로 인하여 근로자 5명이 부상을 입고 건물 3,4층이 전소되는 사고가 발생하였다.

사업장은 반도체 포토공정에 사용되는 레지스트리의 주원료인 감광제를 생산하며 회분식 반응기를 사용하여 여러 종류의 감광제를 생산한다. 감광제 생산공정은 질소 퍼지, 세척, 원료 투입, 반응, 여과, 결정화, 여과 및 건조이 과정을 거친다. 이 과정에서 세척 단계에서 사고가 발생하였다. 세척 공정은 로터미터(Rotameter) 유량계를 이용하여 질소를 0.8 ㎥/min으로 약 10분간 반응기 내부에 스위프 퍼지(Sweep-through purging)[91]를 실시하여 불활성 상태를 만들고 잠근다. 그리고 맨홀을 개방하여 1.3-디옥솔란 200 kg을 공압펌프를 이용하여 반응기 내부 세척을 한다. 다음 그림은 세척공정을 보여준다.

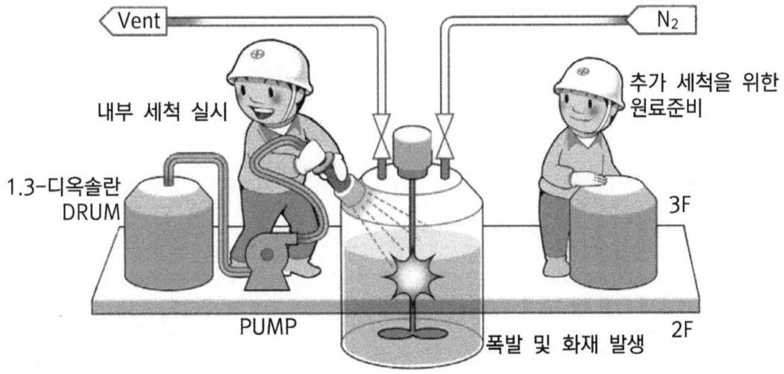

90) 디옥솔란(CAS No. 646-06-0)이 폭발하한은 2.87%이고 폭발상한은 20.5%로 인화성 액체이며, 공기와 폭발성 혼합물을 형성한다.

91) 스위프 퍼지(Sweep-through purging)는 용기의 한 개구부로 불활성 가스를 주입하고 다른 개구부를 통해 대기 또는 스크러버 등으로 혼합가스를 용기에서 방출하는 치환방법을 말한다.

주요 사고원인은 i) 반응기 내 인화성 액체 및 미스트에 의한 대전 및 방전 가능성, ii) 점화원 존재, iii) 반응기 내 인화성 액체 및 미스트에 의한 대전 및 자체 방전 가능성 등으로 인화성 액체의 증기 및 미스트 등으로 폭발위험 분위기가 형성되고, 전위차를 가진 인체 등의 정전기 방전에 의해 폭발 및 화재가 발생하였다.

이 사고사례를 M-SHELL 모델의 인터페이스를 적용해보면,

i) 라이브웨어- 소프트웨어 측면에서 라이브웨어 중앙에 있는 근로자와 관리감독자는 위험성평가를 통해 사고를 예방해야 할 책임이 있다. 안전한 원료세척 절차가 없었고, 스플래쉬 필링(Splash Filling)[92]/정전기/화재/폭발 예방 절차가 미흡했다. 그리고 정전기로 인한 위험성에 대한 교육과 훈련이 미흡했다.

ii) 라이브웨어-하드웨어 측면에서 라이브웨어 중앙에 있는 공정 설계자는 스플레쉬 필링에 의한 정전기 위험성을 간과하였고, 이에 대한 시설적 측면의 사고 예방 대책이 없었다.

iii) 라이브웨어-환경 측면에서 라이브웨어 중앙에 있는 근로자, 관리감독자 및 공정설계자는 조직이나 회사의 좋지 않은 안전풍토와 안전문화로 인해 해당 위험요인을 확인하지 못하고 개선하지 못했다.

iv) 라이브웨어-라이브웨어 측면에서 라이브웨어 하부에 있는 조직과 경영책임자는 라이브웨어 중앙에 있는 근로자, 관리감독자 및 공정설계자가 적절한 위험성평가 시행, 안전점검 시행 및 개선 등을 통해 사고를 예방하는 활동에 대한 적극적인 참여와 리더십이 미흡하였다.

v) 라이브웨어 측면에서 라이브웨어 중앙에 있는 근로자는 정전기가 발생하는 반응기 내 스플래쉬 필링으로 인한 화재/폭발 위험인식이 미흡했다.

vi) M-SHELL 측면에서 안전보건관리시스템 체계에 따라 다양한 사고예방 활동이 PDCA에 따라 시행되어야 했지만, 그 실행이 미흡한 것으로 판단한다. 이 사고의 M-SHELL 모델의 인터페이스를 요약하면 다음 표와 같다.

인터페이스	내용
라이브웨어(중앙)- 소프트웨어	스플래쉬 필링(Splash Filling)/정전기/화재/폭발 예방 절차가 미흡했다
라이브웨어(중앙)-하드웨어	공정 설계자는 스플레쉬 필링에 의한 정전기 위험성을 간과하였고, 이에 대한 시설적 측면의 사고 예방 대책이 없었다.
라이브웨어(중앙)-환경	근로자, 관리감독자 및 공정설계자는 조직이나 회사의 좋지 않은 안전풍토와 안전문화로 인해 해당 위험요인을 확인하지 못하고 개선하지 못했다.
라이브웨어(중앙)-라이브웨어(하부)	조직 및 경영책임자의 안전책임과 리더십 미흡으로 위험요인 미확인 및 미조치
M-SHELL	안전보건관리시스템의 PDCA 이행 미흡(위험성평가, 점검과 개선)
라이브웨어(중앙)	정전기가 발생하는 반응기 내 스플래쉬 필링으로 인한 화재/폭발 위험인식이 미흡했다.

92) 스플래쉬 필링(Splash Filling)은 인화성액체를 용기에 채울 때 액체가 튈 수 있는 충전방식을 말한다.

III Dirty Dozen 관리

1 개요

Dirty Dozen은 사고나 사건의 전조가 될 수 있는 가장 흔한 휴먼에러 12가지 전제 조건 또는 조건을 의미한다. 이 열 두가지 요소는 사람들의 에러를 유발하는 요인들이다. Dirty Dozen은 고든 듀폰(Gordon Dupont)이 1993년 캐나다 교통부(Transport Canada)에서 근무할 당시 개발한 개념으로 정비 휴먼 퍼포먼스(Human Performance in Maintenance)관리를 위한 기초 교육 프로그램의 일부로 구성했다. 이후 이 개념은 전 세계 정비 인적 요소 교육 과정의 초석이 되었다(영국 CAA CAP715). Dirty Dozen이 항공기 분야에 처음 활용되었지만, 다양한 산업이 Dirty Dozen 12개 항목을 기반으로 휴먼에러를 줄이는 방안을 마련한다면, 효과적인 휴먼에러 관리가 될 것으로 판단한다.

참고로 Dirty Dozen은 휴먼에러 전조(precursors)요인을 포괄적으로 나열한 것은 아니다. 휴먼에러 전조(precursors)요인을 나열한 정보는 ICAO CIRCULAR 240-AN/144를 참조할 수 있으며, 300개가 넘는 요인으로 구성(Appendix)되어 있다. 그리고 미국 원자력발전협회(Institute of Nuclear Power Operation, INPO)는 휴먼에러를 일으키는 상황(Error likely situation)을 과제의 요구사항(task demands), 개인의 능력(individual capabilities), 작업 환경(work environment) 그리고 인간본성(human nature)요인으로 구성하였다. 미국 원자력발전협회가 정의한 휴먼에러 전조에 대한 내용은 본 책자 제4장 휴먼에러의 배후 9. 휴먼에러 유발 상황을 참조한다.

2 Dirty Dozen 12개 항목

Dirty Dozen의 12개 항목에는 의사소통 결여, 자만심, 지식 결여, 주의산만, 팀워크 결여, 피로, 자원부족, 압박, 자기주장 결여, 스트레스, 인식 결여 및 관행이 있다.

2.1 의사소통 결여

의사소통 결여(Lack of communication)는 휴먼에러를 일으키는 주요 요인이다. 의사소통은 전달자와 수신자, 그리고 전달 방법 등을 포함한다. 전달된 지시가 명확하지 않거나 이해하기 어려울 수 있으며, 수신자는 지시의 의미를 추측할 수 있고, 전달자는 메시지를 수신하고 이해했다고 가정할 수 있다. 일반적으로 구두로 전달되는 메시지는 약 30% 수준만 이해된다고 알려져 있다. 따라서 모든 작업 전, 작업 중, 그리고 작업 후, 특히 교대 근무 인계 시에는 자세한 정보를 전달해야 한다. 만약, 구두로 의사소통을 시행함에 따라 문제가 발생할 소지가 있다면, 서면으로 작성되어야 한다.

2.2 자만심

자만심(Complacency)은 잠재적 위험에 대한 인식상실과 함께 나타나는 자기만족감으로 설명할 수 있다. 이러한 감정은 습관으로 이어져 사물이나 판단을 쉽고 안전하다고 여길 때 종종 발생한다. 경계심이 전반적으로 완화되면 중요한 신호를 놓치게 되고 자만심이 상승한다.

2.3 지식 결여

지식 결여(Lack of knowledge)는 현장 경험과 특정 지식이 부족한 결과 발생하는 사람의 잘못된 판단과 안전하지 않은 결정이다. 최근의 복잡하고 다양한 시설이나 설비는 매우 복잡하고 통합되어 있어 기술 교육, 규칙과 절차, 적절한 참고 정보가 필요하다.

2.4 주의산만

주의 산만(Distraction)은 사람이 현재 하고 있는 업무에서 다른 곳으로 집중하는 것을 의미한다. 주의 산만이 일어나는 요인에는 시끄러운 소음, 도움이나 요청, 집에서 온 메시지, 교대 근무 패턴, 휴가, 회의 일자 변경 등 다양한 것들이 있다. 이러한 특성은 휴먼에러의 망각을 일으키는 특성으로 작용한다. 필요한 경우 체크리스트를 작성하여 주의 산만을 줄이는 방법이 있다.

2.5 팀워크 결여

팀 워크(Lack of teamwork)부족은 리더십, 팔로워십, 효과적인 의사소통, 신뢰 구축, 자신과 타인에게 동기를 부여하는 능력 그리고 칭찬하기 등이 부족한 상황이다. 효과적인 팀을 구성하려면 모든 팀원이 적절하게 논의하고, 명확히 하고, 합의하고, 이해해야 한다.

2.6 피로

피로(Fatigue)는 장기간의 신체적 또는 정신적 스트레스에 대한 자연스러운 생리적 반응이다. 장시간 근무 후, 그리고 고된 노동 후에도 피로를 느낄 수 있다. 피로가 만성 질환으로 발전하면 의료적 치료가 필요할 수 있다. 피로가 심해질수록 집중력, 기억력, 의사결정 능력이 저하되며, 주의가 산만해지고 상황 인식 능력이 저하된다. 피로는 기분에도 영향을 미쳐 더 위축되게 만들기도 하고 때로는 더 비이성적이고 화를 내게 만들기도 한다.

2.7 자원부족

자원부족(Lack of resources)에는 인력, 시간, 데이터, 도구, 기술, 경험 및 지식 등이 포함된다. 작업의 종류와 관계없이 자원이 부족하면 작업을 완료하는데 차질이 생긴다. 사람은 일반적으로 부족한 자원에서도 주어진 목표를 달성하기 위해 다양한 노력을 한다. 그 노력이 때로는 위반과 누락이 포함될 수 있다.

2.8 압박

압박(Pressure)은 다양한 업무를 수행하는 역동적인 과정에서 생긴다. 압박은 주로 자원부족과 같은 환경적 측면에서 발생하지만, 더 흔한 압박은 사람에게서 나온다. 사람은 감당할 수 있는 것보다 더 많은 업무, 특히 다른 사람의 문제를 떠맡고, 체면을 지키려 하고, 자신이 가지고 있지 않은 초능력을 긍정적으로 믿고 스스로에게 압박감을 준다.

2.9 자기주장 결여

자기주장 결여(Lack of assertiveness)는 자신의 우려나 위험을 표현하지 못하는 비효율적인 의사소통으로 팀워크를 손상시키는 요인이다. 자기주장은 감정, 의견, 우려, 신념, 그리고 욕구를 긍정적이고 생산적인 방식으로 표현할 수 있도록 하는 의사소통 방식이다. 자기주장을 하는 것을 상대에 대한 공격으로 오해해서는 안 된다.

2.10 스트레스

스트레스(Stress)에는 일반적으로 급성 스트레스와 만성 스트레스라는 두 가지 유형이 있다. 급성 스트레스는 감각, 정신 처리, 그리고 신체에 실시간으로 가해지는 부담에서 발생한다. 예를 들어 비상상황에 대처하거나 부족한 자원으로 시간적 압박 속에서 일하는 것과 같다. 만성 스트레스는 가족 관계, 질병, 사별, 이혼, 심지어 복권 당첨과 같은 삶의 요구로 인해 생리 기능에 가해지는 장기적인 부담이 누적되어 발생한다. 스트레스의 초기 징후로는 성격과 기분 변화, 판단 오류, 집중력 저하, 기억력 감퇴 등이 있다. 그리고 수면 장애, 피로 증가, 소화 장애 등이 나타날 수 있다. 스트레스의 장기적인 징후로는 감염 위험 증가, 각성제 사용 증가 및 자가 치료, 결근, 질병, 우울증 등이 있다. 스트레스의 초기 징후를 파악하고 급성인지 만성인지 판단하는 것이 중요하다. 회사에서 일상적인 업무 부담은 간단한 호흡 및 이완 기법만으로도 해결할 수 있지만, 더 효과적인 방법은 문제를 논의하고 인식을 합리화할 수 있는 소통 채널을 마련하는 것이다. 수면, 식단, 운동은 스트레스를 줄이고 스트레스 요인에 대한 회복탄력성을 구축하는 데 중요한 요소이다. 스트레스가 만성적인 경우, 생활 습관의 변화가 필요하며, 이는 회사의 지원을 통해 달성되어야 한다. 회사는 스트레스 감소 프로그램을 포함한 직원 지원(또는 웰빙) 정책을 마련해야 한다.

2.11 인식 결여

인식 결여(Lack of awareness)는 고립된 환경 등에서 개인의 편협한 시각으로 인해 더 넓은 업무에 미치는 영향을 제대로 인식하지 못하는 것이다. 인식 결여는 스트레스, 피로, 압박감, 주의 산만과 같은 다른 요인으로 인해 발생할 수 있다. 따라서 인식 결여는 예방하기 위해서는 경험을 쌓는 것, 사람들의 역할과 책임, 그리고 더 넓은 팀에서 자신의 위치에 대한 경험을 쌓는 것이 중요하다.

2.12 관행

관행(Norms)은 시간이 흐르면서 경험을 통해 조직문화에 따라 달라진다. 관행은 좋을 수도 있고 나쁠 수도 있으며, 안전할 수도 있고 안전하지 않을 수도 있다. 관행은 "우리가 일하는 방식"이라고 불리며 규범이 된다.

IV 근로자 자원관리(CRM)

1970년대 후반 휴먼에러로 인한 다양한 항공기 사고 이후 항공사는 근로자 자원관리(Crew Resource Management, 이하 CRM)교육을 개발했다. CRM은 비정상적인 상황에서 근로자 의사소통, 팀워크, 책임 위임과 관련한 요인을 개선하도록 설계되었다. 이후 의료, 항공 그리고 원자력 산업에서 해당 산업의 시설이 운영되는 상황을 정교하게 재현하여 시뮬레이터를 만들어 적용하였다. 그리고 시뮬레이터는 의사, 조종사 그리고 통제실 운영자가 문제 해결, 의사결정 및 피드백 기술을 수행하도록 환경을 제공했다. 이러한 시뮬레이터 교육은 수십 년 동안 조종사 및 제어실 운영자 자격 및 재인증을 위한 전제 조건이었다.

1 CRM 개요

1972년 12월 29일 상업용 여객기가 플로리다 에버글레이즈(everglade)[93]에 충돌하여 101명이 사망했다. 1977년 3월 27일 두 대의 상업용 항공기가 카나리아 제도의 테네리페 공항 활주로에서 충돌하여 500명 이상의 사망자가 발생했다. 테네리페 공항 참사는 단일 항공 사고 중 사상자 수가 가장 많았던 기록을 보유하고 있다. 이러한 재앙적인 사고의 주요 원인은 약 60~80%가 휴먼에러로 인한 것이었다. 이러한 에러는 기장의 좋지 않은 리더십 행동(효과적인 커뮤니케이션 실패 및 잘못된 의사 결정 등)으로 인해 발생했다(Wagener & Ison, 2014). 이러한 문제를 해결하고 유사한 사고를 예방하기 위해 항공 산업은 CRM을 적용하였다. 그리고 항공분야를 시작으로 다른 고 위험 산업 분야에서도 CRM이 적용되었다. CRM 연구는 일반적으로 상황적 인식(Situational Awareness)에 초점을 맞춰 왔으며 이 연구의 대부분은 인지적 관점에서 수행되었다.

여기에서 SA는 현실과 미래의 상황을 모니터링하거나 인식하는 능력이다. SA와 관련한 연구는 Endsley의 기본 개념에 따라 발전해 왔다. 이 개념은 인지 심리학에서 비롯되었으며 정보의 정신적 처리를 가정하지만 행동 관점에서 보다 명시적인 방식으로 해석될 수 있다. SA의 세 가지 구성 요소를 행동 측면에서 분석(Killingsworth, Miller 및 Alavosius, 2016)해 보면 (a) 지각(Awareness)은 자극 통제, 조건적 차별 및 반응 관찰의 관점에서 생각할 수 있다. (b) 이해(Comprehension)는 다양한 자극의 관찰 가능한 특징과 기본 기능, 그리고 다른 자극 및 사건과의 관계에 대한 언어적 반응이다. 그리고 (c) 투영(Projection)은 예측과 유사하게 분석될 수 있다. 예측은 개인의 학습이 우발 상황에서 환경과 상호 작용하는 방식이다.

일반적으로 SA에 영향을 주는 요인은 주의, 작업 부하 및 정신모델 등이 있다. i) 주의(attention)와 관련한 스트레스는 사람의 주의력에 부정적인 작용을 하여 SA에 영향을 준다. 예들 들면 야구 경기의 외야수가 날아온 공을 잡고 쓰리 아웃인 것으로 오인하여(아웃 카운트

93) 에버글레이즈는 미국 플로리다주 남부의 열대 습지 자연지대이다. 신열대구 내의 큰 유역 가운데 남쪽으로 절반을 차지한다.

에 주의를 기울이지 않고) 잡은 공을 외야 관중에게 주는 행동으로 상대 팀 주자는 쉽게 득점을 하는 경우와 유사하다. ii) 작업 부하(workload)가 많게 되면 SA에 직접적인 영향을 준다. 자신이 할당 받은 업무가 상당하고 처리해야 할 시간에 쫓기게 되면 정상적인 SA는 불가능하다. 이러한 작업 부하를 확인하기 위해서는 NASA TLX[94]를 활용하여 점검해 보아야 한다. iii) 정신모델은 사람이 수행하는 작업을 정신적으로 표현하는 방식이다. 이 방식은 상호 연결된 스키마(schema)로[95]부터 정보를 표현하고 구성한다. 전문가들은 스키마를 더 크고 더 의미 있게 접근하기 쉬운 덩어리로 구성한다.

SA를 측정하기 위해 상황인식글로벌평가기술(Situational Awareness Global Assessment Technique, 이하 SAGAT)[96]을 활용한다. SAGAT는 가장 기본이자 널리 사용되는 SA측정(지각, 이해 및 투영) 방법 중 하나이다. SAGAT를 통한 측정은 대상이 되는 작업이나 시나리오가 반영된 시뮬레이션이 무작위로 선택되어 제공되면서 시스템 디스플레이가 꺼지는 동안 측정의 대상이 되는 사람은 해당 상황에 대한 현재 인식과 관계된 질문에 신속하게 답변하는 과정으로 시행된다. 측정을 진행하는 사람이 SA와 관련한 질문을 하면 측정을 받는 사람은 적절한 답을 한다. 이러한 질문은 약 5분에서 6분 정도이다. 이러한 질문은 연필과 종이를 사용하거나 컴퓨터나 태블릿을 통해 제공할 수 있다. 시뮬레이션 컴퓨터 데이터베이스를 기반으로 측정의 대상이 되는 사람들의 인식을 실제 상황과 비교하여 SA수준을 측정한다.

CRM은 항공 문헌에서 "가능한 최고 수준의 안전을 달성하기 위해 하드웨어, 소프트웨어 및 인력을 포함한 모든 자원을 효과적으로 사용하는 것"으로 정의하고 있다(Northwest Airlines, 2005). CRM은 리더와 승무원이 가용한 자원을 효과적으로 활용하도록 작업 프로세스 계획, 역할과 기능에 대한 설명, 프로세스 모니터링, 계획에서 벗어난 업무 감지, 상부에서 하부로 수정 사항 전달, 필요에 따라 작업 조정, 중요한 변경 또는 작업 종료 시간 보고 및 인간-기계 시스템 인터페이스를 개선하는 방법을 포함한다. CRM은 복잡하고 역동적인 프로세스 상황에서 서로 다른 관점을 갖고 있는 승무원 간의 협력을 조율한다. 이러한 관점은 팀 모든 구성원의 행동을 최적화하고 멀리서 원격 제어 등을 통해 프로세스를 모니터링하는 인력의 입력을 포함한다. CRM에 기반한 관리방식은 팀 리더가 팀원들에게 앞으로의 작업을 알리고 개인 및 집단의 역할과 책임을 검토하며 진행 상황을 측정하기 위한 브리핑 회의로 시작하는 경우가 많다.

항공에서 시작된 CRM은 상황 인식, 의사소통 기술, 팀워크, 작업 할당 및 의사 결정을 포함한다. 항공사마다 핵심 프로세스와 기술 목록은 다르지만 모두 역동적인 환경에서 협력하여

---

94) NASA 작업 부하 지수(NASA-TLX)는 작업, 시스템 또는 팀의 효율성이나 기타 성능 측면(작업 부하)을 평가하기 위해 인지된 작업 부하를 평가하는 널리 사용되는 주관적, 다차원 평가 도구이다. 평가 도구는 40개 이상의 실험실 시뮬레이션과 3년의 개발 과정을 통해 NASA의 Ames Research Center의 Human Performance Group에 의해 개발되었다. 이 평가는 4,400개 이상의 연구에서 인용되었다.

95) 스키마(Schema)는 인간의 뇌에 형성되어 외부로부터 지각(知覺)되는 정보를 체계적이고 간편하게 처리하도록 돕는 구조화된 사전지식(prior knowledge)이다.

96) 이외에도 상황인식현재평가방법(SPAM, Situation Present Assessment Method)과 같은 직접적인 조사 측정과 상황인식평가척도(SART, Situational Awareness Rating Scale) 등과 같은 측정이 이루어지고 있다.

일하는 승무원의 대인 관계와 상호 작용을 정의하는 데 중점을 둔다. CRM조건에서 승무원이 운영 환경과 상호 작용할 때 측정할 수 있는 여섯 가지 핵심 기술은 의사소통, 상황 인식, 의사결정, 팀워크, 승무원의 능력한계와 리더십을 포함한다. 여섯 가지 중 리더십은 모든 요소의 필수적인 통합 기능을 제공한다.

CRM은 표준 작업 지침을 준수할 수 있는 역량 프레임워크 제공과 함께 정상에서 벗어나는 상황을 효과적으로 관리하기 위해 만들어졌다. 1970년대 후반 휴먼에러로 인해 수많은 항공사고 이후 CRM체계가 개발되었다. CRM은 승무원의 안전하고 효율적인 작업 보장, 휴먼에러 저감 및 스트레스를 줄여 효율성을 높이기 위해 가능한 자원을 효과적으로 사용하는 것이다. CRM의 시작은 제트 항공기에 비행 데이터 녹음기(Flight Data Recorders, FDR)와 조종석 음성 녹음기(Cockpit Voice Recorders, CVR)가 도입되면서 가능했다. 녹음기에서 수집한 다양한 정보를 분석한 결과 많은 항공기 사고가 해당 시스템의 기술적 오작동이나 항공기 취급 기술의 실패 또는 승무원의 기술 지식 부족이 아니라는 것을 파악하게 되었다. 녹음기를 통해 분석한 결과 주요 사고는 승무원이 자신이 처한 상황에 적절한 대응을 하지 못하기 때문에 발생하는 것으로 파악되었다. 예를 들어 승무원과 다른 당사자 간의 부적절한 의사 소통은 상황 인식 상실, 항공기 내 팀워크 붕괴 그리고 궁극적으로 치명적인 사고로 이어지는 잘못된 결정으로 이어질 수 있었다.

훈련 보조 수단으로 동적 비행 시뮬레이터가 광범위하게 도입되면서 항공기 사고 원인에 대한 다양한 새로운 이론을 실험 조건에서 연구할 수 있게 되었다. 이러한 연구를 통해 CRM체계는 비행 승무원의 의사소통, 팀 작업 및 비정상적인 상황에서 책임 위임 등을 하도록 설계되었다. 이러한 관점에서 근로자의 CRM역량 개발을 위하여 의료 산업, 항공 및 원자력 산업은 실제 운영 상황을 상정한 시뮬레이터를 개발하여 운영하였다. 이러한 시뮬레이터를 통해 의사, 조종사 및 제어실 운영자는 문제 해결과 의사 결정 능력을 개선할 수 있는 기회를 갖게 되었다. 수십 년 동안 이 시뮬레이터 교육은 항공기 조종사와 제어실 운영자의 자격 재인증을 위한 전제 조건이 되었다. 미 해군과 미 해안 경비대도 이러한 사례를 채택하였다.

2 항공분야의 CRM

항공 분야에 CRM이 도입되면서 이 업계에 종사하는 승무원들 사이에 역동적인 변화가 촉진되었다. 역사적으로 항공 내 조직은 경직된 계층 문화가 팽배하였다. 기장은 비행 동안 궁극적인 권위자로 여겨져 왔다. 기장의 말은 곧 법으로 결코 의문을 제기하거나 이의를 제기해서는 안 된다는 것이 불문율이었다. 이러한 경직된 계층 구조에서 기장이 잘못된 결정을 내릴 경우 심각한 휴먼에러가 발생할 수 있다. 따라서 이러한 경직된 계층구조(권력거리, Power distance)97) 를 해결하기 위해 기장과 승무원 간 효과적이고 명확한 양방향 의사소통을 위해 가용 자원(지식, 현재 상황 관찰 및 데이터 해석 등)을 활용해야 한다.

주요 항공사는 CRM을 확장하기 위하여 "참여를 통한 권위 그리고 존중을 통한 주장"이라는 핵심 단어를 사용하였다(Northwest Airlines, 2005). CRM 교육의 목표는 사고가 발생한 후 비난하기보다는 사고가 발생하기 전 다양한 상황을 공유하고 보고하도록 하는 것이었다. 이러한 교육을 통해 기장은 부조종사의 주의 경고(안전기준이나 절차를 위반하는 등)를 깊게 경청하는 의무를 가졌다.

CRM의 필수 구성 요소는 SA이다. 항공 분야는 SA 수준을 높이기 위해 주로 시뮬레이터를 활용한다. 일부 항공사에서 조종사는 9개월에 한 번씩 한 번에 이틀 동안 시뮬레이터 훈련에 참여해야 한다. 시뮬레이터 훈련 중에 조종사는 기기 오작동, 악천후 조건 또는 기타 불리한 상황이 존재하는 다양한 시나리오에 노출된다. 그리고 조종사는 항공기를 안전하게 조종하기 위해 사용 가능한 모든 정보를 통합하는 방식으로 대응해야 한다. 이 시뮬레이터를 통해 조종사의 행동 능력은 전문 강사에 의해 측정되고 평가된다(예: 1~5등급 척도 사용).

상업용 항공분야는 효과적인 CRM 적용을 통해 비행 안전성 수준이 개선되었다. 그리고 안전행동, 정책 및 구조적 구성 요소가 결합되어 보다 강화된 안전관리를 수행할 수 있게 되었다.

3 원자력 분야의 CRM

휴먼 퍼포먼스를 개선하고자 한 원자력 산업의 초기 시도는 주로 사람의 행동에 초점을 맞추었다(이러한 상황은 기타 산업에서도 공통적으로 대응한 인적 에러 개선 방식이었다). 하지만 휴먼 퍼포먼스 개선은 주로 조직적인 부분과 환경적인 부분을 집중하여 개선해야 하는 방식이라는 것을 인식하고 기존의 방식과는 다른 다양한 개선이 이루어졌다.

원자력 분야의 기술은 더욱 고도화되고 복잡해졌다. 그리고 원자력 분야에는 다양한 제어 시스템, 안전 프로토콜 적용 및 사고 예방 소프트웨어를 적용함에도 불구하고 휴먼에러에 대한 근본적인 문제가 항상 존재한다. 이에 따라 원자력 분야의 CRM목표는 시스템에서 사람의 행동(특히 숙련된 행동)을 최적화하여 인간, 프로세스 및 기술과 함께 조화시키는 것이다. CRM의 핵심 요인은 SA와 긴밀한 관계가 있어 SA측정을 위하여 SAGAT(Situational

97) Hofstede(1980, 1991)는 다국적 기업인 IBM 66개국 사무실 근무자를 대상으로 부하 직원과 상사 간의 지위나 권력의 차이를 인식하는 정도를 파악하였다(권력거리 power distance). 이 연구를 통해 권력거리가 높을수록 부하 직원은 상사를 대하는 것을 꺼려하는 것으로 나타났다. 또한 대한항공 보잉 747호기 괌사고에 대한 월스트리트 저널(1999)의 논평에 따르면 한국의 독특한 사회/문화 요인에 의해 항공사고가 발생한다고 하고 있다. 공군 조종사는 공군 사관학교 출신으로 그들이 착용하는 반지는 즉각적인 존경을 의미한다. 기장은 부기장이 실수를 할 경우 다양한 방법으로 압박을 가한다. 이러한 한국의 특정 문화적 요인이 항공사의 안전에 악영향을 미친다는 점을 지적하였다.

Awareness Global Assessment Technique), SPAM(Situation Present Assessment Method) 및 SARS(Situational Awareness Rating Scale)가 활용된다. 이러한 측정은 일반적으로 원자력 분야에서 공통된 특정 시나리오에 맞게 맞추어져 진행된다. 측정을 하는 평가자는 작업 환경을 상정한 시뮬레이터에서 근로자의 감지 변화를 확인(신호에 대한 응답 지연 정도, 보고 편차의 정확성, 감지된 변동의 결과에 대한 이해 등)하여 평가한다.

4 의료계의 CRM

항공분야와 원자력 분야 등 높은 위험이 있는 산업에서 시행하던 CRM은 의료계에서도 관심의 대상이 되었다. 주로 수술실, 분만실 그리고 응급실 등의 장소는 여러 가지 역동적인 의사 결정과정에서 긍정적인 행동을 유도할 CRM이 필요했다. 의료계에서 먼저 CRM을 도입한 분야는 마취과이다. 마취과에서 주로 일어나는 문제는 휴먼에러로 인한 사고로 여러 마취과 의사(VA Palo Alto Health Care System과 Stanford University)는 마취 환자 안전 재단의 자금 지원을 받아 CRM을 모델로 한 마취위기자원관리(Anesthesia Crisis Resource Management, 이하 ACRM)를 개발했다. ACRM은 83가지의 중요한 사건(예: 급성 출혈, 기관지 경련, 발작)을 분류하고 이에 대한 관리 방안이 있다.

의료계에서의 또 다른 CRM은 MedTeams(Medical Teams) 행동기반 팀워크 시스템(Dynamics Research Corporation에서 개발하고 육군 연구소에서 후원)이다. 이 시스템은 군용 헬리콥터 항공에서 응급 의학에 이르기까지 팀 성과 및 훈련에 대한 연구를 적용하는 것을 목표로 한다. MedTeams 접근 방식의 기본 원칙에는 환자에 대한 팀의 책임, 임상의가 범할 수 있는 에러에 대한 이해, 동료 모니터링 및 환자 상태 확인 등이 있다. 이 원칙은 MedTeams 시스템의 기본 구성 요소일 뿐만 아니라 ACRM 및 항공 분야의 CRM 접근 방식과 유사하다.

5 미해군과 해안경비대의 CRM

미해군과 해안경비대도 유사한 휴먼 퍼포먼스 개선(HPI)원칙을 적용하였다. 그리고 1990년 중반 약 100개의 원자력 발전소를 대표하는 원자력 운영 연구소(INPO)는 원자력 발전소 근로자를 교육하기 위해 휴먼 퍼포먼스 기본교육을 처음으로 도입했다. 이 교육의 주요내용은 인적 에러, 조직 사고 및 휴먼 퍼포먼스이다.

참조 문헌과 링크

- 김천용. (2010). 항공정비 인적오류. 항공우주의학회지, 19(3), 91-96.
- 이수정. (2023). SHELL 모델에 근거한 의료사고 인적요인 분석의 탐색적 연구. 항공우주의학회지, 33(3), 94-99.

- 이수정. (2023). SHELL 모델에 근거한 의료사고 인적요인 분석의 탐색적 연구. 항공우주의학회지, 33(3), 94-99.

- 안전보건공단 (2020). 감광제 생산공정 반응기 폭발/화재사고, pp. 1-14.
- 이시바시 아키라. (2006). 안전한국 7, 휴먼팩터 분석 사고는 왜 반복되는가? 인재NO.
- 양정모. (2024). 휴먼 퍼포먼스 개선과 안전 마음챙김. 박영사.
- 신동진, & 김천용. (2015). 인적요인을 적용한 FOD 방지 개선방안에 대한 연구. 한국항공운항학회 학술대회, 144-147.

- Agency for Healthcare Research and Quality. (2001). Making Health Care Safe: A Critical Analysis of Patient Safety Practices. The American Journal of Cosmetic Surgery, 18(4), 215-224.
- Alavosius, M. P., Houmanfar, R. A., Anbro, S. J., Burleigh, K., & Hebein, C. (2018). Leadership and crew resource management in high-reliability organizations: A competency framework for measuring behaviors. In Leadership and Cultural Change (pp. 168-196). Routledge.
- Cheah, W. L., Giloi, N., Chang, C. T., & Lim, J. F. (2012). The perception, level of safety satisfaction and safety feedback on occupational safety and health management among hospital staff nurses in Sabah State health department, The Malaysian journal of medical sciences, MJMS, 19(3), pp. 57-63.
- Cooper, M. D. (2009). Behavioral safety interventions a review of process design factors. Professional Safety,54(02)
- Cooper, D. (1998).Improving safety culture: A practical guide. Wiley.
- DePasquale, Jason P., & E. Scott Geller. (2000). Critical success factors for behavior-based safety: A study of twenty industry-wide applications. Journal of Safety Research, 30(4), pp. 237-249.
- Dumitru, I. M., & Boşcoianu, M. (2015). Human factors contribution to aviation safety. International Scientific Committee, 49.
- Endsley, M. R. (2021). A systematic review and meta-analysis of direct objective measures of situation awareness: a comparison of SAGAT and SPAM. Human factors, 63(1), 124-150.Hollnagel, Woods, and Leveson. Resilience Engineering: Concepts and Precepts, 2006. pp. 21-23.
- Fishwick, T., Southam, T., Ridley, D., & Blackpool, L. (2004). BEHAVIOURAL SAFETY APPLICATION GUIDE.

- Fleming, M., & Lardner, R. (2002). Strategies to promote safe behaviour as part of a health and safety management system. HSE CONTRACT RESEARCH REPORT.
- Geller, E. S. (2005). Behavior-based safety and occupational risk management. Behavior modification,29(3), 539-561.
- Geller, E. S. (2001). Working safe: How to help people actively care for health and safety. CRC Press.
- Health and safety executive. (2007). "HSE Human factors briefing note no.7 safety culture", pp. 1-2.
- Hollnagel, E., & Woods, D. D. (2005). Joint cognitive systems: Foundations of cognitive systems engineering. CRC press.
- Hollnagel, E., Woods, D. D., & Leveson, N. (Eds.). (2006). Resilience engineering: Concepts and precepts. Ashgate Publishing, Ltd.
- ICAO Doc 9859, Safety Management Manual, It also refers to a framework proposed in ICAO Circular 216-AN31.
- Itoh, H., Mitomo, N., Matsuoka, T., & Murohara, Y. (2004, October). An extension of m-SHEL model for analysis of human factors at ship operation. In 3rd International Conference on Collision and Grounding of Ships (ICCGS 2004), Izu, Japan.
- Jeongmo Yang, PhD. (2025), The Application of a Behavior-Based Safety Program at Power Plant Sites: A Pre-Post Study, International Journal of Clinical Case Reports and Reviews, 22(1); DOI: 10.31579/2690-4861/664.
- Johnston, N. (1995). Do blame and punishment have a role in organisational risk management. Flight Deck, 15, 33-36.
- Keil Centre (2000). Behaviour modification to improve safety: literature review, HSE Books, p. 19.
- Krause, T., & Hidey, J. H. (1990). The behavior-based safety process.
- McSween, T. E. (2003). Values-based safety process: Improving your safety culture with behavior-based safety. John Wiley & Sons, pp. 103-111.
- Meadows, S., Baker, K., & Butler, J. (2005). The incident decision tree: guidelines for action following patient safety incidents. Advances in patient safety: from research to implementation, 4, 387-399.
- Myers, W. V., McSween, T. E., Medina, R. E., Rost, K., & Alvero, A. M. (2010). "The implementation and maintenance of a behavioral safety process in a petroleum refinery. Journal of Organizational Behavior Management", ,30(4), pp. 285-307.
- Pizzi, L., Goldfarb, N. I., & Nash, D. B. (2001). Crew resource management and its applications in medicine. Making health care safer: A critical analysis of patient safety practices, 44, 511-519.
- Reason, J., & Reason, J. T. (1997). Managing the risks of organizational accidents Ashgate Aldershot.

- Roberts, D. Steve, and E. Scott Geller. (1995). An actively caring model for occupational safety: A field test. Applied and Preventive Psychology, 4(1), pp. 53-59.
- Samad, A. G. A., Johari, M. K., & Omar, S. (2018). Preventing human error at an approved training organization using Dirty Dozen. International Journal of Engineering & Technology, 7(4.13), 71-73.
- Standard, D. O. E. (2009). Human performance improvement handbook volume 1: concepts and principles. US Department of Energy AREA HFAC Washington, DC, 20585.
- Strauch, B. (2017). Investigating human error: Incidents, accidents, and complex systems. CRC Press.
- Straughen, M., Williams, S., Wilkinson, M., Robb, R., Richardson, R., Smith, J., & Fleming, M. (2000). "Changing Minds", A practical guide for behavioural change in the oil and gas industry, pp. 5-6.
- Turney, R. D., & Alford, L. (2003). "Improving human factors and safety in the process industries", Institution of Chemical Engineers, pp. 398-399.
- Wirth, O., & Sigurdsson, S. O. (2008). "When workplace safety depends on behavior change: Topics for behavioral safety research", Journal of safety Research, 39(6), pp. 589-598.
- Woods, D., & Wreathall, J. (2003). Managing risk proactively: the emergence of resilience engineering. Columbus: Ohio University.

- Aviation-professional.net. (2021). SHELL Model | for Safe and Effective Human Performance. Retrieved from: URL: https://www.aviation-professional.net/2021/05/The-SHEL-Model-A-Basic-Aid-to-Understand-Human-Factors-in-Aviation.html.
- FAA. (2023). Human Factors in Aviation Maintenance. Retrieved from: URL: https://www.faa.gov/about/initiatives/maintenance_hf.
- ICAO. THE DIRTY DOZEN OF HUMAN FACTORS AND RETURN TO FLYING WITH COVID. Retrieved from: URL: The Dirty Dozen of Human Factors and Return to Flying with COVID.PDFINPO. Excellence in Human Performance (Handbook), pp. 1-5.
- SKYbray(2024). Situation Awareness Global Assessment Technique (SAGAT). Retrieved from: URL: https://skybrary.aero/articles/situation-awareness-global-assessment-technique-sagat.
- SKYbrary. (2025). ICAO SHELL Model. Retrieved from: URL: https://skybrary.aero/articles/icao-shell- model.
- Wikiofscience. (2011). SHELL model of human factors. Retrieved from: URL: http://wikiofscience.wikidot.com/technology:shell-model-of-human-factors

Chapter 7
휴먼에러 예방 안전 마음챙김 시행

휴먼에러는 사람의 마음과 긴밀한 관계가 있다. 사람은 어떠한 대상이나 사물에 친숙해 지면 습관적인 행동을 한다. 그 결과 부주의와 망각을 일으켜 다양한 휴먼에러를 일으킨다. 이 장에서는 안전 마음챙김, 사고순차 모델과 안전 마음챙김, SRK모델과 안전 마음챙김, 안전문화와 안전 마음챙김 그리고 개인적 그리고 집단적 안전 마음챙김과 관련한 설명을 한다. 안전 마음챙김과 관련한 음식업계, 병원, 석유화학, 발전소, 원자력, 건물 유지보수, 항공, 철도, 미국 핵 잠수함 등에 적용되었던 사례를 설명하고, 안전 마음챙김 모델을 설명한다.
안전 마음챙김 체계를 회사에 구축하기 위한 경영층의 리더십과 안전 마음챙김 소위원회 구축 및 운영과 관련한 설명을 한다. 그리고 실패에서 배움, 단순화된 해석 회피, 운영에 대한 민감도 제고, 전문성에 대한 존중 및 안전탄력성의 특징을 포함하는 고신뢰조직(HRO)의 특성에 대해서 설명한다. 그리고 회사에 안전 마음챙김 체계를 적용하기 위한 위험인식 수준향상, 위험 확인 및 항목화, SAFE절차 개발, 근로자 의견 청취, 강사 양성교육, 근로자 교육, IT프로그램 활용, 모니터링에 대해서 설명한다.
저자의 판단에 따라 실효성이 낮은 TBM(Tool Box Meeting)활동을 Safety Talks활동으로 변경하여 시행할 것을 제안한다. 이 제안에는 TBM활동의 정의, TBM활동 운영 현황, 국내 업종 별 TBM사례(건설, 제조, 발전 등)와 안전보건공단이 제공한 TBM 가이드에 대한 설명을 하고, Safety Talks 필요성과 운영 시의 고려사항을 설명한다. 또한 해외의 SLAM(Stop,

Look, Assess & Manage)과 SMART(Stop, Measure, Act, Review & Train)에 대한 소개를 한다.
회사에 안전 마음챙김 체계를 적용할 수 있도록 별도의 시행 가이드라인을 마련하여 소개한다. 가이드라인에는 상호인사, 건강상태 확인(음주, 약물, 컨디션 등), 스트레칭, 보호구 착용상태 확인, 작업내용 공유, 비상대응 안내 등을 포함하는 Step-1. 사전준비, 위험성평가를 기반으로 SAFE절차 시행, 해당 작업과 관련한 사고사례 공유 및 호흡운동 시행 등을 포함하는 Step-2. 작업 전 SAFE 절차 시행(Group-Safety Talks), Step-3. 작업 전 SAFE절차 시행(Self-Safety Talks), Step-4. 작업 중 SAFE 절차 시행(Self-Safety Talks), Step-5. 작업 완료 후 SAFE 절차 시행(Self-Safety Talks), 관리감독자 순회 점검 시 안전 마음챙김 확인 및 안전 마음챙김 강화 등을 포함하는 Step-6. 환류조치에 대한 소개를 한다.

안전관리는 일반적으로 서비스 또는 제품 사용으로 인해 발생할 수 있는 사고 그리고 작업과 관련한 사고를 예방하기 위한 일련의 원칙, 프레임워크, 프로세스 및 조치를 적용하는 활동이다. 또한 사업장에 존재하는 유해하거나 위험한 요인을 찾아 과학적인 기술이나 기법을 적용하여 위험수준을 낮추는 체계적인 활동이다. 이러한 활동에는 다양한 범주의 학문이 요소요소에 적용되고 상호작용되면서 최적의 활동을 이끈다. 그 예로는 전기, 기계, 화공, 금속, 전자, 인간공학, 토목 및 건축 등 공학적 측면 그리고 휴먼에러, 심리, 태도 및 행동 등의 인문학적인 측면 그리고 여기에 법적인 측면을 빼놓을 수 없다.

본 책자가 주로 관심을 갖는 안전 마음챙김은 공학적 측면과 인문학적 측면을 다루고 있다. 안전 마음챙김의 공학적 그리고 인문학적 측면과 관련한 선행연구를 조사한 결과, 국내에는 아쉽게도 유사한 연구를 찾아보기 힘들었다. 다만, 해외의 경우 유사한 연구가 일부 존재하고 있지만 실무에 적용하기에는 한계가 존재하고 있어 아쉬웠다. 이런 배경에 따라 저자는 일반적인 마음챙김 이론과 사례를 기반으로 안전 마음챙김을 연구하고 사업장에 적용할 만한 실행 방안을 모색하고자 한다.

일반적인 마음챙김은 안전 마음챙김 요소를 포함한 포괄적인 측면이 있지만 안전과 관련한 공학적 그리고 인문학적 방안을 제시하는 데에는 한계가 있다. 그 이유는 일반적인 마음챙김과는 다르게 안전 마음챙김은 사업장에 존재하는 추락, 넘어짐, 낙하, 감전, 끼임, 충돌, 화재, 폭발 등 다양한 위험요인에 대한 가능성과 심각성에 대한 검토를 통해 사고를 예방하기 위한 실질적인 대안이 필요하기 때문이다. 따라서 지금부터 설명하는 사항은 일반적인 마음챙김 이론과 사례를 기반으로 기존의 안전관리 방식에 어떻게 안전 마음챙김 방안을 적용할지에 대한 검토와 내용이다. 안전 마음챙김(Safety Mindfulness)이라는 용어는 저자가 한국에서 최초로 고안한 것으로 한국저작권위원회로부터 2025년 7월 10일 저작권이 등록되어 있다. 자세한 사항은 별첨 2(p.309)를 참조하기 바란다.

I 안전 마음챙김 검토

안전전문가들은 안전관리와 관련하여 전문성을 가진 사람들을 일컫는다. 안전전문가는 사업장의 유해하거나 위험한 요인을 찾고, 기계, 전기, 건설, 화학, 법학, 심리학 및 인간공학 등의 다양한 학문적 이론과 경험을 토대로 사고를 예방할 수 있는 방법을 제안하고 개선하는 위치에 있는 사람이다. 이러한 사람들은 때로는 근로자와 경영층의 중간에서 사업장의 안전 문제를 개선하기 위해 경영층을 설득해야 하는 위치에 있는 경우도 있다. 이러한 사유로 안전전문가는 다양한 분야의 학문을 이해하고 위험에 주의를 기울이는 것이 중요하다고 생각하는 것은 자연스러운 일이다. 하지만, 안전관리와 관련해 마음챙김이라는 단어가 대체 의학 및 인지행동 치료와 연관되어 등장하면 일부 안전전문가는 입을 닫고 토론하기를 중단하는 경향이 있다. 지금부터 안전 마음챙김의 이론과 관련한 선행 연구사례와 실행사례를 통해 안전 마음챙김에 한 걸음 다가설 수 있는 방안을 검토해 보고자 한다.

1 안전 마음챙김

안전 마음챙김은 위험에 대한 인식을 높이는 수련이다. 최근 연구에 따르면, 안전 마음챙김을 실천하는 근로자는 그렇지 않은 근로자보다 더 생산적이고 안전하며 긍정적인 마음을 갖는다고 알려져 있다. 안전 마음챙김은 명상이나 선과 같은 활동과는 거리가 있다. 안전 마음챙김은 현재 순간에서 위험에 대한 향상된 인식을 통합하여 내부 경험과 외부 자극 모두에 주의를 기울이는 활동으로 눈에 보이는 위험 그리고 눈에 보이지 않는 잠재된 위험을 인식하도록 지원하는 역할을 한다.

안전 마음챙김은 미래에 일어날 위험을 인식하는 방법과 이미 발생하였던 위험을 인식하는 방법을 활용한다. 안전 마음챙김은 기타 안전관련 활동과는 다르게 위험을 찾아 별도의 문서를 작성하거나 기재하는 방식이 아니다. 그리고 정해진 주기나 형식에 얽매이지 않는 근로자 스스로 시행하는 지속적인 위험 인식 과정(mental processing)이다. 따라서 작업 전, 작업 중, 작업 내용 변경 시 및 작업완료 후 그리고 생활 모든 과정에서 시행할 수 있다.

전술한 과정을 효과적으로 시행하기 위해 저자는 SAFE절차를 제안한다. SAFE의 S는 위험을 조사한다는 의미에서 Scan, A는 위험을 분석한다는 의미에서 Analyze, F는 위험을 확인한다는 의미에서 Find hazard 및 E는 파악한 위험인식을 강화한다는 의미에서 Enforcement이다.

SAFE절차는 마치 우리가 운전을 하는 동안 차량의 계기판에 있는 속도계, 온도 및 속도 등을 습관적으로 확인하고 자신의 차량 주변 다른 차량의 근접 상황을 확인하는 과정과도 같다. 그리고 도로에 설치된 안전표지, 신호 및 CCTV를 주시하며 주행 페달과 브레이크를 번갈아가며 조작하는 것과 같다. 또한 비가 오는 양에 따라 와이퍼의 속도를 가감하는 것과 같다. 이렇듯 도로상의 운전자가 차량을 운전하면서 지속적인 위험 인식을 통해 안전 운전과 방어 운전을 하는 상황은 좋은 안전 마음챙김의 실례이다. 이 과정은 차량을 운행하는 동안 발생할 수 있는 충돌, 부딪침 그리고 속도위반 등을 하지 않기 위해 운전자가 지속해서 안전 마음챙김을 적용한 결과로 누가 보고 있거나 지시해서 하는 것 보다는 위험에 대한 높은 인식 수준이 몸에 밴 행동이다.

이러한 과정을 작업 현장에 적용해 본다면, 근로자가 자신이 일하는 장소에 존재하는 추락 위험을 인지하고 안전벨트를 지지점에 연결하는 경우와 같다. 높은 장소에 있는 물건이 하부로 떨어질 위험이 있어 결속하는 행동과 같다. 이동용 전동장치의 전선 피복이 심하게 벗겨져 감전의 위험을 인지하고 사용을 금지한 행동과 같다. 통행로 개구부로 인해 넘어짐이나 추락의 위험을 개선한 조치와 같다. 이러한 과정은 전술한 안전 운전과 방어 운전처럼 누가 보고 있거나 지시해서 하는 과정이기 보다는 위험에 대한 높은 인식이 몸에 밴 행동으로 볼 수 있다.

전술한 도로의 운전자와 작업 현장 근로자의 상황을 비교하면, 운전자는 도로상에서 마주한 위험이 임박했고 자신에게 직접적인 사고의 위험이 있어 안전한 행동을 했다고 생각할 수 있다. 한편, 작업 현장의 경우 도로상에서 운전하는 상황과는 다르게 마주한 위험이 그다지 심각하지 않고 자신과는 상관없는 위험임에도 불구하고 그런 행동을 했다는 것은 일반적이지 않다고 생각할 수 있다. 즉 '나 같으면 그렇게 까지는 하지 않을 것'이라는 의견이 있을 수 있다. 그렇다면, 이러한 상황에서 작업현장의 근로자를 도로상의 운전자와 같이 안전한 행동을 하도록 하려면 어떻게 해야 할까?

운전자 사례에서 보았듯이 도로상의 운전자는 다양한 위험 상황에서 위험 인식 능력 그리고 안전 운전과 방어 운전 능력을 갖추고 있다. 그들은 자신이 알든 모르든 도로상에서 지속적인 안전 마음챙김을 하고 있다. 그런데 그 훌륭한 운전자는 작업 현장에 도착해서 안전 마음챙김을 잘 하지 않는 것이 핵심 요인이다. 따라서 도로상에서 안전 마음챙김을 하는 근로자를 작업 현장에서도 안전 마음챙김을 할 수 있도록 지원하는 방안이 절실히 필요하다.

2 사고순차모델과 안전 마음챙김

사고순차모델(accident sequence model)에 따르면, 위험이 존재하는 상황에서 사람은 위험한 행동 또는 안전한 행동을 선택한다. 주로 위험한 행동을 선택하는 사람은 위험에 대한 주의력과 인지능력이 낮아 위험을 수용하는 부류이다. 한편 안전한 행동을 선택하는 사람은 위험에 대한 주의력과 인지능력이 있어 위험을 수용하지 않는 부류이다. 사고순차모델에서 집중적으로 살펴봐야 할 사항은 위험이 존재하는 상황에서 근로자가 감각기술, 주의통제 및 경계를 통해 위험에 집중하는 것이다. 그리고 이러한 과정을 거치면서 위험을 피하려고 하는 일련의 과정이다. 이러한 과정이 우리가 추구하고자 하는 안전 마음챙김의 핵심 요인이다.

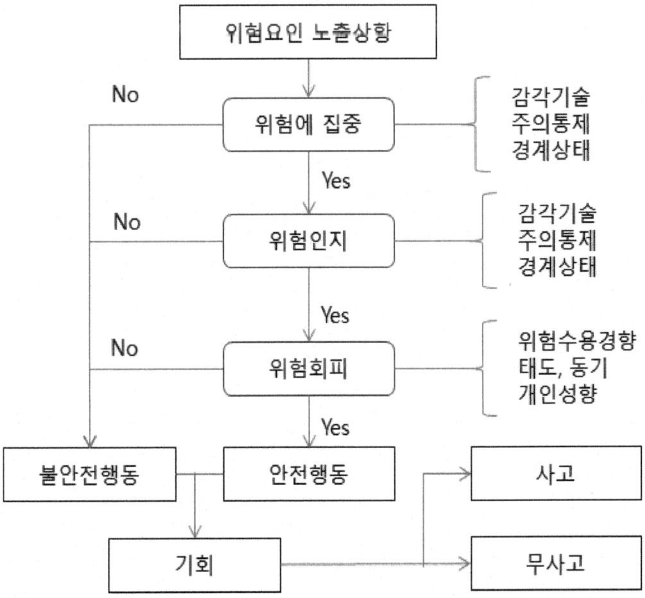

3 불안전 행동과 안전 마음챙김

리즌(1990)은 사람의 불안전한 행동을 의도하지 않은 행동과 의도한 행동으로 분류하였다. 그리고 의도하지 않은 행동을 부주의(slip) 및 망각(lapse)으로 구분하고 의도한 행동은 착각(mistake)과 위반(violation)으로 구분하였다. 그리고 부주의(slip), 망각(lapse) 및 착각(mistake)을 기본적인 휴먼에러라고 정의하였다.

이 정의에서 부주의와 망각이 안전 마음챙김과 더 많은 관계가 있다. 저자가 발전소에서 근무하던 당시 발전소 공정지역이 아닌 행정동 주변에 쉼터가 있었다. 이곳은 주로 근로자나 방문객이 머무르면서 휴식도 취하고 담배도 피는 곳이었다. 당시 발전소에서 담배를 피운다는 것은 좋지 않은 이미지를 제공할 뿐 아니라 화재나 폭발의 위험도 있다는 다수의 의견에 따라 쉼터를 금연장소로 지정하게 되었다. 그리고 금연장소라는 사실을 알리기 위한 게시판을 설치하였다. 당시 게시판은 쉼터 기둥 좌측과 우측에 고정하는 방식으로 높이 약 1.8미터 정도에 설치되었다. 게시판은 견고한 샤시(chassis) 재질이었다. 당시 설치 담당자는 일회용 현수막으로 설치할 경우 바람이 불어 자주 교체해야 하는 부담을 줄이기 위해 견고한 샤시(chassis) 재질을 선정한 것으로 기억한다. 그런데 문제는 게시판을 설치하고 머지 않아 발생했다. 발전소 소방시설을 점검하기 위하여 외부에서 온 점검자가 쉼터에서 쉬다가 머리를 다치는 사고로 약 5바늘을 꿰매는 수술을 해야 했다. 사고가 발생한 이유는 그 점검자가 쉼터 의자에서 쉬다가 일어나면서 금연장소임을 알리는 게시판에 머리를 부딪힌 것이다. 당시 점검자의 키는 1.8미터가 넘었다. 이 사고를 통해 점검자의 부주의는 안전 마음챙김과 긴밀한 관계가 있음을 알 수 있었다.

4 SRK모델과 안전 마음챙김

SRK 모델은 1983년 Rasmussen이 제안한 휴먼 퍼포먼스 모델(human performance model)에서 소개된 용어이다. 이 모델은 휴먼에러를 기술기반 행동, 절차기반 행동 및 지식기반 행동으로 구분하였다. SRK의 S는 전술한 기술기반 행동 Skill-based behavior, R은 절차기반 행동 Rule-based behavior 그리고 K는 지식기반 행동 Knowledge-based behavior의 영어 앞 약자를 조합한 것이다.

James Reason은 1990년 Rasmussen의 SRK모델을 기반으로 일반적인 실수 모델링 시스템(Generic Error-Modelling System, 이하 GEMS)을 소개하였다. GEMS 모델은 사람이 특정 작업을 위해 정보 처리를 하는 방법과 작업을 완료하는 과정에서 기술기반 행동(skill-based behavior), 절차기반 행동(rule-based behavior) 및 지식기반 행동(knowledge-based behavior) 간의 이동을 보여준다. 일반적으로 기술기반 행동(skill-based behavior)은 의식적인 모니터링이 거의 없는 매우 친숙하거나 습관적인 상황에서 고도로 훈련된 신체적 행동을 포함한다. 주로 이러한 행동은 중요한 의식적 사고나 주의 없이 기억에 의해 실행된다. SKR 모델에서 기술기반 행동이 안전 마음챙김과 더 많은 관계가 있다.

저자가 발전소에서 근무하던 당시 교대 근무 구성원은 Fuel Gas Preheater Room 내부 Unit Heater의 Fan[98] 회전여부를 확인하는 과정에 있었다. 구성원은 좌측 사진과 같은 Unit Heater 정면에서 Fan 회전 여부를 눈으로 확인한 이후 우측 사진과 같이 회전하고 있던 Fan에 손을 넣어 확인하던 중 Fan에 손을 베어 6바늘을 꿰매야 하는 사고를 입었다. 구성원이 무언가를 확인하기 위해 무의식적으로 사물을 만져보려는 행동은 사고로 이어졌다. 이러한 행동은 기술기반 행동에 가깝고 안전 마음챙김과 긴밀한 관계를 보여준다.

5 안전문화와 안전 마음챙김

James Reason은 Managing the risks of organizational accidents라는 책자에서 언급된 공유된 문화(informed culture)는 시스템을 관리하고 운영하는 사람들, 시스템 전체의 안전을 결정하는 인적, 기술적, 조직적 및 환경적 요인과 관련한 최신 지식을 갖는 것이다. 보고문화(reporting culture)는 관리자와 근로자가 징벌적 조치의 위협 없이 중요한 안전 정보를 자유롭게 공유하는 것을 의미한다. 공정문화(just culture)는 불안전한 행동에 대한 수용 가능한 범위와 수용 불가능한 범위를 설정하고 구성원이 따르고 신뢰하는 분위기를 포함한다. 학습문화(learning culture)는 조직이나 개인이 다양한 정보를 통해 배운 사실들을 모으고 이에 대한 체계를 구성하여 구성원이 학습할 수 있는 분위기를 조성하는 역량을 포함한다. 유연한 문화(flexible culture)에는 의사결정의 긴급성과 관련자의 전문성에 따라 의사결정 과정의 유연함이 있다. 여기에서 유연한 문화는 고신뢰조직(HRO)의 다섯 가지 특성 중 하나인 안전탄력성(commitment to resilience)과 관계가 있다. 그리고 원자력규제위원회(NRC, Nuclear

98) Unit Heater는 발전소의 주 연료인 낮은 온도의 천연가스를 가스터빈에 보내 연소하기 전 일정 온도로 높여주는 역할을 하는 Fuel Gas Preheater Room 내부에 설치되어 있음. 그리고 Unit Heater는 Fan을 가동시켜 Preheater Room 내부의 온도를 유지시켜 주는 역할을 한다.

Regulatory Committee)가 2011년 발표한 긍정적인 안전문화 아홉 가지 특성과 고신뢰조직(HRO)의 다섯 가지 특성은 상호 관계가 있다. 그리고 고신뢰조직(HRO)은 안전 마음챙김을 기반으로 하고 있으므로 안전문화와 안전 마음챙김은 상호 관계가 있다고 볼 수 있다.

6 개인적 그리고 집단적 안전 마음챙김

안전 마음챙김은 개인적(individual) 안전 마음챙김과 집단적(collective) 안전 마음챙김으로 구분할 수 있다. 개인적 마음챙김은 내부와 외부 모두에서 발생하는 현재 사건과 경험에 대한 수용적인 관심과 인식으로 개인의 정신 건강, 신체 건강, 행동 규제 및 대인 관계를 포함한 여러 중요한 영역에서 긍정적인 영향을 준다. 개인적 안전 마음챙김은 집단적 안전 마음챙김의 기본 구성요소이며 작업상황과 관련된 위험에 대한 개인의 상황적 인식으로 볼 수 있다.

집단적 안전 마음챙김은 개인적 안전 마음챙김을 기본 요소로 안전을 높은 수준의 가치로 생각하는 조직에서 나타난다. 집단적 안전 마음챙김은 상향식, 하향식 그리고 수평식 등의 행태로 적용할 수 있다. 이러한 접근 방식은 조직의 다양한 계층 내에서 상황적 인식을 확장하고 부서 간의 정보 흐름과 시스템 효율성을 개선하고 궁극적으로 개선된 안전 문화를 위한 변화를 활용한다는 높은 수준의 목표를 가지고 있다.

7 안전 마음챙김 선행연구

다양한 선행연구를 살펴보면 안전 마음챙김은 근로자의 불안전한 행동과 긴밀한 관계가 있다. 안전 마음챙김을 하는 근로자는 안전한 행동을 할 가능성이 크고 그렇지 않은 근로자는 불안전한 행동을 할 가능성이 크다. 안전 마음챙김을 하는 근로자는 위험과 관련한 주의력이 깊어 외부 환경과 내부 프로세스를 더 잘 인식할 수 있다. 그리고 주의력 이탈, 기억 편향 및 에러 같은 인지 실패를 피할 가능성이 더 높다. 다양한 선행연구를 살펴보면 안전 마음챙김을 하는 근로자가 많을수록 사업장의 안전성과가 높아진다는 결과가 있다.

7.1 안전한 행동 지원

사람은 기본적으로 복잡한 삶, 감정, 관계 형성 그리고 스트레스에 노출되어 있다. 그리고 동시에 여러 가지를 처리해야 하는 다양한 상황에 놓이게 된다. 지금 하고 있는 일을 그만두고 또 다른 업무를 하던 중 또 다른 업무 혹은 기존의 업무를 다시 돌아가 업무를 다시 하는 등 상황은 수시로 변한다. 그리고 개인으로서 그리고 팀으로서 또는 그룹으로서 동일 지역 또는 떨어진 지역에서 구성원과 상호 협력을 해 가며 업무를 수행한다. 한시라도 서로의 의사소통, 약속, 지침 그리고 절차를 따르지 않을 경우 어떤 일이 일어날 지는 누구도 예상할 수 없다. 안전 마음챙김은 경험이나 현실에 대한 향상된 주의력과 인식을 포함한다. 다양한 선행연구를 살펴보면 안전 마음챙김을 하는 근로자는 위험에 주의를 기울여 안전한 행동을 할 수 있다는 연구결과가 있다.

7.2 인지실패와의 관계

인지실패(recognition failure)는 사람이 일반적으로 어려움이나 실수 없이 완료할 수 있는 상황에서 발생하는 인지 기반 에러다. 인지실패가 일어나는 이유는 산만함과 주의 집중을 하지 못하는 성격 특성에서 비롯된다. 인지실패를 줄이기 위해 주의를 기울이는 근로자는 잠재적인 위험을 인지하고 편견 없는 판단을 내리며 위험한 행동을 통제할 가능성이 높다는 연구가 있다.

7.3 안전성과와의 상관관계

안전성과(safety performance)는 안전준수(Safety compliance)와 안전참여(Safety participation)로 구성되어 있다. 안전준수는 규칙을 준수하는 등 작업장 안전을 유지하기 위한 근로자의 역할적 행동을 의미한다. 안전참여는 조직 구성원이 사고를 예방하는 활동에 참여하는 적극적인 행동을 의미한다. 안전 마음챙김을 통해 주의를 기울인다면 안전준수와 안전참여 수준이 높아져 안전성과가 좋아질 수 있다. 특히 안전준수와 같은 피동적인 안전활동에 비해 안전참여는 근로자의 자발적인 의도에 따른 안전행동으로 그 효과가 크다. 아래 그림은 전술한 안전 마음챙김과 안전성과의 상관관계를 보여준다.

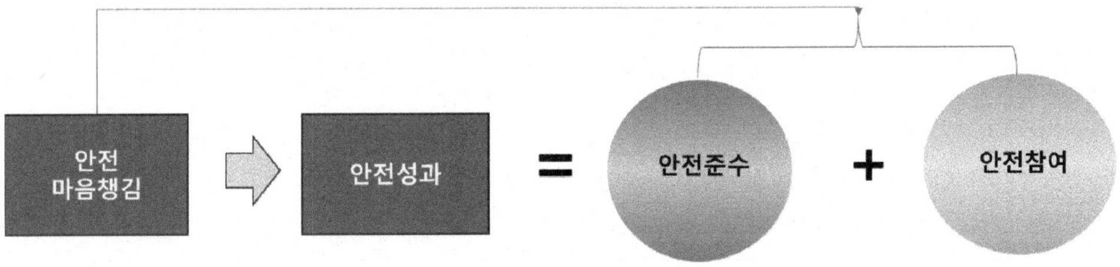

7.4 유럽 항공분야의 안전 마음챙김

근로자가 일상 활동에서 발생할 수 있는 위험을 인식한다는 것은 근로자가 자신을 둘러싼 대부분의 위험을 예측할 수 있다는 생각이 있기 때문이다. 이러한 위험을 잘 알 수 있는 방법에는 두 가지가 있다. 첫 번째는 사업장에 존재하는 다양한 위험을 인식하기 위한 목록을 만든다. 두 번째는 일상 업무 중 많은 구성원이 인식한 정보를 상하 좌우 다양한 계층의 사람들에게 제때에 공유한다. 이러한 관점에서 유럽 항공 분야가 추구하는 안전 마음챙김은 하향식, 상향식 및 수평적 정보 공유 프로세스를 통해 운영 근로자에게 정보를 제공하고 효과적인 프로세스를 제공하는 것이다.

유럽 위원회(EU Commision)의 항공 안전분야는 객실 안전 개선, 사고 위험 감소, 위험을 제어할 수 있는 프로세스와 기술 개선, 예상치 못한 상황에서 안전성과 향상 등에 대한 초점을 맞추는 프로그램을 연구하고 있다. 그동안의 안전관리는 전통적으로 기술적 에러와 휴먼에러에 초점을 맞춰왔다. 하지만 최근에는 새롭고 유망한 접근 방식인 조직적 맥락의 사회기술적 시스템을 기반으로 조직의 안전지능, 안전문화, 안전 마음챙김, 민첩한 대응 능력 그리고 안전성과 프로그램 등에 초점을 맞추고 있다.

7.5 안전 마음챙김 실행사례

(1) 미국에 있는 음식서비스업 종사자 428명에게 설문서를 접수하여 분석한 연구

안전 마음챙김은 음식 서비스 종사자의 위험인식이나 주의 수준을 높여 안전행동이 향상되었다.

(2) 네덜란드에 있는 병원 간호사 580명에게 설문서를 접수하여 분석한 연구

병원에서 안전기준 준수는 중요함에도 불구하고 간호사는 다양한 업무 처리로 인해 안전기준을 준수하기 어렵다. 이런 상황에서 간호사를 대상으로 개인적 그리고 집단적 안전 마음챙김을 적용하고 설문서를 분석한 결과 간호사가 안전규정과 절차를 더 잘 준수하는 결과가 나왔다.

(3) 소아병원 중환자실 병상간호사 205명에게 설문서를 접수하여 분석한 연구

이 연구는 안전 마음챙김이 의료 에러 예방과 의료 에러 보고촉진에 미치는 영향을 통제집단과 실험집단으로 구분하여 적용하였다. 병원에서 간호사가 범하는 에러로 인해 환자의 약 7% 정도가 심각한 부상을 입거나 사망에 이르는 것으로 알려져 있다. 이에 따라 실험집단에게는 2개월 동안 안전 마음챙김과 관련한 교육을 시행하였다. 연구 결과 실험집단의 에러보고는 25% 증가한 반면, 통제집단은 50% 감소했다.

(4) 석유 유통 업계 142개 그룹 구성원 706명에게 설문서를 접수하여 분석한 연구

특성 마음챙김(Trait Mindfulness)은 안전준수와 안전참여와 관련이 있다. 그리고 안전풍토는 특성 마음챙김을 통해 안전준수 및 안전참여에 영향을 준다. 안전풍토와 특성 마음챙김이 높을 때 안전행동이 증가한다.

(5) 호주 골드코스트 작업장 근로자 92명에게 설문서를 접수하여 분석한 연구

안전한 행동은 물리적 작업 환경에 대한 만족도와 개인의 마음챙김과 긍정적인 상관관계가 있었다. 물리적 작업 환경에는 환경 설계, 시설 배치, 작업 조직, 장비 및 도구 등 작업 환경 내의 다양한 요소를 포함한다. 안전 마음챙김은 좋은 물리적 작업 환경에서 비롯되며 안전한 행동을 유도한다.

(6) 중국 건설현장 근로자 498명에게 설문서를 접수하여 분석한 연구

이 연구는 마음챙김이 건설 근로자의 안전행동에 미치는 영향을 통합 모델로 개발하고 테스트(AMOS 활용)한 내용이다. 연구 결과, 주의 깊은 근로자가 더 높은 안전성과를 가질 가능성이 있음을 보여주었다. 마음챙김이 안전참여, 에러 및 위반에 영향을 주는 것으로 나타났다.

(7) 중국 원자력발전소 근로자 136명에게 설문서를 접수하여 분석한 연구

이 연구는 마음챙김이 근로자의 안전행동에 미치는 영향을 조사한 연구이다. 업무에 복잡함을 요구하는 제어실 근로자의 경우 마음챙김이 안전성과와 긍정적인 연관이 있었다. 이 연구에서는 마음챙김의 수준을 확인하기 위하여 FMI(Freiburg Mindfulness Inventory, 마음챙김을 측정하기 위한 유용하고 타당하며 신뢰할 수 있는 설문지로 14개 문항으로 구성됨)설문지를 활용하였다.

(8) 호주 건물 유지보수 근로자 145명에게 설문서를 접수하여 분석한 연구

이 연구는 마음챙김이 건물 수리와 관리 근로자의 안전성과에 미치는 영향을 조사한 연구이다. 근로자를 대상으로 마음챙김과 안전성과(LTIFR, Lost Time Injury Frequency Rate)간의 상관관계를 확인한 결과 긍정적인 관계가 있었다. 업무의 복잡성으로 인해 예상하지 못한 위험을 발견하기 어려운 근로자에게 마음챙김을 적용한 결과 안전행동에 긍정적인 영향을 주었다. 마음챙김과 재해율 사이에서 음의 상관관계가 있음을 확인하였다.

(9) 캐나다 NB Power 근로자를 대상으로 안전 마음챙김을 적용한 사례

NB Power[99]는 사고를 줄이기 위해 구성원에게 마음챙김을 장려하였다. 일반적인 마음챙김 개념과는 조금 다른 NB Power만의 안전 마음챙김은 주변의 모든 것 특히 작업 환경 내에서

99) NB Power는 캐나다 뉴브런즈윅 정부에 의해 수직적으로 통합된 공기업으로서 전력 생산, 송전 및 배전을 한다.

모든 것을 분별력 있게 인식하고 주의를 기울이도록 구성원에게 교육과 지원을 한 것이다. 다양한 업무 프로세스에 안전 마음챙김 개념을 적용하고 다양한 영역에 대한 지속적인 의사소통과 안전 마음챙김 세미나를 통해 안전의 중요성을 일깨웠다. 이에 따라 다양한 업무를 수행하는 구성원은 그들이 집중하는 것이 무엇이든 간에 해당 업무에서 주변 환경에 대한 관심과 주의를 기울여 잠재된 위험을 인식할 수 있었다. NB Power가 안전 마음챙김을 시행한 이래 3년 연속 역사상 최고의 안전 기록을 보유하게 되었다. 안전 마음챙김을 통해 의료 지원이 필요한 사고가 97% 감소하였고 재해를 입는 사고가 99% 감소했다. 그리고 산업재해 요율이 60% 이상 감소했다. 2016년 NB Power는 심리적 건강 안전 전략 부문 금메달 상과 안전문화 상을 수상하였고 캐나다에서 가장 안전한 사업장이라는 영예를 얻었다. NB Power는 안전 마음챙김을 적용하여 구성원이 안전에 대한 주의를 갖도록 강화하였다.

(10) 싱가포르 공군이 적용한 안전 마음챙김 사례

가. 안전 마음챙김 STOP 프로그램

싱가포르 공군은 안전 마음챙김의 일환으로 STOP프로그램을 시행하였다. STOP은 Stop, Take a breath, Observe 및 Proceed의 영문 앞 글자를 조합한 것이다. S는 Stop으로 위험요인이 있거나 있을 것으로 예상될 경우 업무를 잠시 중단한다는 의미가 있다. T는 Take a breath로 위험요인에 대한 주의를 기울이기 위해 숨을 가다듬는다는 의미가 있다. O는 Observe로 위험요인을 주의 깊게 관찰한다는 의미가 있다. 그리고 P는 Proceed로 위험요인을 적절하게 개선하고 해당 작업을 속개한다는 의미가 있다.

STOP프로그램은 항공에 있어 승무원 자원관리인 CRM(Crew Resource Management)과 긴밀한 관계가 있다. 안전 마음챙김은 승무원 자원관리를 보다 효과적으로 운영하는데 필수적인 프로그램이다. 안전 마음챙김은 매 순간 상황에 따른 변화를 인식하고 상황에 대한 평가를 통해 안전한 의사결정을 지원한다. 안전 마음챙김은 개인적인 수준에서 시행할 수도 있고 단체적인 수준에서도 시행할 수 있다.

나. 안전 마음챙김 지적확인 프로그램

싱가포르 공군은 안전 마음책임 지적확인(Deliberate Action Program 이하, DAP)프로그램을 시행하였다. DAP는 근로자 스스로 오감을 활용하여 작업에 대한 위험요인을 확인하는 과정이다. 예를 들면, 근로자는 자신의 손을 들어 잠재된 위험이 있는 장소를 가리키면서 소리를 외치는 방식이다. 싱가포르 공군의 AELO(Air Engineering Logistics Organization, 항공공학물류조직)는 2020년 3월부터 DAP를 시행한 결과 상당한 안전행동이 증가되었지만 별도의 부가적인 작업부하는 증가되지 않았다.

(11) 철도 근로자에게 적용한 안전 마음챙김 사례

개인적인 수준에서 안전 마음챙김 방법 중 지적확인 환호응답은 1960년 초 APOLLO 우주선 발사과정에서 미국 NASA의 전문가들이 결함을 사전에 체크하는 ZD(Zero Defects, 무결점) 운동을 시작한 것에서 비롯되었다. 이후 1960년대 말 일본 국철(JNR)에서 지적확인 환호응답(指摘確認 喚呼應答)이라는 명칭으로 적용되었다. 이 방법은 사람의 의식 수준을 높여 에러를 방지하는 데 목적이 있다. 지적확인은 사람의 오감을 활용하여 위험의 대상이 되는 물건이나 장소를 가리켜 주의를 기울이는 방식이다. 지적확인 환호응답을 통해 근로자는 자신의 눈이나 습관에만 의존하기보다는 주어진 작업의 각 단계를 물리적 그리고 청각적으로 의식 수준을 높이는 과정을 갖는다. 매년 약 120억 명의 승객을 수송하는 광범위한 선로 네트워크와 초 단위로 측정되는 정시 운행 성능을 갖춘 일본 국철에서 지적확인 확인응답을 적용한 결과, 에러가 85% 이상 감소한 것으로 나타났다. 아래 그림은 지적확인 방법을 보여주는 그림이다.

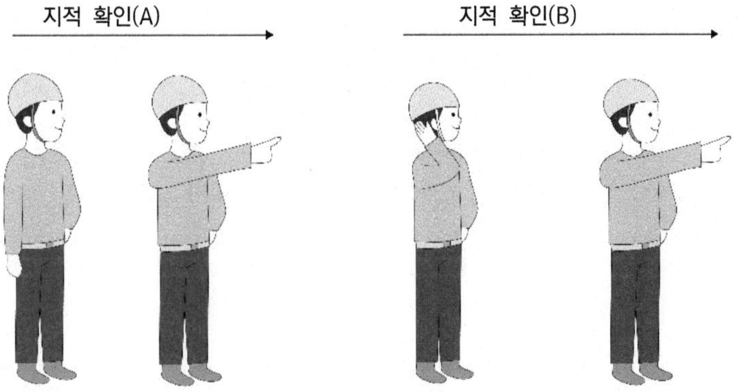

(1) 대상 바라보기 (2) 손으로 가리키기 (3) 귀 뒷부분까지 손을 이동 (4) 다시 동작을 반복하고 외침

(12) 미 해군 핵잠수함 USS 산타페 수병에게 적용한 안전 마음챙김 사례

미 해군 로스앤젤레스급 핵잠수함 USS 산타페 호에서 적용되었던 마음챙김 관련 사례이다. USS 산타페 호의 선장인 David Marquet[100]는 수병들에게 일반적인 교육시행과 잦은 감독보다는 그들이 주의를 기울일 수 있는 방안에 중점을 두었다. 이에 따라 승무원은 어떤 업무를 수행하기 전 먼저 멈추고, 생각하고 그리고 외쳐야 했다. 이러한 결과로 USS 산타페 잠수함은 지난 수년 동안의 다양한 에러와 실패를 딛고 미국에서 가장 효과 높은 평가 등급을 받았다. 산타페 잠수함에서 일어났던 긍정적인 일은 리더십 리부트(reboot) 전술을 통해 마음챙김의 특징을 수반하는 활동으로 이어졌다.[101] 다음에 열거할 여섯 가지의 전술은 안전 마음챙김의

100) L. David Marquet는 은퇴한 미 해군 대위로 Turn the Ship Around와 Leadership is Language의 베스트셀러 작가이다. 그리고 잠수함 USS Santa Fe의 함장이었다. 그는 "리더-리더" 리더십 모델을 사용하여 함대에서 최악의 잠수함을 가장 성공적인 잠수함으로 전환시켰다. 1999년에 잠수함의 선장이 되었고 은퇴한 이후로 잠수함은 계속해서 수상을 받았다. 그는 리더십 전문가로 일하고 있으며, Columbia University School of Professional Studies를 강의하고 있다.

101) Marquet, L. D. (2015). Turn the ship around! A true story of building leaders by breaking the rules. Penguin Books Limited.

특성을 포함하는 내용이다.

가. 시간 통제(시간에 지배당하지 않기, Control the clock instead of obeying the clock)

- 시간 통제는 Redwork[102]을 종료하고 Bluework[103]로 전환하는 시점이다.
- 시간을 통제하는 것은 일시 중지의 힘에 관한 것이다.
- 시간을 따르기 보다 시간을 통제하고, 신중하게 행동하며, 시야를 넓힌다.
- 시간을 통제하면 협력할 수 있다.
- 시간 통제 방법에는 중단시간을 최대한 마련(make a pause possible), 중단요청 신호 만들기(give the pause a name), 팀원들의 중단요청을 민감하게 알아차림(call a pause) 그리고 다음 중단시간 미리 계획(pre-plan the pause) 하는 등이 있다.

나. 팀원들과 협력(강요하는 것이 아닌, Collaborate instead of coercing)

- 협력은 시간을 통제한 후 시작된다.
- 협력을 위해서는 행위자가 결정자가 되어야 한다.
- 공동 작업을 위해서는 아이디어를 공유한다.
- 다른 사람의 아이디어를 존중해야 하며 "무엇" 및 "어떻게"와 같은 질문을 한다.
- 협력은 우리가 묻는 질문을 통해 이루어진다.
- 강압은 영향력, 권력, 지위를 활용한 잘못된 방식이다
- 강압은 말을 더 많이 해서 사람을 내 사고방식에 끌어들이는 것이다.
- 협력의 목적은 우리의 관점을 넓히고 변동성을 수용하는 것이다.
- 협력은 그룹의 집단적 지식과 생각 및 아이디어를 가시화하는 것이다.

협력방법에는 투표부터 한 후 논의, 납득시키려 하지 않고 궁금증 유발, 합의를 이끌기 보다는 반대의견 유도 그리고 지시가 아닌 정보 제공 등이 있다.

다. 일에 대한 전념(일을 적용하는 것을 넘어서, Commitment rather than compliance)

- 일에 대한 전념은 내재적 동기를 부여하고 참여를 일으킨다.
- 산업시대에 적용되었던 맹목적 준수는 단순하고 물리적이며 반복적인 개인 작업에는 효과가 있었지만, 현대의 복잡하고 인지적인 고객과 팀 작업에는 효과가 없다.
- Redwork의 팀이 Redwork에 머무르는 경향이 있다.
- Bluework의 팀은 Bluework에 머무르는 경향이 있다.
- 우리는 과거의 결정에 집착하고 실패하는 행동에 계속 투자하는 경향이 있다.

전념하는 방법에는 실행이나 학습에 전념, 믿음이 아닌 행동에 전념 그리고 조금씩 나누어

---

102) Red work의 범주에는 변동성 회피, 되풀이됨, 육체적, 개인적, 순응적, 간단한, 좁은 관점, 가파른 위계질서 등이 있다.

103) Blue work의 범주에는 변동성 수용, 되풀이되지 않음, 인지적, 팀 단위, 창의적, 복잡한, 넓은 관점, 평평한 위계질서 등이 있다.

완수 등이 있다.

라. 업무 완료(일을 지속하는 것이 아닌, Complete defined goals instead of continuing work indefinitely)

- 완료는 Redwork의 끝을 의미하며, 우리가 Bluework로 돌아간다는 신호이다.
- Bluework의 협업에 이르기 전에, 우리는 휴식을 취하고 축하해야 한다.
- 완료는 진보와 성취감이다.

업무 완료는 초기에는 자주 완료하고 나중에는 적게 완료한다. 축하해주는 게 아닌 축하를 나눈다. 특성이 아닌 행동에 초점을 두고 목적지가 아닌 여정에 초점을 두어야 한다.

마. 일을 완료한 후 개선(일을 증명하는 것이 아닌, Improve outcomes rather than prove ability)

- 개선은 과거 행동에 대한 검토를 통한 반성적 사고에서 비롯된다.
- 개선을 위해서는 팀원 모두의 열린 마음과 호기심이 필요하다.
- 개선을 위해서는 마음의 긴장을 풀고 시간의 압박/스트레스를 제거해야 한다.
- 계획된 Redwork 후 또는 프로세스의 중대한 에러가 발생한 후 개선 활동을 한다.
- 단지 좋다는 말은 "나는 아무 잘못도 하지 않았다", "다음에도 똑같이 할 것이다", "우리는 항상 그렇게 해왔다"와 같이 들린다.
- 하지만 "더 나아지다"라는 말은 "이것에 대해 더 말해줘", "어떻게 다르게 볼 수 있을까", "어떻게 더 잘할 수 있었을까"와 같이 들린다.
- "좋은"이라는 말 대신 "더 나아지는" 말을 채택하도록 동기를 부여한다.

개선 방법은 과거가 아닌 미래에, 내부가 아닌 외부에, 사람이 아닌 과정에 그리고 실수를 피하는 것이 아닌 탁월해져야 한다.

사. 연결로 리부트의 속도 증가(순응 대신, Connect with people instead of conforming to your role)

- 연결은 두려움을 떨칠 수 있는 해결 방안이다.
- 연결은 생각의 다양성과 의견의 다양성을 장려하는 문화적 조건을 만든다.
- 연결은 사람들의 생각, 느낌 그리고 개인적인 목표를 공유하는 것이다.
- 연결은 Redwork-Bluework-Redwork 주기를 넘어선 활동이다.

연결을 위해 권력 기울기를 평평하게 하기, 모든 사실 인정하기, 취약한 모습 드러내기 그리고 먼저 믿는 것이 필요하다.

8 안전 마음챙김 모델

Shapiro 등(2016)이 제안하고 있는 일반적인 마음챙김 모델은 의도(Intention), 주의(Attention) 및 태도(Attitude)로 구성되며 순간순간 상호보완적으로 작동된다. Zihan Liu 등(2023)은 안전 마음챙김의 구성요소를 내부 및 외부 자극에 대한 인식 향상, 현재 상황에 대한 지속적인 관심 및 경험에 대한 개방적이고 수용적인 태도로 구성하였다. Zihan Liu 등(2023)이 제안한 안전 마음챙김 모델을 Shapiro 등(2016)이 제안한 일반적인 마음챙김 모델과 비교해 보면 상당부분 유사한 부분이 있다. 아래 표는 Shapiro 등(2016)이 제안한 일반적인 마음챙김 모델의 요소와 Zihan Liu 등(2023)이 제안한 안전 마음챙김 모델의 요소를 비교한 내용이다. 안전 마음챙김 모델을 설정시 아래 표를 참조한다.

구분	Shapiro 등(2016)	Zihan Liu 등(2023)
마음챙김 모델 요소	의도(Intention)	내부 및 외부 자극에 대한 인식 향상
	주의(Attention)	현재 상황에 대한 지속적인 관심
	태도(Attitude)	경험에 대한 개방적이고 수용적인 태도

II 회사차원의 안전 마음챙김 체계 마련

1 경영층의 리더십

회사차원의 안전 마음챙김을 적용하기 위해서는 경영층의 리더십이 필수 요소이다. 경영층은 근로자의 위험인식 수준 향상을 통한 사고예방을 위하여 안전 마음챙김 체계를 회사나 조직의 안전관리 활동에 비중을 두어 수립해야 한다. 그리고 근로자가 안전 마음챙김 프로그램에 적극적으로 참여할 수 있도록 시간과 자원을 제공해야 한다. 또한 안전 마음챙김에 참여하는 사람들의 행동이 긍정적으로 강화될 수 있도록 적절한 보상을 제공해야 한다.

근로자는 작업장의 유해 위험요인을 가장 잘 알고 있으므로 그들에게 해당 위험을 자유롭게 보고할 수 있는 분위기를 조성해야 한다. 분위기 조성 방안에는 부상, 질병, 사건, 사고 그리고 위험을 비난이나 어떠한 책임 추궁 없이 자유롭게 보고할 수 있는 체계를 구축하는 것이다. 또한 근로자가 쉽게 안전보건 관련 정보를 접할 수 있는 방안을 마련한다. 이러한 정보에는 보호구 장비 제조업체의 안전 권장 사항, 작업장 안전 검사 보고서, 사고 조사 보고서, 작업장 위험성평가 결과, 안전교육 현황, 정부의 안전보건 관련 점검 결과와 조치 현황 그리고 안전보건 투자현황 등이 있다.

안전 마음챙김 프로그램을 효과적으로 운영하기 위해서는 근로자의 요청사항은 항상 중요한 우선순위로 고려되어 적절하게 개선되고 있다는 믿음의 분위기를 조성해야 한다. 근로자의 자발적인 참여를 막는 장벽을 제거하기 위한 방법에는 근로자의 요청사항에 대한 정기적인 피드백 제공, 근로자의 참여를 촉진하는 보상제도 운영 그리고 자유로운 의견개진과 관련한 보복성 조치가 없다는 정책 등을 수립하는 것이다.

2 안전 마음챙김 소위원회 구축 및 운영

안전보건과 관련한 업무는 회사 전 분야에 걸쳐 복잡하고 유기적으로 연결되어 있으며, 중요한 의사결정이 상시 필요하다. 따라서 경영층이 있는 본사에 산업안전보건법 제24조에 따라 노사가 참여하는 산업안전보건위원회 설치와는 관계없이 경영층이 위원장이 되고 인사, 법무, 재무, 품질, 영업, 기획부서 등의 경영진으로 구성된 전사 안전보건위원회를 조직하고 운영하는 것이 필요하다.

효과적인 안전보건위원회를 구축하고 운영하기 위해서는 위원회 헌장(charter)을 마련하여 참여자의 권한과 책임을 구분한다. 헌장은 위원회가 존재하는 이유를 설명하는 문서이며, 조직 변경에 따라 수정될 수 있다. 다음 표(p.254)는 효과적인 전사 안전보건위원회 운영과 관련한 요구조건이다.

- 위원회의 목적을 명확히 정의한다.
- 위원회의 책임과 권한을 정의한다.
- 위원회 운영의 성과를 측정한다.
- 위원회에 참석하는 위원을 선정한다.
- 위원회 참석 위원의 리더십 행동을 결정한다.
- 위원회를 언제까지 운영할지 결정한다.
- 위원회 회합 시기, 장소 그리고 주를 정한다.
- 위원회 운영 예산을 책정한다.
- 위원회에 어떤 자원과 전문 지식이 필요할지 결정한다.
- 위원회의 의결사항을 경영진과 근로자에게 효과적으로 알린다.

아래 표는 안전보건위원회 헌장(charter) 예시이다.

000 안전보건위원회 헌장
• 안전보건위원회 이름: • 회의일자: • 문제서술: 개선 기회와 문제 설명 • 안전보건 위원회의 목표: 위원회가 추구하는 목표를 설명 • 배경: 어떤 일이 일어났는지 설명 • 범위: 위원회가 해결해야 할 범위 설명 • 위촉기간: • 프로세스 소유자: • 지원자: • 팀 리더: • 간사: • 회의록 작성자: • 위원명단: • 자료: • 위원회 서약:
우리는 안전보건위원회의 헌장을 읽고 이해한다. 우리는 우리의 역할과 책임을 이해하고 취해야 할 조치에 대하여 합의한다. 위원회 헌장에 대한 수정이 필요할 경우, 수정 내용을 검토하여 합의한다. (안전보건위원회 구성원의 서명)

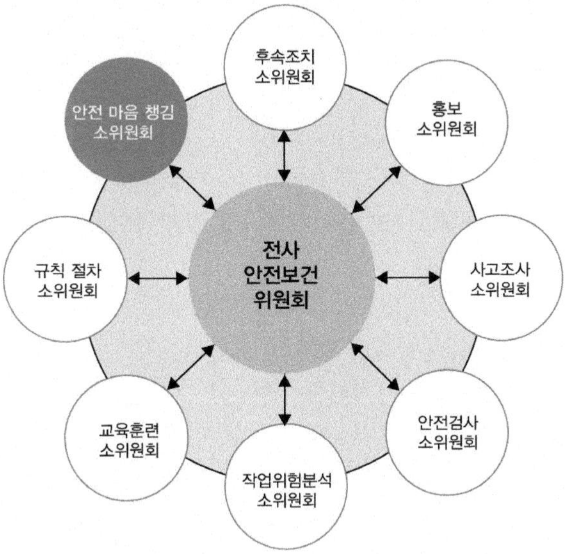

전사 안전보건위원회를 실무적으로 지원하기 위해서는 안전보건소위원회를 구성하여 운영한다. 주요 소위원회의 종류에는 홍보, 안전 검사, 작업 위험 분석, 후속 조치, 교육과 훈련, 규칙과 절차, 임시위원회 등이 있다. 여기에 안전 마음챙김을 운영할 소위원회를 추가하여 운영한다. 위 그림은 전사 안전보건위원회 산하에 안전 마음챙김 소위원회를 두는 예시이다.

안전 마음챙김 소위원회는 전사 차원의 안전 마음챙김의 체계 구축과 운영 등 전체적인 업무를 수행하는 조직이다. 안전 마음챙김 소위원회의 장은 가급적 생산이나 제조를 담당하는 사업부문의 장으로 임명하는 것이 좋다. 그 이유는 안전 마음챙김을 시행하는 근로자는 생산이나 제조와 관련된 구성원이기 때문이다. 그리고 안전 마음챙김 소위회 조직에 재무, 인사 그리고 법무 등을 관장하는 책임자를 포함하는 것이 중요하다. 그 이유는 안전 마음챙김과 관련한 재정적 지원과 인력 차원의 지원 등이 필요하기 때문이다.

3 안전보건경영시스템에 고신뢰조직(HRO) 특성 반영

3.1 고신뢰조직(HRO)

고신뢰조직(HRO)은 조직에서 치명적인 결과를 초래할 가능성을 수만 번 이상 예방하는 특징이 있다. 복잡하고 위험이 높은 환경에서 절차 상 에러를 줄이고 높은 수준의 성과를 달성하는 조직이다. 조직은 잠재적이고 치명적인 에러를 예측하는 시스템을 갖춘 조직이다. 복잡하고 어려운 환경이지만 신뢰성이 높은 조직은 예상치 못한 상황을 관리하는 방법을 알아 예상보다 적은 문제를 경험한다(Robers and Rousseau, 1989; Rochlin, 1993; Weick and Sutcliffe, 2015).

Yale 대학교 사회학자인 Charles Perrow는 1980년대 초 Normal Accidents: Living with High Risk Technologies(1984)라는 책에서 산업이 갖는 복잡성(complexity)과 상호의존성(tightly coupled)으로 인해 모든 조직에서 사고가 발생한다고 주장하였다. 이러한 그의 주장은 다양한 학계에 확산되어 정상사고 이론(NAT, Normal Accident Theory)으로 통용되었다. 그의 주장은 모든 조직에서 사고가 발생하지만 원자력 발전소, 화학공장 및 항공 등의 조직은 높은 신뢰성과 적응력으로 인해 사고를 예방하고 있다고 하였다.

1980년대 중반, 캘리포니아(버클리) 대학의 연구 그룹(Karlene Roberts 박사, Todd La Porte 및 Gene Rochlin)은 매우 안정적으로 운영되는 것처럼 보이는 조직(고신뢰조직, High Reliability Organization, 이하 HRO)을 대상으로 연구를 시행하였다.[104] 연구 대상은 조직에서 휴먼에러로 인해 치명적인 결과를 초래할 수 있는 연방 항공국의 항공교통관제센터, 상업 원자력 발전소 및 미 해군 항공모함 등이다. 이 연구 결과 아래 여섯 가지 관심 영역을 선정하였다.

- HRO의 진화
  HRO가 어떻게 나오게 되었는가? 뛰어난 운영 신뢰성을 이끌어내는 논리는 어떻게 만들어질 수 있는가?
- 구조적 패턴과 상호의존성 관리
  조직의 모든 수준에서 조직을 조정하기 위한 공식적인 규칙 식별
- HRO에서의 의사결정 역학
  조직이 일상적인 운영과 비정상적인 조건 또는 예상치 못한 상황에서 균형을 유지하는 방법과 조직 전체에서 두 조건을 유지할 수 있는 방안
- HRO에서의 조직문화
  조직적 차원의 성과 달성을 위한 기준 제시
- 고위험 시스템에 대한 신기술 홍보
  -정보 기술의 활용이 조직에 미치는 영향 파악
  -신기술의 채택은 항상 안전에 도움이 되는가?
  -신 기술 적용으로 인해 기존의 신뢰성과 안전 관행이 무시될 수 있는 가능성이 있는가?
- 신뢰할 수 있는 조직시스템 구축
  전술한 다섯 가지 영역을 포함하여 신뢰할 수 있는 조직시스템을 구축한다. 조직의 신뢰성을 높이기 위하여 기술의 복잡성을 줄이면서 자원(사회적, 기술적, 인적)을 활용할 수 있는 조직시스템을 운영한다.

104) 당시 미시간 대학교의 Dr. Karl Weick 및 동료는 유사한 문제를 다뤘다. 그들은 에러가 심각한 결과를 초래할 수 있는 조직에서 성공을 추구하는 것에 관심을 가졌다.

연구결과를 통해 Berkeley 캘리포니아 대학 연구 그룹은 HRO가 있는 조직의 특성을 아래와 같이 도출하였다.

- 항공모함은 인도주의적 임무 수행, 수색, 구조 및 야간 비행 작전 훈련 수행 등 기능에 따라 업무가 구분된다. 이들은 어떤 업무를 수행하던 지속적으로 스스로를 재창조하면서 위험을 분석하고 개선하고 있다.
- HRO가 있는 조직의 특성은 어떤 결정을 할 때 낮은 직급의 구성원 의견을 반영한다. 즉, 미 해군 함정에서는 탑승한 수병들이 어느 정도의 결정을 스스로 할 수 있다.
- 조직의 시스템은 체계적 작동하고 잠재된 위험을 완화한다. 미 해군 전투 그룹은 구성원이 협력하여 공개적인 의사 소통을 한다. 그리고 계급 차이를 줄이고 원활한 정보를 공유한다.
- 조직은 그들이 하는 모든 일로부터 배우기 위해 최선을 다한다.
- 전술한 조직은 근로자의 정직한 실수를 처벌하지 않는다.

HRO를 연구하는 학자들은 다양한 연구에서 HRO의 몇 가지 주요 특성을 확인했다. 그 특성에는 조직적 요소(organizational factors), 관리적 요소(managerial factors) 및 적응 요소(adaptive factors)가 있음을 파악하였다. HRO는 자신이 모르는 것을 알고자 적극적으로 노력한다. 그리고 조직의 모든 사람이 문제와 관련된 적절한 지식을 사용할 수 있도록 시스템을 설계하고 빠르고 효과적으로 학습하는 것을 추구한다. 또한 조직의 자만심을 적극적으로 피하고 구성원이 안전한 행동할 수 있도록 권한을 부여하고 중복 시스템을 설계하여 문제를 조기에 발견하는 것을 추구한다. HRO가 추구하는 방향은 조직과 하위 시스템이 실패할 것을 예상하고 실패의 영향을 최소화한다. 그리고 불가피한 상황에 대비하면서 실패를 피하기 위해 매우 열심히 노력하는 것이다. 미국에서 HRO가 있는 조직은 아래 표에 열거된 곳과 같다(Casler, 2013).

a. Elements of U.S. Navy Carrier Group Three, including the aircraft carriers, Enterprise (CVN 65) and Carl Vinson (CVN 70) (Rochlin et al. 1987; Roberts 1990; LaPorte and Consolini 1991; Rochlin 1996)
b. Elements of the Federal Aviation Administration's air traffic control system, specifically the Oakland Enroute Air Traffic Control Center and Bay Traffic Radar Approach Control (TRACON) (Roberts 1990; LaPorte and Consolini 1991; Rochlin 1996)
c. Pacific Gas and Electric (PG and E) Company's Diablo Canyon nuclear power plant and departments responsible for grid management (Roberts 1990; LaPorte and Consolini 1991; Rochlin 1996)
d. Two American nuclear power plants (Bourrier 1996)
e. The Incident Command System (ICS) of a large county fire department in California (Bigley and Roberts 2001)
f. Los Angeles class fast attack nuclear submarines (Bierly et al. 2008) g. California Independent System Operator (CAISO) (Roe and Schulman 2008)

미국 NASA가 제안하는 HRO 특성 평가요소는 아래 열 가지가 있다.

1. 외부환경에 대한 개방성(Openness to external environment) 2. 목표의 단순성(Simplicity of objectives) 3. 사회적 성과 요구(Societal performance demands) 4. 위험 수준(Degree of risk) 5. 프로세스의 복잡성(Process complexity) 6. 조직의 중복성(Organizational redundancy) 7. 운영통제(Operational control) 8. 직업적 다양성(Professional diversity) 9. 조직 학습(Organizational learning) 10. 조직적인 마음챙김(Organizational mindfulness)

항공 교통관제, 상업 항공, 원자력 발전, 항공모함 운영 등에 적용된 HRO 이론의 핵심 구성 요소는 주의를 기울이는 마음챙김 조직(MO, mindful organization)이다. HRO 관련 문헌에서 마음챙김이라는 용어는 Weick[105], Sutcliffe, 그리고 Obstfeld에 의해 1999년에 최초로 사용되었고 HRO의 특성은 집단적 마음챙김(collective mindfulness)을 포함한다는 이론이 만들어졌다. Weick의 마음챙김 개념은 그룹 수준과 조직적 맥락에서 HRO 속성을 설명하는 데 도움이 되며 Langer의 마음챙김 개념과 유사하다.

3.2 고신뢰조직(HRO)의 다섯가지 특성 반영

안전보건경영시스템에 HRO 특성인 실패에서 배움, 단순화된 해석 회피, 운영에 대한 민감도 제고, 전문성에 대한 존중 및 안전탄력성 등 다섯 가지 특성을 반영한다. 그리고 HRO특성을 기반으로 안전 마음챙김을 적용한다면 구성원이 위험인식을 잘 할 가능성이 크다. 그리고 역동적이고 불확실한 상황에서 구성원의 주의 깊은 행동은 예상치 못한 위험을 인식하도록 지원할 것이다.

(1) 실패에서 배움(A preoccupation with failure)

실패에서 배운다는 것은 조직이 실패를 예방하기 위해 잠재적인 요인을 찾는데 노력하는 것을 의미한다. 실패에서 배움은 취약점에 대한 사전 예방적 분석이나 아차사고 사례 등을 배

105) Weick(Karl Edward Weick)은 1936년 10월 31일 인디애나 주 바르샤바에서 태어났다. 그는 1958년 오하이오 주 스프링필드에 있는 위텐버그 대학에서 학사 학위를 받았다. 그는 1960년에 오하이오 주립대학교에서 Harold B. Pepinsky의 지도 하에 석사학위를 취득하고 박사학위를 취득했다. 그는 1962년 조직 심리학이라는 학위 프로그램을 만들었다. 조직 연구에 "느슨한 결합(loose coupling)", "마음챙김(mindfulness)" 및 "센스메이킹(sensemaking)"의 개념을 도입한 미국의 조직 이론가이다.

움의 대상으로 간주하는 주의의 발현이다. 실패를 감지하여 긍정적인 관심을 키우는 것은 인식과 의사소통을 촉진하는 것으로 때로는 눈에 보이지 않지만 의심되는 에러까지 긍정적으로 찾아내고 개선하여 강화한다. 실패에서 배우는 사람은 무엇이 올바르게 이루어져야 하는지, 무엇이 잘못될 수 있는지, 어떻게 잘못될 수 있는지 그리고 무엇이 잘못되었는지 파악하는 데 세심한 주의를 기울인다는 것을 의미한다. 이러한 주의는 누구도 관심을 갖지 않는 아쉬운 실패를 찾고자 하는 노력이며 잘하고 있다는 믿음이나 성과로 인해 나타날 수 있는 오만함을 피하려는 노력이다. 회사는 기획, 인력, 재무, 법무, 생산, 품질 및 안전관련 등의 부서들이 실패에서 배울 수 있는 풍토를 조성해야 한다.

크고 작은 모든 이상 현상 평가
모든 에러를 시스템 문제로 인식
작은 에러가 특정 순간 동시에 발생하면 심각한 결과를 초래할 수 있다는 경계
에러나 아차사고 보고 장려
안일함을 줄이고 자동화를 믿는 마음가짐을 경계
배움에 전념

(2) 단순화된 해석 회피(A reluctance to simplify interpretations)

사람은 본질적으로 목표 지향적이므로 성취하고자 하는 것(목표)에 더 집중하는 특성이 있다. 따라서 사람은 자신이 기대한 사항이나 보고 싶어하는 것만 보는 경향이 있다. 사람은 자신만의 마음을 갖고 있으며 그 마음을 기반으로 질서를 유지하여 정신모델(mental model)을 만든다. 사람은 한번 만들어진 자신의 정신모델을 근간으로 외부의 모든 것을 경시하는 경향이 있다. 이로 인해 자신의 정신모델에 맞지 않는 정보를 보기 어렵다. 결과적으로 사람들은 예상하지 못한 조건과 환경을 놓치는 경향이 있다. 또한 사람은 자신의 입장에서 조건과 상황을 기대하기 때문에 실제 존재하지 않는 것을 보는 경향이 있다. 사람은 어떠한 목표를 달성하는 과정에서 잠재된 위험을 숨기는 경향이 있어 위험을 올바르게 보려고 하지 않는 경향이 있다.

사람은 일반적으로 직면한 상황을 단순화하여 복잡한 작업을 처리하는 데 익숙하다. 단순화된 해석에는 조직이나 시스템이 구식의 관행을 버리지 못하고 유지하는 상황을 포함한다. 단순화된 해석을 회피한다는 것은 조직이 갖고 있는 기존의 지식이나 경험에 의문을 제기하는 것이다. 그리고 해당 업무에 대한 더 많은 주의를 기울이고 주어진 상황에 대해 더 많은 해석을 바꾸고 더 다양한 아이디어를 생각하는 것이다. 단순화된 해석을 회피하고자 한다면 조직의 시스템은 구성원이 단순화하려는 경향에 경계심을 가질 수 있게 지원하는 것이다.

업무를 보다 온전하게 만들기 위한 신중한 조치를 취한다.
업무를 덜 단순화하게 바꾸고 더 많이 검토할 시간을 배려한다.
구성원의 업무는 복잡하고 불안정하며 알 수 없고 예측하기 어렵다.
사고조사 방식을 시스템적 사고조사 방식(FRAM, STAMP, AcciMap)으로 전환한다.

단순화된 해석을 회피한다는 것은 어떤 것도 당연하게 여기지 않는다는 마음챙김의 의미가 담겨있다. 회사는 단순화된 해석을 회피하기 위하여 기획, 인력, 재무, 법무, 생산, 품질 및 안전관련 등의 부서에 다양한 경험을 가진 사람, 서로의 의견을 건강하게 논쟁하는 사람, 다양성을 갖춘 인재를 요소에 배치한다. 그리고 서로 다른 경험을 가진 팀이나 그룹을 적절하게 배치하고 지원해야 한다.

(3) 운영에 대한 민감도 제고(A sensitivity to operations)

운영에 대한 민감도를 제고한다는 것은 실시간 정보를 기반으로 지속적인 관심을 통해 현재 상황을 통합하고 입체적인 그림을 만들어 적절히 대응하는 것을 의미한다. 회사의 운영 시스템이 일어나고 있는 일에 민감하다면 여러 가지 작은 조정을 통해 작은 문제가 커지거나 복잡해지는 것을 방지할 수 있다. 여기에서 작은 조정은 에러가 겹쳐 더 큰 위기로 커지는 것을 막을 수 있는 것을 의미한다.

여기에서 작은 조정은 스위스치즈 모델의 여러 조각으로 표현할 수 있다. 스위스치즈 모델은 잠재실패(latent failure) 모델이며 Man-made disasters model에서 진화하였다. 그리고 조직사고(organizational accidents)를 일으키는 기여요인을 찾기 위한 목적으로 개발되었다. 이 모델은 운영에 대한 민감도를 설명하는데 유용하다. 스위스 치즈 모델은 운영에 대한 민감도 수준을 높이기 위해 사용할 수 있는 좋은 모델이지만 세부적인 지침이 없고 이론에 치중된 면이 있다. 이러한 배경에서 휴먼에러를 일으키는 기여요인을 구체적으로 확인할 수 있는 인적요인분석 및 분류시스템(HFACS) 체계가 2000년도 초반에 개발되었다. 회사는 기획, 인력, 재무, 법무, 생산, 품질 및 안전관련 등의 부서들이 운영에 대한 민감도를 제고할 수 있는 풍토를 조성하고 지원해야 한다.

(4) 전문성에 대한 존중(Deference to Expertise)

사업장에서 사고가 발생하여 문제가 구체화되기 시작할 때 일반적으로 회사의 경영층이 해당 사안에 대한 책임을 갖고 의사결정을 하는 일이 일반적이다. 하지만 해당 분야에 대한 전문성이 떨어지는 경영층은 문제를 해결할 적절한 경험이 없는 경우가 많다. 사업장 실무 책임자는 사고에 대한 원인규명과 분석을 통해 적절한 대응 방향을 경영층에게 보고하지만, 경영층은 사고의 실질성, 파급성, 효과성 및 적시성 및 재무적 투자 결정 등의 다양한 고려 사항으로 인해 올바르고 빠른 판단을 하기 어려운 경우가 많다. 그 결과 적시에 좋은 경험에서 우러나오는 빠른 판단과 대응이 이루어지지 않아 대형사고로 이어지는 경우가 있다. 이런 사유로 사업장에서 예상치 못한 문제가 발생할 때 직급에 관계없이 가장 전문적인 지식을 갖춘 사람들이 최전선에서 결정을 내리는 것이 중요하다. 전문적인 지식을 갖춘 사람이 좋은 결정을 내리기 위해서는 아래와 같은 좋은 풍토가 존재해야 한다.

정상적인 운영 중의 다양한 결정은 위에서 내려온다.

시간이 촉박하고 비정상적인 상황에서는 결정이 이리 저리 옮겨 다닌다. 따라서 최전선에서 결정을 하고 직급에 관계없이 가장 전문성을 갖춘 사람이 권한을 갖는다.

전문 지식으로 이동하는 의사 결정 패턴은 항공모함의 비행 작전에서 찾을 수 있다. 정확한 의사 결정의 필요성과 결합되어 전문가를 찾아 조직 전체의 의사결정이 이루어진다.

위험한 상황에서는 사전 정의된 비상대응 기준에 따라 결정이 내려진다. 조직 구성원이 하나의 관리 모드에서 다른 관리 모드로 전환해야 하는 시기는 모든 구성원이 잘 인식하고 있어야 한다.

회사는 기획, 인력, 재무, 법무, 생산, 품질 및 안전관련 등의 부서들이 전문성에 대한 존중 풍토를 조성하고 지원해야 한다.

(5) 안전탄력성(Commitment to Resilience)

안전 탄력성은 에러를 줄이기 위해 다양한 방안을 마련하고 적용하는 특징을 갖고 있다. 여기에서 중요한 사실은 안전 탄력성이 에러를 완벽하게 없애지는 못하지만 에러로 인한 부정적인 영향을 낮추고 활성화하지 않도록 한다는 것이다. 그리고 에러를 사전에 확인하기 위해서 전문가, 깊은 경험, 특별한 기술 및 교육을 받은 사람을 중요하게 생각한다. 또한 비상상황 시 전문가가 신속하게 모여 문제를 해결한 후 해체하는 유연하고 비공식적인 임시 그룹을 사용한다. 그리고 최악의 상황을 시뮬레이션하고 자체적으로 훈련을 한다.

4 안전 마음챙김 풍토조성과 실행 방안

회사의 안전보건경영시스템에 HRO의 다섯 가지 특성(5원칙)을 반영하여 안전 마음챙김 풍토를 조성할 수 있고 안전문화와 HRO 수준을 개선할 수 있다. 이에 따른 안전 마음챙김 시행으로 위험인식 기술 개선, 상황적 인식개선, SAFE 절차 시행, Group Safety Talks시행, Self-Safety Talks시행, 심호흡, 작업중지 및 개선 등으로 사고를 예방할 수 있다. 이에 대한 내용을 아래 그림과 같이 설명한다.

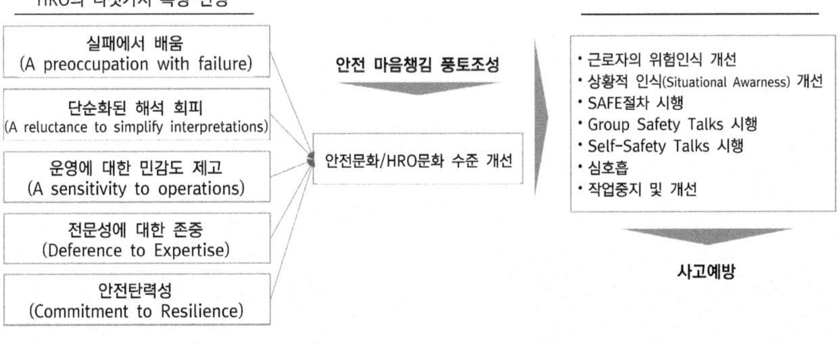

III 안전 마음챙김 시행 준비

1 안전 마음챙김을 위한 위험인식 수준 향상[106)]

1.1 위험과 위험인식

안전 마음챙김의 성패는 사업장에 존재하는 위험을 어떻게 인식할 것인가에 달려있다. 즉, 위험인식은 안전 마음챙김이고 안전 마음챙김은 위험인식이라고 볼 수 있다. 위험(hazard)은 부상과 건강 악화를 유발할 가능성이 있는 요인으로 위험의 잠재적 근원, 위험요인 및 유해 위험요인 등으로 정의할 수 있다. 인식(認識)은 대상을 아는 일이다. 인식은 인간이 하는 행동에서 시작되며 감각적 기관에 의해 직접적, 개별적 그리고 구체적인 감성으로 형성된다.

감성적 인식은 사물의 본성을 파악한 것이 아니라 피상을 포착하는 것이다. 인간은 이 감성적 인식을 바탕으로 행동을 거듭하면서 잘못된 것은 수정하고 다른 사물과 구별하면서 개념·판단·추리를 통해 이성적 인식을 얻는다. 위험인식은 전술한 위험(hazard)과 인식의 정의를 기반으로 불안전한 상태나 행동으로 인하여 재해를 입을 수 있다는 사실을 사람이 분별하고 판단하여 아는 일이다.

1.2 위험인식의 중요성

근로자의 불안전한 행동이 사고 발생의 주요 기여 요인이라고 알려져 있다. 연구에 따르면 근로자가 고의로 불안전한 행동을 하는 경우보다는 위험인식 수준이 낮기 때문에 불안전한 행동을 하는 경우가 많다고 알려져 있다. 따라서 불안전한 행동을 줄이기 위해서는 근로자의 위험인식 수준을 높이는 것이 중요하다.

작업현장은 환경이 수시로 변하고 제한된 시간에 공사나 작업을 마쳐야 하는 등의 여러 조건이 존재하므로 근로자의 위험인식은 사고 예방에 있어 무엇보다 중요하다. 이러한 사실을 뒷받침해 주는 연구에 따르면 건설 현장 사고의 약 42%는 근로자의 위험인식 부족에서 발생한다. 호주에 있는 건설 현장에서 발생한 사고를 분석한 결과 약 57%의 사고가 근로자의 위험 인식 부족으로 인하여 발생했다. 현장 근로자와 관리감독자가 수시로 변화하는 상황에서 잠재된 위험을 인식하지 못할 경우 심각한 사고가 일어날 수 있다. 따라서 근로자가 위험을 쉽고 효과적으로 인식하도록 하는 방안이 절실히 필요하다.

---

106) 안전 마음챙김에 대한 자세한 설명은 본 책자의 제4장 휴먼에러의 배후 II. 사람측면 5. 마음챙김과 마음놓침을 참조한다.

1.3 위험인식 방법

근로자의 위험 인식 수준을 높이는 방법으로는 위험을 예상하여 인지하는 방식과 이미 발생하였던 위험을 인식하는 방식이 있다. 작업위험분석(JSA, job safety analysis 또는 JHA, job hazard analysis)은 위험을 예상하여 인식하는 방식이고 사고조사는 이미 발생했던 위험을 인식하는 방식이다.

전술한 두 가지 방식은 전형적인 위험인식 방법으로 활용되고 있지만 두 가지 방식을 적용한다고 해도 사업장은 상황에 따라 조건이 변화되는 등 새로운 위험이 생긴다. 그리고 사전에 위험을 인식하는 방식은 실제 사업장의 위험을 실질적으로 고려하기 어려운 단점이 있다. 이러한 단점을 보완하면서 근로자의 위험인식 수준을 높이는 좋은 예는 미국 안전보건청이 개발한 핵심 위험 네 가지를 항목화하여 집중한 교육 프로그램이다. 미국 안전보건청은 다년 간의 사고조사와 분석을 통해 주요 핵심 위험이 추락, 끼임, 타격 및 감전이라는 것을 파악하였다. 그리고 이러한 주요 핵심 위험을 근로자에게 효과적으로 인식시키기 위한 방안을 마련하였다.[107)]

이와 관련하여 미국 안전보건청이 연구한 결과를 살펴보면 미국에 있는 건설 현장 57곳의 근로자 280명을 대상으로 핵심 위험 네 가지를 교육하고 공유한 결과 근로자의 위험인식 수준이 높아졌다.

2 위험 확인 및 항목화

2.1 위험 확인

시업장 특성을 고려하여 위험요인을 찾는 것은 사고 예방에 있어 필수불가결한 조건이다. 사업장 특성에 따라 추락, 낙하, 감전, 화재, 폭발, 끼임, 넘어짐, 깔림, 충격, 질식, 베임, 화상, 무너짐, 무리한 동작, 운전, 절단 및 충돌 등 다양한 위험요인이 존재할 수 있다. 그리고 그 위험의 심각도나 빈도에 따라 위험(risk) 수준도 다를 수 있다. 따라서 사업장의 다양한 위험과 관련한 정보를 담고 있는 각종 공정 위험성 평가자료, 작업 위험성 평가자료, 아차사고, 근로손실사고, 중대사고 등 모든 기록 가능한 사고자료, 산업안전보건법 등 관련 안전 관계법령, 외부 정부 기관의 개선 명령 자료, 외부 컨설팅 기관의 점검 개선 자료 등을 확인하여 위험을 확인하고 목록화한다.

107) 미국 고용부가 주관하는 "Outreach training program"으로 미국 건설 현장에서 중대한 사고가 발생하는 4가지 분야인 추락, 끼임, 타격 및 감전에 대한 중요성을 근로자에게 알리기 위한 교육 프로그램임

2.2 위험 항목화

전술한 2.1 위험 확인 항목에서 열거한 위험의 종류만 해도 17가지가 넘는다. 그리고 다양한 상황에 따라 추가적인 위험이 있을 수 있다. 무엇보다 중요한 사실은 이러한 위험요인을 분석하는 일도 중요하지만 근로자가 전술한 위험요인을 잘 인식하는 것이 중요하다. 하지만 근로자가 위험요인을 잘 인식하는 데에는 여러 문제가 존재한다. i) 위험의 종류가 많고 항목화되어 있지 않아 위험을 보고 쉽게 인지하기가 어렵기 때문이다. ii) 관리감독자는 사업장에 존재하는 위험을 항목화하여 근로자에게 전달하기 어렵다. iii) 관리감독자와 근로자 간 위험내용 공유 미팅 시 또는 TBM 활동 시 항목화 된 위험에 대한 토론이 어렵고 근로자는 해당 위험을 구체적으로 기억하기 어렵다. iv) 근로자는 사업장에 존재하는 핵심 위험에 대한 집중이 어렵고 순식간에 잊어버린다. 이러한 문제를 해결하기 위해서는 사업장에 존재하는 많은 위험요인들을 쉽고 빠르게 인식할 수 있도록 항목화하는 것이 급선무이다. 이러한 항목화의 필요성은 전술한 1.3 위험인식 방법에서 미국 안전보건청이 시행하고 있는 내용을 유심히 검토할 필요가 있다.

근로자가 핵심 위험을 쉽고 빠르게 인식할 수 있는 방안에 대하여 저자가 경험한 사례를 기반으로 설명하고자 한다. 저자가 생산현장, 건설현장, 서비스 현장 및 본사 등에서 경험한 바에 따르면 대체로 위험은 크게 일곱 가지로 항목화 할 수 있다. i) 높은 곳, 사다리 및 발판 등에서 근로자가 떨어지거나 넘어지는 위험요인으로 떨어짐과 넘어짐으로 정의한다. ii) 활선, 정전 및 고열 등의 전기와 열에너지가 존재하는 곳에서 감전하거나 화상을 입는 위험요인으로 감전과 화상으로 정의한다. iii) 유해화학물질 접촉, 흡입, 자극 및 소음성 난청을 입는 위험으로 유해인자로 정의한다. iv) 회전체나 물체사이에 신체가 끼이는 위험으로 끼임으로 정의한다. v) 차량, 자재 및 각종 공구 등에 신체가 충돌, 절단, 타격 및 베이는 위험으로 충돌과 절단으로 정의한다. vi) 가연성 물질 취급 및 화기작업 등에 의한 위험으로 화재폭발로 정의한다. 마지막으로 vii) 과중한 인력 양중, 운반, 밀기 등 근골격계와 관련한 위험으로 근골격계로 정의한다. 사업장의 특성에 따라 일곱 가지 위험의 범주에 포함하지 못하는 위험요인이 존재할 수 있다. 그런 경우에는 사업장 특성에 맞게 수정해도 좋을 것으로 판단한다. 다만 너무 많은 위험 항목화를 추진할 경우 근로자의 위험인식 수준이 떨어질 수 있음을 고려해야 한다. 전술한 위험 항목화에서 정의한 일곱 가지 위험은 관리감독자와 근로자 간 공통의 정신모델(mental model)[108]로서 높은 수준의 위험인식이 될 수 있는 방안으로 활용될 수 있다.

사업장 특성에 맞게 일곱 가지의 위험(hazard)에 대한 심각도와 빈도를 평가하고 사업장에 맞는 위험요인 목록(risk resister)을 기반으로 어떤 위험요인이 심각하고 많은 점유율을 보이

108) 정신모델(mental model)은 사람이 염두에 두고 있는 지식(사실 또는 가정)에 대한 구조화된 모습이다. 정신모델은 시스템이 포함하는 것, 구성 요소가 시스템으로 작동하는 방식, 그렇게 작동하는 이유, 시스템의 현재 상태 그리고 자연의 기본법칙을 감지할 수 있도록 도움을 준다. 사람은 자신을 둘러싼 다양한 현실을 자신이 기억할 수 있는 정신적 이미지(예: 간단한 한 줄 그림)로 단순화하여 복잡한 상황을 처리한다. 관리감독자와 근로자 간 위험인식과 관련한 수준 높은 정신모델을 보유할 경우, 우리가 기대하는 높은 수준의 위험인식을 가질 수 있다.

는지 검토하고 선별하여 위험요인의 우선순위를 부여하는 것이 필요하다. 예를 들면 A라는 사업장은 전술한 일곱 가지 위험 중 떨어짐과 넘어짐, 끼임, 근골격계 등 세 가지 위험이 선정되었고 떨어짐과 넘어짐이 주요 위험이라면 해당 사업장에서 주요 위험의 우선순위는 떨어짐과 넘어짐이 될 것이다.

저자는 위험을 항목화하는 방법을 설명하기 위하여 고용부가 발간한 산업재해 현황분석 자료를 참조하였다. 고용부 자료가 담고 있는 재해 유형(위험요인)은 떨어짐, 넘어짐, 깔림/뒤집힘, 물체에 맞음, 무너짐, 끼임, 절단/베임/찔림, 화재/폭발/파열 등 여덟 가지이다. 위험의 점유율을 확인한 결과 넘어짐 위험이 20,659명으로 19%를 차지한다. 떨어짐 위험이 14,406명으로 13%를 차지한다. 끼임 위험이 12,894명으로 12%를 차지한다. 절단/베임/찔림 위험이 10,374명으로 10%를 차지한다. 부딪힘 위험이 7,503명으로 7%를 차지한다. 물체에 맞음 위험이 7,248명으로 7%를 차지한다. 그 외에는 교통사고, 무리한 동작, 기타 및 업무상 질병 등이 있다.

고용부가 정의한 재해 유형(위험요인)을 저자가 전술한 일곱 가지 위험으로 항목화 한 내용은 다음과 같다. 떨어짐과 넘어짐은 떨어짐과 넘어짐이다. 끼임은 끼임이다. 절단, 베임, 찔림, 부딪힘, 물체에 맞음, 깔림, 뒤집힘 및 교통사고, 무너짐은 충돌과 절단이다. 화재, 폭발 및 파열은 화재폭발이다. 무리한 동작은 근골격계이다. 이렇게 항목화 한 결과 기타와 업무상 질병을 제외하고 모든 재해유형이 일곱 가지 위험의 범주에 포함되었다. 물론 특정 사업장의 경우 일곱 가지 위험 중 세 가지 또는 다섯 가지가 될 수 있다.

재해 유형(위험요인)	요양자 수	점유율
넘어짐	20,659	19%
떨어짐	14,406	13%
끼임	12,894	12%
절단·베임·찔림	10,374	10%
부딪힘	7,503	7%
물체에 맞음	7,248	7%
교통사고	5,533	5%
기타	6,138	6%
깔림 ·뒤집힘	2,201	2%
화재·폭발·파열	549	1%
무너짐	535	0%
무리한 동작	4,343	4%
업무상 질병	15,996	15%
총계	108,379	100%

3 SAFE 절차 개발

효과적인 위험 항목화를 통해 근로자의 위험인식 수준을 높일 수 있는 SAFE절차를 개발한다. SAFE에서 S는 위험을 조사한다는 의미에서 Scan, A는 위험을 분석한다는 의미에서 Analyze, F는 위험을 확인한다는 의미에서 Find hazard, E는 파악한 위험인식을 강화한다는 의미에서 Enforcement로 저자가 새로 정의하였다. 전술한 위험확인 및 위험 항목화에 설명된 바와 같이 사업장에 존재하는 위험을 검토하고 일곱 가지 위험으로 항목화 하는 것이 필요하다. 그리고 마이크로소프트 파워포인트 프로그램을 활용하여 SAFE절차에 활용할 슬라이드를 구성하고 위험의 정의, 상황 사진 및 인식내용 등을 포함한다. 이 슬라이드를 기반으로 근로자 교육을 시행하므로 근로자가 쉽게 이해할 수 있는 사진을 사용한다. 사진은 사고 현장 사진이나 위험이 존재하는 상황이 묘사된 그림을 활용하고 만약 적절한 사진이 없다면 별도의 만화 제작을 추천한다. 아래 표는 떨어짐과 넘어짐에 대한 SAFE 절차이다.

높은 곳, 사다리 및 발판 등에서 근로자가 떨어지거나 넘어지는 위험요인이다. 다음 SAFE 절차는 근로자가 미끄러지거나 이동 중 넘어져 균형을 잃는 상황이다.

SAFE 절차	떨어짐과 넘어짐 다음 그림과 같이 근로자가 OO부두에서 파이프 선적작업과 육상 줄걸이 작업을 위하여 파이프 슬링 벨트를 잡고 있다.
Scan	작업상황을 조사한다. 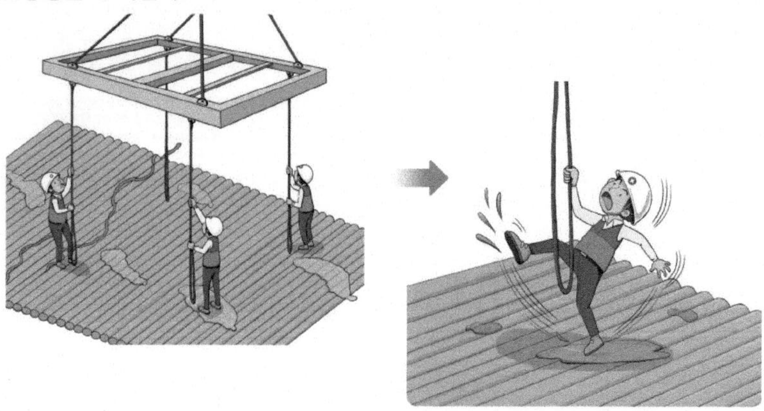
Analyze	유해 위험요인을 분석한다. 작업상황을 Scan 이후 해당 위험을 모두 체크한다. □ 떨어짐과 넘어짐 □ 감전과 화상 □ 유해인자 □ 끼임 □ 충돌과 절단 □ 화재폭발 □ 근골격계
Find hazard	유해 위험요인을 도출한다. Analyze 단계에서 확인한 위험 항목 - 미끄러운 바닥면에서 넘어진다.
Enforcement	도출된 유해 위험요인에 대한 대책을 수립하고 강화한다. - 미끄러운 바닥의 물기를 제거하거나 발판을 설치한다. - 미끄러운 바닥면에서 미끄러질 수 있는 위험을 인식한다.

높은 곳, 사다리 및 발판 등에서 근로자가 떨어지거나 넘어지는 위험요인이다. 다음 SAFE 절차는 근로자가 추락위험이 있는 공간의 발판을 밟던 중 5.3미터 하부로 추락하는 상황이다.

SAFE 절차	떨어짐과 넘어짐
	다음 그림과 같이 근로자가 추락위험이 있는 장소에서 발판을 밟고 있다.
Scan	작업상황을 조사한다. 
Analyze	유해 위험요인을 분석한다. 작업상황을 Scan 이후 해당 위험을 모두 체크한다. ☐ 떨어짐과 넘어짐 ☐ 감전과 화상 ☐ 유해인자 ☐ 끼임 ☐ 충돌과 절단 ☐ 화재폭발 ☐ 근골격계
Find hazard	유해 위험요인을 도출한다. Analyze 단계에서 확인한 위험 항목 - 작업발판을 밟을 시 발판 파손으로 떨어질 수 있다.
Enforcement	도출된 유해 위험요인에 대한 대책을 수립하고 강화한다. - 작업발판을 밟기 전 안전벨트를 지지점에 체결한다. - 작업발판이 파손되면서 하부로 떨어질 수 있는 위험을 인식한다.

활선, 정전 및 고열 등의 전기와 열에너지가 존재하는 곳에서 감전되거나 화상을 입는 위험요인이다. 다음 SAFE절차는 근로자가 감전위험이 있는 제어반에서 작업을 하던 중 감전으로 사망한 사례이다.

SAFE 절차	감전과 화상
	다음 그림과 같이 근로자는 제어반의 단자대가 노출되어 있는 상태에서 전기작업을 하고 있다.
Scan	작업상황을 조사한다. 
Analyze	유해 위험요인을 분석한다. 작업상황을 Scan 이후 해당 위험을 모두 체크한다. □ 떨어짐과 넘어짐 □ 감전과 화상 □ 유해인자 □ 끼임 □ 충돌과 절단 □ 화재폭발 □ 근골격계
Find hazard	유해 위험요인을 도출한다. Analyze 단계에서 확인한 위험 항목 - 제어반 단자대가 노출된 상황에서 전기작업 시 감전될 수 있다.
Enforcement	도출된 유해 위험요인에 대한 대책을 수립하고 강화한다. - 전원을 차단(록아웃 텍아웃)하고 제어반 전기작업을 시행한다 - 제어반 단자대 노출로 감전될 수 있는 위험을 인식한다.

유해화학물질 접촉, 흡입, 자극 및 소음성 난청을 입는 위험이다. 다음 SAFE절차는 근로자가 탱크로리에 세척작업을 마친 후 수산화테트라메틸암모늄(이하 TMAH)을 제거하기 위해 호스 끝단부에 있는 커플러의 볼트와 너트를 해체하던 중 잔류 압력에 의해, TMAH에 접촉(얼굴과 목 부위)되어 사망한 사례이다.

SAFE 절차	유해인자
	다음 그림과 같이 근로자가 수산화테트라메틸암모늄(TMAH)[109]을 제거하기 위해 호스 끝단부에 있는 커플러의 볼트와 너트를 해체하고 있다.
Scan	작업상황을 조사한다. 
Analyze	유해 위험요인을 분석한다. 작업상황을 Scan 이후 해당 위험을 모두 체크한다. □ 떨어짐과 넘어짐 □ 감전과 화상 □ 유해인자 □ 끼임 □ 충돌과 절단 □ 화재폭발 □ 근골격계
Find hazard	유해 위험요인을 도출한다. Analyze 단계에서 확인한 위험 항목 - 수산화테트라메틸암모늄(TMAH)을 제거하기 위해 호스 끝단부에 있는 커플러의 볼트와 너트를 해체시 TMAH가 누출될 수 있다.
Enforcement	도출된 유해 위험요인에 대한 대책을 수립하고 강화한다. - 탱크 세척작업 전 이송라인에 잔류하는 압력을 라인 끝이 아닌 탱크 내부로 방출한다. - 화학물질을 취급하는 경우 화학물질의 유해위험성에 적합한 개인보호구(보호장갑, 보호의, 보안면, 방독마스크 등)를 착용한다. - 화학물질 취급 시 유해인자의 위험을 인식한다.

109) 수산화 테트라메틸암모늄(TMAH)은 전자산업, 특히 반도체 공정에서 현상액, 세척제 등으로 사용되는 강염기성 유기물이다. 물에 잘 녹고 독성이 강한 특징을 가지고 있으며, 주로 희석된 용액 상태로 사용된다.

회전체나 물체 사이에 신체가 끼이는 위험이다. 다음 SAFE절차는 근로자가 원재료 배합실에서 배합기 내부 청소를 하는 상황이다.

SAFE 절차	끼임
	다음 그림과 같이 근로자가 원재료 배합실에서 배합기 내부 청소를 하는 상황이다.
Scan	작업상황을 조사한다. 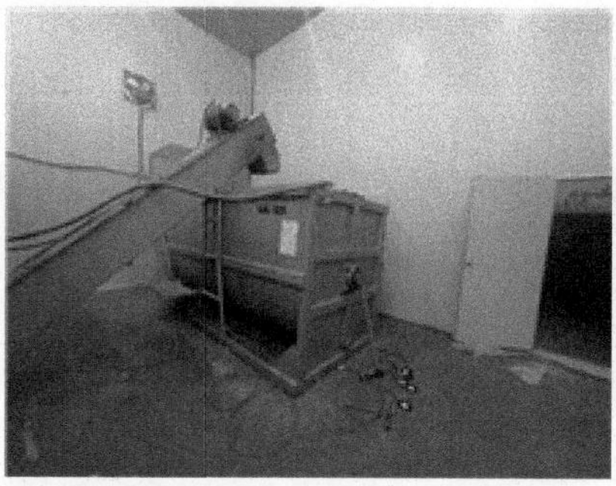 
Analyze	유해 위험요인을 분석한다. 작업상황을 Scan 이후 해당 위험을 모두 체크한다. □ 떨어짐과 넘어짐 □ 감전과 화상 □ 유해인자 □ 끼임 □ 충돌과 절단 □ 화재폭발 □ 근골격계
Find hazard	유해 위험요인을 도출한다. Analyze 단계에서 확인한 위험 항목 - 회전하는 회전날과 배합기 내벽 사이에 신체가 끼인다. - 내부 청소 시 배합기 전원을 차단하지 않으면 배합기가 작동한다.
Enforcement	도출된 유해 위험요인에 대한 대책을 수립하고 강화한다. - 전원을 차단(록아웃 텍아웃)하고 배합기 내부 작업을 시행한다. - 배합기 작업 시 끼이는 위험을 인식한다.

차량, 자재 및 각종 공구 등에 신체가 충돌, 절단, 타격 및 베이는 위험으로 충돌과 절단의 위험요인이다. 다음 SAFE절차는 제철 공장에서 재해자가 코일 이송용 대차 운행 궤도에 들어가 청소작업을 하던 중 충돌로 인해 사망한 사고이다.

SAFE 절차	충돌과 절단 다음 그림과 같이 근로자가 제철 공장에서 재해자가 코일 이송용 대차 운행 궤도에 들어가 청소작업을 하고 있다.
Scan	작업상황을 조사한다. 
Analyze	유해 위험요인을 분석한다. 작업상황을 Scan 이후 해당 위험을 모두 체크한다. □ 떨어짐과 넘어짐 □ 감전과 화상 □ 유해인자 □ 끼임 □ 충돌과 절단 □ 화재폭발 □ 근골격계
Find hazard	유해 위험요인을 도출한다. Analyze 단계에서 확인한 위험 항목 - 운행 중인 이송용 대차 운행 궤도에 들어가면 부딪힌다. - 청소 작업 시 이송용 대차의 전원을 차단하지 않으면 부딪힌다. - 이송 대차가 운행 중일 경우 경보음이 나지 않을 수도 있다.
Enforcement	도출된 유해 위험요인에 대한 대책을 수립하고 강화한다. - 청소 작업 시 전원을 차단(록아웃 텍아웃)한다. - 청소 작업 시 충돌의 위험을 인식한다.

차량, 자재 및 각종 공구 등에 신체가 충돌, 절단, 타격 및 베이는 위험으로 충돌과 절단의 위험요인이다. 다음 SAFE절차는 조선소 근로자가 철판을 핀 지그 위에 올려 판계 작업 중, 철판을 배열하기 위해 철판을 고정하고 있던 레버 풀러를 조작하는 하던 중 충돌로 인해 사망한 사고이다.

SAFE 절차	충돌과 절단
	다음 그림과 같이 조선소 근로자가 철판을 핀 지그 위에 올려 판계 작업 중, 철판을 배열하기 위해 철판을 고정하고 있던 레버 풀러를 조작하는 상황이다.
Scan	작업상황을 조사한다. 
Analyze	유해 위험요인을 분석한다. 작업상황을 Scan 이후 해당 위험을 모두 체크한다. □ 떨어짐과 넘어짐 □ 감전과 화상 □ 유해인자 □ 끼임 □ 충돌과 절단 □ 화재폭발 □ 근골격계
Find hazard	유해 위험요인을 도출한다. Analyze 단계에서 확인한 위험 항목 - 작업장소 주변 통제가 안되면 철판에 맞는다. - 철판이 움직이는 것을 막을 수 있는 판받이가 없으면 충돌한다.
Enforcement	도출된 유해 위험요인에 대한 대책을 수립하고 강화한다. - 작업 전 판받이를 설치하고 작업한다. - 철판을 크레인으로 인양하여 작업한다(크레인 사용 시 주의한다). - 판계 작업 시 충돌의 위험을 인식한다.

가연성 물질 취급 및 화기작업 등에 의한 위험으로 화재폭발의 위험요인이다. 다음 SAFE절차는 산소와 LPG를 사용하여 공드럼 상판을 용단하던 중 폭발로 사망한 사고이다(톨루엔이 잔류하고 있던 공드럼의 상판 절단작업을 실시하였으며 작업대상 공드럼 네 개중 세 개는 작업완료).

SAFE 절차	화재폭발
	다음 그림과 같이 근로자가 산소와 LPG를 사용하여 공드럼 상판을 용단하던 상황이다.
Scan	작업상황을 조사한다. 
Analyze	유해 위험요인을 분석한다. 작업상황을 Scan 이후 해당 위험을 모두 체크한다. □ 떨어짐과 넘어짐 □ 감전과 화상 □ 유해인자 □ 끼임 □ 충돌과 절단 □ 화재폭발 □ 근골격계
Find hazard	유해 위험요인을 도출한다. Analyze 단계에서 확인한 위험 항목 - 폐드럼 내부에 잔류하는 인화성 액체 미확인 시 폭발이 발생한다.
Enforcement	도출된 유해 위험요인에 대한 대책을 수립하고 강화한다. - 폐드럼 내부 용단작업시 드럼내 잔류 물질 제거와 세척을 한다. - 산소와 LPG를 사용한 용단작업시 화재폭발 위험을 인식한다.

과중한 인력 양중, 운반, 밀기 등 근골격계와 관련한 위험요인이다. 다음 SAFE절차는 화물 운반기사가 부적절한 작업자세로 인해 허리와 허벅지의 근육손상을 입은 사고이다.

SAFE 절차	근골격계
	다음 그림과 같이 화물 운반기사 물건을 하역하고 있는 상황이다.
Scan	작업상황을 조사한다. 
Analyze	유해 위험요인을 분석한다. 작업상황을 Scan 이후 해당 위험을 모두 체크한다. □ 떨어짐과 넘어짐 □ 감전과 화상 □ 유해인자 □ 끼임 □ 충돌과 절단 □ 화재폭발 □ 근골격계
Find hazard	유해 위험요인을 도출한다. Analyze 단계에서 확인한 위험 항목 - 부적절한 작업자세로 물건 하역 시 허리와 허벅지의 근육손상을 입는다.
Enforcement	도출된 유해 위험요인에 대한 대책을 수립하고 강화한다. - 안전한 자세로 물건을 하역한다. - 부적절한 자세로 물건 하역으로 인한 근골격계 위험을 인식한다.

개발된 SAFE 슬라이드를 근로자에게 보여주고 SAFE 절차에 따라 작업상황 조사, 유해 위험요인 분석 및 도출, 대책 수립 절차를 시연해 보도록 요청한다. 근로자가 처음에는 위험을 찾는데 어려움이 있을 수 있으나 계속 반복한다면 해당 위험을 찾는 방법을 깨우칠 것이다.

그리고 이러한 과정을 강화(reinforcement)하기 위한 방법으로 SAFE절차 퀴즈를 제공해 보는 것도 좋을 것이다. 예를 들어 한 장의 SAFE 슬라이드에 떨어짐과 넘어짐 및 감전과 화상 등의 위험이 동시에 존재하고 근로자가 이 위험을 다 맞추면 100점을 부여하는 방식이다. 이러한 방식으로 만든 SAFE 슬라이드가 총 30장이고 해당하는 위험요인이 100개가 된다고 가정하자. 근로자가 만약 100개의 위험요인을 다 맞추면 100점을 부여하고 50개를 맞추면 50점을 부여하는 방식이다. 저자가 현장에서 경험한 바에 의하면 이러한 퀴즈 제공은 근로자가 자발적으로 참여할 수 있도록 하는 동기를 부여한다. 그리고 여기에 다양한 선물을 준비한다면 근로자는 더욱 자발적으로 참여하고 그 만큼 위험요인 항목을 잊지 않을 것이다. SAFE 슬라이드는 파워포인트의 슬라이드 쇼 기능을 활용하고 일정 시간 이후 자동으로 넘어갈 수 있도록 설정할 것을 추천한다.

4 근로자 의견 청취

안전 마음챙김의 취지, 목적 및 방법론을 근로자에게 묻고 요청사항을 반영하는 것이 중요하다. 그리고 아무리 좋은 안전 활동일지라도 실제 근로자가 실행하기 어렵다면 그 효과는 낮을 것이다. 모든 근로자의 의견을 수렴하는 과정은 많은 시간이 필요하기도 하고 공통된 의견을 찾는 것이 어려울 수 있다. 따라서 근로자를 대표할 수 있는 사람과 관리감독자를 선정하여 의견을 듣는 방식을 추천한다.

5 강사 양성 교육

안전 마음챙김에 대한 핵심 내용과 진행과정을 근로자에게 효과적으로 전달하기 위해서는 강사 양성교육이 필요하다. 강사는 각 사업장에서 안전업무를 담당하지 않는 리더급 감독자를 선별하는 방식을 추천한다. 그 이유는 안전 업무는 안전을 담당하는 사람의 일이라는 고정관념을 피하기 위한 목적이 있으며 현장과 관련이 있는 사람이 직접 교육을 시행한다는 관점에서 긍정적인 효과가 있기 때문이다. 물론 안전 업무를 담당하지 않는 사람이 이러한 교육을 하기에는 여러 어려움이 존재할 수 있으므로 안전 업무를 담당하는 사람이 배석하여 조력자(facilitator)의 역할을 수행하는 것이 필요하다.

6 근로자 교육

사업장 특성이나 상황에 따라 안전 마음챙김 시행을 위한 목적, SAFE 절차시행, SAFE 슬라이드 구성, SAFE절차 퀴즈 및 필요 시 시험 등의 내용으로 구성한다. 최초 교육 시간은 약 8시간 정도가 적정하며 이후 재교육(refresher training)은 약 4시간 정도가 적정하다고 생각한다. 시험은 미리 준비한 SAFE 슬라이드의 위험을 맞춘 개수에 비례하여 점수를 부여하는 방식이다. 이때 70점 이하는 재시험을 보도록 하는 방안을 추천한다.

7 IT프로그램 활용

전술한 SAFE절차 내용을 IT 프로그램(모바일 프로그램 등)으로 개발하여 근로자 스스로 언제든지 교육받을 수 있는 방식을 추천한다. 그리고 관리감독자가 해당 근로자의 위험인식 수준을 확인하고 자료화하는 방식을 고려해 볼 수 있다.

8 안전 마음챙김 시행을 알리는 맞춤형 표지판 게시

근로자가 자율적이고 자발적으로 안전 마음챙김을 할 수 있는 분위기를 조성한다. 분위기 조성은 다양한 방법으로 이루어질 수 있지만 먼저 모든 사람이 자주 볼 수 있는 장소에 해당 사업장이 안전 마음챙김을 하고 있는 장소라는 것을 널리 알린다. 그리고 안전 마음챙김을 하는 것이 회사의 정책이고 행복으로 가는 경로라는 것을 알린다.

9 안전 마음챙김 모니터링

관리감독자는 매일 작업 전 근로자와 함께 당일 업무와 해당 위험을 토론하고 SAFE 절차 시행의 중요성을 강조한다. 이후 근로자는 자신의 작업장 주변의 위험을 SAFE 절차에 따라 조사(S), 분석(A), 위험확인(F), 강화(E)를 시행한다. 그리고 점심 식사나 기타 사유로 작업이 중지되어 작업을 재개할 때 또는 작업 방법이 변경되었을 때도 SAFE 절차를 시행한다. 이때 근로자가 하는 SAFE 절차는 별도의 문서에 기재하는 방식이 아닌 위험인식 과정임을 명심한다.

관리감독자는 주기적으로 근로자가 일하는 현장을 방문하여 해당 작업의 위험요인을 파악하고 근로자의 SAFE 절차 이행 여부를 확인한다. 만약 근로자가 시행했던 SAFE 절차에서 발견하지 못한 위험이 있다면, 추가적인 피드백을 해 주는 것도 좋은 방법이다.

이러한 과정이 조금은 부자연스럽고 어색하다고 생각할 수 있지만, 일관성 있고 지속적으로 시행한다면 근로자와 관리감독자 간에 열린 안전소통이 이루어질 수 있다. 그리고 근로자는 관리감독자의 의도에 따라 자신이 일하는 장소의 위험을 인식하려는 노력을 할 것이다. 이때 근로자의 긍정적인 위험 인식을 강화하기 위해 감사, 인정, 노력의 보상, 감사 카드(thank you card) 수여 등의 보상(reward)을 할 것을 추천한다.

10 경영층 보고

안전 마음챙김 추진 소위원장은 주기적으로 안전 마음챙김 시행 현황을 CEO에게 보고하는 것을 추천한다.

11 TBM 활동 및 Safety Talks 검토

11.1 TBM이란?

TBM 은 Tool Box Meeting(이하 TBM)이라는 영어의 앞 글자를 모은 단어이다. 우리 말로 하면 툴 박스 미팅이라고 한다. 매일 작업 전 감독자가 주관하는 형태로 위험요인을 찾고 적절한 개선 대책을 수립하는 활동이다. 미국의 건설현장을 중심으로 감독자와 근로자가 공구함 주위에서 작업회의를 한 것이 모태가 되었다고 알려져 있다. TBM은 작업자와 관련 감독자가 함께 모여 안전 절차, 사고 예방, 장비 사용 및 작업장과 관련된 기타 관련 주제나 우려 사항을 논의하는 짧은 모임이다. 이와 유사한 용어는 다른 말로 Safety Moment, Safety Time-outs, Crew Safety Briefing, Safety Share, Safety Brief, Safety Minute, Tailgate Trainings, Stand-up Meetings, Tool Box Talks 또는 Safety Talks등이 있다. 한편 고용노동부는 TBM을 작업 전 안전점검회의로 표현하기도 한다.

선행연구를 통해 Safety Moment, Safety Time-outs, Crew Safety Briefing, Safety Share, Safety Brief, Safety Minute, Tailgate Trainings, Stand-up Meetings, Tool Box Talks 또는 Safety Talk의 차이점을 살펴본 결과, 의미나 목적은 유사하지만 TBM과 Safety Talks는 다른 부분이 존재한다. 국내에서는 TBM이라는 용어가 많이 사용되는 반면, 해외에서는 Safety Talks라는 용어가 많이 사용되는 것으로 보인다. 저자는 TBM이라는 용어보다는 Safety Talks 이라는 용어로 대체할 것을 추천한다.

그 이유는 해외에서 시행되는 Safety Talks은 지위 고하를 막론하고 자유 분방하고 실질적인 위험요인을 찾고 개선하는 회합의 일종으로 활용된다. 국내에서 오랫동안 운영되어 왔지만 그 효과가 생각만큼 크지 못했던 TBM은 너무 경직되어 있고 권력거리(power distance)를 불러 일으킨다. 국내에서 보통 작업 전 시행하는 TBM은 일반적으로 감독자가 근로자에게 명령하달식의 방식이 될 소지가 있다. 그리고 원청 근로자가 하청 근로자에게 형식적, 강압적 그리고 일방적으로 위험요인을 전달하는 방법으로 운영될 수 있다. 또한 일종의 법적 요건을 준수하는 행동의 일환으로 모든 참가자의 서명을 받아 놓는 점 또한 간과할 수 없다. 더욱이 병원, 서비스 현장, 지하철 및 사무실 등의 장소는 공구함이 없어 Tool Box Meeting이라는 용어가 어울리지 않는다고 생각한다.

11.2 TBM 운영 현황

(1) 중대재해처벌법 입법

1994년부터 2011년까지 17년 동안 판매된 가습기 살균제로 영유아가 사망하거나 폐손상을 입는 등 심각한 건강 피해를 입는 사고가 있었다. 그런 동안 2006년 의료계가 어린이들의 원인 미상 급성 간질성 폐렴에 주목하기 시작하였다. 2016년 기준으로 사건의 피해자는 약 2,000여 명에 달했다. 2003년 2월 18일 오전 대구지하철 1호선 중앙로역에서 우울증을 앓던 50대 남성의 방화로 사망자 192명 등 340명의 사상자를 낸 대형 참사가 있었다. 단순한 방화로 인한 사고라고 보기보다 지하철 공사 관계자들의 무책임하고 서툰 대처 능력, 비상대응기관 직원들의 허술한 위기 대응, 전동차의 내장재 불량 등 전반적인 안정망의 허점과 정책상의 에러가 참사를 일으켰다.

2014년 4월 16일 안산 단원고 학생 325명을 포함해 476명의 승객을 태우고 인천을 출발해 제주도로 향하던 세월호가 전남 진도군 앞바다에서 침몰, 304명이 사망한 사고가 있었다. 구조를 위해 해경이 도착했을 때, '가만히 있으라'는 방송을 했던 선장과 선원들이 승객들을 버리고 가장 먼저 탈출했다. 배가 침몰한 이후 구조자는 단 한 명도 없었다. 2016년 5월 28일 서울 지하철 2호선 구의역 내선순환 승강장에서 스크린도어를 혼자 수리하던 외주업체 직원(간접고용 비정규직, 1997년생, 향년 19세)이 출발하던 전동열차에 치어 사망하였다. 한국발전기술 소속의 24세 비정규직 노동자 김용균이 한국서부발전이 운영하는 태안화력발전소에서 2018년 12월 10일 밤 늦은 시간 태안화력 9·10호기 트랜스퍼 타워 04C 구역 석탄이송 컨베이어벨트에서 기계에 끼어 사망하였다.

우리 사회를 둘러싼 어처구니없는 다양한 재해는 우리 사회에 만연한 위험 불감 주의와 함께 현장책임자 위주의 낮은 처벌 그리고 법인기업에 대한 실효성 없는 경제적 제재 등이 지목되어 왔다. 더욱이 중대재해 발생 시 처벌 수위가 낮고, 경영구조가 복잡한 대규모 조직의 경우 최종 의사결정권자가 처벌되는 경우는 거의 없는 것이 현실이었다.

산업재해가 발생하면 산업안전보건법 조항 위반에 대해서는 고용부 감독관이 조사를 하고, 형법상 업무상 과실치사상죄에 대해서는 경찰이 수사를 진행하여 왔다. 이러한 수사를 거쳐 검찰이 공소 사실을 제기하면 법원이 산업안전보건법 위반과 업무상 과실치사상죄에 대한 판결을 하였다. 그러나 이러한 판결은 대다수가 징역형 또는 금고형이 선고되는 경우에도 집행유예가 되는 경우가 대부분이었다. 더욱이 법인사업주에게는 1,000만 원을 넘지 않는 벌금이 부과되는 경우가 고작이었다. 이러한 사유로 산업안전보건법 위반 범죄에 대하여 기존의 처벌만으로는 범죄억지력을 기대하기 어렵다는 다양한 비판이 존재하여 존재해 왔다.

이러한 사회적 분위기에 따라 더불어민주당은 2020년 12월 24일 국회 법제사법위원회 법안 심사1소위를 독자적으로 열어 중대재해처벌법 제정 심사를 하였다. 그리고 2021년 1월 8일 국회 본회의에서 법제사법 위원장 원안으로 가결되어 1월 26일 중대재해처벌법이 공포되었다. 중대재해처벌법 제1조(목적)를 살펴보면, 사업 또는 사업장, 공중이용시설 및 공중교통

수단을 운영하거나 인체에 해로운 원료나 제조물을 취급하면서 안전보건 조치의무를 위반하여 인명 피해를 발생하게 한 사업주, 경영책임자, 공무원 및 법인의 처벌 등을 규정함으로써 중대재해를 예방하고 시민과 종사자의 생명과 신체를 보호함을 목적으로 하고 있다. 이는 사업주와 경영책임자 등에게 사업 또는 사업장, 공중이용시설 및 공중교통수단 운영, 인체에 해로운 원료나 제조물을 취급함에 있어서 일정한 안전조치의무를 부과하고 이를 위반하여 인명피해가 발생한 경우에는 이들을 처벌하여 근로자와 일반시민의 생명과 신체를 보호하겠다는 의지가 담겨 있다. 중대재해처벌법은 총 4장과 16개 조문으로 구성되어 있다.

가. 중대재해처벌법의 특징

중대재해처벌법은 산업안전보건법에 비해 법정형을 상향하였다. 그리고 산업안전보건법이 사업장 단위로 이루어진다면 중대재해처벌법은 사업 전반을 관리하는 의무를 부과하였다. 따라서 중대재해처벌법상의 수범자인 경영책임자 등은 안전보건과 관련한 의무를 총괄하는 자로서 산업안전보건법과는 달리 자신에게 부과된 의무를 주기적으로 이행했다는 사실을 소명해야 한다. 더욱이 중대재해처벌법은 도급, 용역, 위탁 등을 행한 경우 제3자의 근로자(종사자)에 대해서까지 안전 및 보건 확보의무를 확보해야 한다.

나. 중대재해처벌법의 벌칙

중대재해처벌법 제6조 중대산업재해 사업주와 경영책임자 등의 처벌과 관련 제4조 또는 제5조를 위반하여 제2조 제2호 가목(사망자가 1명 이상 발생)의 중대산업재해에 이르게 한 사업주 또는 경영책임자 등은 1년 이상의 징역 또는 10억원 이하의 벌금에 처한다. 이 경우 징역과 벌금을 병과할 수 있다고 되어 있다. 제4조 또는 제5조를 위반하여 제2조 제2호 나목(동일한 사고로 6개월 이상 치료가 필요한 부상자가 2명 이상 발생) 또는 다목(동일한 유해요인으로 급성중독 등 대통령령으로 정하는 직업성 질병자가 1년 이내에 3명 이상 발생)의 중대산업재해에 이르게 한 사업주 또는 경영책임자 등은 7년 이하의 징역 또는 1억원 이하의 벌금에 처한다고 되어 있다.

제4조의 제1항 또는 제2항의 죄로 형을 선고받고 그 형이 확정된 후 5년 이내에 다시 제1항 또는 제2항의 죄를 저지른 자는 각 항에서 정한 형의 2분의 1까지 가중한다고 되어 있다. 그리고 동법 제7조(중대산업재해의 양벌규정) 법인 또는 기관의 경영책임자 등이 그 법인 또는 기관의 업무에 관하여 제6조에 해당하는 위반행위를 하면 그 행위자를 벌하는 외에 그 법인 또는 기관에 다음 각 호의 구분에 따른 벌금형을 과(科)한다고 되어 있다. 다만, 법인 또는 기관이 그 위반행위를 방지하기 위하여 해당 업무에 관하여 상당한 주의와 감독을 게을리하지 아니한 경우에는 그러하지 아니하다(제6조제1항의 경우: 50억원 이하의 벌금, 제6조제2항의 경우: 10억원 이하의 벌금).

(2) 중대재해 감축 추진 방향 설정

고용부는 '23년 대중소기업 안전보건 상생협력사업 운영 매뉴얼을 통해 대한민국의 중대재해 감축 추진 방향을 설정하였다. 여기에는 i) 예방과 재발방지의 핵심수단으로 위험성평가 개편, ii) 산업안전 감독 및 행정 개편, iii) 산업안전보건 법령 기준 정비 등의 핵심 항목이 담겨있다. 이중 i) 예방과 재발방지의 핵심수단으로 위험성평가 개편과 관련한 내용을 살펴보면 위험성평가 중심의 자기규율 예방체계를 확립하겠다는 의지가 담겨있다.

고용부는 2009년 2월 산업안전보건법을 개정하여 사업주의 위험성평가 실시에 대한 법적 근거를 마련하였다. 2012년 사업장 위험성평가에 관한 지침 제정, 2013년 산업안전보건법에 별도의 법조항을 신설하여 제도 도입, 2014년 제도의 현장 작동성 강화를 위해 위험성평가를 안전보건관리책임자 등의 구체적 업무로 규정하고, 업무 미수행 시 시정명령 및 과태료(500만원 이하)를 부과할 수 있는 근거규정 신설, 2019년 유해 · 위험요인 파악 및 위험성 감소대책 수립 · 실행 단계에 근로자가 참여하도록 하는 의무규정을 신설하였다.

고용부는 2023년 사업장 위험성평가에 관한 지침을 대폭 개정하기에 이른다. 개정내용의 주요 골자는 i) 위험성평가 고시의 목적을 산업재해를 예방하기 위함으로 구체화, ii) 부상 · 질병의 가능성과 중대성 측정 의무규정을 제외하고, 위험요인 파악 및 개선대책 마련에 집중하도록 재정의, iii) 빈도 · 강도를 산출하지 않고도 위험성 수준을 판단할 수 있도록 개선하고 체크리스트, OPS 및 3단계 판단법 등 간편한 방법 제시, iv) 상시적인 위험성평가가 이루어지도록 개편[사업장 설립 이후 1개월 이내 위험성평가(최초 위험성평가) 실시, 기 계 · 기구 등의 신규 도입 · 변경으로 인한 추가적인 유해 위험요인에 대해 실시(수시 위험성평가), 매년 전체 위험성평가 결과의 적정성을 재검토(정기 위험성평가)하고, 필요시 감소대책 시행, 월 1회 이상 제안제도, 아차사고 확인, 근로자가 참여하는 사업장 순회점검을 통해 위험성평가를 실시(상시 위험성평가)]하고, 매주 안전· 보건관리자 논의 후 매 작업일마다 TBM 실시하는 경우 수시· 정기평가 면제 등 평가방법 다양화, v) 위험성평가 모든 과정에 근로자 참여, vi) 위험성평가 결과 전반을 근로자에게 공유 및 TBM을 통한 확산 노력규정 신설 등이다.

(3) 고용부의 위험성평가와 작업 전 안전점검회의(TBM) 가이드

고용부는 중대산업재해 감축을 위해 기업이 자기규율 예방체계를 구축하고 실질적인 위험성평가를 하도록 TBM 활동을 강화하였다. 이러한 취지에서 고용부는 2023년 2월 자기규율 예방체계 구축-위험성평가와 작업 전 안전점검회의(TBM)에 답이 있다는 제목의 '작업 전 안전점검회의 가이드'를 발간하였다. 이 가이드를 간략히 살펴보면 현장의 노사가 함께 참여하고 위험성평가를 시행하여 TBM을 통해 위험요인과 대책을 현장에 전달하는 활동을 추천하고 있다. 그리고 TBM이 효과적으로 작동되려면 관리감독자의 사전준비가 중요하며 핵심 준비사항은 해당 작업에 대한 철저한 위험성평가라고 설명하고 있다. 또한 자기규율 예방체계 구축은 위험성평가와 이를 현장에서 전달할 수단인 TBM이라는 두 개의 축이 제대로 작동할 때 가능하다는 것을 강조하였다. 이 가이드의 구성은 TBM의 개요, TBM 단계별 활동 내용, 주요

작업별 TBM 활용 OPS 및 활용 참고 서식(양식)으로 구성되어 있다. 고용부가 발간한 가이드 내용을 기반으로 TBM 단계별 활동을 다음과 같이 간략히 요약한다.

가. TBM 사전 준비 단계

TBM은 모든 작업자가 작업 전 당해 작업과 관련된 유해·위험요인과 안전조치를 이해할 수 있는 필수적인 활동이다. 사전 준비의 구체적인 내용은 i) 작업·공정별 위험성평가 실시, ii) 최근 현장에서 발생한 사건·사고 내용 확인, iii) 작업 현황 파악(작업 물량, 작업 범위, 작업 내용 및 필요한 보호구), iv) TBM 전달자료 작성 및 내용 숙지(위험성평가 결과, 사고보고서 및 안전작업 지침)를 포함한다.

나. TBM 실행 과정

작업내용에 대한 중점 위험요인과 대책을 공유한다. TBM은 작업 전 위험성평가에서 파악된 위험 이외에 미처 파악하지 못한 유해·위험요인을 찾아내어 필요한 예방조치를 하는 중요한 활동이다. 참석자 간 존중과 배려를 바탕으로 칭찬하는 분위기를 조성해서 작업자가 적극적으로 참여할 수 있는 풍토를 조성해야 한다. 또한 작업자가 TBM의 전달 사항을 정확하게 이해하고 있는지 확인하는 과정을 가져야 한다.

구체적인 실행내용은 i) 작업자 건강 상태 확인(과도한 음주, 37℃ 이상 체온, 약물 복용 여부 등 이상 유무), ii) 작업내용, 위험요인, 안전 작업절차 및 대책 공유·전달(최근 작업장 사고사례 공유, 긍정적이고 칭찬하는 분위기로 작업자의 발표 적극 권장), iii) 작업자가 TBM의 내용을 숙지하였는지 확인(중점 One point 위험요인과 대책 숙지 여부), iv) 위험요인과 불안전한 요인 발견 시 행동 요령 확인(SLAM, 멈춘다 Stop → 확인한다 Look → 평가한다 Assess → 관리한다 Manage)

다. TBM 환류조치

환류조치에는 작업자의 불만, 질문, 제안사항 검토, TBM 결과의 충실한 기록·보관 및 관련 조치 결과 피드백이 있다.

(4) 국내 업종별 TBM 실행 사례

고용부의 중대재해 감축 로드맵에 따른 위험성평가 시행과 TBM 시행의 중요성을 인지하고 있는 국내 대기업 그리고 중소기업은 전술한 고용부가 발간한 작업 전 안전점검회의 가이드에 따라 각 기업의 특성에 맞게 TBM을 시행하고 있다. 각 기업이 시행하는 TBM 활동은 유튜브에서 쉽게 검색할 수 있다. 본 책자에서는 유튜브에서 조회할 수 있는 업종별 TBM 사례를 간략히 요약하고 보완점을 검토해 보고자 한다.

가. S 물산(건설업)

유튜브에 공개된 2023년 3월 1일 S물산 현장의 협력업체가 시행하는 TBM 실행 사례를 요약한 내용이다. TBM 시행 시간은 약 6분 33초이다.

특이할 만한 사항으로는 TBM 진행 순서를 알리는 게시판을 활용하여 근로자들이 TBM에 집중할 수 있도록 지원하고 있다. 특히 TBM 마무리 단계 시 별도로 마련된 안전 약속을 제창한다. 그 내용은 다음과 같다. 나와 동료의 안전은 우리가 지킨다. 동료의 불안전행동 중단을 정중히 요청한다. 동료의 불안전행동 개선 요청을 감사히 수용한다.

구분	항목	내용
Step-1	상호간 인사	리더가 당일 TBM 소개 및 상호간 인사 안내(리더 포함 8명)
Step-2	건강상태 및 개인보호구 확인	• 발열이 있거나 몸이 불편한 사람 확인 • 안전모 턱끈 상태 확인 • 안전벨트 고리 잠금상태 확인 • 안전화 상태 확인
Step-3	비상대피로 확인	• 비상게이트 확인(이동 경로 등)
Step-4	작업내용, 위치 전달 및 위험 예지활동	• 금일 작업은 지하 1층 CCTV 입선작업임 • 이 공사를 위해 고소작업대를 사용함 • 우리가 사용하는 리프트는 다섯 가지 종류임 • 상승과 하강이 다르므로 사용 시 주의가 필요함 • 리프트 상부에서는 안전대를 착용함
Step-5	사고사례 전달	• 안전관리자가 사고사례를 공유함 • 근로자가 고소작업대에 탑승한 상태로 낮은 출입문을 후진으로 통과하던 중 출입문에 끼어 사망한 사례가 있음. 이에 대한 주의바람 • 고소작업대 작업 시 작업지휘자와 유도자를 배치해야함
Step-6	위험성평가 내용 공유	• 기존의 위험성평가 내용에 더해 테이블 리프트 작업이 필요함 • 지상층 트레이가 설비 배관이므로 테이블 리프트 밖으로 올라가지 못하는 경우가 있음 • 중간 발판 및 상부 작업 시 위험성평가를 추가해야 함 • 해당 위험은 균형을 잃고 추락하는 위험임 • 안전대의 고리를 적절한 부분에 체결해야 함
Step-7	안전구호 제창	• 오늘도 안전작업을 위한 지적확인 실시 • 우리의 약속 제창: 나와 동료의 안전은 우리가 지킨다. 동료의 불안전행동을 정중히 중단 요청한다. 동료의 불안전행동 개선 요청을 감사히 수용한다. • 오늘의 지적확인은 추락주의로 하겠음 • 지적확인 준비 추락주의 좋아!

나. SS건설(건설업)

유튜브에 공개된 2023년 2월 23일 SS건설 현장의 시공사와 협력회사가 시행하는 TBM 실행 사례를 요약한 내용이다. TBM 시행 시간은 약 3분 25초이다.

특이할 만한 사항으로는 시공사의 TBM 리더가 당일 모든 근로자를 대상으로 대규모 TBM을 시행한다. 특히 TBM 마무리 단계 시 별도로 마련된 필수 안전 수칙을 제창한다. 그 이후 협력업체 별 소규모 TBM을 시행한다. 협력업체별 소규모 TBM시 시공사 소속의 감독자가 입회하고 작업과 관련한 위험요인을 공유한다.

구분	항목	내용
전체 근로지 대상 TBM	상호간 인사	공사와 직접 관계가 있는 시공사 소속 리더가 단상에서서 당일 TBM 소개 및 상호 인사 안내(리더 포함 수십 명 이상)
	건강 이상자 파악	• 발열이 있거나 몸이 불편한 사람 확인
	개인보호구 지적확인	• 안전모 및 턱끈 착용 상태는 좋은가? 좋아! • 복장상태는 좋은가? 좋아! • 각반 및 안전화 착용상태는 좋은가? 좋아!
	필수 안전기본수칙 준수 제창	• 리더(용단 작업 시 소화기구 비치와 불티 비산방지 시설을 설치하며 절단기 분리 후 보관한다!). 근로자(분리한다!) • 리더(2 미터 고소 작업 시 안전망을 설치하고 안전벨트를 체결하며 지정된 통로를 이용한다!). 근로자(통로를 이용한다!) • 리더(밀폐공간은 통신 설비 지급과 감시인을 배치하고 산소, 유해가스 측정과 환기 시설을 설치한다!). 근로자(환기 시설을 설치한다!)
	작업사항과 안전관리 및 공지사항	• 오후 작업 사항과 안전 중점관리 및 공지사항 안내 • 공동구 가시설 작업 사항 공지 • Type-K 구간 2단 가시설 제작 설치 안내 • 위험요인은 용접 작업 시 비산 불티로 인한 화재임 • 소화기를 비치하여 안전작업 바람 • 오후 굴착 작업 사항 공지 • 관 추진 공사가 있고 추진관 부설 접합 작업 예정됨 • 위험요인은 크레인 관 하역 시 유도로프를 설치하여 주변 구조물의 충돌 방지 • 밀폐공간에 환기시설 설치하여 안전작업 바람 • 안전팀 공지사항 안내 • 장비작업으로 인한 위험 상존함. • 덤프 후진 시 다이크 잘 설치하여 충돌사고 방지. • 신호수 배치 철저 • 구호 외치고 팀 별 TBM 시행 • 지적확인 준비 • 행동하는 안전으로 중대재해 제로 좋아!

협력업체별 소규모 TBM 실시	작업사항과 안전관리 및 공지사항	• 시공사 리더가 TBM주관 • 작업 주요 내용 공지 • Type-K 구간 12단 가시설 설치 • 띠장, 스티프너, 홈 메우기 제작으로 A등급의 위험임 • 작업장 하부 이동 시 이동 통로로 이동 • 중량물 인양 설치 예정으로 인양 줄걸이 파단으로 인한 낙하 위험 상존 • 건의사항 청취 • 안전팀 강조사항 • 공동구 가시설 고소작업 위험 상존 • 고소작업시 안전벨트 체결 바람
	안전구호 제창	• 안전구호 외침 • 추락주의 좋아!

다. E 건설(건설업)

유튜브에 공개된 2023년 8월 11일 E건설회사의 TBM 실행 사례를 요약한 내용이다. TBM 시행 시간은 약 3분 58초이다.

특이할 만한 사항으로는 TBM 진행 시 공도구를 점검하는 과정을 포함하고 있다. 개인 보호구 상태를 2인 1조로 확인하고 있다.

구분	항목	내용
Step-1	TBM 시작 및 건강상태 확인	• 리더가 당일 TBM 소개 및 상호 인사 안내(리더 포함 8명) • 발열이 있거나 몸이 불편한 사람 확인
Step-2	스트레칭 실시	• 목 운동부터 다리, 허리 등 스트레칭
Step-3	개인보호구 확인	• 보호구 착용상태 확인 • 2인 1조로 마주 선다 • 안전모 턱끈 상태 확인 • 안전벨트 고리 잠금상태 확인 • 안전화 상태 확인
Step-4	공도구 점검 실시	• 금일 사용 공도구 점검 • 리더(금일 공도구 점검은 홍길동 씨가 주관해 주세요) 홍길동 근로자(알겠습니다!) • 작업 릴 점검하겠습니다(8월 공도구 점검 유무 좋아! 콘센트 이상 유무 좋아! 누전차단기 작동 여부 좋아! 피복 훼손 유무 확인 좋아!
Step-5	재해사례 전파	• 리더(최근 사고사례는 이순신 씨가 공유해 주세요) 이순신 근로자(알겠습니다!) • 이순신 근로자(최근 여수 소재 조선소에서 안전 난간이 설치되지 않은 이동식 비계 상부에서 용접 작업 중 1.5미터 하부로 근로자가 추락하여 사망한 사례가 있었음. 추락위험에 주의할 것)

Step-6	위험성평가 내용 공유	• 비계 상부에서 코킹 작업 및 바닥 잡철물 제거 작업 관련 위험요인을 상호 공유함 • 근로자 1(비계 상부에서 균형을 잃어 추락할 위험이 있으니 안전벨트의 안전고리를 걸어야 한다) • 근로자 2(컷쏘 작업 시 자상 위험이 있으니 자상방지 장갑을 착용한다) • 근로자 3(비계에 승인받지 않은 사람이 올라갈 수 있으므로 작업 후 시건장치를 함)
Step-7	비상상황 시 행동 요령	• 리더(금일 작업과 관련한 비상 집결지는 어딘가?) • 근로자(여자 기숙사 카페테리아 앞입니다) • 리더(작업 중지 상황이 존재할 경우 즉시 작업을 중지하고 관리자에게 보고한다)
Step-8	위험요인 발굴 및 제안사항	• 리더(안전과 관련한 제안사항을 공유 바람) • 근로자(현재 보유하고 있는 컷소 작업을 위한 자상방지 장갑이 훼손되어 재지급을 요청함) • 리더(즉시 재지급 하겠음) • 근로자(작업 반경에 크레인 양중작업이 진행되므로 상하동시 작업의 위험이 있음) • 리더(금일 상하동시 작업은 없도록 조치하였음)
Step-9	안전구호 제창 및 마무리	• 리더(금일 작업에서 가장 위험안 포인트는 추락 위험 임) • 리더(고소작업 시 추락방지 조치를 취해주시기 바람) • 리더(지적확인 준비) • 리디(추락주의 좋이!)

라. K 아연(제조업)

유튜브에 공개된 2023년 5월 29일 K 아연의 TBM 실행 사례를 요약한 내용이다. TBM 시행 시간은 약 3분 59초이다.

특이할 만한 사항으로는 해당 작업이 IT기반 안전작업허가서를 통해 해당 작업을 관리하고 있다.

구분	항목	내용
Step-1	TBM 사전준비	• 작업 공정 별 위험성평가 실시
Step-2	건강상태 확인	• 개인별 건강상태 확인
Step-3	사고사례 공유	• 최근 발생한 사고 내용 확인 • 사고원인과 대책 내용 상호 확인
Step-4	개선제안	• 근로자(리프트 지붕에서 비가 새고 있음을 알림) • 리더(TBM 이후 현장 확인 및 개선 회신)

Step-4	작업내용/위험요인/절차/대책 공유	• 금일 리프트 작업에 대한 작업허가 내용 공유 • 7번 리프트의 와이어 교체 작업이 진행 중임을 공유. LOTO 시행되었음을 확인 • 리더(오늘의 위험 포인트는 홍길동 씨가 공유해 주겠습니다) • 홍길동(리프트 수리 작업과 관련 우천으로 미끄러울 수 있음) • 리더(오늘의 안전구호를 외치겠습니다) • 모두(안전은 실천이다!)
Step-5	TBM환류조치	• TBM결과를 TBM활동 일지에 기재

마. H 솔루션(제조업)

유튜브에 공개된 H 솔루션의 작업 전 안전점검 회의 TBM을 효과적으로 시행하기 위한 카툰이다. H 솔루션이 제공한 TBM 동영상은 재생시간은 약 6분 37초이다.

특이할 만한 사항으로는 TBM을 효과적으로 시행하기 위한 카툰을 제작하여 배포하였다. TBM 설명 초기에 기억의 실험연구를 개척한 독일 심리학자 헤르만 에빙하우스의 망각에 대해서 설명하고 있다. 아무리 훌륭한 내용의 안전교육일지라도 시간이 지나면 잊어버리게 된다는 연구 결과를 기반으로 주기적인 TBM활동의 중요성을 강조하고 있다.

구분	항목	내용
Step-1	사전준비	• 위험성평가 실시 • 해당공정 또는 유사 작업의 사고사례 • 작업현황 및 기타 전달사항 숙지
Step-2	실행	• 상호간 인사 • 스트레칭 및 건강 상태확인 • 보호구 및 공도구 점검/확인 • 작업절차 및 위험성평가 내용 공유 • 사고사례 및 비상대응 절차 안내
Step-3	확인 및 종료	• TBM 내용 숙지 확인 • 근로자 질문 접수 및 피드백 • 터치 앤 콜(Touch & Call) 및 마무리 • 우리의 안전은 우리가 지킨다 • 동료의 위험을 함께 확인한다 • 동료의 조언을 적극적으로 수용한다 • 추락주의 좋아!

바. H 개발㈜(발전업)

유튜브에 공개된 2023년 H 개발㈜의 TBM 실행 사례를 요약한 내용이다. TBM 시행 시간은 약 3분 59초이다.

TBM을 효과적으로 시행하기 위해 작업 전 명일 작업사항을 확인하고 위험성평가와 중대재해예방 체크리스트를 확인한다. 그리고 작업 당일 사무실에서 작업관련 사항과 위험요인 관련 사항을 효과적으로 공유한다. 마지막으로 현장에서는 사전에 준비한 작업계획 그리고 위험요인 개선과 관련한 내용을 재 확인하는 과정을 갖는다. 특이할 만한 사항으로는 TBM을 마치고 1분 동안 안전과 관련한 명상을 시행한다. 명상은 오늘 할 일과 작업자의 모습, 위험요인과 위험 행동 그리고 안전조치, 안전하게 귀가하는 서로의 모습, 그리고 항상 나를 따듯하게 반겨주는 가족 그리고 오늘도 안전하게 작업을 하겠다는 각오의 내용으로 구성되어 있다. 리더가 전술한 명상 내용을 읽고 근로자는 잠시 눈을 감고 안전 명상을 한다.

구분	항목	내용
Step-1	작업 전일	• 명일 작업사항 확인 • 위험성평가(JSA) 시행 • 중대재해예방 체크리스트 확인
Step-2	작업 당일-작업 전 회의(사무실)	• 스트레칭(국민체조 노래에 맞춰 시행) • 10대 안전수칙 제창 • 작업사항 전달(작업 전일 명일 작업사항 연계) • 안전사항 전달(위험성평가 및 중대재해예방 체크리스트 확인) • 안전구호 제창
Step-3	TBM(현장)	• 근로자 건강상태 확인 • 안전보호구 착용 확인 • 개인별 작업내용 확인 • 작업 안전사항 공유 • 1분 명상 • 현장점검

사. 안전보건공단 TBM 가이드

유튜브에 공개된 2023년 안전보건공단의 TBM 가이드를 요약한 내용이다. TBM 시행 시간은 약 5분 36초이다.

구분	항목	내용
Step-1	준비단계	• 건강상태 확인 • 작업 전 스트레칭 • 보호구 착용상태 확인
Step-2	위험확인 또는 예지 단계	• 당일 작업내용 공유 • 위험요소 확인 • 안전사고 예측 • 최근 유사 사고 사례 전파 • 비상 시 대처방법 설명 • 위험요소 개선 조치 및 안전대책 수립
Step-3	마무리 단계	• 최종 위험요소 및 예방대책 재확인 • 가족을 위한 안전다짐

11.3 TBM 시행 개선방안

고용부와 안전보건공단이 TBM시행과 관련한 이론, 중요성 및 시행방법 등을 가이드라인과 동영상 등으로 제공하여 다양한 산업체는 쉽게 TBM을 시행할 수 있을 것으로 보인다. 무엇보다 위험성평가 시행에 머무르지 않고 그 내용을 TBM을 통해 근로자에게 생생하여 근로자가 해당 위험을 인식할 수 있을 것으로 판단한다. 다만 고용부와 안전보건공단이 강조하는 TBM의 중요성에도 불구하고 보완해야 할 사항도 있는 것으로 보인다. 전술한 고용부와 안전보건공단의 가이드라인 및 TBM과 관련한 유튜브 사례 검토를 통해 다음과 같이 개선방안을 제시한다.

(1) 타율적인 TBM

고용부와 안전보건공단의 TBM가이드라인에 따르면 사고를 예방하기 위해 자율적이고 참여적인 TBM을 시행하는 것이 중요하다고 하였다. 하지만 다양한 업종이 시행하는 TBM 실행 사례를 검토해 본 결과 아직은 타율적이라는 것을 느낄 수 있다. 그 이유 중 하나는 근로자가 영상 촬영을 위해 미리 정해 놓은 시나리오를 읽고 있었다. 영상 촬영이 아니고 실제 운영 시 자율적이고 참여적인 위험요인 찾기와 위험인식을 잘할지는 의문이다. 그리고 위험에 대한 자유로운 대화가 아닌 리더가 명령하는 방식으로 운영되고 있었다. 이러한 타율적인 그리고 강압적인 방식의 TBM을 자율적이고 참여적인 활동으로 변화시키기 위한 별도의 대안이 필요하다.

(2) 분절된 TBM

작업 전 위험성평가 시행과 작업 내용 검토 등 작업을 위한 안전관련 사항을 사전에 검토하여 TBM을 통해 근로자에게 정보가 제공된다. 그리고 관련 정보를 통해 위험요인과 사고예방 조치 등을 상호 협의하고 인식하는 과정으로 TBM이 시행된다. 하지만 실제 작업 시행 중, 작업 내용 변경 시 및 작업 완료 시점에는 별도의 TBM을 시행하지 않는 것으로 보인다. 아무리 작업 전에 많은 안전관련 준비를 했다고 하여도 현장의 상황은 시시각각 변화됨에도 불구하고 작업 전에 시행하는 TBM 한 가지로 작업 과정 전체의 안전을 확보한다는 것은 한계가 있다고 본다. 예를 들어 사람은 지속적인 인지과정을 통해 분절되지 않는 행동을 한다. 아침에 일어나서 양치를 하고, 옷을 입고, 밥을 먹고, 출근을 하고, 운전을 하고, 대중 교통을 타고, 회사에 도착하고, 작업장에 도착하고, TBM을 하고, 작업을 하고, 휴식을 취하고, 점심을 먹고 그리고 작업을 완료하고 퇴근을 한다. 그리고 다양한 사회 활동과 휴식을 취하고 잠을 자고 다시 일어난다. 이러한 과정은 사람의 행동이 분절되지 않는다는 것을 의미한다. 그럼에도 불구하고 우리는 오직 작업 전 TBM에만 집중하여 위험을 찾고, 공유하고, 인식하고 구호를 외친다. 이런 TBM은 오직 작업 전 잠시 상기하는 분절된 위험인식 활동이라고 저자는 생각한다. 이러한 분절된 TBM이 지속적인 위험인식으로 이어질 대안이 필요하다.

(3) TBM이라는 용어 사용으로 인한 위험인식의 비효율성

TBM이라는 용어는 안전과 관련하여 그럴듯하고 마치 만병통치약처럼 보이는 것이 일반적이다. 특히 고용부의 중대산업재해 예방 전략에 있어 해결사와 같은 역할을 하는 것으로 작년부터 강조되어 왔다. 하지만 지지기 그동안 경험해 온 바에 따르면 TBM은 그저 근로자가 귀찮아 할 만한 일반적인 안전활동과 크게 다르지 않다. 더욱이 TBM이라는 용어는 작업전에만 하고 작업 중에 하지 않아도 되는 것으로 인식될 여지가 있다(물론 고용부나 안전보건공단의 TBM 가이드는 작업 전 뿐만 아니라 작업 내용 변경 시에도 수시로 할 것을 권장하고 있는 것으로 보인다). 그리고 TBM은 2명 이상이 모여 시행하는 미팅으로 간주되어 작업 전 TBM에 참석한 근로자가 혼자서 작업 시에는 TBM을 시행하기 어려운 것으로 보인다. 또한 소규모 사업장, 서비스 지역 및 병원 등에서 근무하는 사람도 TBM을 시행해야 하는데 그곳에는 별도의 공구를 보관하는 Tool Box가 없다. TBM은 공사를 주로 하는 사업장에만 시행되는 것으로 간주된다. 따라서 TBM이라는 용어를 Safety Talks이라는 용어로 변경할 것을 추천한다. 그 이유는 TBM이라는 용어보다 Safety Talks이라는 용어가 주는 새로움, 친밀감, 편안함, 한번 해 보고 싶은 마음을 갖도록 하는 동기 부여 등의 좋은 영향을 줄 것이라는 믿음 때문이다.

여기에 더해 Safety Talks을 안전 마음챙김에 포함하여 운영할 것을 추천한다. 그 이유는 해외에서 시행하고 있는 안전 마음챙김의 효과는 다양한 사업장에서 그 효과가 증명되었기

때문이다(물론 사업장 별 특수성에 따라 각기 다른 방식으로 진행된다). 안전 마음챙김은 가정, 사회 및 사업장에서 특정한 시간을 정해 놓고 하는 것이 아닌 지속적인 위험인식과 관련한 정신과정(mental processing)이다. 안전 마음챙김은 TBM과 같이 분절되지 않고 사업장을 포함한 우리 생활 전반에서 지속적으로 이루어질 수 있는 안전인식이 될 수 있기 때문이다.

11.4 Safety Talks의 필요성

Safety Talks 시행과 관련한 개요는 아래 표와 같다.

구분	Safety Talks
주기	매일 또는 필요시
기간	단시간(5-15 분)
형태	비형식, 일반적으로 작업 현장에서 시행(사무실에서도 가능)
목적	현재 작업과 관련된 특정 주제에 대한 토론
주관	감독자, 조장, 근로자 본인 등
내용	특정 위험에 중점
목표	근로자의 위험인식과 안전관련 지식 업데이트 및 안전작업의 중요성 강조
대상자	해당 업무에 직접 관여하는 근로자
문서화	통상 문서로 남기지 않는 대화방식

미국 ABC성과 보고서에 따르면 매일 Safety Talks을 시행한 기업은 그렇지 않은 기업에 비해 기록가능한 사고율[110]이 약 82% 낮다는 연구 결과가 있다. Safety Talks은 안전한 작업 관행을 포함하여 작업과 관련된 주제에 초점을 맞춘 안전 대화이다. Safety Talks은 작업 전, 교대 근무 전, 작업 내용 변경 시 및 필요시 언제든지 시행할 수 있다. Safety Talks은 근로자, 계약자 및 팀 구성원에게 당일의 작업 세부 사항을 알리고 안전 절차를 강화하는 과정이다. Safety Talks은 주로 회사가 준비해 둔 유사 동종 사고사례 및 위험성평가 내역을 검토하는 단계로 이루어진다. Safety Talks 과 같은 자유스러운 대화는 안전과 관련한 토론을 장려하고 좋은 안전 풍토를 촉진하는 역할을 한다. Safety Talks 시행은 아래에 열거된 바와 같이 다양한 장점이 있다.

110) TRIR(total recordable incident rate)은 기록가능한 사고 건수에 200,000시간을 곱한 값에 실제 근무한 시간으로 나눈 값.

(1) 안전풍토 조성에 도움이 된다.

Safety Talks은 안전에 대한 전사적 의지를 형성하는 데 도움이 된다. Safety Talks을 통해 회사의 안전정책과 공약이 일회성이 아니라는 것을 일선 근로자에게 직접적으로 전할 수 있다.

(2) 안전 의사소통을 위한 개방형 채널을 제공한다.

Safety Talks은 다양한 환경에서 정기적이고 공식적인 안전 토론을 위한 수단을 마련한다. 이 수단을 통해 관리감독자와 근로자는 자유롭게 안전과 관련한 다양한 내용을 공유하고 개선할 수 있다. 그리고 이 수단을 통해 잠재되어 있던 다양한 위험을 공론화하고 시기적절한 조치를 통해 사고를 사전에 예방할 기회를 제공한다.

(3) 사고사례를 공유한다.

사고사례에 대한 배움은 우리가 실제 사고를 겪지 않고 교훈을 얻는 소중한 정보이다. 회사는 주로 자사 사고사례나 타사 사고 사례를 e-mail 형태로 관리감독자나 근로자에게 전달한다. 이러한 사고사례는 사고발생 상황, 근본 원인 및 개선 방안 등이 포함된다. 하지만 관련 사고사례에 대한 당해 근로자들의 생각은 내가 하는 작업과는 무관하거나 관계가 멀다고 생각하는 경우가 많이 있다. 이러한 사유로 근로자는 그러한 사고사례에 별로 관심을 두지 않는 것이 일반화된 상황이다. 때로는 해당 사고가 근로자들의 작업과 유사하더라도 그 사고는 자신에게는 일어나지 않을 것이라는 가정하에 별로 관심을 두지 않는 것이 일반적이다. 여기에서 더 큰 문제는 영세한 업체의 경우 관련 사고사례를 근로자에게 공유하지 않는 경우이다.

Safety Talks은 사고사례를 서로 공유하고 어떤 시사점이 있었는지 검토하는 중요한 과정이다. 여기에서 중요한 점은 해당 작업과 관계가 없더라도 해당 사고의 시사점을 간파하여 좋은 교훈으로 삼아야 한다는 것이다. 그리기 위해서는 사고사례를 전파하는 사람이 해당 사고에 대해서 잘 알고 있어야 한다.

(4) 사고예방의 효과가 크다.

근로자가 작업 전 서로 모여(또는 온라인상으로 모여) 서로의 건강과 안전을 걱정해 주는 가장 쉽고 좋은 방법은 바로 Safety Talks을 시행하는 것이다. Safety Talks은 별도의 교육장이나 시각적 또는 청각적 교육 보조재가 반드시 필요하지 않은 비용대비 효과가 좋은 사고예방이다. 무엇보다 중요한 사실은 Safety Talks이라는 좋은 사고예방 활동을 그저 회사나 조직이 시켜서 하는 강제적인 방식으로 운영하기 보다는 모든 근로자가 자발적으로 참여하는 것이 중요하다.

(5) 경영층의 안전의지를 전달할 수 있다.

다음 사진(p.292)은 저자가 다녔던 예전 회사의 CEO가 현장 Safety Talks에 참관하고 있는 모습이다. 대표이사는 공사현장에 들러 근로자들이 아침 작업전에 시행하는 Safety Talks에

동참하였다. 그는 당일 어떤 위험이 존재하고 어떤 사고예방 조치를 하는지 근로자들에게 직접 여쭈어 보셨다. 그리고 힘든 환경에서도 묵묵히 업무를 하는 여러 근로자들을 칭찬하셨다. 당시 CEO가 직접 현장에 방문하는 일은 파격적이었지만 근로자와 함께 Safety Talks을 한다는 것은 더욱 파격적이며 그의 높은 리더십 수준을 보여주었다(사진의 가운데 키가 크신 분이 CEO이고 그 우측에 있는 분은 저자를 동생처럼 아껴 주셨던 안전팀장이다).

(6) 위험인식을 강화할 수 있다.

작업현장의 환경은 수시로 변하고 제한된 시간에 공사나 작업을 마쳐야 하는 등의 여러 조건이 존재하므로 근로자의 위험인식은 사고 예방에 있어 무엇보다 중요하다. 연구에 따르면 근로자가 고의로 불안전한 행동을 하기보다는 위험인식 수준이 낮기 때문에 불안전한 행동을 하는 경우가 많다고 알려져 있다. Safety Talks을 통해 근로자는 작업에 존재하는 위험을 인식하고 동료에게 좋지 않은 영향을 줄 위험을 공유할 수 있다.

(7) 안전절차를 강화할 수 있다.

Safety Talks을 통해 회사의 안전절차를 강화할 수 있다. 회사에 존재하는 다양한 위험요인에 대한 사전적인 위험성평가를 통해 만들어진 다양한 안전절차는 주로 문서 형태로 보관된다. 그리고 이러한 문서는 매우 방대해서 모든 내용을 다 알기도 어려울 수 있다. 그리고 어떠한 경우에는 규정된 안전절차를 모두 준수하기도 어려운 상황이 상존한다. 따라서 안전절차를 현장에 효과적으로 적용하기 위해서는 안전절차가 요구하는 내용과 현장의 상황을 잘 비교하여 검토하는 것이 필요하다. Safety Talks은 이러한 비교와 검토를 할 수 있는 기회를 제공한다. Safety Talks을 통해 감독자와 근로자는 안전절차의 핵심 내용을 검토하고 작업에서 어떠한 방법이나 방식으로 적용할 지 여부를 검토할 수 있다.

(8) 근로자의 사기를 진작할 수 있다.

Safety Talks은 경영층이 근로자의 안전에 관심을 갖고 있음을 보여주는 활동이다. 경영층이 근로자의 안전을 중요하게 생각하면 근로자는 자신의 업무에 동기부여하면서 보다 안전한 작업을 할 가능성이 크다. Safety Talks을 통해 사업장의 다양한 위험요인이 공유되고 개선된다는 것을 근로자가 느낄 때 근로자의 사기는 높아질 것이다.

(9) 안전 책임의식을 고취할 수 있다.

Safety Talks을 통해 관리자, 감독자 그리고 근로자의 안전 책임의식을 고취할 수 있다. Safety Talks을 참석한 사람들은 안전 규칙 및 규정 준수의 중요성에 대해 논의하고 모든 사람이 사고 및 부상을 예방하는 데에 역할이 있다는 점을 공유할 수 있다. 그리고 정해진 규칙과 절차를 적용하는 데 있어 어려움이나 지원사항을 공유할 수 있다.

(10) 생산성을 향상시킬 수 있다.

Safety Talks을 통해 위험을 효과적으로 관리하여 사고를 예방한다는 것은 곧 생산을 지속하면서 가동 중지가 없는 것을 의미한다. 그리고 사고로 인한 근로손실을 줄일 수 있다는 것을 의미한다. 근로자가 자신의 안전이 최우선 순위라고 느낄 때 동기 부여와 참여를 더 많이 느낄 가능성이 높다. 이를 통해 생산성이 향상되고 작업 품질이 향상될 수 있다. 또한 작업자가 안전하게 작업하도록 교육을 받으면 장비나 자재가 손상될 가능성이 줄어들어 지연 시간과 가동 중지 시간이 줄어들 수 있다. 이를 통해 생산성을 더욱 높이고 손상된 장비의 수리 및 교체 비용을 줄일 수 있다.

11.5 Safety Talks 운영 시 고려사항

(1) Safety Talks 시행 장소 및 시간 공지

Safety Talks은 사무실과 현장 등 모든 곳에서 시행할 수 있다. 다만 소음과 기타 방해가 없는 지역에서 시행하는 것이 좋다. Safety Talks 시행과 관련한 정해진 시간은 별도로 없다. 사업장 특성에 따라 시행 시간은 유연적으로 적용할 수 있다. 해외와 국내의 상황을 살펴보면 대략 짧게는 5분 길게는 15분 정도가 소요되는 것으로 보인다.

Safety Talks은 사업장 상황에 따라 주기를 달리 할 수 있다. Safety Talks은 매일 시행하는 것을 기본으로 하되 상황에 따라 핵심 내용을 길게 또는 짧게 하는 방식을 추천한다.

Safety Talks 시행 장소와 시간을 사전에 확인하고 대상자들에게 정확한 정보를 사전에 제공한다. 그리고 Safety Talks 진행을 맡을 리더를 미리 지정한다. 가급적 Safety Talks을 시행할 리더는 매번 변경하여 시행할 것을 추천한다.

(2) Safety Talks 참여 대상자 결정

일반적으로 작업과 관련이 있는 모든 사람이 Safety Talks에 참여할 것을 추천한다. 그 이유는 현장에는 직접 작업을 수행하는 근로자가 있고 그리고 현장에서 직접 작업을 하지 않는 지원 근로자가 있기 때문이다. 만약 작업을 지원하는 근로자가 Safety Talks에 빠지면 작업과 관련한 전반적인 커뮤니케이션에 문제가 생기기 때문이다.

(3) 구체적이고 관련 있는 주제 선택

Safety Talks은 우리가 생각하는 안전교육과는 거리가 있다. 안전교육은 다양한 주제를 정해진 시간에 공유하는 과정이다. 하지만 Safety Talks은 단시간 내 시행하는 안전과 관련한 대화이므로 주요 핵심 내용을 위주로 시행되어야 한다. Safety Talks에 포함되는 내용에는 작업과 관련한 떨어짐과 넘어짐, 감전과 화상, 유해인자, 끼임, 충돌과 절단, 화재폭발 및 근골격계 등의 위험이 포함된다. 그리고 정리정돈, 청소, 사고보고 및 안전표지와 관련한 내용을 포함할 수 있다. Safety Talks은 단일 주제를 빠르게 인식하고 복습하여 위험인식을 최신 상태로 유지하는 것이다.

(4) Safety Talks 운영방법 검토

Safety Talks은 대면으로 시행하는 것을 원칙으로 한다. 다만, 사업장이 각기 분리되어 있고 소수의 인원들로 구성되어 작업을 수행할 경우 별도의 유인물을 제공하거나 온라인(다자간 통화, Zoom 및 Webex 등 활용)으로 시행하는 방법을 검토해 볼 수 있다.

(5) 성공적인 Safety Talks 시행 방안

- Safety Talks 시행은 짧게 핵심을 공유한다. 시간은 대략 5~15분 정도로 한다.
- 당일 수행되는 작업과 관련된 핵심 요인에 집중한다.
- 질문을 하거나 안전한 작업 관행을 보여줌으로써 근로자의 참여를 유도한다.
- 현장이나 작업 조건의 변경 사항을 반드시 공유한다.
- 근로자가 자신이 사용할 도구, 장비 및 안전보호구를 검사하도록 한다.
- 자유로운 상황에서 질문과 답변 등 대화를 유지한다.

12 SLAM(Stop, Look, Assess & Manage) 검토

영국 안전보건청(HSE)이 2015년 발간한 리더십과 근로자 참여 적용방안(LWIT, Case studies to demonstrate the practical application of the Leadership and Worker Involvement Toolkit에 언급된 Archbell Greenwood Structures(ASG)회사의 실행사례 중 SLAM(중지 Stop, 조사 Look, 평가 Assess & 관리 Manage, 이하 SLAM)이라는 활동이 소개

되었다. 이 회사는 효과적인 Safety Talks시행을 위하여 근로자 참여에 대한 조치(2단계), 위험 관리에 근로자 참여(3단계), 안전 브리핑 및 소개를 위한 효과적인 의사소통(4단계) 및 중지, 조사, 평가 및 관리(SLAM) 기술(6단계)를 안내하였다. 이와 관련하여 해외의 탄광안전(Mining Safety)이 발간한 SLAM인 무재해를 만듭시다(Making zero incidents a reality through SLAM)에서 안내된 내용을 소개한다.

SLAM의 i) 중지(stop)는 그렇게 작업을 빨리 하지 않아도 된다는 의미, 잠시 상황을 멈추고 작업의 각 단계를 살펴본다, 지금 하는 일이 새로운 일인지 묻고, 업무의 변경을 되묻고, 이 작업을 언제 마지막으로 했는지 묻고, 지금의 일이 편안한지 묻고 그렇지 않다면 작업을 중지할 것을 권고하고 있다. ii) 조사(look)는 항상 잠재적인 위험이 있는지 작업 지역을 조사한다는 의미가 있다. 그리고 작업 시작 전, 작업 도중, 작업 완료 후에 시행한다는 의미, 각 작업 단계의 위험을 식별한다는 의미 그리고 잠재적인 위험과 관련한 대책을 수립하고 평가한다는 의미가 있다. iii) 평가(Assess)는 작업을 안전하게 수행하기 위한 지식, 기술, 훈련 및 도구를 갖추고 있는지 확인하는 과정이다. 작업을 안전하게 수행하기 위해 무엇이 더 필요한지 평가 그리고 교육이나 훈련이 필요한 경우, 훈련을 받을 때까지 해당 작업을 수행하지 않는다는 의미가 있다. iv) 관리(manage)는 허용할 수 없는 위험(intolerable risk)을 허용할 수준(tolerable risk)으로 만들기 위해 위험을 제거하거나 최소화하기 위한 적절한 조치를 취하는 것을 의미한다. 적절한 장비를 사용과 유지관리, 예상치 못한 일을 확인, 계획되지 않은 사안 해결 및 미래 계획 수립 및 검토한 내용을 동료와 공유하는 것을 포함한다.

13 SMART(Stop, Measure, Act, Review & Train) 검토

전술한 SLAM과 유사한 방식으로 SMART(중지 Stop, 측정 Measure, 행동 Act, 검토 Review & 교육 Train)를 적용할 수 있다. i) 중지(stop)는 작업의 각 단계를 분리하고 과거 및 잠재적인 사고, 부상 및 위반 사항을 식별한다. ii) 측정(measure)은 작업과 관련된 위험 및 위험으로 인해 부상을 초래할 수 있는 장벽을 평가한다. iii) 행동(act)은 허용할 수 없는 위험(intolerable risk)을 허용할 수준(tolerable risk)으로 만들기 위해 위험을 제거하거나 최소화하기 위한 적절한 조치를 취하는 것을 의미한다. iv) 검토(review)는 작업 현장을 자주 방문하여 작업 관행을 관찰하고 사고, 부상 및 위반 사항을 점검하여 근본 원인을 파악하는 것이다. v) 교육(train)은 휴먼에러 개선과 안전교육 계획을 수립하고 근로자를 참여시키는 의미가 있다.

Ⅳ 안전 마음챙김 시행 가이드라인

전술한 TBM 시행 개선방안의 일환으로 저자가 추천하는 안전 마음챙김(Safety mindfulness)을 적용하기 위한 가이드라인을 설명한다. 안전 마음챙김 시행 가이드라인은 본 책자가 전술한 휴먼에러(human error) 개선, 마음챙김(mindfulness), 안전 마음챙김 시행준비, TBM, Safety Talks 및 SLAM 등의 내용을 검토하여 근로자가 안전 마음챙김을 지속적으로 할 수 있도록 지원한다.

1 Step-1 사전준비

1.1 상호간 인사

안전 마음챙김은 상대방을 존중하고 근로자의 자율적인 참여를 기반으로 하므로 상호간의 인사는 중요하다. 모든 근로자가 서로를 존중한다는 마음가짐을 갖고 배려한다.

1.2 건강상태 확인(음주, 약물, 컨디션 등)

근로자의 건강상태는 휴먼에러 유발과 불안전한 행동을 유발하는 기본적인 요인이다. 전 날 음주를 한 사람, 피로가 누적된 사람, 질병에 걸린 사람 그리고 약물 복용으로 인해 부정적인 건강상의 위험이 존재할 수 있다. 리더는 사람들의 건강상태를 사전에 확인하고 근로자 개인의 건강상태를 정중히 문의해야 한다. 만약 건강상의 문제가 있다면 근로자에게 불이익이 가지 않도록 업무를 조정하는 것이 필요하다.

1.3 스트레칭

사업장 상황에 따라 국민체조 음악을 틀어 놓고 스트레칭을 하는 방법도 있고 근로자 스스로 목, 어깨, 허기, 다리 및 발 순서로 자발적으로 스트레칭을 하는 방법도 있다. 사업장 상황에 맞게 적절한 스트레칭을 시행할 것을 추천한다.

1.4 보호구 착용상태 확인

당일 작업과 관련한 위험성평가를 기반으로 어떠한 보호구가 필요할 지 검토한다. 사업장 상황에 따라 안전모, 안전화, 안전벨트, 보안경 및 화학복 등 적절한 보호구를 선정한다. 그리고 해당 안전보호구의 적합 상태를 사전에 확인하는 과정이 필요하다.

1.5 작업내용 공유

당일 작업과 관련한 작업내용을 근로자에게 공유한다. 그리고 간섭이 있거나 동시작업이 이루어질 경우 해당 작업을 적절히 조율한다. 특히 급히 처리해야 하는 돌발 작업이 있을 경우 해당 작업으로 인해 영향을 받을 수 있는 근로자에게 적절하게 공유하여야 한다.

1.6 비상대응 안내

당일 작업과 관련한 위험성평가를 기반으로 비상상황 시 사용할 비상대피로, 집결지, 비상시 해야 할 일 등을 간략히 핵심위주로 설명한다.

2 Step-2 작업 전 SAFE 절차 시행(Group-Safety Talks)

2.1 위험성평가를 기반으로 SAFE절차 시행

당일 작업과 관련한 사전에 마련된 위험성평가 내역을 공유한다. 작업 단계별 주요 위험과 대책을 모든 근로자가 인식할 수 있도록 지원한다. 그리고 사전에 준비한 SAFE 슬라이드(본 책자의 제3장 안전 마음챙김의 III. 안전 마음챙김 시행 준비의 3. SAFE절차 개발 참조)를 준비하여 모든 근로자가 SAFE절차를 시행할 것을 추천한다. SAFE 절차는 SAFE 슬라이드를 참조하여 위험성평가를 통한 해당 위험요인에 대한 조사(Scan), 분석(Analyze), 확인(Find hazard) 및 위험인식을 강화(Enforcement)하는 과정이다. 리더는 SAFE절차를 시행하면서 근로자가 해당 위험을 인식할 수 있도록 배려한다(지적확인).[111]

2.2 해당 작업과 관련한 사고사례 공유

해당 작업이나 유사 동종 사고 사례를 사전에 준비하여 모든 근로자에게 공유한다. 특히 SAFE절차 시행시 사고사례를 적절하게 활용하면 근로자의 위험인식 수준이 높아질 수 있다.

2.3 호흡운동 시행

호흡운동은 우리가 통상적으로 생각하는 명상 호흡을 의미하는 것은 아니다. 따라서 별도의 명상을 위한 장소를 지정하지 않아도 된다. 안전 마음챙김에서의 호흡은 시간과 장소를 불문

111) 일본 국철의 운전자가 기차 플랫폼의 진입과 출발 시 사람의 안전을 확보하기 위하여 시작된 오감을 활용한 동작이다. 사람의 주의력을 높이기 위하여 고안된 방법으로 지적호칭이라고도 불린다.

하고 근로자 스스로 자유롭게 시행하는 것을 의미한다. 호흡을 하는 방법을 배운다면 호흡 운동은 오랜 시간이 걸리거나 어려운 일이 아니라는 것을 알 수 있다. 숨이 들어오고 나가는 것에 주의를 기울이는 것만으로도 뇌가 이완되고 중심을 잡는 데 도움이 된다. 업무를 시작하기 전 수분 동안 호흡에 집중하면 주의력이 상승될 수 있다.

호흡운동(가급적 눈을 잠시 감고 시행)은 오늘 할 일과 작업자의 모습, 위험요인, 안전한 행동, 불안전한 행동, 가족의 모습 및 동료의 모습 등을 회상한다. 리더가 전술한 항목을 기반으로 다양한 시나리오를 구성해서 근로자에게 공유한다. 근로자는 리더가 읽는 시나리오를 들으면서 호흡운동을 할 것을 추천한다.

※ 만약 홀로 작업을 할 경우, Step-2와 Step-3를 병행하여 시행한다.

3 Step-3 작업 전 SAFE절차 시행(Self-Safety Talks)

근로자가 작업 현장에 도착해서 작업에 들어가기 전 잠시 업무를 멈출 것을 권장한다. 그 이유는 잠시의 심호흡으로 근로자 자신을 둘러싼 물건, 상황, 환경 등에 대해 잘 알아차리기 위한 목적이다. 안전 마음챙김 없이 습관적으로 업무를 시작하는 것은 다양한 위험을 유발한다. 작업을 시작하기 전 i) 잠재적인 유해위험 요인의 존재 여부를 확인한다. ii) 근로자는 자신이 안전한 작업을 할 준비가 되어 있는지 다시 한번 확인한다. iii) 근로자는 자신이 사용해야 할 도구나 장비를 미리 확인한다. 그리고 작업을 진행하는 과정에서 추가적인 위험을 발견하였다면 즉시 작업을 중지하고 SAFE 절차를 시행한다.

5×5 뒤로 물러서기 방안을 시행하는 것을 추천한다. 이 방안은 새로운 일을 시작하기 전 근로자는 기본적으로 다섯 걸음 뒤로 물러서서 무엇이 잘못될 수 있는지 확인하고 어떻게 하면 안전할지 생각하는 데 5분의 시간을 투자하는 것이다.

4 Step-4 작업 중 SAFE 절차 시행(Self-Safety Talks)

근로자는 주어진 환경에서 또 다른 일을 위해 복합적인 판단을 해야 하는 경우가 많이 있다. 이런 경우 복잡한 판단을 가급적 피하고 한 곳에 집중하는 것이 필요하다. 마음이 방황하기 시작할 때 다시 한번 마음을 집중한다. 집중은 우리가 안전 마음챙김을 할 수 있도록 인도한다. 작업을 진행하고 있는 동안에도 자신을 둘러싼 다양한 환경을 살펴보고 다르거나 새로운 것이 무엇인지 알아차려야 한다. 우리의 모든 감각을 고도로 활용하여 위험을 알아차리는 것이다.

우리는 주변 환경을 인식하는데 필요한 다양한 감각을 갖추고 있다. 하지만, 이러한 감각은 바쁘거나 주의를 기울이지 않을 때 쉽게 무효화될 수 있다. 따라서 우리의 모든 감각을 활용한다면, 우리 주변에서 일어나는 일을 더 잘 인식하고 더 안전한 작업을 만들 수 있다. 이러한 과정을 통해 우리는 마음놓침에서 안전 마음챙김으로 전환하는 연습을 할 수 있다. 이러한 과정은 SAFE절차를 습관화할 때 비로소 발현되는 특징이 있다.

5 Step-5 작업 완료 후 SAFE 절차 시행(Self-Safety Talks)

작업을 거의 마무리하는 단계 그리고 작업을 완료한 단계에도 상당한 위험이 존재한다. 작업 전 그리고 작업 중 안전 마음챙김을 했다고 해서 끝나는 것은 아니다. 이제 또 다른 안전 마음 챙김을 준비할 단계인 것이다. 작업장을 정리정돈하고 청소하는 일에도 안전 마음챙김을 지속 유지해야 한다. 그리고 자재를 정리하고 일을 마감하는 단계에서도 안전 마음챙김은 유지되어야 한다. 작업을 완료하고 동료들과 안전한 모습을 볼 때에도 그리고 안전한 귀가를 하고 가족을 만나 생활을 할 때에도 안전 마음챙김은 지속되어야 한다. 그리고 잠을 자고 일어나는 순간까지도 안전 마음챙김은 지속되어야 한다.

6 Step-6 환류조치

6.1 관리감독자 순회 점검 시 안전 마음챙김 확인

안전 마음챙김은 회사의 안전풍토 수준과 긴밀한 관계가 있다고 생각한다. 안전풍토를 기반으로 하는 안전문화가 있는 조직은 경영층이 일선 근로자의 안전을 최우선의 가치로 생각한다. 그리고 그 가치는 안전보건 정책 공포와 다양한 안전관련 프로그램을 운영하는 데 있다. 그리고 현장의 위험을 교육이나 절차 수립에 비중을 두는 대신 위험을 제거, 대체 및 공학적 조치를 먼저 고려한다. 이러한 안전문화는 관리감독자가 근로자의 안전을 중요한 덕목으로 생각하게 하는 동인이 된다. 이에 따라 관리감독자는 안전 마음챙김에 따라 소속 근로자가 실제 SAFE절차를 시행하고 있는지 그리고 위험을 효과적으로 대처하고 있는지 주기적인 점검이 필요하다. 작업을 하는 소속 근로자는 현장에서 관리감독자를 보고 처음에는 경직된 모습이나 어려움을 토로할 가능성이 있다. 하지만 이러한 과정이 자주 있다 보면 근로자는 긍정적인 태도를 갖게 되고, 관리감독자에게 현장의 다양한 위험요인을 개선해 줄 것으로 요청할 가능성이 높다. 따라서 관리감독자는 현장 점검 시 근로자의 안전 마음챙김 이행을 점검하고 근로자의 긍정적인 태도와 행동에 대한 감사의 표시를 해야 한다.

6.2 안전 마음챙김 강화

안전 마음챙김은 단시간에 큰 효과를 보기는 어렵다. 어느 정도의 시간을 갖고 근로자의 자발적인 참여를 지속적으로 유도해야 한다. 이러한 목적을 달성하기 위해서는 적절한 보상이 필요하다. 예를 들면 매일 근로자에게 작업 전, 작업 중 그리고 작업 완료 후 안전 마음챙김을 실행했는지 여부를 묻는다. 만약 근로자가 안전 마음챙김을 실행했다고 하면 그에 상응하는 보상(크지는 않지만 의미가 있는 보상-칭찬, 안전 마일리지에 안전 마음챙김 실행 포함 등)을 주는 것이 좋다. 만약 근로자가 안전 마음챙김을 실행하지 않았더라도 실행했다고 답을 할 가능성이 있다. 하지만 중요한 사실은 그들이 안전 마음챙김을 지속하도록 하는 것이 목적이므로 설령 거짓으로 답을 했다고 해도 무방하다. 그들은 설령 거짓으로 안전 마음챙김을 했다고 답을 했어도 다음에는 실제 안전 마음챙김을 할 가능성이 있기 때문이다.

이상과 같이 살펴본 안전 마음챙김 가이드라인을 기반으로 다양한 현장의 안전전문가, 안전과 관련한 대학 교수 그리고 기관의 사람들이 보다 효과적인 안전 마음챙김을 시행할 방안을 마련해 줄 것을 바란다.

참조 문헌과 링크

- 고용부. (2023). ‘23년 대중소기업 안전보건 상생협력사업.
- 고용부. (2023). 작업 전 안전점검회의 가이드(TBM: Tool Box Meeting).
- 고용부. (2023). 중대재해 사고백서, 2023 아직 위험은 끝나지 않았다.
- 산업안전공단. (2021). 배합기 내부 청소 작업 중 배합기 작동으로 인한 끼임
- 안전보건공단 (2021). 항만하역재해사례, 2021-교육혁신-567
- 산업안전보건공단. (2014). 코일 이송용 대차에 부딪힘.
- 산업안전보건공단. (2021). 판계작업 중 미끄러진 철판에 맞음.
- 산업안전보건공단. (2019). 폐드럼통 용단작업 중 폭발.
- 양정모. (2024). 새로운 안전관리론-이론과 실행사례, 박영사.
- 양준규, & 오태근. (2012). 지적 확인 환호응답 제도 개선에 관한 연구
- 정진우. (2023). 산업안전관리론-이론과 실제, 중앙경제.
- 정진우. (2023). 안전심리(4판), 교문사.
  : 해외연구사례를 중심으로. 한국철도학회 학술발표대회논문집, 1759-1764.

- Aase, K., & Tjensvoll, T. Learning In High Reliability Organizations (HROs): Trial Without Error.
- Asadi, S., Karan, E., & Mohammadpour, A. (2017). "Advancing safety by in-depth assessment of workers attention and perception" International Journal of Safety, 1(03), pp. 46-60.
- Bahn, S. (2013). Workplace hazard identification and management: The case of an underground mining operation.Safety science,57, 129-137.
- Betts, K. R., & Hinsz, V. B. (2015). Mindful attention and awareness predict self-reported food safety practices in the food service industry. Current Psychology, 34, 191-206.
- Bishop, S. R., Lau, M., Shapiro, S., Carlson, L., Anderson, N. D., Carmody, J., ... & Devins, G. (2004). Mindfulness: A proposed operational definition. Clinical psychology: Science and practice, 11(3), 230.
- Bogue, B. (2009). How principles of high reliability organizations relate to corrections. Fed. Probation, 73, 22.
- Bourrier, M. (2011). The legacy of the high reliability organization project. Journal of contingencies and crisis management, 19(1), 9-13.
- Broadbent, D. E., Cooper, P. F., FitzGerald, P., & Parkes, K. R. (1982). The cognitive failures questionnaire (CFQ) and its correlates. British journal of clinical psychology, 21(1), 1-16.
- Casler, J. G. (2014). Revisiting NASA as a high reliability organization. Public Organization Review, 14, 229-244.

- Cynthia A. Oster | Jane S. Braaten. (2024). High Reliability Organizations: Jenson Books Inc.
- Dahl, Ø., & Kongsvik, T. (2018). Safety climate and mindful safety practices in the oil and gas industry. Journal of safety research, 64, 29-36.
- Dierynck, B., Leroy, H., Savage, G. T., & Choi, E. (2017). The role of individual and collective mindfulness in promoting occupational safety in health care. Medical care research and review, 74(1), 79-96.
- European Commission, Future SKY SAFETY. (2020). Safety Mindfulness.
- Feldman, G., Greeson, J., Renna, M., & Robbins-Monteith, K. (2011). Mindfulness predicts less texting while driving among young adults: Examining attention-and emotion-regulation motives as potential mediators. Personality and individual differences, 51(7), 856-861.
- Griffin, M. A., & Neal, A. (2000). Perceptions of safety at work: a framework for linking safety climate to safety performance, knowledge, and motivation. Journal of occupational health psychology, 5(3), 347.
- Gunther, A. M. (2014). Nurse mindfulness and preventing patient harm (Doctoral dissertation, Walsh University).
- Haslam, R. A., Hide, S. A., Gibb, A. G., Gyi, D. E., Pavitt, T., Atkinson, S., & Duff, A. R. (2005). Contributing factors in construction accidents. Applied ergonomics,36(4), 401-415.
- He, C., McCabe, B., Jia, G., & Sun, J. (2020). Effects of safety climate and safety behavior on safety outcomes between supervisors and construction workers. Journal of construction engineering and management, 146(1), 04019092.
- Hopkins, A. (2002). Safety culture, mindfulness and safe behaviour: converging ideas?.
- Jiang, Z., Fang, D., & Zhang, M. (2015). Understanding the causation of construction workers' unsafe behaviors based on system dynamics modeling. Journal of Management in Engineering, 31(6), 04014099.
- Kao, K. Y., Thomas, C. L., Spitzmueller, C., & Huang, Y. H. (2021). Being present in enhancing safety: Examining the effects of workplace mindfulness, safety behaviors, and safety climate on safety outcomes. Journal of Business and Psychology, 36, 1-15.
- Kanai, R., Dong, M. Y., Bahrami, B., & Rees, G. (2011). Distractibility in daily life is reflected in the structure and function of human parietal cortex. Journal of Neuroscience, 31(18), 6620-6626.
- Kaskutas, V., Jaegers, L., Dale, A. M., & Evanoff, B. (2016). Toolbox talks: Insights for improvement. Professional safety, 61(01), 33-37.
- Kohls, N., Sauer, S., & Walach, H. (2009). Facets of mindfulness-Results of an online study investigating the Freiburg mindfulness inventory. Personality and Individual differences, 46(2), 224-230.

- Koppel, S., Bugeja, L., Hua, P., Osborne, R., Stephens, A. N., Young, K. L., ... & Hassed, C. (2019). Do mindfulness interventions improve road safety? A systematic review. Accident Analysis & Prevention, 123, 88-98.
- LaPorte, T. R., & Consolini, P. M. (1991). Working in practice but not in theory: theoretical challenges of" high-reliability organizations". Journal of Public Administration Research and Theory: J-PART, 1(1), 19-48.
- Liao, P. C., Sun, X., & Zhang, D. (2021). A multimodal study to measure the cognitive demands of hazard recognition in construction workplaces.Safety Science,133, 105010.
- Liang, H., Shi, X., Yang, D., & Liu, K. (2022). Impact of mindfulness on construction workers' safety performance: The mediating roles of psychological contract and coping behaviors. Safety science, 146, 105534.
- Martínez-Córcoles, M., & Vogus, T. J. (2020). Mindful organizing for safety. Safety science, 124(1), 1-5
- Muhren, W. J., Van Den Eede, G., & de Walle, B. V. (2007). Organizational learning for the incident management process: Lessons from high reliability organizations.
- Marquet, L. D. (2015). Turn the ship around! A true story of building leaders by breaking the rules. Penguin Books Limited.
- Oshatraining.com. (2024). Toolbox Talks for OSHA Safety and Health. Retrieved from: URL:
  https://oshatraining.com/more-osha-training-resources/toolbox-talks-for-osha-safety-and-health/.
- Perrow, C. (1999). Normal accidents: Living with high risk technologies. Princeton university press.
- Pilanawithana, N., Feng, Y., London, K., & Zhang, P. (2022, November). The Relationship between Mindfulness and Safety Performance of Building Repair and Maintenance: An Empirical Study in Australia. In IOP Conference Series: Earth and Environmental Science (Vol. 1101, No. 4, p. 042026). IOP Publishing.
- Reason, J. (1990). Human error, Cambridge university press
- Reason, J. (2016). Managing the risks of organizational accidents. Routledge.
- Reason, J., Hollnagel, E., & Paries, J. (2006). Revisiting the Swiss cheese model of accidents.Journal of Clinical Engineering,27(4), 110-115.
- Rozenfeld, O., Sacks, R., Rosenfeld, Y., & Baum, H. (2010). Construction job safety analysis. Safety science,48(4), 491-498.
- Smith, M. G. (1997). Esso Australia's approach to safety management. The APPEA Journal, 37(1), 672-681.
- Standard, D. O. E. (2009). Human performance improvement handbook volume 1: concepts and principles. US Department of Energy AREA HFAC Washington, DC, 20585.
- Sutcliffe, K. M. (2011). High reliability organizations (HROs). Best practice & Research

clinical anaesthesiology, 25(2), 133-144.

- Sutcliffe, W. (2006). Managing the unexpected: Assuring high performance in an age of complexity. John Wiley & Sons.
- The Art of Service. (2020). High Reliability Organization, A Complete Guide-2020 Edition, Practical Tools FOR SELF-ASSESSMENT.
- Vogus, T. J., & Sutcliffe, K. M. (2007, October). Organizational resilience: towards a theory and research agenda. In 2007 IEEE international conference on systems, man and cybernetics (pp. 3418-3422). IEEE.
- Zhang, J., & Wu, C. (2014). The influence of dispositional mindfulness on safety behaviors: A dual process perspective. Accident Analysis & Prevention, 70, 24-32.
- Warner, K. E. (2022). Mindfulness: Essential for a Safe Culture in Healthcare. Journal of Radiology Nursing, 41(4), 253-254.
- Weick, K. E., & Sutcliffe, K. M. (2001). Managing the unexpected (Vol. 9). San Francisco: Jossey-Bass.
- Yang, J., & Kwon, Y. (2022). "Human factor analysis and classification system for the oil, gas, and process industry", Process Safety Progress, pp. 1-9.
- Zhang, J., Ding, W., Li, Y., & Wu, C. (2013). Task complexity matters: The influence of trait mindfulness on task and safety performance of nuclear power plant operators. Personality and Individual Differences, 55(4), 433-439.
- Zohar, D., & Erev, I. (2007). On the difficulty of promoting workers' safety behaviour: overcoming the underweighting of routine risks. International Journal of Risk Assessment and Management, 7(2), 122-136.
- Zhang, J., Ding, W., Li, Y., & Wu, C. (2013). Task complexity matters: The influence of trait mindfulness on task and safety performance of nuclear power plant operators. Personality and Individual Differences, 55(4), 433-439.
- Zhang, J., Ding, W., Li, Y., & Wu, C. (2013). Task complexity matters: The influence of trait mindfulness on task and safety performance of nuclear power plant operators. Personality and Individual Differences, 55(4), 433-439.

- AMERICAN SOCIETY OF SAFETY PROGESSIONALS. (2023). A Case Study on ALARP Optimization. Retrieved from: URL: https://www.assp.org/news-and-articles/what-is-mindfulness-and-how-can-it-improve-safety
- Construcconnect (2023). Toolbox Talks and the Importance of Safety Meetings in Construction. Retrieved from: URL: https://www.constructconnect.com/blog/importance-safety-meetings-toolbox-talks-construction.
- HASpod. (2020). What is a Toolbox Talks. Retrieved from: URL:

https://www.haspod.com/blog/toolbox- talks/what-is-a-tool-box-talk.

- Hseblog.com. (2023). What Is Toolbox Talk and Why Toolbox Talks Are Important? Retrieved from: URL: https://www.hseblog.com/toolbox-talk-important-organisation/#google_vignette.
- HSE. (2015). Case studies to demonstrate the practical application of the Leadership and Worker Involvement Toolkit. Retrieved from: URL: https://www.hse.gov.uk/research/rrpdf/rr1067.pdf.
- Jack Lyons (2023). How to Organize and Deliver an Effective Toolbox Talk. Retrieved from: URL: https://fluix.io/blog/how-to-run-effective-toolbox-talk.
- Klockner, K., & Thomas, M. (2013). Keeping my mind on the job: The role of mindfulness in workplace safety. In First International Conference on Mindfulness, Rome. Retrieved from https://www.researchgate.net/publication/262725242_Keeping_My_Mind_on_the_Job_The_Role_of_Mindfulness_in_Workplace_Safety.
- Limble. (2023). How To Organize And Lead Effective Toolbox Talks. Retrieved from: URL: https://limblecmms.com/blog/toolbox-talk-guide/.
- Labour Solutions Australia. (2022). The importance of implementing toolbox talks in the workplace. Retrieved from: URL: https://www.laboursolutions.com.au/blog/2022/01/the-importance-of-implementing-toolbox-talks-in-the-workplace?source=google.co.kr.
- MININGSAFETY. (2021). Making zero incidents a reality through SLAM. Retrieved from: URL: https://www.miningsafety.co.za/making-zero-incidents-a-reality-through-slam/.
- Paul Chen. (2023). Toolbox Meeting Guide and Workplace Safety Talk Best Practices. Retrieved from: URL: https://hubble.build/newsroom/toolbox-meeting-guide-and-workplace-safety-talk-best-practices.
- RSAF SAFETY. (2021). Enhancing Safety through Mindfulness. Retrieved from: URL: https://www.mindef.gov.sg/web/wcm/connect/rsaf/038029f7-551b-4fca-a7e5-f45fe5e0518d/FOCUS+107-Final.pdf?MOD=AJPERES.
- SASKATCHEWAN Construction safety association. (2024). Toolbox Talks. Retrieved from: URL: https://scsaonline.ca/resources/tool-box-talks.
- The globe and mail. (2018) How mindfulness improved NB Power's safety record. Retrieved from: https://www.theglobeandmail.com/report-on-business/careers/workplace-award/how-mindfulness-improved-nb-powers-safety-record/article38239933/.
- Weeklysafety.com. (2024). ALL ABOUT TOOLBOX TALKS: YOUR QUESTIONS ANSWERED. Retrieved from: URL: https://weeklysafety.com/blog/toolbox-talks.

별첨 1. 영어 약어 정리

항목	내용
ABC	Antecedent, behavior, consequence
AELO	Air Engineering Logistics Organization, 항공공학물류조직
APJ	Absolute Probability Judgements, 절대 확률판정
APOA	Assessed proportion of affect, 평가된 영향 비율
ASEP	Accident Sequence Evaluation Program, 사고순서평가 프로그램
ASSE	American Society of Safety Engineers, 미국안전엔지니어 협회
ATHEANA	Technique for Human Error Analysis, 휴먼에러분석기법
BEM	Behavior Engineering Model, 행동공학 모델
CAHR	Connectionism Assessment of Human Reliability, 인간신뢰성에 대한 연결평가
CAS-HPES	Computer Aiding System for HPES
CESA	Commission Error Search and Assessment, 실행에러 검색 및 평가
COACH	care, observe, analyze, communicate, help
CODA	Conclusions from Occurrences by Descriptions of Actions, 행동설명에 따른 결론
CPF	Cognitive Failure Probability, 인지 실패 확률
CRM	Crew Resource Management, 근로자 자원관리
DAP	Deliberate Action Program, 싱가포르 공군은 안전 마음책임 지적확인
DOE	Department of Energy, 미국 에너지부
ECFCA	Event and causal factor charting, 사건 및 원인요인 차트분석
EDS	Emergency Disconnect Switch, 비상 분리 스위치
EFC	error-forcing contexts, 에러유발 맥락
EOC	errors of commission, 수행에러
EPC	Error Producing Conditions, 에러 발생 조건
ESD	Emergency Shutdown System, 비상정지 시스템
ETA	Event tree analysis, 사건수 분석
ETTO	efficient thoroughness trade-off, WAI와 WAD 사이에서 안전과 효율을 저울질하면서 주어진 목표를 달성하려는 노력
FTA	Fault tree analysis, 결함수 분석
GEM	Generic Error-Modelling System, 일반적인 휴먼에러 모델링
GEP	Generic Error Probability, 일반적 에러가능성
GTT	Generic Task Types, 일반 작업 유형
HDPE	High Density Polyethylene, 에틸렌의 중합으로 생기는 사슬모양의 고분자 화합물
HEAR	Human Error Analysis and Reduction, 휴먼에러 분석 및 저감
HEART	Human Error Assessment and Reduction Technique, 휴먼에러평가 및 저감기법
HEP	Human Error Probability, 휴먼에러확률

HFACS	Human Factors Analysis and Classification System, 인적요인 분석 및 분류시스템
HFACS-CSMEs	Human Factors Analysis and Classification System- small and medium-sized enterprises, 소규모 화학산업 인적요인 분석 및 분류시스템
HFACS-OGAPI	Human Factors Analysis and Classification System-Oil, Gas and Process Industry, 정유, 가스 및 공정산업 인적요인 분석 및 분류시스템
HFACS-OGI	Human Factors Analysis and Classification System-Oil and Gas Industry, 정유 및 가스산업 인적요인 분석 및 분류시스템
HFE	human failure events, 인간실패 사건
HPES	Human Performance Enhancement System, 휴먼 퍼포먼스 향상 시스템
HPIP	Human Performance Investigation Process, 휴먼 퍼포먼스 조사절차
HFIT	Human Factors Investigation Tool, 인적요인조사 도구
HPT	Human Performance Technology, 휴먼 퍼포먼스 기술
HRA	Human Reliability Assessment, 인간신뢰성평가
HRMS	Human Reliability Management System, 인간신뢰성관리 시스템
HSE	Health Service Executive, 영국 안전보건청
INPO	Institute of Nuclear Power Operation, 미국 원자력발전협회
IAEA	International Atomic Energy Agency, 국제 원자력 기구
INSAG	International Nuclear Safety Advisory Group, 국제원자력안전자문그룹
J-HPES	Japanese version of HPES
JJEDI	Justification of Human Error Data Information, 휴먼에러 데이터 정보 기준화
K-HPES	Korean version of HPES
LTM	Long Term Memory, 장기기억
mPFC	medial prefrontal cortex, 내측 전전두피질
M-SHELL	Management, Software, Hardware, Environment, Liveware
MTO	Man-Technology-Organization, 사람-기술-조직
NARA	Nuclear Action Reliability Assessment, 핵 행동 신뢰성평가
NASA	National Aeronautics and Space Administration, 미국 항공우주국
NRC	Nuclear Regulatory Commission, 원자력 규제 위원회
NUREG	US Nuclear Regulatory Commission Regulation, 미국 원자력 규제 위원회 규정
PC	Paired Comparisons, 쌍대비교
PDI	power distance index, 권력거리
PRA	Probabilistic Risk Assessment, 확률적 위험성평가
PSA	Probabilistic Safety Assessment, 확률론적 안전성 평가
PSF	performance shaping factors, 성과형성요인
PVC	Poly Vinyl Chloride, 폴리염화비닐

SAPHIRE	Systems Analysis Programs for Hands-on Integrated Reliability Evaluations, 핸즈온 통합 신뢰성 평가를 위한 시스템 분석 프로그램
SAFE	Scan, Analyze, Find hazard, Enforcement
SAGAT	Situational Awareness Global Assessment Technique, 상황인식글로벌 평가기술
SARS	Situational Awareness Rating Scale, 상황 인식 평가 척도
SHELL	Software, Hardware, Environment, Liveware
SLAM	Stop, Look, Assess, Manage
SLIM	success Likelihood Index Method, 성공가능성 지수 방법
SLIM-MAUD	Success likelihood index method using multi-attribute utility decomposition, 다중 속성 효용 분해를 이용한 성공 가능성 지수 방법
SPAM	Situation Present Assessment Method, 상황제시 평가 방법
SPAR-H	Standardized Plant Analysis Risk-HRA, 표준화된 공장 위험분석-HRA
SPL	superior parietal lobule, 위쪽두정소엽
SRK	기술기반 행동(skill-based behavior), 규칙기반 행동(rule-based behavior) 및 지식기반 행동(knowledge-based behavior)
STOP	safety training observation program, 안전교육관찰프로그램
STM	Short Term Memory, 단기기억
STSM	Short Term Sensory Memory, 단기감각기억
THERP	Technique for Human Error-Rate Prediction, 휴먼에러확률 예측기법
TRACEr	Technique for the Retrospective Analysis of Cognitive Errors, 인지에러의 회고적 분석을 위한 기술
UA	unsafe human action, 불안전한 행동
USNRC	United States Nuclear Regulatory Commission, 미국 원자력 규제 위원회
WAI	work as imagined, 계획(상정)한 기준이나 일
WAD	work as done, WAI를 기반으로 사람이 실행하는 운영 또는 작업

Ⅰ 회사 차원의 안전 마음챙김 체계 마련(Organizational Safety Mindfulness)

1 경영층의 리더십

2 안전 마음챙김 소위원회 구축 및 운영

3 안전보건경영시스템에 고신뢰조직(HRO) 특성 반영

4 안전 마음챙김 풍토조성과 실행 방안

HRO 다섯가지 특성 적용

(1) 실패에서 배움(A preoccupation with failure) (2) 단순화된 해석 회피(A reluctance to simplify interpretations) (3) 운영에 대한 민감도 제고(A sensitivity to operations) (4) 전문성에 대한 존중(Deference to Expertise) (5) 안전탄력성(Commitment to Resilience)

전사안전보건위원회 산하 안전 마음챙김 소위원회 설치

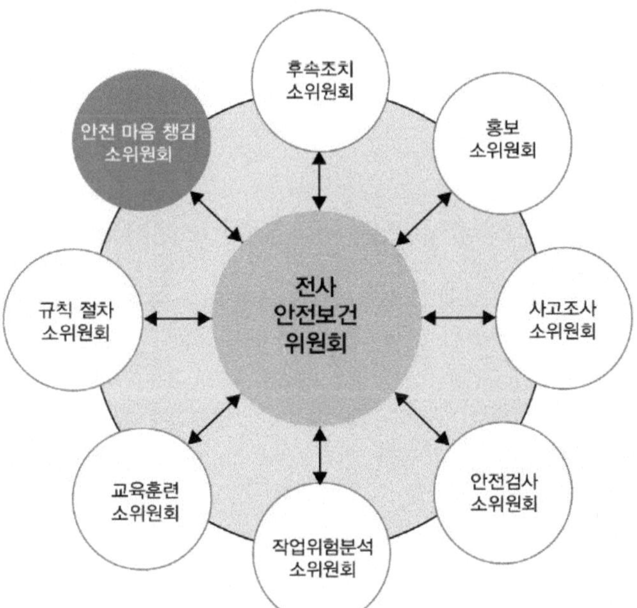

II 현장 안전 마음챙김 시행 가이드 라인(Individual Safety Mindfulness)

A) 현장 안전 마음챙김 시행 준비

1 안전 마음챙김을 위한 위험인식 수준 향상
- 1.1 위험과 위험인식
- 1.2 위험인식의 중요성
- 1.3 위험인식 방법

2 위험 확인 및 항목화
- 2.1 위험확인
- 2.2 위험 항목화

3 SAFE 절차개발

4 근로자 의견 청취

5 강사 양성교육

6 근로자 교육

7 IT프로그램 활용

8 안전 마음챙김 시행을 알리는 맞춤형 표지판 게시

9 안전 마음챙김 모니터링

10 경영층 보고

B) 일상 안전 마음챙김(Daily Routine Safety Mindfulness) 가이드라인

이 가이드라인은 저자가 2024년에 출판한 '휴먼 퍼포먼스 개선과 안전 마음챙김'이라는 책자를 골자로 마음챙김 명상 전문가이신 그룹원의 윤재흥 부사장님이 제안하신 가이드 라인이다.

이 가이드라인은 구조물 현장에서 일하는 안전점검자가 **안전하게 일하고, 마음 편하게 지낼 수 있도록** 돕기 위해 만들어졌습니다. 복잡한 명상 기법대신, **누구나 쉽게 따라할 수 있는 간단한 마음챙김 방법과 현장에서 바로 적용할 수 있는 안전 관리 절차**를 알려 드립니다. 이 가이드라인을 통해 작업 중 발 생 할 수 있는 위험을 미리 알아채 고, 스트레스를 줄여 더욱 안전하고 행복한 작업 환 경을 만들어 나갈 수 있습니다.

그룹원 토목구조기술사 윤재흥

단계	내용
아침 기상 후 (5분): 호흡 명상 - 하루의 시작을 안전하게	• 목표: 하루를 시작하기 전, 몸과 마음을 편안하게 만들고 안정시킵니다. • 실천 방법: 침대에 편안하게 누운 자세에서 시작합니다. 숨이 들어오고 나가는 배의 움직임에 집중하며 5분간 숨쉬기 명상을 합니다. "오늘도 안전하게 일하자", "나는 할 수 있다"와 같이 긍정적인 다짐을 마음속으로 되뇌며 하루를 시작합니다. • 명상 초보자를 위한 팁: 알람을 끄고 바로 일어나지 말고, 5분만 더 누워서 이 명상을 해보세요. 하루를 평화롭게 시작하는 좋은 습관이 됩니다.
작업장 이동 시(10-15분): 걷기 마음챙김 명상 - 발걸음마다 안전을 느끼며	• 목표: 작업장으로 이동하는 동안 주변 환경과 내 몸의 움직임에 집중하여 현재에 머무는 연습을 합니다. • 실천 방법: 평소보다 조금 더 천천히 걷기 시작합니다. 발걸음 하나하나에 집중할 수 있도록 속도를 조절합니다. 발이 땅에 닿는 순간부터 떨어지는 순간까지 발바닥에서 느껴지는 모든 감각에 주의를 기울입니다. (예: 발의 무게 이동, 땅의 질감, 발가락의 움직임 등) 주변의 소리, 풍경, 냄새 등 오감을 통해 환경을 알아차립니다. • 마음챙김 팁: 대중교통을 이용할 때도 창밖 풍경이나 사람들의 움직임에 판단 없이 주의를 기울여 보세요. 목적지에 도착하기 전까지 잠시 마음을 쉬게 해줍니다. • 명상 초보자를 위한 팁: 걷기 명상이 어렵다면, 처음에는 5분만이라도 집중해 보세요. 걷는 동안 스마트폰을 보거나 다른 생각을 하지 않고 오직 걷는 행위 자체에만 집중하는 것이 중요합니다.
식사 시간(10-15분): 식사 마음챙김 명상 - 음식으로 채우는 안전 에너지	• 목표: 식사를 통해 몸과 마음에 에너지를 채우고, 음식의 맛과 향을 온전히 느끼며 현재에 집중합니다. • 실천 방법: 음식의 색깔, 냄새, 입안에서의 질감, 맛의 변화, 씹는 소리 등 모든 감각을 천천히 음미하며 먹습니다. 한 숟가락 한 숟가락을 음미하며 현재 순간에 집중합니다. • 마음챙김 팁: 식사 중에는 스마트폰을 보거나 잡담하는 것을 잠시 멈추고, 오직 음식에만 집중해 보세요. 몸과 마음이 편안해지는 것을 느낄 수 있습니다. • 명상 초보자를 위한 팁: 처음에는 한 끼 식사 전체를 마음챙김으로 하기 어려울 수 있습니다. 그럴 때는 첫 세 숟가락만이라도 집중해서 먹어보세요. 점차 시간을 늘려나가면 됩니다.
취침 전(10분): 샤워/호흡 마음챙김 명상 - 안전한 하루 마무리	• 목표: 하루를 마무리하며 몸과 마음의 긴장을 풀고 편안하게 잠자리에 들 수 있도록 돕습니다. • 실천 방법: • 샤워 명상: 따뜻한 물이 몸에 닿는 느낌, 비누 거품의 부드러움, 물이 흐르는 소리 등 샤워 중 느껴지는 모든 감각에 집중합니다.

	• 호흡 명상: 침대에 누워 편안한 자세에서 숨이 들어오고 나가는 배의 움직임에 집중하며 10분간 숨쉬기 명상을 합니다. 오늘 하루 안전하게 일한 자신을 칭찬하고, 내일의 안전을 다짐하며 편안하게 잠자리에 듭니다. • 명상 초보자를 위한 팁: 잠자리에 들기 전, 오늘 하루 있었던 좋았던 일 한 가지를 떠올려 보세요. 작은 것이라도 괜찮습니다. 긍정적인 감정으로 하루를 마무리하면 숙면에도 도움이 됩니다.

C) 현장 안전 마음챙김 (Site Safety Mindfulness) 가이드라인

Step1: 사전 준비 (마음챙김 명상): 작업 전 마음 다지기

1 상호간 인사 (긍정심리): 서로에게 힘이 되는 말 한마디 • 목표: 동료들과 좋은 관계를 만들고, 서로의 안전을 빌어주며 하루를 기분 좋게 시작합니다. • 실천 방법: 작업 시작 전, 동료들과 눈을 마주치고 밝게 인사합니다. "오늘도 안전하게 일합시다!", "조심해서 작업하세요!"와 같이 서로에게 힘이 되는 짧은 응원 메시지를 건넵니다. 명상 초보자를 위한 팁: 처음에는 어색할 수 있지만, 꾸준히 하다 보면 자연스러워집니다. 작은 미소와 함께 건네는 인사가 서로에게 큰 힘이 됩니다.
2 마음챙김 호흡 (호흡 명상): 내 숨결에 집중하기 • 목표: 숨쉬기에 집중하여 마음을 차분하게 가라앉히고, 지금 이 순간에 집중하는 연습입니다. • 실천 방법: 편안하게 앉거나 서서, 허리를 곧게 펴고 어깨에 힘을 뺍니다. 눈을 살짝 감거나 바닥을 바라봅니다. 코나 입으로 숨이 들어오고 나가는 느낌에만 집중합니다. 숨을 들이쉴 때 배가 부풀고, 내쉴 때 배가 가라앉는 것을 느껴보세요. 다른 생각이 떠올라도 괜찮습니다. 그저 '아, 이런 생각이 떠올랐네' 하고 알아챈 다음, 다시 부드럽게 숨쉬기로 주의를 돌립니다. • 시간: 1~2분 정도 짧게 시작하여 익숙해지면 조금씩 늘려보세요. • 명상 초보자를 위한 팁: 처음에는 숨에 집중하기 어려울 수 있습니다. 손을 배에 얹고 배가 오르내리는 것을 느껴보면 도움이 됩니다. 숫자를 세면서 호흡하는 것도 좋은 방법입니다. (예: 들이쉬면서 하나, 내쉬면서 둘...)
3 몸 스캔 (몸 스캔 명상): 내 몸의 소리에 귀 기울이기 • 목표: 몸의 각 부분에서 느껴지는 감각에 집중하여 몸의 긴장을 풀고, 내 몸 상태를 정확히 알아차려 작업 중 발생할 수 있는 위험을 미리 감지합니다. • 실천 방법: 편안하게 앉거나 서서, 눈을 감거나 시선을 아래로 내립니다. 발끝부터 머리끝까지 몸의 각 부분에 차례대로 집중합니다. 따뜻함, 차가움, 뻐근함, 편안함 등 느껴지는 모든 감각을 있는 그대로 알아차립니다. 특히, 작업에 많이 쓰이는 어깨, 허리, 손목 등의 감각에 더 신경 써서 살펴봅니다. • 시간: 1~2분 정도 짧게 진행합니다. • 명상 초보자를 위한 팁: 특정 부위에 통증이나 불편함이 느껴진다면, 그 감각을 외면하지 말고 잠시 그곳에 주의를 머물러 보세요. 통증이 사라지지는 않더라도, 그 감각을 있는 그대로 받아들이는 연습을 합니다.

4 소리 마음챙김 (소리 명상): 주변 소리에 집중하기
- 목표: 주변에서 들려오는 소리에 집중하여 마음을 안정시키고, 외부 환경에 대한 인지 능력을 높입니다.
- 실천 방법: 눈을 감거나 편안하게 뜨고, 주변에서 들려오는 모든 소리에 귀를 기울입니다. 작업 현장의 소리(장비 소리, 동료들의 말소리 등)를 좋고 나쁨을 판단하지 않고 그저 듣습니다. 소리가 멀어지거나 가까워지는지, 커지거나 작아지는지 등을 알아차립니다.
- 시간: 30초~1분 정도 짧게 진행합니다.
- 명상 초보자를 위한 팁: 시끄러운 작업 현장에서는 소리에 집중하기 어려울 수 있습니다. 그럴 때는 가장 크게 들리는 소리 하나에만 집중하거나, 여러 소리들이 마치 오케스트라처럼 어우러지는 것을 상상해 보세요.

Step-2: 위험 요인 스캔 (Scan): 작업 현장 꼼꼼히 살펴보기

작업 현장을 둘러보며 숨어있는 위험 요소를 찾아내는 단계입니다. 마음챙김 상태에서 주변을 주의깊게 관찰하면 평소에 놓칠 수 있는 위험한 것들을 발견할 수 있습니다.

- 실천 방법: 작업 시작 전, 주변 환경을 천천히 둘러봅니다. 급하게 보지 말고 여유를 가지고 살펴봅니다.
  예시: 미끄러운 바닥, 흔들리는 발판, 날카로운 공구, 떨어질 위험이 있는 물건, 전선 문제 등 위험해 보이는 모든 것을 꼼꼼히 확인합니다. 내 몸 상태(피곤한지, 어디 아픈 곳은 없는지)도 함께 점검하여 작업에 방해가 될 만한 요소는 없는지 파악합니다.
- 마음챙김 팁: '지금 여기'에 집중하여 눈, 귀, 코, 피부 등 오감을 모두 활용해 위험 요소를 감지합니다. (예: 이상한 소리, 타는 냄새, 눈에 띄는 불안정한 물건 등)
- 명상 초보자를 위한 팁: 처음에는 모든 위험을 다 찾아내려 하지 않아도 됩니다. 눈에 띄는 것부터 하나씩 확인하는 습관을 들이는 것이 중요합니다. 매일 같은 현장이라도 새로운 마음으로 살펴보세요.

Step-3: 위험 요소 분석 (Analyze) 및 위험 요소 발견 (Find Hazard): 위험 제대로 알기

스캔을 통해 찾아낸 위험 요소를 자세히 살펴보고, 어떤 사고로 이어질 수 있는지 판단하는 단계입니다. 그리고 위험 요소를 정확히 알아내고 기록합니다.

- 실천 방법:
  발견한 위험 요소가 어떤 사고(예: 미끄러운 바닥 -> 넘어짐 사고, 불안정한 발판 -> 추락사고)로 이어질 수 있는지 구체적으로 생각해 봅니다. 이 위험이 얼마나 심각한지, 그리고 사고가 일어날 가능성은 얼마나 되는지 판단합니다. 위험 요소를 발견하면 바로 동료나 관리자에게 알리고, 필요하면 사진을 찍거나 간단히 메모하여 기록합니다.
- 마음챙김 팁: 감정적으로 놀라거나 당황하지 않고, 침착하게 상황을 평가합니다. '이것은 위험하다'는 판단보다는 '이러한 위험이 있구나' 하고 객관적으로 바라봅니다.

- 명상 초보자를 위한 팁: 위험을 분석할 때는 '만약 ~라면 어떻게 될까?' 하고 질문을 던져보세요. 예를 들어, '만약 이 공구가 떨어진다면?' '만약 저 전선에 발이 걸린다면?'과같이 구체적으로 상상해 보면 위험을 더 명확히 파악할 수 있습니다.

Step-4: 안전 행동 실행 (Enforcement): 안전하게 행동하기

분석된 위험 요소를 바탕으로 안전하게 행동하는 단계입니다. 위험을 없애거나 줄이기 위한 구체적인 조치를 취하고, 필요하면 작업 방식을 바꿉니다.

- 실천 방법:
  위험 요소를 없애거나(예: 미끄러운 바닥 닦기), 위험을 최소화하는(예: 안전모와 안전화 꼭 착용하기) 조치를 취합니다. 안전 수칙을 반드시 지키고, 올바른 작업 도구와 장비를 사용합니다. 만약 위험하다고 판단되면 작업을 잠시 멈추고, 안전한 방법을 찾을 때까지 기다립니다. 마음챙김 팁: '지금 이 순간'의 안전에만 집중하여 신중하게 행동합니다. 서두르지 않고 한 단계씩 안전 절차를 따르는 것이 중요합니다.
- 명상 초보자를 위한 팁: 안전 행동을 실천할 때는 '내가 지금 무엇을 하고 있는가?'에 집중하세요. 예를 들어, 안전모를 쓸 때는 '안전모를 쓰고 있구나', 장갑을 낄 때는 ' 장갑을 끼고 있구나' 하고 자신의 행동을 알아차리는 것만으로도 마음챙김이 됩니다

휴식 시간 (5분): 우두커니 마음챙김 명상 - 잠시 멈춰서 쉬어가기

- 목표: 짧은 휴식 시간 동안 잠시 멈춰 서서 현재 순간에 깨어있는 연습을 통해 피로를 풀고 집중력을 다시 높입니다.
- 실천 방법:
  잠시 앉거나 서서 편안한 자세를 취합니다. 눈을 감거나 편안하게 뜨고, 주변의 소리, 냄새, 온도, 몸의 감각 등 오감을 통해 현재 순간을 알아차립니다. 아무것도 하지 않고, 그저 존재하고 있음을 느낍니다. 잠시 모든 것을 내려놓고 쉬어가는 시간입니다.
- 명상 초보자를 위한 팁: 작업 중 잠시 쉴 때, 굳이 명상 자세를 취하지 않아도 됩니다. 그저 앉아서 눈을 감고 주변 소리에 귀 기울이거나, 따뜻한 커피 한 잔을 마시며 그 온기를 느껴보는 것만으로도 충분한 마음챙김이 됩니다.

SLAM(Stop, Look, Assess & Manage) 적용: 위험 상황 대처법

- 목표: 작업 중 위험한 상황이 발생했을 때 즉시 대처하고 안전을 확보합니다.
- 마음챙김 팁: SLAM을 적용할 때, '멈춤(Stop)' 단계에서 잠시 숨쉬기 명상을 통해 마음을 가라앉히고, '살펴봄(Look)' 단계에서 눈, 귀, 코 등 오감을 활용해 위험 요소를 정확히 파악합니다. 침착하게 상황을 판단하고 안전하게 행동합니다.
- 명상 초보자를 위한 팁: 위험 상황에서 당황스럽거나 화가 날 수 있습니다. 그럴 때는 잠

시 멈춰서 4-4-8호흡 명상 세 번만 해보세요. 네 박자 내 쉬고 네 박자 멈추고, 여덟 박자 내쉽니다. 내쉬는 동안 끊기지 않도록 일정하게 계속 내쉬는 것이 핵심입니다. 감정이 가라앉으면 더 현명하게 대처할 수 있습니다.

별첨 3. 현장 안전 마음챙김 체크리스트

구분	검토내용	예	아니오	해당 없음
사전 준비 (마음챙김 명상)/ 작업 전 마음 다지기	동료들과 눈을 마주치고 밝게 인사하며 서로에게 힘이 되는 응원 메시지 건네기			
	편안하게 앉거나 서서 숨이 들어오고 나가는 느낌에 집중하기(4박자 들이마시고, 4박자 멈추고, 8박자 내쉬기, 같은 속도로 3번 반복)			
	발끝부터 머리끝까지 몸의 각 부분에 서 느껴지는 감각에 집중하기(1~2분)			
	주변에서 들려오는 모든 소리에 좋고 나쁨을 판단하지 않고 귀 기울이기(30초~1분)			
	머릿속에 떠오르는 생각들을 억지로 멈추려 하지않고 그저 바라보기(30초~1분)			
위험요인 스캔 (Scan)/ 작업 현장 꼼꼼히 살펴보기	작업 시작 전, 주변 환경을 천천히 둘러보며 위험요소 확인하기			
	내 몸 상태(피곤 한지, 아픈 곳은 없는지) 점검하여 작업 방해 요소 파악하기			
	눈, 귀, 코, 피부 등 오감으로 위험 요소 감지하기			
위험요소 분석 (Analyze) 및 위험 요소 발견 (Find Hazard)/위험 제대로 알기	발견한 위험 요소가 어떤 사고로 이어질 수 있는지 구체적으로 생각하기			
	위험의 심각성과 사고 발생 가능성 판단하기			
	위험요소 발견 시 동료나 관리자에게 알리고, 필요하면 사진/메모로 기록하기			
안전행동 실행 (Enforcement)/ 안전하게 행동하기	위험요소를 없애거나 최소화하는 조치 취하기			
	안전수칙을 지키고, 올바른 도구와 장비 사용하기			
	위험하다고 판단되면 작업을 잠시 멈추고 안전한 방법을 찾을 때까지 기다리기 안전 행동 실천 시 자신의 행동을 알아차리기			
	안전 행동 실천 시 자신의 행동을 알아차리기			

제 C-2025-025690 호

저작권 등록증

1. 저작물의 제호(제목)	안전 마음챙김(Safety Mindfulness)
2. 저작물의 종류	어문저작물>논문
3. 저작자 성명(법인명)	양정모
4. 생년월일(법인등록번호)	
5. 창작연월일	2024년07월15일
6. 공표연월일	2024년07월15일
7. 등록연월일	2025년07월09일
8. 등록사항	저작자 : 양정모, 창작 : 2024.07.15, 공표 : 2024.07.15

「저작권법」 제53조에 따라 위와 같이 등록되었음을 증명합니다.

2025년 07월 10일

한국저작권위원회

별첨 5. 사랑하는 다연이가 그려준 휴먼에러 그림

일터에서 무고한 사람들이 목숨을 잃는 사고는 비극적이다.
그러나 그것으로부터 배우지 않는 것이 더 비극적이다.

- 사고에서 배우지 못하는 이유는 휴먼에러에 대한 책임 추궁이다.
- 휴먼에러는 겉보기에 단순해 보이지만, 깊고 복잡한 상황과 맥락을 갖고있다.
- 일터에 있는 사람들이 의도적으로 죽거나 다치기 위해 하는 일은 없다.

근로자는 사고의 주요 원인이 되기보다는 잘못된 설계, 잘못된 유지보수 및 잘못된 상위의 의사결정으로 인해 발생한 시스템 결함의 상속인이다. 그들의 역할은 밀폐된 공간에 가연성 가스가 오랜 동안 잠재되어 있는 상황에서 점화원으로서의 역할을 한 것이다.

일터와 관련이 있는 곳에서 휴먼에러에 대한 관심이 있는 경영책임자,
관리감독자 및 안전관련 종사자를 위한 필독서

휴먼에러 사고예방

발 행 일	2025년 9월 1일 발행
저 자	양정모
발 행 인	송기수
발 행 처	도서출판 GS인터비전
편 집 인	송진우
편 집 처	도서출판 GS인터비전
표지디자인	도서출판 GS인터비전
인 쇄 처	디자인봄
등 록 번 호	제 25100-2016-000050 호
전 화	02-976-7898
팩 스	02-6468-7898
이 메 일	gsinter7@gmail.com
홈 페 이 지	gsintervision.kr
주 소	서울 은평구 증산로 15길 69, 2층
I S B N	979-11-5576-517-3(93120)

정가 30,000원

도서출판 GS인터비전